毛皮动物饲养与疾病防制

主　编

马泽芳　崔　凯　高志光

副主编

雷玉发　柴　林　刘贵宾

编著者

张光超　李延鹏　梁玉颖

马宗耀　王　晓　王化勇

金盾出版社

内 容 提 要

本书由青岛农业大学毛皮动物饲养与疾病防制专家编写。全书分毛皮动物饲养概论、毛皮动物饲养各论、毛皮动物疾病防制三大部分。主要内容包括：毛皮动物生物学特性，毛皮动物常用饲料，毛皮动物饲养场建设，毛皮的初加工，毛皮动物的繁殖与饲养管理，毛皮动物疾病防制。内容全面、系统、科学，兼顾实用性和先进性，既可供农业院校相关专业师生教学以及农科院所相关研究人员阅读使用，又可供毛皮动物养殖企业管理及技术人员、养殖专业户阅读参考。

图书在版编目(CIP)数据

毛皮动物饲养与疾病防制/马泽芳，崔　凯，高志光主编 . --北京：金盾出版社，2013.3
（2013.10 重印）
　ISBN 978-7-5082-8019-6

　Ⅰ.①毛…　Ⅱ.①马…②崔…③高…　Ⅲ.①毛皮动物—饲养管理—②毛皮动物—动物疾病—防制　Ⅳ.①S865.2②S858.92

中国版本图书馆 CIP 数据核字(2012)第 270767 号

金盾出版社出版、总发行

北京太平路 5 号(地铁万寿路站往南)
邮政编码:100036　电话:68214039　83219215
传真:68276683　网址:www.jdcbs.cn
封面印刷:北京精美彩色印刷有限公司
正文印刷:北京万友印刷有限公司
装订:北京万友印刷有限公司
各地新华书店经销
开本:787×1092 1/16　印张:20.5　字数:420 千字
2013 年 10 月第 1 版第 2 次印刷
印数:3 001～6 000 册　定价:39.00 元

目　录

绪论 ………………………………………………………………… (1)

第一篇　毛皮动物饲养概论

第一章　毛皮动物生物学特性 ……………………………… (11)

第一节　水貂的生物学特性 …………………………………… (11)

一、分类与分布 ……… (11)　　　　的关系 ……………… (12)

二、形态特征 ………… (11)　　五、人工培育的水貂品种 …… (15)

三、生态特征 ………… (12)　　六、水貂的经济价值 ……… (19)

四、光照与水貂繁殖周期和换毛

第二节　狐的生物学特征 ……………………………………… (20)

一、分类与分布 ……… (20)　　三、生态特征 ……………… (23)

二、形态特征 ………… (22)　　四、新陈代谢的季节性变化 …… (23)

第三节　貉的生物学特性 ……………………………………… (24)

一、分类与分布 ……… (24)　　三、生态特征 ……………… (26)

二、形态特征 ………… (25)

第二章　毛皮动物的营养与饲料 …………………………… (28)

第一节　毛皮动物的消化生理特点 …………………………… (28)

一、口腔 ……………… (28)　　三、肠 …………………… (29)

二、胃 ………………… (29)　　四、肝和胰 ……………… (30)

第二节　毛皮动物的营养物质需要 …………………………… (30)

一、能量 ……………… (30)　　四、碳水化合物 ………… (32)

二、蛋白质 …………… (31)　　五、维生素 ……………… (32)

三、脂肪 ……………… (31)　　六、矿物质 ……………… (32)

　第三节　毛皮动物的饲料及其利用 ……………………………（33）
　　一、饲料的分类 …………（33）　　三、饲料的贮藏 ……………（44）
　　二、饲料的利用 …………（33）
　第四节　毛皮动物饲料的加工与调制 …………………………（45）
　　一、肉类和鱼类饲料的加工 …（45）　　四、维生素饲料的加工 ……（46）
　　二、乳类和蛋类饲料的加工 …（46）　　五、矿物质饲料的加工 ……（47）
　　三、植物性饲料的加工 ………（46）

第三章　毛皮动物饲养场建设 …………………………………（48）
　第一节　场址的选择 ……………………………………………（48）
　　一、选择场址的原则 ………（48）　　二、选择场址的条件 ……（48）
　第二节　毛皮动物饲养场的规划和布局 ………………………（50）
　　一、饲养场的区域划分 ………（50）　　三、饲养场规划和布局的要求 …（50）
　　二、饲养场规划和布局的原则 …（50）
　第三节　水貂饲养场建设 ………………………………………（56）
　　一、棚舍 …………………（56）　　二、笼舍和小室 …………（59）
　第四节　狐饲养场建设 …………………………………………（61）
　　一、棚舍 …………………（61）　　二、笼舍和小室 …………（61）
　第五节　貉饲养场建设 …………………………………………（62）
　　一、棚舍 …………………（62）　　二、笼舍和小室 …………（62）

第四章　毛皮的初加工 ……………………………………………（64）
　第一节　取皮 ……………………………………………………（64）
　　一、取皮时间 ……………（64）　　三、取皮方法 ……………（65）
　　二、毛皮成熟的鉴定 ………（64）
　第二节　生皮的初加工 …………………………………………（66）
　　一、刮油 …………………（66）　　四、干燥 …………………（68）
　　二、洗皮 …………………（67）　　五、整理贮存 ……………（68）
　　三、上楦 …………………（68）
　第三节　皮张质量等级标准 ……………………………………（69）
　　一、水貂皮质量等级标准 …（69）　　三、貉皮质量等级标准 …………（71）
　　二、狐皮质量等级标准 ……（70）

第二篇 毛皮动物饲养各论

第五章 水貂 ………………………………………………… (75)

第一节 水貂的繁殖 ……………………… (75)
一、水貂的生殖生理特点 ……… (75)
二、选种与选配 ………………… (77)
三、配种 ………………………… (85)
四、妊娠 ………………………… (89)
五、产仔 ………………………… (90)
六、影响繁殖力的因素 ………… (91)
七、现代繁殖技术在水貂上的
　　应用进展 …………………… (93)

第二节 水貂的饲养管理 ………………… (94)
一、各生物学时期的饲养标准 … (94)
二、准备配种期的饲养管理 …… (95)
三、配种期的饲养管理 ……… (100)
四、妊娠期的饲养管理 ……… (104)
五、产仔哺乳期的饲养管理…… (107)
六、幼貂育成前期的饲养管理 … (111)
七、冬毛生长期的饲养管理…… (116)
八、种貂恢复期的饲养管理…… (118)
九、利用褪黑激素诱导冬毛
　　早熟技术 ………………… (118)

第六章 狐 …………………………………………………… (121)

第一节 狐的繁殖 ……………………… (121)
一、狐的生殖生理特点 ……… (121)
二、选种与选配 ……………… (124)
三、配种 ……………………… (132)
四、妊娠与产仔 ……………… (136)
五、狐的人工授精技术 ……… (140)

第二节 狐的毛色遗传及应用 ………… (144)
一、狐的毛色基因 …………… (144)
二、狐的色型及毛色遗传 …… (144)
三、几种彩色狐的杂交分离 … (147)
四、彩色北极狐的毛色遗传…… (147)
五、狐属与北极狐属的属间
　　杂交 ……………………… (149)

第三节 狐的饲养管理 ………………… (150)
一、狐生物学时期的划分 …… (150)
二、准备配种期的饲养管理… (150)
三、配种期的饲养管理……… (152)
四、妊娠期的饲养管理……… (153)
五、产仔哺乳期的饲养管理… (156)
六、成年狐恢复期的饲养管理 … (159)
七、幼狐育成期的饲养管理… (161)
八、冬毛生长期的饲养管理…… (163)

第七章 貉 …………………………………………………… (165)

第一节 貉的繁殖 ……………………… (165)
一、貉生殖系统的结构 ……… (165)
二、貉的繁殖周期………………… (166)

三、貉的繁殖技术……………（169）

第二节　貉的育种………………………………………………………（174）

一、育种的目的和方向………（174）　　三、选配………………………（176）

二、种貉的选择………………（175）

第三节　貉的饲养管理…………………………………………………（177）

一、貉饲养管理时期的划分……（177）　　六、成年貉恢复期的饲养管理………

二、准备配种期的饲养管理……（178）　　　………………………………（186）

三、配种期的饲养管理………（180）　　七、幼貉育成期的饲养管理……（187）

四、妊娠期的饲养管理………（182）　　八、皮用貉冬毛生长期的饲养

五、哺乳期的饲养管理………（184）　　　管理………………………（189）

第三篇　毛皮动物疾病防制

第八章　毛皮动物饲养场兽医卫生综合措施……………………（193）

第一节　毛皮动物饲料、饮水的卫生管理……………………………（193）

一、饲料卫生…………………（193）　　三、饮水卫生…………………（196）

二、饲料加工及饲喂用具卫生………

　………………………………（195）

第二节　毛皮动物疫病综合防制措施…………………………………（196）

一、经常性的卫生防疫制度……（196）　　三、免疫预防…………………（198）

二、常用消毒方法……………（197）　　四、疫情处理…………………（199）

第三节　毛皮动物疾病诊断基础………………………………………（201）

一、诊断的概念………………（201）　　三、尸体剖检和病料采集……（204）

二、临床诊断…………………（201）　　四、实验室检查………………（206）

第四节　毛皮动物疾病治疗方法………………………………………（207）

一、治疗基本原则……………（207）　　三、给药方法…………………（211）

二、治疗方法…………………（208）

第九章　传染病……………………………………………………（213）

第一节　病毒性疾病……………………………………………………（213）

一、犬瘟热……………………（213）　　五、狂犬病……………………（235）

二、水貂病毒性肠炎…………（219）　　六、伪狂犬病…………………（238）

三、水貂阿留申病……………（227）　　七、自咬病……………………（241）

四、狐传染性肝炎……………（232）

第二节　细菌性疾病……………………………………………………………（243）
一、巴氏杆菌病……………（243）　　九、恶性水肿………………（263）
二、绿脓杆菌病……………（247）　　十、克雷伯氏菌病…………（264）
三、大肠杆菌病……………（249）　　十一、布鲁氏菌病…………（266）
四、沙门氏菌病……………（252）　　十二、秃毛癣………………（268）
五、魏氏梭菌病……………（255）　　十三、念珠菌病……………（270）
六、阴道加德纳氏菌病……（257）　　十四、隐球菌病……………（272）
七、链球菌病………………（260）　　十五、钩端螺旋体病………（273）
八、双球菌病………………（261）

第十章　中毒性疾病………………………………………………………………（277）
第一节　饲料中毒……………………………………………………………………（277）
一、肉毒梭菌毒素中毒……（277）　　四、毒鱼中毒………………（281）
二、霉玉米中毒……………（279）　　五、棉籽油和棉籽饼中毒…（281）
三、食盐中毒………………（280）
第二节　药物中毒……………………………………………………………………（282）
一、酚类消毒药中毒………（282）　　四、龙胆紫醇溶液中毒……（283）
二、新洁而灭中毒…………（283）　　五、氯丙嗪中毒……………（284）
三、伊维菌素中毒…………（283）　　六、磺胺类药物中毒………（284）

第十一章　寄生虫病………………………………………………………………（285）
一、弓形虫病………………（285）　　三、旋毛虫病………………（288）
二、附红细胞体病…………（287）　　四、疥螨病…………………（289）

第十二章　普通病…………………………………………………………………（292）
第一节　消化系统疾病………………………………………………………………（292）
一、幼兽消化不良…………（292）　　三、胃扩张…………………（294）
二、急性胃肠炎……………（293）
第二节　呼吸系统疾病………………………………………………………………（296）
一、感冒……………………（296）　　二、肺炎……………………（296）
第三节　产科疾病……………………………………………………………………（297）
一、流产……………………（297）　　三、乳房炎…………………（299）
二、难产……………………（299）
第四节　神经系统疾病………………………………………………………………（300）
一、中暑……………………（300）　　二、脑膜脑炎………………（301）
第五节　皮肤病………………………………………………………………………（302）

一、水貂仔兽脓疱病…………(302)　　　三、白鼻子症………………………(303)

二、足掌硬皮病………………(302)

第六节　外科病………………………………………………………………(304)

一、眼结膜炎…………………(304)　　　二、耳道化脓………………………(305)

第七节　维生素缺乏症………………………………………………………(305)

一、维生素 A 缺乏症 …………(305)　　　七、维生素 B_4 缺乏症 ……………(311)

二、维生素 D 缺乏症 …………(306)　　　八、维生素 B_6 缺乏症 ……………(311)

三、维生素 E 缺乏症 …………(307)　　　九、维生素 B_{12} 缺乏症 …………(312)

四、维生素 K 缺乏症 …………(308)　　　十、叶酸缺乏症……………………(312)

五、维生素 B_1 缺乏症 …………(309)　　　十一、维生素 C 缺乏症 …………(313)

六、维生素 B_2 缺乏症 …………(310)　　　十二、维生素 H 缺乏症 …………(313)

第八节　其他物质代谢障碍病………………………………………………(314)

一、钙磷代谢障碍……………(314)　　　四、尿湿症…………………………(316)

二、食毛症……………………(315)　　　五、黄脂肪病………………………(317)

三、白肌病……………………(315)

参考文献 …………………………………………………………………………(319)

绪　　论

　　毛皮动物,是指能够提供毛皮产品的动物。珍贵的毛皮动物,多属于野生或已人工驯化饲养的哺乳类,又称为毛皮兽。

　　毛皮动物从古至今都与人类的生活有着密切的关系。它为人类社会提供着广泛的用途。它不仅可供观赏、美化环境,还满足着人们精神和文化生活的需要,它的许多产品,如珍贵的毛皮、美味的肉食和名贵的药材等,都为人类提供了物质上的需要;某些珍稀毛皮动物又是大自然宝贵的历史遗产,因而更具有保存自然种源和基因库的作用,并具有一定的科学价值。然而,人类在没有充分认识保护野生动物的重要性时,滥捕滥猎、破坏毛皮动物生存环境,使得许多毛皮动物的数量大为减少,分布区域大大缩小,有些种类甚至濒临灭绝。为了保护珍贵毛皮动物资源,世界各国采取了有力措施,立法保护珍稀和濒临灭绝的野生动物种类。在加强野生资源保护的同时,对于有经济利用价值、能提供优良产品的种类,也逐渐进行人工饲养,进行企业化生产,毛皮动物饲养业这个新产业应运而生。

　　我国的毛皮动物饲养业是新中国成立后,遵照国务院"关于创办野生动物饲养业"的指示精神,于1956年开始的。从当时的以珍贵毛皮动物研究和饲养为对象,兴起、发展至今,已形成了新的毛皮动物饲养学科,并不断地迅猛发展。

一、发展毛皮动物饲养业的意义

　　毛皮动物的主要产品是毛皮,所以发展毛皮动物饲养业,首先可为人类提供丰富的产品,满足人们物质和文化生活的需要。毛皮动物产品多为稀有、珍贵的高档消费品,价值昂贵,所以养殖毛皮动物可增加出口创汇,促进农村多种经营,振兴农村经济。另外,毛皮动物养殖本身具有活体遗传基因库的作用,对珍贵、稀有毛皮动物的保护、利用和相关学科的发展具有重要的科学意义和学术价值。

(一)提供丰富的物质产品

　　毛皮动物的毛皮产品中绝大多数品质优良,具有光泽和保温防寒性能好、皮板结实、耐磨、轻便等特点,是制作上等裘皮服装、披肩、手套、皮帽、皮领的原料。人工饲养的毛皮动物不仅品种越来越多,而且产量越来越高,可提供大量优质毛皮,从而不再单纯依赖野生资源。如水貂皮、狐皮、貉皮等人工饲养的产量,已经超过或接近野生皮张的收购量,并在毛色和质量上优于野生种的皮张,更好地满足人们对裘皮这一高档消费品的需求。

人工饲养的毛皮动物除主要提供毛皮产品外,还可提供大量的肉类,成为人们所喜食的野味佳肴。许多毛皮动物的肉质细嫩,味道鲜美,如果子狸、海狸鼠等动物的肉,是上等山珍野味。貂肉、狐肉、貉肉在我国东北和南方诸省需求量较多。

我国传统的中药包括不少常用的动物药。人工饲养的毛皮动物,几乎都有医药价值。如水貂心与其他中药配伍,被制成"利心丸",治疗风湿性心脏病和充血性心力衰竭有显著效果;以水貂鞭为主药制成的三宝酒,可补肾壮阳;黄鼬肉焙焦研末,可解毒、利尿,对治疗淋巴结核、遗尿等有效;水獭肝可滋阴、补肝肾、止咳,对治疗虚劳、咳嗽、气喘、盗汗、夜盲等有效;狐心可镇静、安神,治癫狂;麝鼠所产的麝鼠香,经研究也已确定其主要成分和药理作用与麝香极为相似,将来可能成为天然麝香的代用品;狗獾油具有补中益气、清热解毒、润肠的功能,内服可治咯血、子宫脱垂,外用可治痔疮、烫伤、疥癣等;水貂油脂中含有多价不饱和脂肪酸,可以用作高级化妆原料,也对皮肤病、湿疹、职业性或接触性敏感症、火伤、头皮麻痒等有预防和治疗的作用。

(二)提供出口资源

我国参与国际贸易的大宗出口商品中,动物毛皮占有不小的比重。我国的"元、香、灰、艾"在国际裘皮市场上早就享有很高的声誉。我国的裘皮和裘皮制品畅销世界几十个国家和地区,赢得了外商信誉。现如今,我国已成为全球最大的裘皮制品加工国和出口国。

我国的毛皮贸易量连年快速增长,自 2002 年我国的毛皮进出口总额由过去的世界第六位跃居第三位之后,2004 年较 2003 年,全国的毛皮销售收入增长 36%,利润增长 60%;2004 年进口 3.3 亿美元,增长 54%,原料皮占进口总额的 98%,其中,熟皮占 54%,增长 52%;生皮占 44%,增长 61%。2004 年出口 19.8 亿美元,增长 123%,其中,服装占出口总额的 68%,增长 177%。2005 年前 5 个月,进口 1.35 亿美元,同比增长 20%,其中,熟皮占进口总额的 42%,生皮占进口总额的 56%;出口 3.9 亿美元,同比增长 37%。就连出口水平较低的 2009 年,我国的毛皮及制品(不含生毛皮)出口也达到 11.4 亿美元,同比增长 39.4%。

(三)繁荣农村经济

饲养毛皮动物是一项收入很高的经营项目。一般利润率在 30%~100%(按生产商品皮计算)。我国粮食、畜牧和水产品生产的稳步发展,使得产量大幅度提高,许多地方的农牧渔业产品或下脚料急需加工转化,为毛皮动物饲养业的发展提供了饲料资源。发展毛皮动物养殖,既有利于发掘当地的资源,发展多种经营,又有利于组织老弱闲散劳动力发展经济。

由于养殖毛皮动物收入高,许多省份和地区已把毛皮动物饲养业纳入国民经济计划,成为发展多种经营的好副业。

过去,我国的毛皮产品在国内的需求量很少,主要用于出口创汇,因此,我国的毛皮动物饲养业直接受国际毛皮市场制约。20世纪90年代以后,随着经济的快速发展,我国人民的生活水平普遍提高,高收入阶层带动了国内的毛皮消费,从而扭转了我国毛皮原料单一出口的局面,使我国迅速由毛皮原料出口国转变为毛皮产品消费国、毛皮原料进口国和毛皮产品出口国。

(四)加强野生资源保护,提高相关学科科技水平

我国对珍贵野生动物的保护,历来采取护、养、猎并举的方针。发展毛皮动物饲养业,实际上是贯彻和实施野生动物保护的一个重要措施。随着人工驯养毛皮动物种类的不断增加,必然使越来越多的珍稀品种,在人工饲养条件下得到保护和繁衍,从而起到保存自然种源和活体基因库的重要作用。

毛皮动物养殖和其他野生动物驯养,是近些年来新兴的和发展速度较快的一门新的学科,许多领域的研究已经跃入畜牧科技的先进行列。大力发展毛皮动物饲养业,必然对提高相关学科科技、学术水平,促进野生动物研究领域的科技进步起到促进作用。

二、毛皮动物饲养业的兴起与发展

(一)国外毛皮动物饲养业的发展

毛皮动物的人工饲养始于北美洲。早在1860年,加拿大的Dalton开始饲养捕捉来的野生银黑狐,并于1883年人工繁殖成功。1912年后,加拿大实行企业化生产,1924年终存栏数达34 000多只。此后,日本(1915)、挪威(1918)、瑞典(1924)、前苏联(1927)等国,先后从北美洲引种饲养。到1982年,丹麦年产狐皮11万张、芬兰160万张、挪威28万张,波兰年出口狐皮43万张。目前,世界狐皮年总产量约500万张。

水貂人工饲养业始于北美洲。1867年,美国人Charles首先在威斯康星州建立水貂饲养场,1882年饲养了150只水貂。第一次世界大战后,欧洲各国如德国(1926)、挪威(1927)、前苏联(1928)、瑞典(1930)、前南斯拉夫(1948)等国相继引种饲养,进而使得水貂饲养业迅速发展起来。1982年,丹麦生产水貂皮455万张、芬兰405万张、挪威77.5万张、美国440万张、加拿大140万张、前苏联1 100万张。目前,水貂皮国际市场每年贸易量约5 000余万张,仍畅销不衰。

紫貂、海狸鼠、麝鼠、毛丝鼠、艾鼬和貉的人工饲养则晚些,但都有自己的黄金时代。

海狸鼠原产于阿根廷、智利、乌拉圭等地。1882年,法国有人少量饲养。1921年阿根廷正式开始饲养。前苏联(1929)、日本(1931)相继从南美引种饲养。至1979年,阿根廷年出口海狸鼠皮达270万张,居世界领先地位;其次是波兰和前苏联。

　　毛丝鼠原产于阿根廷、智利、秘鲁等国,19 世纪开始成为高贵毛皮而流行。1899 年,有数千张毛丝鼠皮从原产地出口。1923 年底,美国一采矿工程师首次从南美捕获了 12 只野生毛丝鼠运到加利福尼亚进行笼养,美国和加拿大的毛丝鼠养殖业由此而发展起来。1973 年,加拿大有 450 个毛丝鼠饲养场,年产皮 1.2 万张,比 1972 年增加 50%。1976 年,丹麦有毛丝鼠饲养场 100 个、种鼠 3 100 多只;到 1981 年,饲养场增加到 119 个。1981 年,瑞典有毛丝鼠种鼠 1 500 多只。

　　世界上珍贵毛皮动物饲养业比较发达的国家有美国、加拿大、丹麦、瑞典、芬兰、比利时、意大利、阿根廷、英国等。

　　前苏联是毛皮动物饲养业发展较早的国家之一,出口的毛皮种类居世界首位,包括卡拉库尔羔羊、水貂、狐、紫貂、土拨鼠、海狸鼠、银黑狐、白狐、山猫、艾虎、松鼠、狼等 15 余种,还有著名的海豹皮和海狗皮。18 世纪中叶,俄罗斯北部地区的居民,把捕获的幼狐在家中驯养,到冬季时屠宰剥皮利用,但发展很缓慢。直至 1917 年,才仅有几处私人经营的小型养兽场。较大规模的企业型养兽场,是 1928 年开始组织起来的。迄今已发展到 170 个养兽场。毛皮动物中的最佳种——紫貂早已在国内繁殖成功,并实行企业化生产,年产紫貂皮 15 万张,在国际裘皮市场上处于垄断地位。水貂皮年产量约 130 万张,占世界总产量的 1/3,其中约有 35 万张供出口。蓝狐皮年产量超过 100 万张,其中出口 4 万~5 万张,占毛皮总出口额的 5%。红狐皮年产量为 10 万张,出口 2.5 万张。

　　丹麦的水貂饲养业始于 20 世纪 30 年代初。1928 年从挪威引进银狐,随之水貂、海狸鼠先后在丹麦逐渐发展。1940 年拥有种狐 5 063 只,水貂 3 223 只,海狸鼠 485 只,分布于 411 个饲养场。1940~1950 年,海狸鼠发展很快,种兽达 8 000 只。人工养狐发展较快,1984 年,种狐达 40 000 只。而水貂发展速度最快,成为该国饲养业的支柱,1950 年种貂约 24 000 多只,年产皮 14 万张;1984 年种貂已达 117 万只,年产皮 700 万张。目前丹麦全国有水貂养殖场 2 800 个,饲养种貂 240 万头,年产水貂皮 1 200 万张,是一个名副其实的养貂大国和养貂强国,多年来饲养总量基本稳定不变。饲养的主要品种有本黑、深咖啡、浅咖啡、银蓝、蓝宝石、红眼白、珍珠、黑十字等。群平均育成水平 4.5~5.5 只,种群质量处于国际先进水平,其中有些品种(MAHOGANY)处于国际领先水平,是全世界最大的水貂皮出口国。

　　美国的水貂饲养业始于 19 世纪末期,已有 100 多年的发展历史,目前全国有水貂养殖场 400 多个,饲养种貂 80 万头,年产水貂皮 400 万张,是一个名副其实的养貂业发达国家。近几年饲养总量呈逐年下降趋势。饲养的主要品种有世界著名的短毛黑貂、深咖啡、浅咖啡、铁灰、蓝宝石、红眼白貂、野生型水貂等。群平均育成水平 4.5~5.5 头,种群质量处于国际领先水平。美国威斯康星州养貂场是全世界唯一的无蝇貂场及 5 个无阿留申病的貂场之一。

　　芬兰毛皮动物饲养业始于 1916 年,从挪威引入银狐,1924 年开始饲养蓝狐,1930 年开始饲养水貂,同年进行了鸡貂的饲养,但几乎灭绝,以后于 1970 年又恢复起来;1970 年开始饲养芬兰貉。芬兰年产皮张 800 多万张,仅狐皮产量就占目前全世界狐皮总产量的 60%。其养狐历史与我国差不多长,最初 20 年其养狐业的发展也很缓慢,1973 年芬兰年产狐皮仅 15 万张,多数皮张长度在 90~95 cm,宽度仅 18 cm;20 世纪 80 年代以后发展迅速,狐皮的质量和产量跃居世界第一,1983 年芬兰年产狐皮 180 万张,到 1987 年达到 300 万张。当然国际裘皮市场的剧烈波动也对其造成过影响,不过没有出现像我国 20 世纪 80 年代末那样的致命伤。全芬兰的毛皮动物养殖场虽然由 20 世纪 80 年代中期的 5 600 多家减少到目前的 2 000 多家,但皮张产量没有大幅度减少,20 世纪 90 年代中期仍保持在 250 万张的狐皮年产量。

1935 年,阿根廷驻美商务参赞首次将水貂引进阿根廷(1 公 2 母),创建养貂场。之后,该场还引进了蓝狐、银狐、臭鼬和海狸鼠,是阿根廷十大养貂场之一,1935~1950 年拥有种母貂 250 只,1960 年为 3 500 只,1970 年为 4 700 只,80 年代为 6 200 只。

挪威约有 400 个饲养场,1987 年共生产貂皮 43 万张(占世界产量的 10%)、银黑狐皮 20 万张、彩狐皮 40.5 万张(22 万张灰雾色型)。

加拿大的养狐业从 1894 年饲养银黑狐开始。1924 年又从挪威引进蓝狐。20 世纪 70 年代末是加拿大养狐业的鼎盛期。1981 年,政府取消饲养者的国家补贴,影响了养狐业发展,部分饲养者缩小饲养规模或停办,少数饲养场迁到美国。加拿大的狐皮主要在国内消费。银狐皮平均 130~150 美元/张,比蓝狐皮高 1 倍。20 世纪 80 年代末,该国有 6 万只种狐,大部分是银狐、彩狐,其余是蓝狐,年取皮 25 万张左右。

波兰 1977 年饲养种狐 105 400 只、母貂 73 200 只,母海狸鼠 174 500 只。1978 年共收购狐皮 36 万张、貂皮 13 万张、海狸鼠皮 18.9 万张。其中以海狸鼠发展最快,年收购 17 万张以上。毛皮及制品(80% 的狐皮和水貂皮、25% 的海狸鼠皮)主要供出口。

日本于 1953 年由美国引种开始养貂,发展十分迅速,约 90% 的饲养场集中于北海道。通过育种,培育了许多品种。目前,饲养水貂色型有蓝宝石色、蓝霜或银紫、紫罗兰、深银色、黑蓝色、黑十字、银蓝、银蓝十字、珍珠色等。饲养数量最多的是蓝色系水貂,约占 50%。

(二)我国毛皮动物饲养业的发展

我国珍贵毛皮动物饲养业始于 20 世纪 50 年代。1956 年开始,从前苏联引进水貂 50 只,随后又引进银狐、蓝狐、狸獭等毛皮动物,分别在黑龙江、吉林、辽宁、河北、北京等地建场饲养。1957 年,又对产于我国的珍贵毛皮动物,如紫貂、貉等进行引种和驯养繁殖,同时进行科学研究。初期由于缺乏经验和科学的技术指导,饲养成本高而生产水平较低,但发展较快。1956 年,全国仅有 5 个饲养场,而至 1958 年底已经发展到 72 个。1956 年,我国成立了吉林省特产研究所(即现在的中国农业科学院特产研究所),开展野生动物驯养等科学研究工作;1958 年,成立了吉林特产学院(现为吉林农业科技学院),以后又有东北林学院(现为东北林业大学)等一些农业院校相继设立了野生动物或特种经济动物专业,培养了野生动物饲养及管理专业人才。1957年,外贸部在中国土产畜产进出口总公司设立了全国毛皮动物饲养业的领导机构,使全国毛皮动物饲养业逐渐走上兴旺发展之路。

1962 年,由于三年自然灾害的影响,根据中央"调整、巩固、充实、提高"的方针,全国养兽场(点)适当地进行了调整和集中,在饲养种类上减少了狐和海狸鼠的饲养量,重点发展水貂养殖。1965 年,在辽宁省金县召开了全国水貂生产会议,总结了1956～1964 年初建毛皮动物饲养业的成绩和经验教训,肯定了重点发展水貂饲养的现实意义,制订了"国营饲养与集体饲养并举,以集体饲养为主"的发展方针。自此以后,我国的毛皮动物饲养业又开始了新的迅速发展。至 1978 年,全国已有水貂饲养场 2 000 多个、存栏种貂 20 余万只,年产水貂皮 75 万张。

改革开放以后,实行了新的农村经济政策,大大刺激了毛皮动物饲养者的积极性,饲养数量达到过去的几倍,甚至几十倍,再次兴起毛皮动物饲养热。而且,随着水貂饲养业的迅速发展,其他种类的毛皮动物也相应地发展起来。20 世纪 70～80 年代,我国先后从美国、加拿大、英国、日本、韩国、朝鲜、前苏联、丹麦、德国、阿根廷等国引进水貂、银狐、蓝狐、麝鼠、海狸鼠、毛丝鼠等名贵毛皮动物良种,并广泛饲养于全国各地。1988 年我国水貂养殖量达 300 万只,年取皮量约 500 万张,占世界水貂皮产量的 10% 左右。貉的养殖在 20 世纪 70 年代由于国际市场需求的增加,发展非常迅速,到 1988 年全国人工饲养种貉数量已达 30 多万只,年产貉皮近 100 万张,成为世界养貉第一大国。1990 年以后,在部分沿海地区,海杂鱼价格很低,山东、河北、辽宁等沿海地区由于饲料资源优势,毛皮动物饲养业的发展非常快,特别是狐养殖,在部分地区几乎是每家每户都饲养,成为地方经济发展的支柱。仅山东省狐的饲养量在 2003 年就达到 600 万只。

但从 1989 年开始,我国的毛皮动物饲养业又出现了跌宕起伏。1993 年末国内毛皮动物饲养量减少 70%,仅水貂皮就从 1989 年的 4 300 万张降至 1 800 万张。经历了这一低谷期后开始复苏。但到 1998 年,受亚洲金融危机的影响,毛皮动物饲养业再次陷入低谷。直到近些年,逐渐走出低谷。当前我国三大主要毛皮动物貂、狐、貉的年饲养总量已达 6 000 万只,其中水貂 2 100 万只、狐狸 2 600 万只、貉 1 300 万只,主要分布在山东、河北、辽宁、吉林、黑龙江、北京、天津、内蒙古、山西等地,其中山东、河北和辽宁养殖数量占全国饲养量的 70% 左右。吉林、黑龙江毛皮动物饲养业发展也非常迅速,利用我国东北地区气候寒冷的天然优势,生产优质毛皮动物,具有明显的市场竞争力。

总之,我国毛皮动物的养殖受国际毛皮市场价格的影响很大,在几十年的发展过程中呈现起伏变化,但总的趋势是饲养总量增加迅速。随着我国经济的发展和毛皮动物养殖技术水平的提高,特别是重大疾病防控能力的提高,我国毛皮动物饲养业必将呈现良性发展和快速增长的态势。

三、毛皮动物饲养与疾病防制的研究内容与特点

毛皮动物饲养与疾病防制是研究具有一定经济价值毛皮动物的繁殖、饲养管理及疾病防制的一门应用学科。

我国珍贵的毛皮动物种类和资源极其丰富,除了我国固有的紫貂、貉、赤狐、黄鼬、水獭、小灵猫、果子狸、猞猁、云豹、河狸10余种毛皮动物外,还有从国外引入的水貂、银黑狐、北极狐、海狸鼠、麝鼠、毛丝鼠、欧洲艾鼬、彩狐8种,这些都是宝贵的毛皮动物资源。在本书中,不可能对所有有经济价值的毛皮动物都一一叙述,而是以当前国内繁殖饲养数量最多,并有一定养殖前途的毛皮动物为主要对象,重点加以研究和阐述。主要介绍水貂、狐和貉的饲料利用、饲养场建设、饲养管理、繁殖技术与疾病防制等理论知识。

对于这些毛皮动物,基本都属于半家化的野生动物,其饲养与家化的家畜相比有许多不同的特点。

第一,毛皮动物饲养是一项新兴的产业和学科。毛皮动物饲养与疾病防制同时也是一门应用边缘学科,在不断地形成和发展中。它与多门学科有着直接或间接的联系,尤其与动物形态学、行为学、生态学、营养学、解剖生理、生物化学、遗传育种、疾病防制等学科密切相关。

第二,毛皮动物饲养有其自身的规律和特点。毛皮动物饲养与家畜不同,通常情况需要从引种、驯化开始,逐渐过渡到人工饲养、繁殖、育种、产品生产的过程。由于毛皮动物种类繁多,生物学特性各异,故而体现出许多各自不同的规律和特点。必须针对这些不同的规律和特点,采取相应的技术措施,才能达到人工驯养的预期目的。

第三,毛皮动物饲养技术季节性强。毛皮动物中除少数草食性动物属一年多胎繁殖外,绝大多数的食肉类毛皮动物均一年繁殖一胎,其繁殖周期有明显的季节性变化规律。毛皮动物的主要产品毛皮的生长和成熟,也直接受到季节性变化的影响。因此,毛皮动物周期饲养过程中,技术环节性特别强,前一个生物学时期为后一个生物学时期奠定基础和条件。所以任何一个技术环节失误,都会造成全年不可挽回的经济损失。

第四,毛皮动物饲养风险性大。毛皮动物生产开始投入较多,如种兽的价格昂贵,建筑材料量大,在不能确保繁殖正常和产品质量优良的情况下,将出现较大亏损,但在正常生产条件下,回收和周转较快。近些年的市场大起大落就验证了毛皮动物饲养是个大赔大赚的产业,风险性大。种兽和产品的质量、生产水平、饲料成本和疫病防制,是影响风险性的主要因素。因此必须通过周密的计划和科学的管理,来减少其风险。

第五,毛皮动物饲养信息性强,毛皮动物的生产必须与其产品市场流通相匹配。由于市场行情的多变性,要求所饲养的品种和色型随时与市场的流行性相适应。我国目前毛皮动物产品受国际市场的影响较大。所以,发展毛皮动物饲养业一定要注意掌握市场变化情况,才能有稳定和持久的经济效益。

第一篇

毛皮动物饲养概论

第一章 毛皮动物生物学特性

第一节 水貂的生物学特性

一、分类与分布

水貂(mink)在动物分类学上属于哺乳纲、食肉目、鼬科、鼬属,是小型珍贵毛皮动物。水貂原产于北美洲。世界上现有美洲水貂(*Mustela vison*)和欧洲水貂(*Mustela lutreola*)2 个种。二者在外形上的区别是,美洲水貂尾较长,毛色黑褐美观,颌下白斑较小;欧洲水貂尾较短,毛色较深,颌下白斑较大。美洲水貂主要分布在北美洲的阿拉斯加到墨西哥湾,拉布拉达到加利福尼亚以及俄罗斯的西伯利亚等地区。美洲水貂共 11 个亚种,其中经济价值较高与家养水貂关系最密切的有阿拉斯加貂(*M. v. vison*)、几奈貂(*M. v. melampepushe*)、东方貂(魁北克貂,*M. v. ingens*)3 个亚种。欧洲水貂主要分布在法国西海岸,经欧洲进入乌拉尔高加索及西伯利亚西部的鄂毕河流,从鄂霍茨克到日本海及白令海岸。

水貂的自然分布区主要集中在北纬以北的高纬度地区。自然条件下,北回归线以南地区,水貂不能正常繁殖。在长期的自然选择过程中,水貂对高纬度地区的自然光周期产生适应性,并遗传下来。

二、形态特征

(一)外部形态

水貂外形与黄鼬十分相似。体躯细长,头小,颈部粗短,耳壳小,四肢短,趾端有锐爪,趾间有微蹼,尾细长,尾毛蓬松,肛门两侧有 1 对骚腺,用于逃脱天敌。成年公貂体长 38～45 cm,尾长 18～22 cm,体重 1.8～2.5 kg;成年母貂体长 34～38 cm,尾长 15～17 cm,体重 0.8～1.3 kg。水貂皮是一种珍贵的细皮,毛绒丰厚、致密、富有光泽,皮板柔韧轻便。因美洲水貂毛色美观,故世界各国人工饲养的均为美洲水貂的后裔。

(二)毛色特征

野生水貂多为浅褐色或深褐色。在人工饲养条件下,笼养水貂毛色加深,变为黑褐或深褐色,通常称为标准色水貂。目前,通过变异和人工分离,已培育出灰色、米黄色、咖啡色、蓝色、棕色、白色、琥珀色等十几种色型的水貂,通常称为彩色水貂。

三、生态特征

(一)栖息地

野生水貂多穴居于林溪边、浅水湖畔、冲毁的河床等有水的环境中,利用天然洞穴营巢,巢洞长约1.5 m,巢内铺有羽毛和干草,洞口则开在设有草木遮盖的岸边或水下。冬季,喜在冰洞或不结冰的急流暖水一带活动栖息。

(二)食性

水貂以肉食为主,主要捕食小型啮齿类、鸟类、爬行类、两栖类、鱼类等动物,如鼠、兔、蛙、鸡、蛇、鱼虾、鸟卵以及某些昆虫。其食物种类随季节变化而变化,冬、春两季多以兔、鼠及其他哺乳类小动物为主;夏、秋季多以兔、蛙、蛇及昆虫为主。水貂有贮藏食物的习性,常贮有雉鸡蛋、鸟类、麝鼠、花纹蛇等。水貂还特别喜欢水,不仅是饮用,最主要的是在水中嬉戏,夏季尤其喜爱戏水。

(三)活动规律

水貂多在夜间活动和觅食,听觉、嗅觉灵敏,活动敏捷,善于潜水和游泳,性凶猛,攻击性极强。水貂性情孤僻,除雌雄交尾和母貂哺育仔貂期间外,其余时间多散居或单独活动。其天敌较少,只有少数猛禽、猛兽,如狐狸、猫头鹰、野狗、水獭等。

(四)繁殖特点

水貂在野生条件下是季节性繁殖的动物,每年只有1个繁殖季节,9~11月龄性成熟,2月末至3月上旬交配,4月下旬至5月上旬产仔,年产1胎,每胎产仔5~6只。人工饲养条件下,8~9月龄性成熟,当年育成的种貂,第二年春季就可配种。水貂自然寿命为12~15年,可繁殖的年限为8~10年,在人工饲养条件下,种貂一般利用3~4年。季节性换毛,每年春季和秋季各换毛1次。

水貂不喜接近异种动物,公、母貂只在2~3月份的交配季节相会。达成交配后,公貂离开母貂,母貂则往往寻找一个靠近河流的洞穴筑巢、产仔。仔貂长到2月龄时开始独立生活。

四、光照与水貂繁殖周期和换毛的关系

水貂祖先原产地是北纬40°~50°的高纬度地区,其新陈代谢、生长发育、生殖和换毛等生理活动,尤其是生殖和换毛,与高纬度地区光周期变化规律密切相关。高纬度地区的光照时数的季节性变化,成为水貂生殖和换毛的主要信息和必要条件,一年

中水貂由非繁殖期转化到繁殖期,必须经短日照条件向长日照条件明显过渡。水貂的繁殖和换毛与高纬度地区日照依存关系的特性,通过漫长的自然选择,再经过遗传而成为固定下来的一种适应性。换言之,日照周期的变化已成为制约水貂生殖周期和换毛周期最主要的外界环境因素。

(一)光照周期及其变化规律

地球有规律地自转和公转,决定了每一地区每年的日照时间呈最恒定、最有规律的周期性变化:在春分和秋分时,昼夜时间相等,都是 12 h,昼夜时间差为零。除春分和秋分外,不同纬度地区在同一天,不仅有不同的昼夜时差,而且有日照时间的纬度时差。高纬度地区日照时间或昼夜时间差变化幅度大,而且急剧;低纬度地区日照时间或昼夜时间差变化幅度小,而且缓慢。以夏至为例,北纬 45°地区日照时数为 15 h 36 min,昼夜时差为 7 h 12 min;北纬 20°地区,日照时数为 13 h 20 min,昼夜时差为 2 h 40 min;两地昼夜时差相差 4 h 32 min。不同纬度地区光周期的变化见图 1-1。

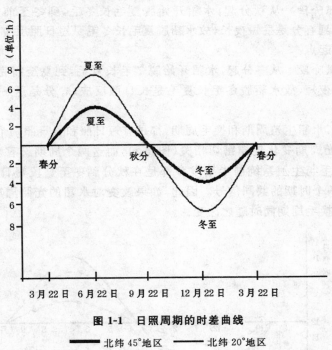

图 1-1　日照周期的时差曲线

—— 北纬 45°地区　　—— 北纬 20°地区

(二)光照周期与水貂生殖周期和换毛的关系

1. 光照周期与生殖周期的关系

(1)短日照阶段　从秋分起,水貂生殖系统开始发育,在冬至前的 90 d,发育速度缓慢。从冬至起,生殖系统发育加快,到春分前的 20 d 左右发育成熟,并开始进行配种。因从秋分到春分的 180 d 是昼短夜长,故水貂生殖系统的发育和配种是短日照反应,秋分则是这一过程的信号和起点。在这期间,昼夜时差必须有较大的变化幅度,才能使生殖系统正常发育成熟。昼夜幅度变化幅度太小,必然会减缓生殖系统的发育。如在北纬30°以上地区,冬至的昼夜时差为 3 h 47 min 以上,生殖系统能正常发育成熟。在北纬20°地区冬至的昼夜时差为 2 h 10 min,生殖系统的发育明显缓慢,以致出现发情紊乱等交配障碍。如果改变此时的日照周期,生殖系统的发育也必然随之改变。

(2)长日照阶段　从春分起,母貂依次进入妊娠、分娩、泌乳阶段。从春分起,则是胚胎着床、胎内发育和胎后发育最快的阶段,到秋分结束。因从春分到秋分的180 d是昼长夜短,故水貂妊娠、分娩、泌乳、胎内发育和胎后发育都是长日照反应,春分是这一过程的信号和起点。在这期间,昼夜时差也必须有较大的变化幅度,才能使水貂妊娠和发育正常。昼夜幅度变化幅度太小,必然会阻碍母貂妊娠和后代发育。如果改变此时的日照周期,母貂妊娠和后代发育也必然随之改变。

2. 光照周期和换毛周期的关系

(1)短日照阶段　从秋分起,水貂开始脱夏毛长冬毛,到冬至前需 80～90 d 完成。因从秋分到春分是昼短夜长,故水貂脱夏毛长冬毛是短日照反应,秋分则是这一过程的信号和起点。

(2)长日照阶段　从春分起,水貂开始脱冬毛长夏毛,到夏至前完成。因从春分到秋分是昼长夜短,故水貂脱冬毛长夏毛是长日照反应,春分是这一过程的信号和起点。

综上所述,水貂生殖周期和换毛周期,都是有短日照和长日照两个阶段交替循环往复的,即与光周期变化规律密切相关(图 1-2),而这两个周期又有着密切的联系:即脱夏毛长冬毛与生殖系统前半期发育都是在秋分到冬至这段短日照条件下进行的,秋分是这两个时期的共同信号。因此,如果改变对水貂的光照周期,必然会导致其生殖周期和换毛周期同时随之改变。

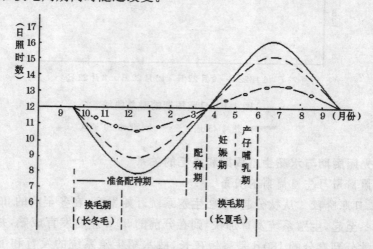

图 1-2　水貂繁殖、换毛周期与光周期的关系

3. 光周期变化影响生殖和换毛周期的生理机制　光照作用的机制尚不十分清楚。但目前的研究普遍认为,光照刺激是通过神经系统传导的途径,引起腺垂体、肾上腺、甲状腺、松果腺等腺体激素分泌量的变化,制约和调节水貂的生殖与换毛周期。

水貂的光感受器是视网膜。人工造成视觉缺失的水貂,也存在着换毛周期,并能发情、交配、妊娠与产仔,但胚泡着床期明显延长。长期饲养在完全黑暗或持续光照环境中的水貂,虽然生殖失败率高,换毛也不规则,但仍有个别水貂能产仔换毛。因此推测水貂可能还存在一个除视网膜外的光感受器,或者是在光照条件改变后产生了变异。

腺垂体在光周期诱发水貂的生殖过程中起重要作用,光照变化的刺激通过视网膜的神经途径达于下丘脑,使下丘脑产生和分泌促卵泡生成激素释放激素(FRH)和促黄体生成激素释放激素(LRH)。FRH 和 LRH 通过垂体门脉系统传至垂体前叶,引起促卵泡激素(FSH)和促黄体生成激素(LH)的分泌,FSH 和 LH 以不同的量和严格的比例,调节性腺的内分泌活动,从而控制生殖器官的周期性变化。切除垂体则性腺萎缩,使水貂丧失生殖功能。

腺垂体在控制水貂的换毛周期中也起着重要作用。腺垂体通过肾上腺皮质和甲状腺来抑制或促进毛的脱换与生长发育。切除垂体,水貂就失去正常的换毛周期,出现一系列不同步的脱毛和脱毛后的典型冬毛再生。但如果给予促肾上腺皮质激素(ACTH)或黑色细胞刺激素(MSH),可激发水貂的夏毛生长发育,水貂用 ACTH 处理,则正常春季换毛及拔毛后的再生均受到抑制。甲状腺能促进毛囊的正常发育,切除甲状腺则脱毛或毛的再生受到抑制。因此,光照作用可通过下丘脑—腺垂体—肾上腺皮质和甲状腺系统的作用,控制毛的脱换和生长发育。缩短光照,可抑制下丘脑分泌促肾上腺皮质激素释放激素(CRF),同时使促甲状腺激素释放激素(TRF)的分泌增加,使垂体 ACTH 的分泌量下降,促甲状腺素(TSH)增加,血浆中皮质醇含量减少,而甲状腺素却保持较高水平,促使夏毛脱掉,冬毛生长发育。反之,延长光照,则刺激下丘脑分泌 CRF,使垂体分泌 ACTH 增加,通过肾上腺皮质激发夏毛的生长。

松果腺可能参与光周期变化对生殖与换毛周期的影响。切除松果腺,水貂虽能生殖与换毛,但对人工改变光周期失去反应。松果腺中含有羧基吲哚-O-甲基转移酶(HIOMT),它能把 5-羧色胺转化为黑色素紧张素。这种激素能抑制腺垂体分泌 FSH 和 LH,因而间接地抑制了性腺活动。延长光照时间可使黑色素紧张素的产生和分泌增加,缩短光照时间则减少。

五、人工培育的水貂品种

(一)标准貂系列

1. 金州黑色标准水貂　是以美国水貂为父本,丹麦水貂为母本,历时 11 年(1988~1998 年)培育出来的品种,并于 2000 年 5 月通过农业部畜禽品种审定委员会审定,确定为水貂新品种。其具有如下特点。

(1)体型硕大 成年公貂体重 2.46 ± 0.22 kg,体长 47.6 ± 1.8 cm;成年母貂体重 1.14 ± 0.12 kg,体长 40.2 ± 1.8 cm。体躯略疏松,体型丰满而略粗犷。

(2)毛绒品质优良 毛色深黑,背腹毛色一致,下颌无白斑,全身无杂毛,光泽感强。背、腹部毛绒长度差别不明显,公貂背、腹部针毛长度分别为 21.2 ± 0.9 mm 和 19.4 ± 0.2 mm,母貂背、腹部针毛长度分别为 20.7 ± 1.1 mm 和 17.9 ± 1.9 mm;公貂背、腹部绒毛长度分别为 13.3 ± 1.0 mm 和 10.1 ± 0.8 mm,母貂背、腹部针毛长度分别为 12.5 ± 0.9 mm 和 9.3 ± 0.7 mm。针、绒毛的长度比例适中($1:0.71$),针毛平齐光亮,绒毛丰厚柔软。甲级皮率公貂为 89.09%、母貂为 90.38%。

(3)幼貂生长发育快 仔、幼貂 60 日龄前与亲本同期的生长发育大体相似,60 日龄以后体躯发育明显加快,一直至 180 日龄均高于双亲的同期。

(4)繁殖力高 公貂利用率 90% 以上,母貂受配率 97% 以上,产仔率 85% 以上,胎平均产仔数 6.23 ± 0.29 只。仔貂成活率 90% 以上,群平均育成数 4.59 ± 0.19 只,均明显高于双亲。

(5)遗传性稳定 金州水貂的体重、体长、胎产仔数、群平均育成数、针绒毛长度等主要经济性状的变异系数,均已稳定在较小的变异范围内。其体重遗传力为 0.66(亲子回归),体长遗传力为 0.35(亲子回归),证明其遗传基础基本一致和稳定。

(6)适应性强 近年来金州水貂场已向黑龙江、山东、吉林、河北、江苏、北京、山西、宁夏等地输送良种近 3 万只。这些省、自治区、直辖市饲养环境差异很大,但其繁殖、幼貂生长发育、毛绒质量都保持和发挥了金州黑色标准水貂的良种特点,体现了很强的适应性。

2. 美国短毛漆黑色水貂 1997 年我国从美国引入了大体型短毛黑水貂,现在中国农业科学院特产研究所和辽宁大连金州饲养场已风土驯养成功并获得了较优良的后代。其特点是毛皮呈深黑色,针、绒毛平齐、光亮,长度接近一致,毛皮很像獭兔皮,背腹毛颜色、质量基本一致,肉眼很难区分,是理想的优良品种。体躯紧凑,体型清秀。抗病力及适应性强,繁殖力高。鼻、眼部色泽深,皮层内色素聚集,刚出生的水貂容易与其他标准貂区别。体重略小于金州黑色标准水貂,但针绒毛色更黑,针毛较短而更加平齐光亮。一般成年公貂体重 1 800～2 500 g,母貂体重 800～1 300 g。繁殖力强,每胎产仔 5～8 只,群平均断奶成活 4 只以上。当年幼貂年终 12 月初取皮,公貂皮均在 71 cm 以上,母貂皮均在 53 cm 以上。

3. 加拿大黑色标准水貂 体型与美国短毛漆黑色水貂相近,但毛色不如美国短毛漆黑色水貂深,体躯较紧凑,体型修长,背腹毛色不大一致。

4. 丹麦标准色水貂 与金州黑色标准水貂体型相近,疏松型体躯,毛色黑褐,针毛粗糙,针、绒毛长度比例较大,背腹毛色不尽一致,但适应性强,繁殖力高。

(二)丹麦棕色貂系列

有丹麦浅棕色貂和丹麦深棕色貂 2 种。丹麦浅棕色貂体型较大,针毛颜色呈棕褐色,绒毛呈浅咖啡色,活体颜色较深,棕色鲜艳。丹麦深棕色貂是1998年从丹麦引进,在黑暗环境下与黑褐色水貂毛色相似,但在光亮条件下,针毛呈黑褐色,绒毛深呈咖啡色,且随光照角度和亮度不同,毛色也随之变化,其毛色属国际市场的流行色。

(三)彩色水貂系列

是黑褐色水貂的突变型。其毛色来自将近30个突变基因和这些基因的各种组合。到目前为止,水貂毛色基因的组合型已达到100余种。彩色水貂多数色泽鲜艳、绚丽多彩,有较高的经济价值,世界各国都在努力繁育和发展。根据其色型主要分为咖啡色水貂系列、蓝色水貂系列、黄色水貂系列、白色水貂系列、黑十字水貂系列等。根据其基因的显、隐性可分为隐性突变型、显性突变型和组合型等。现将主要的色型分述如下。

1. 隐性突变型

(1)灰蓝色系　主要有银蓝色貂、钢蓝色貂和阿留申貂。

①银蓝色貂　又称铂金色、白金色貂,是最早(1930年)发现的突变种。被毛呈金属灰色,深浅变化较大,两肋常带有霜状的鼠灰皮色而影响其品质。体躯疏松,体型较大,被毛较粗,繁殖力高,适应性强,是国内普遍饲养的常见色型,在彩色水貂的组合色型上占有重要地位。

②钢蓝色貂　其基因型由银蓝色的复等位基因组成,比银蓝色深,近于深灰,色调不匀,品质不佳。

③阿留申貂　又称青铜色、青蓝色、枪钢色貂。体型清瘦,被毛呈深灰色,针毛近于青黑色,绒毛为浅蓝色,毛绒短平美观。体质较弱,抗病力差,阿留申病感染率高,但其隐性突变的基因在育种上有很重要的价值。培育组合色型水貂时常用此种貂,如蓝宝石貂、东蓝色貂等。

(2)浅褐色系　主要有褐眼咖啡色貂、米黄色貂、索克洛特咖啡色貂和浅黄色貂。

①褐眼咖啡色貂　又称烟色貂;呈浅褐色,体型较大,体质较强,繁殖力高,但有部分歪颈。

②米黄色貂　被毛色泽由浅棕色至浅米黄色,眼呈粉红色,体躯疏松,体型较大,美观艳丽,繁殖力强,为我国饲养较多的色型。培育组合型彩貂时用此貂。

③索克洛特咖啡色貂　同褐眼咖啡貂色相近,被毛呈浅褐色或深褐色,体型较大,繁殖力高,被毛粗糙。因其有3个复等位基因,故在组合色型上很有价值。东蓝色貂(Winterbin)、玫瑰色貂(Rose)、红眼白貂(Regal white)等组合色型貂都具有咖啡色水貂基因。

④浅黄色貂　被毛色泽由极浅的黄褐色至近似咖啡色,色泽艳丽,繁殖力和抗病力均较差。

(3)白色系　主要有黑眼白色貂和白化貂。

①黑眼白色貂　又称海特龙貂。被毛呈纯白色,眼呈黑色,被毛短齐。母貂耳聋,公貂配种力弱,繁殖率低。

②白化貂　被毛呈白色,但鼻、尾、四肢等部位呈锈黄色,眼畏光,被毛的纯白程度不如黑眼白貂。

2. 显性突变型　此类水貂的后裔,在白色、白斑、针绒毛组合等方面均与亲本相似。

(1)银紫色貂　又称蓝霜色貂。被毛呈灰色或蓝色,腹部有大白斑,四肢和尾尖白色,白针散布全身,绒毛由灰至白。其皮张售价很低,生产上没有多大饲养价值。

(2)黑十字貂　毛色特征为黑白两色相间,黑色毛在背线和肩部构成明显的黑"十"字图案,毛绒丰厚而富有光泽,针毛平齐,针、绒毛层次分明,毛皮成熟较早,11月中下旬可取皮。体侧混杂有较多黑色毛,整个毛色图案新颖美观。生产性能良好,群平均成活 4.5 只左右,成年公貂体重 1 800～1 900 g,体长 45.2±0.94 cm;成年母貂体重 850～950 g,体长 38.2±0.79 cm。黑十字水貂是黑褐色水貂的显性突变型,有 2 种基因型和表现型:

①纯合型　个体能够正常成活,身躯被毛呈白色,头顶和尾根有黑色毛斑,肩背和体侧有散在黑针毛。它是很好的育种材料,可与标准貂、咖啡貂、银蓝貂、蓝宝石貂、米黄貂等杂交,从中分离出相应的十字貂。辽宁大连金州饲养场已利用其与彩貂杂交,培育出了彩色十字貂。

②杂合型　肩背部有明显黑"十"字图样,其余部位毛色灰白,少有黑针。但个体之间有较大的变异幅度。

黑十字水貂的毛皮质量,毛色占有很重要的地位,毛色要求是"十"字图案较为规整、美观,其他部位的黑毛数量和分布不宜过多。在选育时要严格选择典型黑十字毛色的水貂,黑毛过多或"十"字形毛色图案不明显的不能留种。

(3)彩色十字色　由黑十字水貂与彩貂杂交选育而成。其基本毛色是在各种彩貂颜色的基础上,头、背部兼具十字貂的黑褐色色斑。

3. 组合色型

(1)蓝宝石色貂　又称青玉色貂,由银蓝和青铜 2 对纯合隐性基因组成。被毛呈浅金属灰色,近似天蓝色,毛皮质量优良。体躯紧凑,体型清秀。公貂体重 1 850±85 g,体长 43.2±2.3 cm;母貂体重 1 020±63 g,体长 36.1±1.8 cm,其生活力、繁殖力较低。

(2)银蓝亚麻色貂　由银蓝和咖啡 2 对纯合隐性基因组成。被毛为灰色,眼呈深褐色。

(3)芬兰黄玉色貂　由褐眼咖啡和索克洛特咖啡 2 对纯合隐性基因组成。被毛为浅褐色,眼呈深褐色。

(4)珍珠色貂　由银蓝和米黄 2 对纯合隐性基因组成。被毛为极浅的棕色或棕灰色,眼呈粉红色。体躯、体型同米黄色水貂。

(5)丹麦红眼白貂　又称帝王白,1998 年由丹麦引进,由咖啡和白化 2 对纯合隐性基因组合而成。被毛为白色,眼呈粉红色。繁殖能力比黑眼白貂高,胎平均成活 4

只。体型较大,针毛短平齐,成龄公貂体重 2 135±72 g,体长 44.9±1.5 cm;成龄母貂体重 1 100±59 g,体长 38.3±2.1 cm。我国 20 世纪 60 年代初曾引入少量饲养,后经中国农业科学院特产研究所培育成适应我国饲养条件的彩貂良种,1982 年被鉴定和命名为"吉林白水貂"。吉林白水貂的生产性能与宗祖貂比较,在适应性、繁殖力、抗病性等方面都有明显的提高,能适应寒冷气候和鱼类饲料,在相同的饲养条件下,生长速度快于黑褐色标准貂。

(6)冬兰色貂　由银蓝、青铜和咖啡 3 对隐性基因组成。被毛为浅棕灰色,眼呈粉红色。

(7)紫罗兰色貂　由银蓝、青铜和莫伊尔浅黄 3 对隐性基因组成。被毛呈稍浅或稍蓝的浅灰色。

(8)粉红色貂　又称红岩色貂,是 4 对纯合隐性突变型基因的组合色型。被毛呈很浅的珍珠色,带粉红色调,眼呈红色。其毛皮颇受欢迎。

(9)玫瑰色貂　由咖啡、索克洛特、米黄 3 对纯合隐性基因加 1 对银紫貂色基因组成。被毛呈淡玫瑰色,其毛皮价格高于标准水貂,是近年来水貂育种的新成果。

六、水貂的经济价值

(一)水貂皮

水貂皮因其毛细密、平齐,光泽性好,富有弹性,板质坚韧轻柔,而素有裘皮之王的美称,是世界裘皮市场的当家品种,售价昂贵。貂皮可制作高档的裘皮大衣、皮领、帽子等,具有保暖、轻柔、华丽、穿着舒适等特点。

(二)水貂副产品

1. 貂心　具有很高的药用价值。中国农业科学院特产研究所制药厂以貂心为主要原料,配以其他中药而生产的利心丸,对治疗风湿性心脏病、充血性心力衰竭有独特疗效。

2. 貂鞭　用貂的睾丸和阴茎(貂鞭)制成的药酒,具有滋补壮阳的功效。

3. 貂油　含有丰富的不饱和脂肪酸,除食用外,现已成为制作高级化妆品和香皂的原料。

4. 貂肉　营养丰富,蛋白质含量可与鸡肉媲美,是一种具有独特风味的野味佳肴。另外,貂肉还可作为狐、艾虎、貉等毛皮兽的饲料。

5. 貂粪　是农作物的优质肥料。处理后的貂粪还可用来喂猪。

6. 其他副产品　水貂的内脏如肝脏、内分泌腺等可提取后加工制药。但还需进一步研究利用。

总之,水貂全身是宝,经充分利用可以增加收益,提高经济价值。

第二节　狐的生物学特征

一、分类与分布

　　狐,俗称狐狸(fox),属于哺乳纲(Mammalia)、食肉目(Carnivores)、犬科(Canidae)。人们所说的狐狸是所有狐的总称。目前,世界上人工饲养的狐狸主要有银黑狐、北极狐和赤狐等40余种不同的色型,它们分属于2个不同的属,即狐属和北极狐属。

　　(一)狐属动物

　　世界上现存9种狐狸,其中赤狐、沙狐、藏狐3种分布于我国。

　　1. 赤狐(*Vulpes vulpes*)　又称草狐、红狐,是狐属中分布最广、数量最多的一种,在我国分布着如下5个亚种。

　　(1)蒙新亚种(*Vulpes vulpes karagan*)　毛色较淡,呈草黄色,背部、颈部及双肩部呈锈棕色,腹部呈白色。分布于我国北部草原及半荒漠地带,包括内蒙古中部、陕西、甘肃、宁夏北部以及新疆北部。

　　(2)西藏亚种(*Vulpes vulpes montana*)　被毛赤红至棕黄色,略染黑色、银白色调,尾毛黑色较深。主要分布于西藏及云南西部,可能新疆南部所产的狐种也属于本亚种,在国外分布于印度北部、尼泊尔及锡金等地。

　　(3)华北亚种(*Vulpes vulpes subsptschiliensis*)　被毛比其他亚种的被毛短而疏薄,背毛灰褐色,尾部较小。分布于河北、河南北部、山西、陕西、甘肃等地。

　　(4)东北亚种(*Vulpes vulpes subsp daurica*)　背毛鲜亮,呈红色,针毛不具有黑色毛尖,底绒烟灰色,体侧毛色棕黄,腹部毛色浅灰,尾形粗大。分布于东北地区及俄罗斯西伯利亚地区。

　　(5)华南亚种(*Vulpes vulpes hoole*)　大体与华北亚种相似,背毛为棕褐色,喉部为灰褐色,前肢前侧为麻棕色,腹毛近乎白色。分布于我国福建、浙江、湖南、河南南部、山西、陕西、四川、云南等地。

　　赤狐在我国的分布范围很广,除海南、台湾两省外,在其他省(区)中都有分布。其中,分布于东北、内蒙古、河北、山西、甘肃等地的称作北狐,尤以东北、内蒙古所产的赤狐皮毛长绒厚,色泽光润,针毛平齐,品质最佳,因而其毛皮最为珍贵;产于浙江、福建、湖南、湖北、四川、云南等地者则称南狐。陕西省是南狐、北狐分布的交叉地带。

　　2. 沙狐(*Vulpes corsac*)　体型比赤狐小,主要分布在内蒙古的呼伦贝尔盟及青海、甘肃、宁夏、新疆等地。在我国分布有2个亚种。

　　(1)指名亚种(*Vulpes corsac corsac*)　主要分布于内蒙古的呼伦贝尔盟等地。

　　(2)北疆亚种(*Vulpes vulpes turkmrnica*)　见于新疆北部。

　　3. 藏狐(*Vulpes ferrilata*)　体型大小与沙狐相似,栖息于海拔3 600 m的高原地区,主要分布在我国云南、西藏、青海、甘肃等地;国外则出现在尼泊尔。

4. 银黑狐(*Vulpes fulva*)　又名银狐,是北美赤狐的一个突变色型,分东部银黑狐和阿拉斯加银黑狐 2 种。原产于北美大陆的北部和西伯利亚的东部地区,是狐属动物中人工养殖最多的一种。

5. 十字狐　体型似赤狐,四肢和腹部被毛呈蓝黑色,头、肩、背呈褐色,在前肩与背部有"十"字形花纹。主要分布在亚洲和北美洲地区。

6. 彩狐　是赤狐和银黑狐在饲养过程中出现的新的突变种,有白(铂)金狐、珍珠狐、蓝宝石狐、巧克力狐、棕色狐、白脸狐、日光狐、乔治白狐、大理石狐和金晖狐等 40 余个品种。根据其基因的显、隐性可分为隐性突变型和显性突变型等。

(1)显性突变型　主要有白金狐、白脸狐和乔治白狐。

①白金狐(bbWPw)　是银黑狐的显性突变类型。白金狐被毛黑色素明显减少,而呈现蓝色,颈部有白色颈环,鼻尖至前额有一条明显的特征,尾尖为白色,此狐"淡化"后近于白色。白金狐为杂合子(WPw),当自交时,产仔数下降,是 WP 基因纯合体导致胚胎致死的结果。

②白脸狐(bbWw)　又称白斑狐,是银黑狐的白色显性突变类型。毛色近似于白金狐,四肢带有白斑。白脸狐显性基因(W)纯合也有胚胎致死现象。

③乔治白狐(bbWGw)　是前苏联培育出的一种白狐,是银黑狐的显性突变类型。其纯合个体无胚胎致死现象。

(2)隐性突变型　主要有珍珠狐、白化狐和棕色狐。

①珍珠狐(pEpE,pMpM)　是银黑狐的隐性变种,被毛呈均匀一致的淡蓝色,因类似珍珠颜色而得名珍珠狐。国内外饲养较多。

②白化狐(AABBcc)　是赤狐隐性突变类型,被毛呈均匀一致的黄白色,眼睛、鼻尖粉红色。因生命力低所以很少留种饲养。

③棕色狐　现有两种类型,一种是巧克力狐(bbbrFbrF),另一种称 Colicott 棕色狐(bbbrCbrC),均是银黑狐的隐性突变类型。巧克力狐被毛呈均匀一致的深棕色(类似于巧克力颜色),眼睛棕黄色;Colicott 棕色狐被毛呈均匀一致的棕蓝色(类似于琥珀色),眼睛蓝色。

(二)北极狐属

北极狐(*Alopex lagopus*),又称蓝狐。产于亚欧北部和北美北部,靠近北冰洋一带,以及南美洲南部沼泽地区和深林沼泽地区,如阿拉斯加、北千岛、阿留申群岛、库曼多、格陵兰岛等地。野生北极狐常年生长在北冰洋附近,白雪皑皑,其保护色冬季为白色,夏季色变浑一些。但也有另一种浅蓝色的北极狐,其毛色有较大变异,从浅灰、浅蓝到接近黑色,有时可生下白色北极狐。

二、形态特征

(一)赤　狐

体躯较长,四肢短,颜面长,吻尖,尾长超过体长的一半,可达 40～60 cm。毛色变异大,耳背面和四肢通常是黑色或黑褐色;喉部、前胸、腹部的毛色浅淡,呈浅灰褐色或黄白色;体躯背部的毛色是火红色或棕红色;尾毛蓬松,红褐带黑色,尾尖白色。体高 40～45 cm;公狐体重 5.8～7.8 kg,体长 66～75 cm;母狐体重 5.2～7.4 kg。寿命为 10～14 年,繁殖年限为 6～8 年。发情期一般在 1 月中旬至 3 月底,妊娠期平均52 d(49～57 d),胎产仔 3～8 只。

(二)银 黑 狐

体型与赤狐基本相同,全身被毛基本为黑色,有银色毛均匀地分布全身,臀部银色重,往前颈部、头部逐渐变淡,黑色逐渐加重。针毛分为 3 个色段,基部为黑色,毛尖也为黑色,中间一段为白色;绒毛为灰褐色,针毛的银白色毛段比较粗长,衬托在灰褐色的绒毛和黑色的毛尖之间,形成了银雾状。吻部、双耳的背面,腹部和四肢毛色均为黑色。嘴角、眼睛周围有银色毛,脸上有一圈银色毛构成银环。尾部绒毛也是灰褐色,针毛同背部一样,尾尖是纯白色。

银黑狐腿高,腰细,尾巴粗而长,善奔跑,反应敏捷,吻尖而长,幼狐眼睛凹陷,成狐时两眼大而亮,两耳直立精神,视觉、听觉和嗅觉比较灵敏。一般公狐体重为5.8～7.8 kg,体长 66～75 cm;母狐体重 5.2～7.2 kg,体长 62～70 cm。寿命为 10～12 年,繁殖年限为 5～6 年。发情期一般在 1 月下旬至 2 月底,妊娠期平均 52 d(49～57 d),胎产仔 3～8 只。

(三)北 极 狐

体型比银黑狐略小一些,躯体较胖,腿较短,嘴短粗,耳较小且宽而圆。被毛丰厚,绒毛稠密。足掌有密毛,可适应寒冷的气候。

野生北极狐的毛色从深蓝到纯白,多种多样。北极狐的蓝色型是蓝狐,体色整年都呈蓝色。比较常见的蓝色型是深灰且略呈褐色的阿拉斯加蓝狐和颜色略浅的极地北极狐。现今的养殖蓝狐部分源自这 2 种蓝狐。冬季呈白色的北极狐夏季呈灰色。蓝狐白色是隐性遗传,蓝色是显性遗传。饲养场最常见的蓝狐毛色变异种是显性遗传的影狐(Shadow)。影狐是蓝狐的浅色变种,明显特征是头部有斑纹,体双侧和腹部几乎全白,北部有一条暗色的线,毛色最浅的影狐几乎呈白色。蓝狐还有其他程度不同的隐性及显性的毛色遗传变异,但养殖数量较少。

成年公狐体重为 5.5～7.5 kg,体长为 56～68 cm,最长可达 75 cm,尾长 21～37 cm;母狐体重 4.5～6.0 kg,体长 55～60 cm。寿命 8～10 年,繁殖年限为 4～5 年,最佳繁殖期为 2～4 年。发情期在 3～5 月,妊娠期平均 52 d(49～58 d),胎产仔6～13只。

三、生态特征

(一)生活习性

野生狐的生活范围很广,无论高原、山区、丘陵、森林、草原还是平原、荒地、河流或湖泊旁都可栖息,但其多栖于隐蔽条件较好的天然树洞、土穴、石头缝隙以及墓穴内,昼伏夜出,抱尾而眠。狐的抗寒能力强而不耐热,这是由于其汗腺不发达,与犬一样,天热时张口伸舌和快速呼吸的方式来散去热量,调节体温。狐的视觉极其敏锐,听觉、嗅觉发达,能发现 0.5 m 深雪下藏于干草堆的田鼠,能听见 100 m 内的老鼠轻微的叫声。狐的行动敏捷,善奔跑,能沿峭壁爬行,甚至能爬到倾斜的树干上去休息。狐在繁殖期结成小群,其他时期则单独生活。

狐食性很杂,以动物性食物为主,也食用一些植物性食物。在野生条件下,多以鱼、虾、蚌、鸟类、鸟卵、爬行动物、两栖动物以及野兽的尸体、粪便为食,尤其喜欢吃野禽以及小型的哺乳动物如鼠、兔等;在食物来源贫乏的情况下,也吃昆虫、蚯蚓,甚至潜入村庄内盗食家禽。狐性机敏而狡猾,常以埋伏的方式伺机捕获猎物,有时也以嬉戏玩耍的方式麻痹猎物,待接近后再实行突袭。当捕到的食物较多时,常将剩下的食物埋起来并撒尿标记,以备饥饿时再吃。植物性食物也是狐常采食的,如多种果实及根、茎、叶等。狐的抗饥饿能力很强,有时连续几天吃不到东西也照常活动。

狐尾的基部都有肛腺,后足掌上有 1 足腺。这些腺体的分泌物都有比较浓重的臊味。在自然界,狐的天敌有狼、猞猁和猎犬,以及鹰、鸶等猛禽。当它遇到敌害时,就立即从肛腺排出臊臭的分泌物以御敌。

(二)换　毛

狐每年换毛 1 次,从 3～4 月份开始,先从头部、前肢开始换毛,顺次为颈、肩、前背、体侧、腹部、后背,最后是臀部与尾部。新毛生长的次序与脱毛相同。7～8 月份时,冬毛基本脱落。春天长出的毛,在夏初便停止生长,直到 7 月末开始,新的针、绒毛快速生长,一直到 11 月份形成冬季长而稠密的被毛。

四、新陈代谢的季节性变化

新陈代谢的季节性变化是狐主要的生物学特点。物质代谢、繁殖、换毛和行为活动等都具有严格的季节性。

物质代谢在一年不同时期,有着不同的变化(表 1-1)。秋冬两季消耗的营养物质比夏季少,而秋季营养物质用于沉积体内储备。代谢水平以夏季最高,冬季最低,春秋相近,但高于冬季而低于夏季。代谢水平依照个体有所差异。体质健壮的狐,每小时每千克体重要排除二氧化碳 312 mL,但体质弱的狐在同样条件下只排出二氧化碳 250 mL。代谢水平高低同活动量有关,通常剧烈活动的狐,其代谢水平比平时高4～5 倍。因此,狐的物质代谢:夏>春、秋>冬。一年四季内物质代谢的变化,则引起体重的季节性变化。秋季银黑狐和北极狐的体重比夏季(7～8 月份)平均提高

20％～25％,这是由于在体内沉积大量脂肪所致。在7～8月份最轻,12月至翌年1月份体重最重(表1-2)。

表 1-1　狐在各个季节的基础能量的消耗　(单位:kJ)

品 种	春	夏	秋	冬
银黑狐	234.3	259.4	217.6	175.7
浅蓝色北极狐	292.9	330.5	284.5	246.9

(引自朴厚坤,2006)

表 1-2　成年狐体重的季节性变化　(单位:kg)

月 份	银黑狐		北极狐	
	公	母	公	母
1	7.4(6.9～7.6)	5.9(5.4～6.4)	7.0(6.2～8.0)	5.5(5.6～6.4)
2	6.6(6.2～7.0)	5.3(4.8～5.7)	6.8(6.6～7.6)	5.2(4.6～6.2)
3	6.0(5.5～6.4)	4.8(4.4～5.2)	6.4(5.7～7.1)	5.0(4.7～5.9)
4	5.7(5.4～6.3)	4.6(4.3～5.0)	5.9(5.3～6.9)	4.6(4.3～5.4)
7	5.6(5.2～5.9)	4.4(4.1～4.8)	5.2(4.7～5.8)	4.1(3.8～4.8)
8	5.9(5.5～6.3)	4.7(4.4～5.1)	5.4(4.9～6.1)	4.3(4.0～5.0)
9	6.5(6.0～6.9)	5.2(4.7～5.6)	5.8(5.3～6.6)	4.6(4.3～5.4)
10	7.0(6.5～7.4)	5.6(5.1～6.1)	6.3(5.7～7.2)	5.0(4.7～5.8)
11	7.3(6.8～7.6)	5.8(5.3～8.3)	6.8(6.1～7.7)	5.4(4.9～6.2)
12	7.5(7.0～8.0)	6.0(5.5～6.5)	7.1(6.3～8.1)	5.6(5.2～6.5)

(引自朴厚坤,2006)

第三节　貉的生物学特性

一、分类与分布

　　貉(*Nyctereutes procyonoides Gray*)系哺乳纲、食肉目、犬科、貉属,别名狸、貉子、土狗、毛狗等。主要分布在我国及俄罗斯、蒙古、芬兰、朝鲜、丹麦、日本、越南等国家。产于我国的貉可分为7个亚种。

　　乌苏里貉(*Nyctereutes ussuriensis Matschie*):产于我国东北地区的大兴安岭、长白山、三江平原等地。

阿穆尔貉（*Nyctereutes amurensis Matschie*）：产于我国东北部的黑龙江沿岸和吉林的东北部。

朝鲜貉（*Nyctereutes koreensis Mori*）：产于我国东北地区的黑龙江、吉林、辽宁的部分地区。

江西貉（*Nyctereutes stegmanni Matschie*）：产于我国江西及其附近各省。

闽粤貉（*Nyctereutes prycronoides Gyay*）：产于我国江苏、浙江、福建、湖南、四川、陕西、安徽、江西等省。

湖北貉（*Nyctereutes sinesis Brass*）：产于我国湖北、四川等省。

云南貉（*Nyctereutes orestis Thomas*）：产于我国云南及其附近各省。

按毛皮质量特点和产区可将貉分为北貉和南貉。长江以北所产的貉称为北貉，长江流域和以南所产的貉统称南貉。二者比较而言，南貉体型小，针毛短，毛绒稀疏，保温性能远不如北貉，但有针绒平齐，色泽光润、艳丽的特点。北貉则体型大，毛长绒厚，毛亮有光泽，呈青灰色，皮板结实耐用，尾短，毛绒紧密，貉皮质量为全国之冠。

二、形态特征

（一）外　形

貉的外形似狐，但较肥胖、短粗，尾短，四肢亦短小。头部大小与狐接近，其面部狭长，颧弓扩张，鼻骨狭长，后端达到上颌骨眼眶支末端的同一水平线，额骨中央无显著凹陷。

貉的被毛长而蓬松，底绒丰厚，头部吻钝，四肢短而细，两耳及尾较狐短小，尾毛蓬松。趾行性，以趾着地。前后肢均有发达的足垫，足垫无毛。前足5趾，第一趾较短，高悬不能着地；后足4趾，缺第一趾。爪短粗，不能伸缩。

吻部灰棕色，两颊横生淡色长毛。眼的周围尤其是下眼生黑色长毛，突出于两头侧，构成明显的"八"字形黑纹，常向后延伸到耳下方或略后。背毛基部呈淡黄色或略带橘黄色，针毛尖端为黑色，底绒黑灰色。两耳周围及背部中央掺杂较多黑色的针毛梢。由头顶直到尾基或尾尖，形成界线不明显的黑色纵纹。体侧毛色较浅，呈灰黄或棕黄色，腹部毛色最浅，呈白黄或白灰色，针毛细短，无黑色毛梢。四肢毛的颜色较深，呈黑色或咖啡色，也有黑褐色。尾的背毛为灰棕色。中央针毛有明显的黑色毛梢，形成纵纹，尾腹面毛色较浅。

成年公貉体重 5.4～10 kg，体长 58～67 cm，体高 28～38 cm，尾长 15～23 cm；成年母貉体重 5.3～9.5 kg，体长 57～65 cm，体高 25～35 cm，尾长 11～20 cm。

（二）毛色与色型

貉的毛色因种类不同而表现不同，同一亚种的毛色其变异范围很大，即使同一饲养场，饲养管理水平相同的条件下，毛色也不相同。

1. 乌苏里貉色型　颈背部针毛尖，呈黑色，主体部分呈黄白色或略带橘黄色，底绒呈灰色。两耳后侧及背中央掺杂较多的黑色针毛尖，由头顶伸延到尾尖，有的形成明显的黑色纵带。体侧毛色较浅,两颊横生淡色长毛,眼睛周围呈黑色,长毛突出于头的两侧,构成明显的"八"字形黑纹。

2.其他色型

(1)黑十字型　从颈背开始,沿脊背呈现一条明显的黑色毛带,一直延伸到尾部、前肢,两肩也呈现明显的黑色毛带,与脊背黑带相交,构成鲜明的黑"十"字。其毛皮颇受欢迎。

(2)黑八字型　体躯上部覆盖的黑毛尖,呈现"八"字形。

(3)黑色型　除下腹部毛呈灰色外,其余全呈黑色。这种色型极少见。

(4)白色型　全身呈白色毛,或稍有微红色。这种貉是貉的白化型,或称毛色突变型。

3.笼养条件下乌苏里貉的毛色变异　人工饲养的乌苏里貉的毛色变异非常明显,大体可归纳如下几种类型。

(1)黑毛尖、灰底绒　黑色毛尖的针毛覆盖面大,整个背部及两侧呈现灰黑色或黑色,底绒呈现灰色、深灰色、浅灰色或红灰色。其毛皮价值较高,在国际裘皮市场备受欢迎。

(2)红毛尖、白底绒　针毛多呈现红毛尖,覆盖面大,外表多呈现红褐色,重者类似草狐皮或浅色赤狐皮,吹开或拨开针毛,可见到白色、黄白色或黄褐色底绒。

(3)白毛尖　白色毛尖十分明显,覆盖分布面很大,与黑毛尖和黄毛尖相混杂,其整体趋向白色,底绒呈现灰色、浅灰色或白色。

三、生态特征

(一)栖息环境与食性

貉经常栖居于山野、森林、河川和湖沼附近的荒地草原、灌木丛以及土堤或海岸,有时居住于草堆里。喜穴居,多数利用岩洞、自然洞穴、大木空洞等处,经加工后穴居,或利用獾、狐狸、狼等兽类的弃穴为穴,故民间又有"獾子盗洞貉子住"之说,也有个别貉自行挖洞营窝。

貉不喜欢潮湿的低洼地,选穴地点需要干燥,并具备繁茂的植被条件,以供隐蔽和提供丰富的食料来源。为了引水方便,貉多选择有水的栖息地,如河、沼、小溪附近。貉不固定洞穴栖息,一年中,于不同季节,选择不同类型的洞穴栖息。繁殖期选用浅穴产子哺乳;夏季天气热,则利用岩洞或凉爽的洞穴栖息;在严寒的冬季,便选择保温性能好的深洞居住。在同一个季节也不固定栖息地,而是根据食物条件、气候变化以及哺育仔幼兽和安全的需要,经常变换栖息场所。

貉在野生状态下,以鼠、鱼、蛙、鸟、蛇、虾、蟹等,以及昆虫类,如甲虫、金龟子、蝗虫、蜜蜂、蛾、鳞翅目的幼虫等为食,也采食作物的子实、根、茎、叶和野果、野菜、瓜皮等,尤其喜食山葡萄,有的还食狐吃剩的兔的尸体,还到村边、道边食人和畜禽的粪便。野生貉根据季节决定采食量和采食品种。如在4～9月份,貉易获得的营养价值较高的动物饲料是鼠类。

（二）生活习性

1. 集群性　貉有集群特性，往往成对在一起，每穴洞内一公一母的较多，也有一公多母或一母多公的。双亲可以长期与其仔同窝而居，也有与幼貉在邻近洞穴中合居的，母貉有时也不分彼此，相互代乳。一般在入冬前，幼貉长成，自找对象（多系同窝的雌雄）寻穴分居。

2. 活动规律　貉的活动范围很广，常在半径 6 km 的范围内进行活动。夜行性强，白天多在洞穴中睡眠，或到附近隐蔽处休息并看守洞穴，以防天敌和不良天气的袭击，傍晚和拂晓出来觅食和活动。

貉性情较温驯，听觉不灵敏，常在洞口周围胡乱爬走，使足迹不清，以此迷惑猎人的视觉。野生貉能游泳，并可在水中捕鱼，虽躯体肥胖、拙笨，但能攀登树木。

3. 集粪习性　无论野生貉或家养貉，绝大多数都有把粪便排泄到固定地点的习性。野生貉多选在洞口附近较隐蔽的地方，常一穴一处，个别也有几穴一处的，日久粪便堆集很高。家养貉的粪便多堆集在笼或圈的某一角落，有极个别的往食盆或窝箱中便溺。

4. 冬眠和半冬眠　野生貉在严寒的冬季，为了耐过食物奇缺和不良气候，常隐居于洞穴中，消耗入秋以来蓄积的皮下脂肪，形成非持续性冬眠。它的冬眠呈昏睡状态，只是少食，活动减少，所以叫冬眠或冬休。貉在冬休时，把吻插入腹中，蜷缩一团。由于吻插入腹中呼吸，能够节约体内水分的丧失，增强耐受能力。

貉的冬眠有早有晚，有明显的，也有不明显的。野生貉冬眠明显，东北地区从立冬、小雪（11 月中旬）到翌年 2 月上旬，也有的从 12 月中旬进入冬眠，一直延续到翌年 3 月初。貉冬眠与天气关系极为密切，如遇大雪天、天气寒冷，貉的活动显著降低，如遇天气暖和，也有个别的貉出来活动和觅食。在家养情况下，由于人为干扰和饲料的保证，冬眠现象不十分明显，甚至没有冬眠，但也出现活动减弱、食欲减退的现象。野生貉冬眠后，体重平均减少 1/3。

实践表明，改变冬眠习性对貉的繁殖和生产性能无太大影响。但利用冬眠习性或在冬眠期适当减食，却能避免发情前期缓长和提高胎产仔数。

5. 换毛　貉 1 年换 1 次毛。从 2 月下旬起，绒毛逐渐上窜，3 月份后才开始脱落，4～5 月份，越冬时的绒毛成片脱掉，并陆续再生出细小的绒毛，6～7 月份针毛逐渐脱落，8 月份针毛基本脱完并迅速长出冬毛，约在 11 月份，被毛生长基本完成。当年幼貉与成貉一样，冬毛均在此期成熟。

6. 寿命与繁殖特点　貉的寿命为 8～16 年，繁殖年龄 7～10 年，繁殖最佳年龄 3～5 年。貉是自发排卵的动物，季节性一次发情，每年的 2～4 月份是貉的发情配种季节，发情期 10～12 d，但发情旺期只有 2～4 d。个别貉可在 1 月份和 4 月份发情配种，妊娠期 60 d 左右，胎产仔 6～10 只，哺乳期 50～55 d。

第二章 毛皮动物的营养与饲料

第一节 毛皮动物的消化生理特点

　　水貂、狐和貉均是肉食性毛皮动物,其消化系统包括消化管和消化腺2大部分。消化管又分为口腔、咽、食管、胃、小肠和大肠。消化腺包括口腔腺、肝、胰及消化管壁内的许多腺体。虽然不同动物的上述消化系统存在形态和功能的不同,但总的看来,均具有以下特点,即单胃,消化道和体长的比相对较短,食物以动物性饲料为主、其他饲料为辅,食物在消化道内停留时间短、在口腔内不发生化学变化。

　　下面以水貂为例介绍食肉性毛皮动物的消化生理构造和功用。

一、口　腔

(一)牙　齿

　　水貂的牙齿结构见图2-1。齿式为$(I、C、P、M)×2=34$。其中门齿短小,且排列整齐。犬齿粗壮、发达、尖锐,适于咬住和撕裂食物。前臼齿发达,齿缘锋利,齿面呈锋刃(裂齿)状,有利于将饲料切成碎块。

图 2-1　水貂的牙齿(右侧观)
1. 上门齿　2. 犬齿　3. 下门齿　4. 裂齿

(二)舌

舌狭长,由舌下中线的一条垂直的舌系带与口腔底部相连。舌表面布有乳突,其上有味蕾,所以水貂对味觉敏感,常将不适口饲料剔除。

(三)唾液腺

口腔中的唾液腺有 3 对,即腮腺、颌下腺、舌下腺,均开口于口腔。唾液腺可分泌液体,润滑食物,但不含淀粉酶。所以水貂采食时靠舌吞咽,不细咀嚼便经咽和食管进入胃。

(四)口腔的消化特点

容积小,食物停留时间短;牙齿不适于研磨,故不咀嚼食物,不适于长期采食干硬饲料;食物在口腔内不发生化学变化。

二、胃

(一)结 构

水貂胃的结构见图 2-2。容积较大,可达 310～500 mL,位于腹腔偏左侧,横置成长袋状,单室,前为贲门通食管,后为幽门通十二指肠。胃壁附有一层黏膜,黏膜层形成很多纵向排列的褶皱,在黏膜上有胃腺,可分泌胃液(盐酸和胃蛋白酶原)及少量脂肪酶。胃肌不发达。

(二)功 能

胃液中的胃蛋白酶可将饲料中的蛋白质分解为半消化蛋白和少量的氨基酸,脂肪酶可将少量的饲料脂肪分解。胃肌不参与食物研磨过程,主要通过收缩和舒张运动,将食物同胃液充分混合,以利于消化,同时将食糜推送进入小肠。

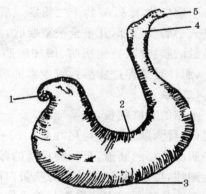

图 2-2 水貂胃
1. 贲门 2. 胃小弯 3. 胃大弯
4. 幽门 5. 十二指肠

三、肠

水貂肠道较短而细,包括小肠和大肠。银黑狐的肠道约为体长的 3.5 倍(约为 219 cm),小肠总长度为 175.6 cm,占总长度的 80.2%。北极狐的肠道约为体长的 4.3 倍(约为 235 cm);小肠总长度为 193.2 cm,占总长度的 82.2%。

(一)小 肠

小肠包括十二指肠、空肠、回肠,其长度为体长的 3.5～4 倍。胃幽门下即为十二指肠(143～193 cm),向右后侧延伸接空肠(13～26 cm),空肠往下接回肠(110～147 cm)。小肠黏膜上的腺体(小肠腺)可分泌小肠液(主要含肠蛋白酶、肠脂肪酶和肠淀粉酶等)。

食物的消化和吸收主要在小肠中完成。食糜进入小肠后,在肠蛋白酶、肠脂肪酶和肠淀粉酶,胰液中的胰蛋白酶、胰脂肪酶和胰淀粉酶及胆汁的作用下,结合小肠蠕动的机械作用,食糜大部分进一步降解,大分子的蛋白质、脂肪、碳水化合物分别降解为氨基酸、低级脂肪酸、甘油及单糖,由小肠壁绒毛的毛细血管吸收入血液。

(二)大 肠

包括结肠与直肠,全长 20 cm 左右。水貂不具有盲肠,直肠末端为肛门。而狐与貉均具有盲肠,分别为 7.5 cm 和 8 cm,盲肠内微生物可以消化粗纤维、合成某些 B 族维生素,所以狐、貉比水貂、紫貂耐粗饲,即狐、貉饲粮中植物性饲料比例比水貂、紫貂相对高。大、小肠无明显界限,结肠较粗,肠黏膜有发达的纵行皱襞,无绒毛。

大肠的主要生理功能是吸收经小肠消化吸收后的食物残渣中的水分,并利用大肠黏膜中的大肠腺分泌大肠液,碱性的大肠液可湿润粪便,利于排出体外,保护肠黏膜。

四、肝 和 胰

(一)肝

水貂肝脏非常发达,前端与横膈膜相接,后部盖于胃及小肠腹面,分 6 叶,呈暗红色。正常胆囊管暗黄色,呈梨形,重 38～81 g,胆囊管在接近十二指肠处汇成胆总管,开口于幽门约 1.5 cm 的十二指肠。肝中生成的胆汁主要含胆酸盐和胆色素。胆酸盐进入小肠吸收部,几乎全被重吸收,并经肝门静脉血返回肝脏。胆酸盐主要生理功能是激活胰脂酶、乳化脂肪、增加脂肪与脂酶的接触面积,促进脂肪的分解与吸收。此外,胆汁还能促进脂溶性维生素的吸收,刺激肠道蠕动等。

(二)胰

水貂的胰脏细长,呈半环状,长 5～6 cm,宽 0.5～1 cm。分为左右两臂,左臂为胰尾,右臂为胰头。头与尾在胃幽门后方相会,胰液管在两臂相会处与十二指肠相通。胰腺分泌的胰液,是一种澄清的碱性液体,内含多种消化酶和重碳酸盐。重碳酸盐为碱性,可中和胃酸,并可为胰蛋白酶、胰脂酶、胰淀粉酶等提供适宜的碱性环境,以利于这些消化酶充分发挥其消化作用。

水貂的各种消化腺所分泌的消化酶,以蛋白酶、脂酶为主,缺少淀粉酶。由此决定了水貂必须以动物性饲料为主,对植物性饲料只能消化其中部分淀粉,对饲料中的纤维素不能消化。

第二节　毛皮动物的营养物质需要

一、能 量

脂肪、蛋白质和碳水化合物三大营养物质在动物机体中氧化分解产生热量。但三者产热量不同,以脂肪最高,蛋白质次之,碳水化合物发热量同蛋白质接近。

水貂、狐和貉因生活环境和生理状态不同,对热能的需求量也不同。通常维持期的需要量最低,繁殖期和育成期需要量逐渐增加,生长发育基本完成,到冬季毛皮形成期又减少。

如果日粮中可消化物质少或营养物质比例失调,或饲料营养价值低劣,则往往导致能量供应不足,使得毛皮兽生长发育缓慢或停滞,机体消瘦,毛色暗淡,乳量不足等。

二、蛋 白 质

蛋白质是一切生命现象的物质基础,是动物体中最重要的营养物质。水貂、狐、貉对粗蛋白质,尤其是动物性蛋白质的需要非常重要。蛋白质的基本结构单位是氨基酸,共有 20 种。对毛皮动物来说,必需氨基酸有 8 种,即蛋氨酸、色氨酸、苏氨酸、缬氨酸、苯丙氨酸、亮氨酸、异亮氨酸和赖氨酸。对毛皮的生长直接相关的含硫氨基酸有蛋氨酸、胱氨酸和半胱氨酸 3 种。

蛋白质营养价值的高低,主要取决于其氨基酸特别是必需氨基酸的数量和比例。含有全部必需氨基酸的蛋白质,营养价值高,称为全价蛋白质;只含有部分必需氨基酸的蛋白质称为非全价蛋白质。绝大多数饲料中蛋白质的必需氨基酸是不完全的,所以,日粮中数量种类单一时,蛋白质的利用率就不高。当 2 种以上饲料混合搭配时,所含的不同氨基酸就会彼此补充,使日粮中的必需氨基酸趋于完全,从而提高饲料蛋白质的利用率和营养价值。

应注意的是,饲料中蛋白质过多,反而会降低毛皮动物对蛋白质的利用率,不仅浪费饲料,饲养效果也不理想。但如果蛋白质不足,动物机体会出现氮的负平衡,造成机体蛋白质入不敷出,对生产也不利。水貂、狐和貉长期缺乏蛋白质时,会造成贫血,抗病能力降低;幼龄动物生长停滞,水肿、被毛蓬乱,出现白鼻子、长趾甲、干腿等极度营养不良的现象,越生长越小,最后消瘦而死亡;种公兽精液品质下降,母兽性周期紊乱,不宜受孕,即使受孕也容易出现死胎、产弱仔等现象。

三、脂 肪

脂肪是构成机体的必需成分,是动物体热能的主要来源,也是能量的最好贮存形式。脂肪酸是构成脂肪的重要成分,分为饱和脂肪酸和不饱和脂肪酸 2 大类。动物体生命活动所必需,但体内又不能合成或不能大量合成的,必须从饲料中获得的不饱和脂肪酸,称为必需脂肪酸。在水貂、狐和貉的饲料中,亚麻二烯酸、亚麻酸和二十碳四烯酸是必需脂肪酸。实践证明,在繁殖期日粮中不仅要注意蛋白质的供给,对脂肪也不能忽视。必需脂肪酸与必需氨基酸一样重要。

脂肪极易氧化酸败,其分解产物(过氧化物、醛类、酮类、低分子脂肪酸等)对动物机体危害很大,可直接作用于消化道黏膜,使整个小肠发炎,造成严重的消化障碍;破坏饲料中的多种维生素,使幼龄兽食欲减退,生长发育缓慢或停滞,严重地破坏皮肤健康,出现脓肿或皮疹,降低毛皮质量。尤其在毛皮动物妊娠期,对酸败的脂肪更为敏感,会造成死胎、烂胎、产弱仔及产仔母兽缺乳等不良后果。

四、碳水化合物

碳水化合物的主要营养功能是提供能量,剩余部分则在体内转化成脂肪储存起来,作为能量储备。碳水化合物虽不能转化为蛋白质,但合理地增加碳水化合物饲料可以减少蛋白质的分解,具有节省蛋白质的作用。日粮中碳水化合物也不可过多,否则蛋白质的含量会相应降低,对毛皮动物的生长发育不利。

五、维 生 素

维生素是一类维持机体正常生理功能所必需的小分子有机化合物。可概括为脂溶性维生素和水溶性维生素2大类。脂溶性维生素是一类易于溶于脂肪而不溶于水的维生素,主要包括维生素A、维生素D、维生素E、维生素K等。水溶性维生素易溶于水,主要包括B族维生素和维生素C。其虽在饲料及水貂、狐和貉体中含量很少,但对调节机体各种代谢反应正常进行有极重要的作用,是必不可少的。水貂、狐和貉需要的维生素大部分需从饲料中获得,饲料中一旦缺乏维生素,就会使机体生理功能失调,发生维生素缺乏症。

六、矿 物 质

矿物质在毛皮动物体内含量较少(3%～5%),但却有着很重要的营养和生理意义。

在矿物质中对维持机体生活所必需的有钙、磷、氯、钠、钾、镁、硫以及含量很少的铁、碘、氟等,这些含量很少的矿物质元素叫微量元素(占体重0.01%以下)。

水貂、狐和貉经常需要各种矿物质以维持其生活机能。即使处在饥饿的情况下,机体对矿物质的消耗也是不停止的。所以,当矿物质出现负平衡时,就必须在日粮中加大矿物质的喂量。但如果矿物质的供给量超过标准,也会给生产带来不利影响。因此喂给水貂、狐和貉必需量的矿物质是很重要的,但供给量要适当,同时还必须考虑各种矿物质之间的相互关系。

毛皮动物在不同的生物学时期对各种营养物质的需要各有不同的特点。其数量和质量与动物种类、年龄、生产性能和采食量有关。各种营养物质的合理比例和构成,将有助于提高饲养效果。

第三节　毛皮动物的饲料及其利用

一、饲料的分类

　　水貂、狐和貉饲料的种类很多,为了合理对其进行利用,需把饲料进行分类。根据饲料来源可分为动物性饲料、植物性饲料、矿物质饲料和其他饲料。根据饲料所含的主要营养成分及功能可分为蛋白质饲料、脂肪饲料、碳水化合物饲料、维生素饲料、矿物质饲料和添加饲料。生产实践中的习惯分类是把上述 2 种分类结合起来,但主要以来源为主(表 2-1)。

表 2-1　饲料的分类

饲料	类别	饲料名称
动物性饲料	鱼类	各种海鱼和淡水鱼
	肉类	各种家畜、家禽、野生动物肉
	鱼、肉副产品	水产加工副产品(鱼头、鱼骨架、内脏及下脚料等),畜、禽、兔副产品(内脏、头、蹄、尾、耳、骨架、血等)
	软体动物	河蚌、赤贝和乌贼类等及虾类
	干动物性饲料	干鱼、鱼粉、肉骨粉、血粉、猪肝渣、羽毛粉、干蚕蛹粉、干蚕蛹、肉干等
	乳蛋类	牛、羊及其他动物乳、鸡蛋、鸭蛋、毛蛋、照蛋等
植物性饲料	作物籽实类	玉米、高粱、大麦、小麦、燕麦、大豆、谷子及其加工副产品
	油饼类	豆饼、棉籽饼、向日葵饼、亚麻籽饼等
	果蔬类	次等水果、各种蔬菜和野菜等
添加饲料	维生素饲料	包括维生素 A、维生素 D、维生素 E、维生素 C、B 族维生素、麦芽、鱼肝油、酵母等
	矿物质饲料	骨粉、骨灰、石灰石粉、贝壳粉、食盐及人工配制的配合微量元素
	生物制剂	益生素、消化酶等
配合饲料	干粉料	浓缩料、预混料和全价配合颗粒饲料等
	鲜配合全价饲料(鲜贴食饲料)	

二、饲料的利用

(一)动物性饲料

　　1. 鱼类饲料　是水貂、狐和貉动物性蛋白质的主要来源之一。我国水域辽阔,鱼类资源广泛,价格低廉。除了河豚等有毒鱼类外,大多数海水鱼和淡水鱼都可作为水貂、狐和貉的饲料。

　　(1)海水鱼　目前常用的海杂鱼有比目鱼、小黄花鱼、孔鳐、黄姑鱼、红娘鱼、银鱼

（面条鱼）、真鲷、二长棘鲷、带鱼、棱鱼、鳝鱼、海鲶鱼、鳗鱼和鲅鱼等30余种。由于鱼的大小和种类不同,其营养价值也不同,含热量也有差异。一般海杂鱼含能量为292.88～376.56 kJ/100 g,可消化蛋白质10～15 g/100 g。

新鲜的海杂鱼可以生喂,蛋白质消化率达87%～92%,适口性也非常好。轻微变质腐败的海杂鱼,需要经过蒸煮消毒处理后才能进行饲喂,但蛋白质消化率大约降低5%。严重腐败变质的鱼不能饲喂,以防中毒事故的发生。夏季为了预防胃肠炎,如果鱼的质量较差,兽群又小,必要时要摘除内脏(较大的鱼保留心和肝)。有些鱼的体表带有较多的蛋白质黏液,影响食欲,应加入0.25%食盐搅拌(搅拌后注意用清水洗净,避免食盐中毒),或用热水浸烫去除黏液,从而提高适口性。

(2)淡水鱼　饲喂水貂、狐和貉的淡水鱼主要有鲤鱼、鲫鱼、白鲢、花鲢、黑鱼、狗鱼、泥鳅等。这些鱼特别是鲤科鱼,多数含有硫胺素酶,可破坏维生素B_1。若日粮中100%用淡水生鱼,初期水貂、狐和貉的食欲及消化吸收没有异常表现,而15～20 d后,食欲减退,消化功能紊乱,多数死于胃肠炎及胃溃疡等病,其根本原因就是由于维生素B_1缺乏而引起的。所以对淡水鱼的利用,需要采用蒸煮方法,通过高温破坏硫胺素酶,再进行饲喂。

(3)有毒鱼　常见的有毒鱼有河豚、鲐鱼、竹荚鱼(剌巴鱼)、鳕鱼类等。

河豚毒性非常强,能耐高温,如加热100℃经过6 h仅能破坏一半,加热115℃经过9 h才能完全失去毒性;耐酸,但易被碱类破坏和分解。

鲐鱼、竹荚鱼等属于含高组织胺鱼类,也能引起水貂、狐和貉中毒。一般新鲜的鲐鱼喂水貂、狐和貉不会发生中毒现象。但切忌喂鱼眼发红、色泽不新鲜、鱼体无弹力和夜间着了露水(脱羧细菌已活动)等表现不新鲜的鲐鱼,否则会引起水貂、狐和貉中毒。

鳕鱼类如长时间大量饲喂,会引起水貂、狐和貉贫血(缺铁)和绒毛呈絮状。

新鲜的明太鱼直接饲喂会引起呕吐,但经过6～7 d的冷冻保存后,此现象可消除。

(4)喂量　水貂、狐和貉日粮中全部以鱼类为动物性饲料时,可占日粮重量的70%～75%。如果利用含脂肪高(>4%)的鱼,如带鱼、黄鲫鱼、鲭鱼和红鳍鲌等,比例应降到55%～60%。无论如何,在完全利用鱼类作为动物性饲料时,都要比完全利用肉类饲料增加20%～30%的用量,才能保证水貂、狐和貉对蛋白质的需要。同时要注意多种鱼混合饲喂,且要注意维生素B_1和维生素E的供给,才能保证良好的生产效果。

2. 肉类饲料　营养价值高,是水貂、狐和貉全价蛋白质的重要来源。它含有与水貂、狐和貉机体相似数量和比例的全部必需氨基酸,同时,还含有脂肪、维生素和矿物质等营养物质。肉类的种类繁多,适口性好,来源广泛,可消化蛋白质为18%～20%,生物价值高。

在水貂、狐和貉的饲养实践中,可充分利用人类不食或少食的牲畜肉,特别是牧区的废牛、废马、老羊、无用的羔羊肉、犊牛肉、弱驴及老龄的骆驼等。另外对于超市下架的羊肉串、患非传染病或经过高温无害化处理的肉类、肉类加工厂的痘猪肉、兔碎肉、废弃的禽肉和狗肉等也都可以利用。

牛、马、骡、驴的肌肉一般含脂肪较少，而可消化蛋白质含量高（13%～20%），因此是水貂、狐和貉的理想肉类饲料。在日粮中动物蛋白质可以100%的利用肉类。但实际生产中，这样浪费较大，所以最好不超过动物性饲料的50%，要与其他动物性饲料合理搭配利用。日粮中较好的搭配比例是肌肉10%～20%、肉类副产品30%～40%、鱼类40%～50%。

健康新鲜的肉类生喂，蛋白质消化率高，适口性强。已污染或不新鲜的肉类应熟喂，但因熟制会使蛋白质凝固，消化率相应地降低，适口性也差，同时各种营养物质受到一定量的损失，所以熟喂比生喂要增加8%～10%的用量。

在使用肉类饲料时还要注意以下几点问题。

第一，肉类饲料经兽医卫生检疫合格后才能生喂，对病畜禽肉、来源不明或可疑污染的肉类，必须经过兽医检查和高温无害化处理后方可喂给水貂、狐和貉，否则感染传染性疾病，必将给生产造成不可挽回的损失。

第二，死因不明的尸体肉类禁用。因为这些畜禽死亡后，没有及时冷冻，而尸体温度在25～37℃的缺氧条件下，正是肉毒梭菌繁殖产生外毒素的良好场所。如果用被污染并含有毒素的肉类饲喂水貂、狐和貉，将出现全群性的中毒事故。当温度低于15℃或高于55℃时，肉毒梭菌不能繁殖和形成毒素。

第三，利用痘猪肉时，需经过高温或高压热处理。一是因为痘猪肉含有大量的绦虫蚴（囊尾蚴）。虽然这些幼虫在水貂、狐和貉的胃肠道中不能寄生，但从消化道排出体外会污染环境。二是因为猪易患伪狂犬病，其临床症状不明显，如果将其肉误喂给水貂、狐和貉，会引起全群性发病，造成大批死亡。三是因为猪肉脂肪中不饱和脂肪酸含量比牛羊肉高，因此容易氧化变质，油脂过多，超过了水貂、狐和貉的正常吸收能力，易造成消化系统障碍，引起动物拒食。

第四，不新鲜或疑似巴氏杆菌病的兔肉和禽肉必须熟喂。兔肉（包括野兔肉）和禽肉蛋白质含量高（20%～22%），而脂肪含量较低，是水貂、狐和貉全价的动物性饲料，对繁殖、生长和毛皮质量有良好的作用。新鲜健康的兔肉和禽肉可以生喂。但家兔或禽类，特别是野兔易患巴氏杆菌病，生喂患巴氏杆菌病的禽肉或兔肉，能使水貂、狐和貉患全群性的巴氏杆菌病，死亡率可达20%～40%。

第五，狗肉一般要熟喂，以防犬瘟热等传染。狗肉也是水貂、狐和貉优良的动物性饲料。但狗易患犬瘟热等传染病，利用时一定要采取熟喂的方法，以防传染。狗肉的适口性较差，繁殖期最好占动物性饲料的10%～25%。

第六，在水貂、狐和貉的繁殖期，严禁利用经己烯雌酚处理的肉类，否则会造成生殖功能的紊乱，使受胎率和产仔数明显的降低，严重时还可使全群不受孕。己烯雌酚耐热性强，熟喂也能引起繁殖障碍。繁殖期也不宜用种公牛和种公马的肉来饲喂。

对给过药物的家畜肉,应检查有无危害。

第七,狐、貉、貂等毛皮动物的胴体在利用时,要注意不要给同品种食用;而且在繁殖期最好不用。为避免某些感染性疾病,最好熟喂。

3. 鱼、肉类副产品饲料　是水貂、狐和貉动物性蛋白质来源的一部分。这类饲料中除了心脏、肝脏、肾脏外,大部分蛋白质消化率较低,生物学价值不高。主要是由于其中矿物质和结缔组织含量高,某些必需氨基酸含量过低或比例不当。因此在利用时要注意同其他饲料的搭配。用量一般占动物性饲料的30%～40%。

(1)鱼副产品　鱼头、鱼骨架、内脏及其他下脚料,这些废弃物都可以用来饲养水貂、狐和貉。但利用时要注意,新鲜的鱼头和鱼骨架可以生喂;新鲜程度较差的鱼类副产品应熟喂,特别是内脏不易保鲜,熟喂比较安全。

(2)畜、禽、兔的肉类副产品　主要包括畜禽的头、蹄、骨架、内脏和血液等。

肝脏(摘除胆囊)是较理想的全价蛋白质饲料,含有全部必需氨基酸、多种维生素(维生素 A、维生素 D、维生素 E、维生素 B_1、维生素 B_2)和微量元素(铁、铜、钴等)。特别是维生素 A 和 B 族维生素含量非常丰富,在水貂、狐和貉的妊娠期和哺乳期,日粮中加入新鲜肝脏(5%～10%)能显著提高适口性和弥补干动物性饲料多种维生素的不足,增加泌乳量,促进仔兽的生长发育。在利用肝脏时需要注意,新鲜的健康动物的肝脏应生喂;来源不明、新鲜程度差或怀疑污染的,应熟喂;经过卫生检验允许作饲料用的病畜禽的肝脏,需经过高温或高压热处理后再喂,否则易引起巴氏杆菌病和伪狂犬病。肝脏有轻泻作用,故喂量不宜过多,一般可以占动物性饲料的15%～20%。

心脏和肾脏是全价蛋白质饲料,同时还含有多种维生素,但总的来说,生物学价值不及肝脏高。健康动物的心脏和肾脏适口性好,消化率高,可以生喂;病畜的心脏和肾脏必须熟喂。

胃是水貂、狐和貉的良好饲料,但其蛋白质不全价,生物学价值较低,需与肉类或鱼类搭配使用。新鲜洁净的牛、羊胃可以生喂,而猪、兔的胃必须熟喂。腐败变质的胃会引起消化障碍,不能饲喂。在繁殖期胃可占水貂、狐和貉日粮中动物性饲料的20%～30%,幼兽生长发育期可占30%～40%,比例过高对繁殖和幼兽生长都会造成不良影响。

肺、肠、脾和子宫的蛋白质生物学价值不高。这些副产品与肉类、鱼类及兔杂混合搭配,能取得良好的生产效果。通常在繁殖期,混合副产品可占日粮总能的10%～15%,非繁殖季节可占25%～30%,幼兽育成期可占40%～50%。肺、肠、脾和子宫必须熟喂,生喂易引起某些疾病,如伪狂犬病、巴氏杆菌病、布鲁氏菌病。子宫、胎盘和胎儿在利用时,应当在幼兽生长发育期大量利用,准备配种期和配种期一般不能利用,以防因含某些激素而造成生殖功能紊乱。

兔头、兔骨架和兔耳是兔肉加工厂的副产品,是水貂、狐和貉在繁殖期及幼兽育成期良好的饲料。但由于兔头和兔骨架中含有大量灰分,因此大量的利用能降低蛋白质和脂肪的消化率。所以一般在繁殖期,混合兔副产品可占日粮动物性饲料的15%～25%,幼兽育成期可占40%～50%。经兽医卫生检疫的兔副产品可以生喂,已污染或可疑者则熟喂比较安全。

食管、喉头和气管都可用来饲喂水貂、狐和貉。食管营养价值与肌肉无明显区别,在妊娠和哺乳期,牛的食管占日粮中动物性蛋白质的20%～35%,可使母兽食欲旺盛,泌乳能力强,仔兽发育健壮。喉头和气管是良好的蛋白质饲料和鲜碎骨饲料,在幼兽生长发育期,可占日粮动物性饲料的20%～25%。繁殖期利用,要摘除附着的甲状腺和甲状旁腺。

乳房和睾丸在水貂、狐和貉非繁殖期可以利用。乳房含结缔组织较多,蛋白质生物学价值低,脂肪含量高(牛乳房含蛋白质12%、脂肪13%)。因此,喂量过大可使食欲减退,营养不良。各种动物的睾丸,在准备配种期喂给母兽,不利于繁殖;喂给公兽,对性活动有一定促进作用,但作用不明显,有待于进一步研究。

血液是水貂、狐和貉良好的饲料,含较高的蛋白质、脂肪及丰富的无机盐类(铁、钠、钾、氯、钙、磷、镁等)。新鲜健康动物的血液(屠宰后不超过5～6 h)可以生喂,喂量适当能提高适口性,增加食欲;喂量过多时,能引起腹泻。一般在繁殖期喂量可占日粮中动物性蛋白质的10%～15%,幼兽生长发育期占30%左右。血液极易腐败变质,失鲜的血液要熟喂,腐败变质的血液不能饲喂。

脑的蛋白质生物学价值很高,不仅含有全部必需氨基酸,还含有丰富的脑磷脂,特别是对水貂、狐和貉生殖器官的发育有促进作用,故常称为催情饲料。因来源有限,一般在准备配种期和配种期适当饲喂,水貂3～5 g/d,狐和貉6～9 g/d。脑中脂肪的含量较高,饲喂过多能引起食欲减退。

鸡、鸭的头和爪都属于屠宰禽类的废弃品,在水貂、狐和貉生长发育和冬毛生长期,作为日粮动物性蛋白质的主要来源(禽类废弃品占日粮70%,其中内脏20%、头30%、爪20%),生产效果很好。但比较理想的日粮应以禽类废弃品与其他动物性饲料搭配。在幼兽生长发育期和毛绒生长期,禽类废弃品经兽医卫生检疫合格,品质新鲜的可以生喂。在繁殖期一般不进行利用,以防对繁殖功能造成不良影响。

4. 软体动物肉类 主要包括河蚌、赤贝和乌贼类等及虾类,除含有部分蛋白质外,每100 g中还含有200 IU左右的维生素A和丰富的维生素D原。因此在在幼兽生长发育期可以广泛应用。但软体动物肉中蛋白质多属硬蛋白,生物学价值较低,并含有硫胺素酶,因此要熟喂。而且熟制后硬蛋白也很难消化,喂量过多会引起消化不良。一般熟河蚌肉或赤贝占日粮中动物性蛋白质的10%～15%,最大喂量不超过20%,河虾和海虾的喂量不超过20%。

5. 干动物性饲料 主要包括水产品加工厂生产的鱼粉,肉联厂生产的肉粉、肉骨粉、肝渣粉、羽毛粉等,缫丝工业副产品的干蚕蛹粉,及淡水干杂鱼和海水鱼的干杂鱼等。

鱼粉是优质的动物性蛋白质饲料。蛋白质含量最高的达65%以上,最低55%,

一般在 60% 左右,含盐量为 2.5%～4%,含有全部必需氨基酸,生物学价值高。质量好的鱼粉喂量可占动物性饲料的 20%～25%,但日粮总量要提高 10%～15%,因为鱼粉的消化率较鲜动物性饲料低一些。饲喂水貂、狐和貉的鱼粉最好是真空速冻干燥的,制鱼粉的原料越新鲜越好。

干鱼也是目前广泛应用的水貂、狐和貉饲料。但要注意其质量。干鱼晒制前一定要保持新鲜,严格防止腐败、发霉、变质。在晒制过程中,干鱼中某些必需氨基酸、脂肪酸和维生素遭到不同程度的破坏,因而应尽量避免在日粮中单纯使用干鱼作为动物性饲料,要与新鲜的鱼、肉、肝、奶、蛋等动物性饲料搭配使用,同时还要注意增加酵母、维生素 B_1、鱼肝油和维生素 E 的喂量,特别是在繁殖期更应如此。质量好的干鱼各生产时期都可以大量利用,一般不低于动物性饲料的 70%～75%,个别时期可达到 100%。

肝渣粉是生物制药厂利用牛、羊、猪的肝脏提取维生素 B 和肝浸膏的副产品,经过干燥粉碎而成。其营养物质含量分别为,水分 7.3% 左右,粗蛋白质 65%～67%,粗脂肪 14%～15%,无氮浸出物 8.8%,灰分 3.1%。经过浸泡后,可以与其他动物性饲料搭配饲喂。但因水貂、狐和貉对其消化率特别低(水貂干物质 30.7%,粗蛋白质 11.6%),喂量过大可引起腹泻。一般在繁殖期可占动物性饲料的 8%～10%,幼兽育成期和毛绒生长期占 20%～25%。肝渣粉在保持的过程中,极易吸湿而腐败变质。因此在饲喂前应当认真检验其新鲜程度,如果喂变质的肝渣粉可引起母兽后肢麻痹、全窝死胎、烂胎、仔兽大量死亡(死亡率达 75%)。

血粉是由畜禽的血液制成。其品质因加工工艺不同而有差异。经高温、压榨、干燥制成的血粉溶解性差,消化率低;直接将血液真空蒸馏器干燥制成的血粉溶解性好,消化率高。血粉中富含铁,粗蛋白质含量也很高,在 80% 以上,赖氨酸含量高达 7%～8%,但缺乏蛋氨酸、异亮氨酸和甘氨酸,且适口性差,消化率低,喂量不宜过多。一般经过煮沸的血粉,可占到幼兽育成期和毛绒生长期日粮中动物性饲料的 2%～4%,繁殖期占到 1%。

蚕蛹或蚕蛹粉是肉、鱼饲料的良好代用品,含有丰富的蛋白质和脂肪,营养价值较高。在饲养实践中,100 g 蚕蛹可代替 200～220 g 肉类的蛋白质。在幼兽育成期和毛绒生长期,蚕蛹蛋白不能高于日粮中蛋白质的 30%,繁殖期可占 5%～15%。对于杂食性的毛皮动物,蚕蛹用量可以适当加大。饲喂蚕蛹时,要彻底浸泡以除掉残存的碱类,经过蒸煮加工,然后与鱼、肉饲料一起经过绞肉机粉碎后饲喂。若不经浸泡和熟制而直接撒在混合饲料中,会引起胃肠道疾病,影响饲喂效果。

羽毛粉为禽类的羽毛经过高温、高压和焦化处理后粉碎而成。一般羽毛粉含粗蛋白质 8% 左右,脂肪 1%～2%,灰分 7.3%,水分 10.16%。羽毛粉蛋白质中含有丰富的胱氨酸(8.7%),同时含有大量的谷氨酸(10%)、丝氨酸(10.22%),这些氨基酸是毛绒生长所必需的物质。在春季和秋季脱换毛的前 1 个月,日粮中加入一定量的羽毛粉(占动物性饲料的 1%～2%),连续饲喂 3 个月左右,可以减少自咬病和食毛症的发病。羽毛粉中含有大量的角质蛋白,消化吸收困难,故多数饲养场把它与谷物饲料通过蒸熟制成窝头,提高消化率。若能用酸处理,其消化率还会提高。

其他的干副产品还有肠衣粉、赤贝粉、残蛋粉及肝边、气管、牛羊肺、胃和腺体等。这些副产品或废弃品粗蛋白质含量较高(绝大多数在 50% 以上),但其在干制前蛋白质就不全价,某些必需氨基酸含量不足或缺乏,同时在高温干制的过程中有部分被破坏,加之难于消化,适口性差,所以其营养价值大大降低。在利用时要与鲜鱼、肉类搭配使用,用量占日粮中可消化蛋白质的 20%～30%,超过这个比例将影响幼兽生长发育和毛绒质量。

6. 乳品及蛋类　是水貂、狐和貉全价蛋白质饲料的来源,含有全部的必需氨基酸,而且各种氨基酸的比例与水貂、狐和貉的需要相似,同时非常容易消化吸收。例如,水貂对鲜乳或乳制品蛋白质消化率 95%,肉类最高的是去骨马肉(92%)。另外,其还含有营养价值很高的脂肪、多种维生素及易于吸收的矿物质。

鲜乳(牛乳和羊乳)是繁殖期和幼兽生长发育期的优良蛋白质饲料。在日粮中加入一定量的鲜乳,可以提高日粮的适口性和蛋白质的生物学价值。在母兽妊娠期的日粮中加入鲜乳,有自然催乳的作用,可以提高母兽的泌乳能力和促进幼兽的生长发育。但鲜乳中含有较多的乳糖和无机盐,有轻泻的作用。一般母兽喂鲜乳量为 30～40 g/d,或占日粮的 20%,最多不超过 60 g/d。鲜乳是细菌生长的良好培养基,极易腐败变质,特别是夏季,放置 4～5 h 时就会酸败。因此饲喂时需加热至 70～80℃,经过 15 min 的消毒。当发现乳蛋白大量凝固时,说明已经酸败。凡不经消毒或酸败变质的乳类,一律不能用来饲喂。

脱脂乳是将鲜乳中的大部分脂肪脱去而剩余的部分。一般含脂肪 0.1%～1%,蛋白质 3%～4%,对水貂、狐和貉的繁殖和生长有良好的作用。脱脂乳是提高日粮蛋白质生物学价值的强化饲料。断奶的仔兽每日可喂脱脂乳 40～80 g,占日粮总量的 20%～30%。

用全乳或脱脂乳可以制成酸凝乳。酸凝乳是水貂、狐和貉良好的蛋白质饲料,但我国利用的较少,国外应用较多。酸凝乳可替代动物性蛋白质 30%～50%,可在日粮中占动物性蛋白质的 50%～60%。

乳粉是水貂、狐和貉珍贵的浓缩蛋白质饲料。全脂乳粉含蛋白质 25%～28%,脂肪 25%～28%。1 kg 乳粉加水 7～8 kg,调制成乳粉汁,营养与新鲜乳基本相同,只是维生素和糖类稍有损失。乳粉要现用现冲,一般调制后放置的时间不宜超过 2～3 h,否则容易腐败变质。

蛋类也是水貂、狐和貉较好的蛋白质饲料,含有营养价值很高的脂肪、多种维生素和矿物质,具有较高的生物学价值。全蛋蛋壳占 11%,蛋黄占 32%,蛋白占 57%。含水量为 70% 左右,蛋白质 13%,脂肪 11%～15%。在准备配种期,供给种公兽少量的蛋类(每日 10～15 g/千克体重),对提高精液品质和增强精子活力有良好作用。哺乳期对高产母兽,每日供给 20 g/千克体重蛋类,对胚胎发育和提高初生仔兽的生活力有显著的作用。蛋清中含有一种抗生物素蛋白,能与维生素 H 相结合,形成无生物学活性的复合体抗生物素蛋白。长期饲喂生蛋,生物素的活性就要受到抑制,使水貂、狐和貉发生皮肤炎和毛绒脱落等症。通过蒸煮,能破坏抗生物素蛋白,从而保证生物素的正常吸收。家禽孵化产生的石蛋或毛蛋,也可饲喂毛皮动物,但必须保证新鲜,并经蒸煮消毒。喂量与鲜蛋大致一样。腐败变质的毛蛋或石蛋不能利用。

(二)植物性饲料

植物性饲料包括各种谷物、油类作物的子实和各种蔬菜,是碳水化合物的重要来源,也是能量的基本来源。

1.作物类饲料

(1)禾本科谷物　在水貂、狐和貉日粮中利用的非常广泛,如玉米、高粱、小麦、大麦等。其含有碳水化合物 70%～80%(主要是淀粉),是热能的主要来源之一。水貂、狐和貉能很好地消化熟谷物中的淀粉,消化率 91%～96%,而对生谷物淀粉的消化率低。谷物粉碎熟后喂是合理的,而且要求熟制彻底,如果熟制不透,微生物易繁殖,特别是夏季,可引起胃肠臌胀和消化异常。

禾本科谷物的糠麸含有丰富的 B 族维生素和较多的纤维素,水貂、狐和貉对纤维素的消化率较低(0.5%～3%),多数不能利用而从粪便中排出体外,所以最好不用。

水貂、狐和貉日粮中的谷物粉最好采取多样混合,其比例为玉米粉、高粱粉、小麦粉和小麦麸各按 1:1,也可采用玉米粉、小麦粉、小麦麸按 2:1:1 混合。

谷物饲喂前要充分地晒干。如果谷物中含水量达 15% 以上,空气相对湿度达 80%～85%,由于呼吸作用,可使谷物堆中的温度升高到 20～30℃,霉菌大量繁殖,使谷物发霉,产生黑色的斑点和霉败气味。

(2)豆类作物　包括大豆、蚕豆、绿豆和赤豆等,是水貂、狐和貉植物性蛋白质的重要来源。同时还含有一定量的脂肪。在日粮中,大豆利用的比较多,蚕豆、绿豆和赤豆利用较少。

大豆在植物性饲料中营养价值较高,含蛋白质 36.3%,脂肪 8.4%,碳水化合物 25%,而且其蛋白质含有全部的必需氨基酸,但与肉类饲料相比,蛋氨酸、胱氨酸和色氨酸的含量低,影响了生物学价值。大豆粉与牛肉、小麦粉、小米粉混合饲喂,蛋白质生物学价值明显提高。大豆含有丰富的脂肪,使用过多,会引起消化不良,一般占日粮中谷物饲料的 20%～25%,最大用量不超过 30%。

(3)油料作物　包括芝麻、亚麻籽、花生、向日葵等。目前在水貂、狐和貉饲料中利用的比较少,仅在少数饲养场,于毛绒生长期,在日粮中添加捣碎的油料作物(3～4 g/千克体重·d),对促进毛皮质量和光泽度有一定作用。

2.油饼类饲料　包括向日葵、亚麻、大豆和花生饼等。含有丰富的蛋白质(34%～45%)。在狐、貉的日粮中可以较多地利用,一般占日粮总量的 30% 左右,在水貂日粮中利用量较少。

3. 果蔬类饲料　包括叶菜、野菜牧草、块根、块茎及瓜果等。这类饲料能供给水貂、狐和貉所需的维生素 E、维生素 K 和维生素 C 等,同时能供给可溶性的无机盐类和促进食欲及帮助消化的纤维素。

(1)叶菜　常用的有白菜、菠菜、甘蓝、生菜(莴苣)、油菜、甜菜叶和苋菜等。叶菜含有丰富的维生素和矿物质。用量可占日粮的 10%～15%(30～50 g/千克体重・d)。

(2)野菜和牧草　在北方早春蔬菜来源困难时,可以采集蒲公英、车前菜、荠菜、荨麻和苣荬菜等,或利用嫩苜蓿来饲喂水貂、狐和貉,用量可占日粮的 3%～5%。如果能把三叶草和苜蓿草干燥粉碎成干草粉,可常年作为水貂、狐和貉的维生素补充饲料。

(3)块根和块茎　包括萝卜、胡萝卜、甜菜、甘薯和马铃薯等。

萝卜和胡萝卜可与叶菜各占 50%搭配饲喂,以免单独饲喂时消化不良或影响食欲。马铃薯和甜菜如果当蔬菜饲喂,可少量地与其他蔬菜搭配。甘薯和马铃薯含有丰富的碳水化合物,特别是淀粉,占干物质的 70%～80%,在水貂、狐和貉日粮中可代替部分谷物饲料,但要熟喂(熟淀粉消化率 80%,生淀粉的消化率只有 30%)。

(4)瓜果类饲料　包括西葫芦、番茄、南瓜、苹果、梨、李子、山楂、山里红、鲜枣、野蔷薇果、松叶等。夏季可用西葫芦和番茄代替日粮中蔬菜量的 30%～50%,一般与叶菜搭配饲喂较好。南瓜含有丰富的碳水化合物,多在秋季饲喂,经过蒸煮处理后,可代替部分谷物。

　水果产区的次等水果(苹果、梨、李子等)都含有丰富的维生素 C、糖和有机酸类,只要不腐烂变质,都可以用来代替蔬菜饲喂水貂、狐和貉。在妊娠和产仔期,为了给母兽补充维生素 C,可饲喂富含维生素 C 的水果,如山楂、山里红,喂量为 3～4 g/千克体重・d,喂量太多会影响食欲。

(三)添加饲料

1. 维生素饲料

(1)维生素 A　主要来源于鱼肝油、鱼类及家畜的肝脏。水貂、狐和貉对维生素 A 的需要量,非繁殖期最低为 250～400 IU/千克体重・d,繁殖期为 500～800 IU/千克体重・d,杂食性毛皮动物需要量较低。

以鲜鱼(海鱼或淡水鱼)为主的日粮,基本能保证维生素 A 需要,除繁殖期补加少量(标准量的一半)外,其他时期,需补加 5%～10%的肝脏,5%的乳或一定量的鸡蛋,才能满足需要。添加维生素 A 时,要防止酸败脂肪破坏作用。

(2)维生素 D　主要依靠鱼肝油、肝脏、蛋类、乳类及其他动物性饲料提供。水貂、狐和貉对维生素 D 最低需要量为 10 IU/千克体重・d,而实际饲养中,维生素 D 的供给标准要比需要量高 5～10 倍。通常,只要饲料新鲜,就不需要另外添加。但在繁殖期和幼兽生长期,对维生素 D 需要量增加,可适当添加一部分;在光照充足的环境下,对维生素 D 的需要量少,而在阴暗的棚舍需要量高。

(3)维生素 E　多种谷物胚芽和植物油含有维生素 E,如小麦芽、棉籽油、大豆油、小麦胚油和玉米脐油等。维生素 E 对水貂、狐和貉性器官的发育有良好作用。

水貂、狐和貉对维生素 E 的需要量一般是 $3\sim4$ mg/千克体重·d。妊娠期日粮中不饱和脂肪酸含量高时，用量可增加 1 倍。小麦胚油添加量可达到 $0.5\sim1$ g/千克体重·d，棉籽油、大豆油或玉米脐油为 $1\sim3$ g/千克体重·d。如果日粮中含脂肪过高时，最好添加维生素 E 制剂；日粮中含脂肪低，应添加新鲜的植物油。

（4）维生素 B_1　富含维生素 B_1 的饲料有酵母、谷物胚芽、细糠麸等，肉类、鱼类、蛋类、乳类也含有一定量，而蔬菜和水果中含量较少。水貂、狐和貉对维生素 B_1 的标准需求量为 0.26 mg/千克体重·d。一般在日粮中，只要保证肉类、鱼类、谷物粉和蔬菜质量新鲜，基本能满足需要。但由于维生素 B_1 是水溶性维生素，在饲料贮存或加工过程中损失很大，所以需经常采用添加酵母或维生素 B_1 制剂来弥补。

（5）维生素 B_2　动、植物性饲料中均含有维生素 B_2，含量最丰富的饲料有各种酵母、哺乳动物的肝脏、心脏、肾脏和肌肉等。鱼类、谷物、蔬菜中含量较少。水貂、狐和貉对维生素 B_2 的需要量一般从日粮中即能得到满足，除繁殖期补加少量精制品外，日常不需另外补充。常用的添加剂量为准备配种期 $0.2\sim0.3$ mg/千克体重·d，妊娠和哺乳期 $0.4\sim0.5$ mg/千克体重·d。

（6）维生素 C　维生素 C 在各种绿色植物中含量丰富，而肉类、鱼类和谷物饲料中几乎没有。在水貂、狐和貉的日粮中供给 $30\sim40$ g/千克体重·d 的青绿蔬菜，加上体内合成部分，一般不会缺乏。但在妊娠和哺乳期，特别是北方地区，此时用的是贮藏蔬菜，在贮藏中维生素 C 丧失大部分，所以要注意维生素 C 制剂的添加。一般在妊娠中期添加量为 $10\sim20$ mg/千克体重·d。

2. 矿物质饲料

（1）钙磷添加剂　在水貂、狐和貉饲养中常用的钙、磷添加剂有骨粉、蛎粉、蛋壳粉、骨灰、白垩粉、石灰石粉、蚌壳粉、磷酸钙等。幼兽对钙的需要量占日粮干物质的 $0.5\%\sim0.6\%$，磷占 $0.4\%\sim0.5\%$。日粮中钙、磷的含量一般能满足需要，但比例往往不当，特别是以去骨的肉类及其副产品、鱼类饲料为主的日粮，磷的含量比钙高。为使钙、磷达到适当的比例，应在上述的肉类副产品中添加骨粉或骨灰 $2\sim4$ g/千克体重，鱼类饲料中添加蛎粉、白垩粉或蛋壳粉 $1\sim2$ g/千克体重。

（2）钠、氯添加剂　食盐是钠和氯的主要补充饲料。单纯地依靠饲料中含有的钠和氯，水貂、狐和貉有时会感到不足。因此要以小剂量（$0.5\sim1$ g/千克体重·d）不断补给，才能维持正常的代谢。但在水貂、狐和貉饲养中经常出现由于添加或饲料中含有的食盐量过多而引起的食盐中毒现象。比如，成年水貂每千克体重添加食盐 $1.2\sim1.5$ g，每日供水 3 次，饮水量有所上升，没有发生其他异常现象；若每千克体重添加食盐 3 g，每日供水 1 次，则出现明显的中毒现象。

（3）铁添加剂　在水貂、狐和貉饲养中，当大量利用生鳕鱼、明太鱼时，会造成对铁的吸收障碍，产生贫血症。因此，常采用硫酸亚铁、乳酸盐、枸橼酸铁等添加剂来补充。幼兽生长期和母兽妊娠期对铁的需要量增加。为了防止贫血症和灰白色绒毛的出现，每周可投喂硫酸亚铁 $2\sim3$ 次，每次喂量 $5\sim7$ mg/千克体重。补喂的方法是先把铁添加剂溶解在水中,喂食前混入日粮中,并搅拌均匀。

(4)铜添加剂 水貂、狐和貉日粮中缺铜时,也能发生贫血症。但目前国内对水貂、狐和貉的铜需要量研究的还很不够。美国和芬兰等国,在配合饲料或混合谷物中铜占谷物的 0.003%,日本毛皮动物的矿物质合剂中含铜 1%。

(5)钴添加剂 钴在水貂、狐和貉的繁殖过程中起一定作用。当日粮中缺乏钴时,繁殖力下降。通常利用氯化钴和硝酸钴作为钴的添加剂。

3. 抗生素饲料 在水貂、狐和貉饲养中,经常小剂量地利用抗生素,如粗制的土霉素、四环素等。抗生素虽然对水貂、狐和貉没有直接的营养作用,但对抑制有害微生物繁殖和防止饲料腐败有重要意义。在妊娠、哺乳和幼兽生长发育期,如果饲料新鲜程度较差,可加入粗制土霉素或四环素,添加量占日粮重量的 0.1%~0.2%,即 0.3~0.5 g/千克体重·d,最多不超过 1 g。健康恢复后或饲料新鲜,最好不要加抗生素。

(四)配合饲料

配合饲料是近年来由于水貂、狐和貉养殖业的迅速发展,养殖规模和数量大大增加,传统饲喂方法所采用的鲜湿自配料已满足不了生产的需求。在相关科研和生产部门的共同努力下,成功实现了水貂、狐和貉饲料的工业化生产。这相对于传统饲喂模式是一次重大技术变革。为今后水貂、狐和貉养殖业向大规模集约化生产方向发展提供了必要条件,为水貂、狐和貉养殖业的持续发展奠定了物质(饲料)基础。

目前我国的配合饲料主要有干配合饲料(粉状料和颗粒料)和鲜配合饲料(鲜冻料和液态料)2 大类。

1. 干配合饲料 是以优质鱼粉、肉粉、肝粉、血粉等作为动物性蛋白质的主要来源,配合谷物粉及氨基酸、矿物质、维生素等添加剂,通过工厂化工艺加工而成。其又分为颗粒状和粉末状 2 种。饲料配方中注意了各种营养物质的配合,保证了营养的全价性,基本上可满足水貂、狐和貉各生长发育阶段和生产时期的营养需要,饲喂效果较好。由于干配合饲料成本较低,营养全价,易贮、易运,饲喂方便,省工省时,有很高的推广应用价值。

2. 鲜配合饲料 是用新鲜的原料饲料,经科学组方合理搭配后直接绞碎,加入微量元素精制而成的全价配合饲料。它保留了原材料饲料的营养成分和生物活性物质不遭破坏,可满足水貂、狐和貉不同生长时期的营养需要,水貂、狐和貉喜食,适口性好,符和国外传统饲喂模式,饲养者容易接受,能获得理想的生产能力和产品质量。世界水貂、狐和貉养殖水平较高的美国、加拿大、芬兰等国,均采用鲜配合饲料饲喂模式,所获得产品和种兽均列世界领先地位。

3. 配合饲料的使用 干配合饲料饲喂前 5~7 d 要通过逐渐增料的适应过渡期,以防因饲料突变而引起消化不良等应激反应。鲜配合饲料饲喂前如果是自配鲜料可以不需过渡期,如果是干配合饲料转变时,则需 3~5 d 的过渡。

干配合饲料喂前 0.5~1 h 要进行水浸,以软化饲料,提高消化率,水温不要超过

40℃,以防某些营养物质遭到破坏。鲜配合饲料液状的可取来即喂,鲜冻料要解冻后饲喂。

另外,要严格按厂家的使用说明书饲喂。不同的厂家、生产型号或不同生产时期(阶段)的配合饲料,使用方法各异,所以不要自行做主滥用。尤其是不能将2个以上厂家生产的不同品牌的饲料混用。

三、饲料贮藏

当前,我国各地水貂、狐和貉养殖场大多数仍利用新鲜饲料配制日粮。为保证饲料品质,需要进行合理的贮藏。若饲料贮藏不当,轻则营养物质流失或被破坏,动物长期食后表现出营养不良症状,重则引起饲料中毒,大批死亡,给养殖场造成巨大经济损失。所以,做好饲料的贮藏保鲜工作是非常重要的。

(一)动物性饲料的贮藏

贮藏方法较多,常用的有低温贮藏、高温贮藏、干燥保存和盐渍贮藏等方法。

1. 低温贮藏 大中型水貂、狐和貉养殖场往往使用机动冷库贮藏动物性饲料。库房内的温度应维持在-15℃以下。库内温度越低,饲料越不易变质,贮藏时间越久。个体户因饲料用量少,有条件的可用电冰箱保存饲料,无条件的也可因地制宜,修建各种土冰库。利用土冰库短时间贮藏饲料,效果好,成本低。

冷冻密封式土冰库:在我国高纬度地区(如黑龙江、吉林、内蒙古、新疆等地区),趁冬季气温低的时候,将自然冷冻好的鱼、肉包成小包(每包大小以够本场1~2 d使用为宜),堆放于避风背阴处,逐日洒水,冻一层洒一层,至冰层达1 m左右。然后,在冰上盖一层约1 m厚的锯末或稻壳,最外面再盖一层30~40 cm厚的泥土。取饲料时,挖开一孔,取一小包后立即用草帘或旧棉套将孔堵死。此法在北方各地初春开冻后的2~3个月内使用较为合适。

室内缸式土冰窖:选择密闭性良好的室内,放置数口清洁的大瓦缸,缸间距30~50 cm,缸四周用稻壳或锯末填满,然后将鱼、肉与冰块混合放入缸内,缸口用旧棉被或麻袋盖严,缸底开一小孔,用橡皮管通到室外地下,用以排出融化的冰水。此方法可保鲜1周左右。

2. 高温贮藏 高温可杀灭各种微生物。新购回的鲜鱼或肉,一时喂不完的可放锅中煮(或蒸)熟,取出放阴凉处。夏季用此法饲料能保鲜1 d左右,不能放置过久。

3. 干燥保存 在炎热干燥的季节里,将新鲜肉类饲料煮沸20 min后切成片,鱼类饲料除去内脏(小鱼不用去内脏),在室内摊开晾干,或在干燥室、铁锅内烘烤,使其彻底干燥。然后,将干好的饲料装在草袋里,贮于干燥、密闭的室内,地面要垫上石头和晒干的稻壳,以防受潮。这种方法可以贮存较长的时间。

4. 盐渍贮藏 将鲜饲料置于水泥池或大缸中(水池或缸应在阴凉之处),用高浓度盐水溶液浸泡,以液面浸过饲料为度,用石头或木板压实。这种方法可以保存饲料1个月以上。但盐渍时间越长,饲料盐分含量越高,使用前必须用清水浸泡脱盐,至少要浸泡24 h,中间要换水数次,并经常搅动,脱尽盐分,否则易使动物发生食盐中毒。

(二)植物性饲料的贮藏

1.谷物饲料贮藏　主要技术措施是抓好密闭防潮,合理堆放和严防害虫。

2.果蔬类饲料　贮藏果蔬类饲料喜冷凉湿润,贮藏适宜温度为 $0\pm0.5℃$。贮藏温度过高容易腐烂,而且很快衰老,从而缩短贮藏时间。果蔬类饲料含水量高,保护组织不完善,极易蒸发水分而萎蔫,因此,果蔬类饲料应贮藏在空气相对湿度为95%～98%的高湿条件下。常用的贮藏方法主要有窖藏、通风贮藏、埋藏,也有在大型库内采用机械辅助通风或机械制冷贮藏。

第四节　毛皮动物饲料的加工与调制

一、肉类和鱼类饲料的加工

新鲜的海杂鱼,经过检疫的牛羊肉、兔碎肉、肝脏、胃、肾、心脏及鲜血等,经过冷冻的要彻底缓冻,去掉大的脂肪块,洗去泥土和杂质后粉碎生喂。

品质虽然较差,但还可以生喂的肉、鱼饲料,首先要用清水充分洗涤,然后用0.05%高锰酸钾溶液浸泡消毒5～10 min,再用清水洗涤一遍,方可粉碎加工生喂。变质腐败的饲料不能加工饲喂。

淡水鱼和轻度腐败变质、污染的肉类,需经熟制后方可饲喂。熟制的目的是为了杀死病原体(细菌或病毒)及破坏有害物质。淡水鱼熟制时间不必太长,达到消毒和破坏硫胺素酶的目的即可,为减少营养物质的流失,要尽量采取蒸的方式,高压蒸汽(1～2 kg 压力)或短时间煮沸等。死亡的动物尸体、废弃的肉类和痘猪肉等应用高压蒸煮法处理,既可达到消毒的目的,又可去掉部分脂肪。

质量好的动物性干粉饲料(鱼粉、肉骨粉等),经过2～3次换水浸泡3～4 h,去掉多余的盐分,即可与其他饲料混合调制生喂。

自然晾晒的干鱼,一般都含有 5%～30%的盐,饲喂前必须用清水充分地浸泡。冬季浸泡2～3 d,每日换水 2次;夏季浸泡1 d或稍长一点时间,换水 3～4 次。没有加盐的干鱼,浸泡12 h即可达到软化的目的。浸泡后的干鱼经粉碎处理,再同其他饲料混合调制生喂。

难于消化的蚕蛹粉,可与谷物混合蒸煮后饲喂。品质差的干鱼、干羊胃等饲料,除充分洗涤、浸泡或用高锰酸钾溶液消毒外,还需经蒸煮处理。

高温干燥的猪肝渣和血粉等,除了浸泡加工之外,还要经蒸煮,以达到充分软化的目的,提高消化率。

表面带有大量黏液的鱼,按 2.5%比例加盐搅拌,或者用热水浸烫,除去黏液。味苦的鱼,除去内脏后蒸煮熟喂,这样既可以提高适口性,又可预防患胃肠炎。

咸鱼在使用前要切成小块,用海水浸泡24 h,再用淡水浸泡12 h左右,换水 3～4

次,待盐分彻底浸出后方可使用。质量新鲜的可生喂,品质不良的要熟喂。

二、乳类和蛋类饲料的加工

牛乳或羊乳,喂前需经消毒处理。一般用锅加热至 70～80℃,保持 15 min,冷却后待用。乳桶每天都要用热碱水刷洗干净,酸败的乳类(加热凝固成块)不能用来饲喂。鲜乳按 1∶3 加水调制,乳粉按 1∶7 加水调制,然后加入到混合饲料中搅拌均匀后饲喂。

蛋类(鸡蛋、鸭蛋、毛蛋、石蛋等),均需熟喂,这样除了能预防生物素被破坏外,还可以消除副伤寒沙门氏菌等菌类的传播。

三、植物性饲料的加工

谷物饲料要粉碎成粉状,去掉粗糙的皮壳。使用时最好采用数种谷物粉搭配(目前多用玉米面、大豆面、小麦面按 2∶1∶1 的比例混合),熟制成窝头或烤糕的形式。1 kg 谷物粉可制成 1.8～2 kg 成品。水貂、狐和貉养殖专业户、个体户,可把谷物粉事先用锅炒熟,然后将炒面按 1∶1.5～2 加水浸泡 2 h,加入混合饲料饲喂,也可将谷物粉制成粥,混合到日粮中饲喂。

大豆可制成豆汁。将大豆浸泡 10～12 h,然后粉碎煮熟,用粗布过滤,即得豆汁,冷却后加入混合饲料中。也可以采用简易方法,即将大豆粉碎成细面,按 1 kg 豆面加 8～10 kg 水,用锅煮熟,不用过滤即可饲喂。

蔬菜要去掉泥土,削去根和腐败部分,洗净、搅碎饲喂。番茄、西葫芦和叶菜以搭配饲喂较好。严禁把大量叶菜堆积或长时间浸泡,否则易发生亚硝酸盐中毒。叶菜在水中浸泡时间不得超过 4 h,洗净的叶菜不要和热饲料放在一起。冬季可用质量好的冻菜,窖贮的大头菜、白菜等,其腐败部分不能利用。春季马铃薯芽眼部分含有较多的龙葵素,需熟喂,否则易引起中毒。

四、维生素饲料的加工

(一)酵　母

常用的有药用酵母、饲料酵母、面包酵母和啤酒酵母。药用酵母和饲料酵母是经过高温处理的,酵母菌已被杀死,可直接加入混合饲料中饲喂。面包酵母和啤酒酵母是活菌,喂前需加热杀死酵母菌。方法是:先把酵母放在冷水中搅匀,然后加热到70～80℃,保持 15 min 即可。少量的酵母也可采用沸水杀死酵母菌的办法。如果不杀死酵母菌(或没有完全杀死),可引起饲料发酵,使动物发生胃肠膨胀症。加热的温度不宜过高,时间不宜过长,以免破坏酵母中的维生素。

酵母受潮后发霉变质,不能用来饲喂。

(二)麦　芽

麦芽富含维生素 E。其制作方法是:先将小麦浸泡 12～15 h,捞出后放在木槽中堆积,室温控制在 15～18℃,每日用清水投洗一遍,待长出白色须根,将要露芽时再分槽,其厚度不超过 2 cm,每日喷水 2 次,经 3～4 d(温度低,时间要延长)即可生长出 1～1.5 cm 长、淡黄色的芽。在麦芽生长过程中,如果室温过高,易长白色霉菌,这时可用 0.1%高锰酸钾液消毒处理。室内应通风、避光。光线的作用可使麦芽变绿,维生素 E 的含量降低,而维生素 C 的含量增高。麦芽可用绞肉机绞碎,一般应铰 2 遍。

(三)植 物 油

植物油含有大量的维生素 E,因此保存时应放在非金属容器中,否则保存时间长易氧化酸败。夏季最好低温保存,这样能防止氧化酸败。已经酸败的植物油不能用来饲喂。山楂、山里红、红枣、松叶等含有大量的维生素 C。喂前洗净,加水捣碎,挤出液汁,再把液汁加入混合饲料中饲喂。

(四)维生素制剂

鱼肝油和维生素 E 油浓度高时,可用豆油稀释后加入饲料,胶丸鱼肝油需用植物油稍加热溶解后加入饲料。一般将 2 日量一次加入饲料效果较好。

维生素 B_1、维生素 B_2、维生素 C 是水溶性的,三者均可同时溶于 40℃的温水中,但高温或碱性物质(苏打、骨粉等)易破坏其有效成分。鱼粉、肉骨粉、骨粉、蚕蛹及油粕能破坏维生素 A;酸败脂肪能破坏多种维生素。

五、矿物质饲料的加工

食盐可按一定的比例制成盐水,一般 1∶5～10,直接加入饲料,搅拌均匀即可;也可以放在谷物饲料中饲喂。食盐的给量一定要准确,严防过量导致动物中毒。

骨粉和骨灰可按量直接加入饲料中。但不能和 B 族维生素、维生素 C 及酵母混合饲喂,否则有效成分将会受到破坏。

上述各种饲料加工好后,就可进行搅碎和混合调制。首先把准备好的各种饲料,如鱼类、肉类、肉类副产品及其他动物性饲料、谷物制品、蔬菜和麦芽等,分别用绞肉机粉碎。如果兽群小,饲料制作数量不大,可把各种饲料混在一起绞碎,然后加入牛奶、维生素、食盐水等,并进行充分的搅拌,调制均匀,即迅速按量分发到各群。

在调制饲料的过程中,要注意以下几点:

第一,要严格执行饲料配方规定的品种和数量,不能随便改动。

第二,必须在饲喂前按时调制混合饲料,不能随便提前。应最大限度地避免多种饲料混合而引起营养成分的破坏或失效。

第三,为防止饲料腐败变质,在调制过程中,严禁温差大的饲料相互混合,特别是天热时更需注意。

第四,在调制过程中,水的添加量要适当,严防加入过多造成剩食。应先添加少许,视饲料稠度逐渐增添。

第五,饲料调制用的机器、用具使用后要及时进行彻底洗刷,夏天要经常消毒,以防疾病发生。

第三章　毛皮动物饲养场建设

第一节　场址的选择

一、选择场址的原则

　　毛皮动物饲养场选址的总原则是以自然景观、环境条件适合于毛皮动物生物学特性要求为宗旨,以符合养兽场生产规模及发展远景为条件,并以具备稳定的饲料来源为基础,全面考虑,科学选址。

　　选择场址是建设毛皮动物饲养场的重要基础性工作,若场址选择不合理,将会给以后的生产带来种种困难,增加非生产性消耗,提高饲养成本。因此,在建筑毛皮动物饲养场之前,一定要根据饲养毛皮动物所要求的基本条件,组织专业科技人员,认真地进行场址的勘察工作,并做出建场的全面规划,切不可违背科学,草率或主观行事。

二、选择场址的条件

(一)饲料条件

　　饲料是饲养毛皮动物的首要物质基础,必须在建场前搞好调查研究和论证,充分估测。首先考虑饲料来源、数量及提供季节等,然后确定饲养场的规模,对于不具备饲料条件的,其他条件再适宜也不能建场。

　　对貂、狐和貉等肉食性毛皮动物来说,动物性饲料显得更为重要。没有或缺乏饲料的地区不能建场。要求饲料来源广,且易于获得。例如,肉类联合加工厂、畜禽屠宰场、鱼或肉类的冷库储存单位,畜牧业发达的地区,或者鱼类资源丰富的江、河、湖、海和水库附近等地方。如果周围有毛皮动物颗粒饲料生产工厂,则选场建场时,只考虑自然条件及交通运输条件即可。

（二）自然条件

自然条件包括地形地势、水源、土质、温度、湿度、光照等。

1. 地形地势　毛皮动物饲养场应修建在地势较高、地面干燥、背风向阳的地方。一般在坡地和丘陵地区，以能避开寒流侵袭和强风吹袭的南或东南坡向为宜。为利于排出污水，在坡地建场时，应建成阶梯状的形式。低洼、沼泽地带，地面泥泞、湿度较大，排水不利的地方，或洪水常年泛滥、云雾弥漫、风沙侵袭严重的地区不宜建场。

在我国低纬度地区建场时，应考虑到原产地在高纬度地区的毛皮动物的生殖生理特点，利用高山、峡谷或盆地的自然屏障，作为改变光照的条件，尤其在秋分季节后，利用这种条件，可在一定程度上起到缩短日照时间的作用，但生产效果还不是很理想。最有效的方法还是修建控光棚舍，这样就可以完全使毛皮动物达到正常生长发育和繁殖的目的，但投入成本相对增大。

2. 水源　毛皮动物饲养场的用水量很大，冲洗饲料、刷洗饮食具以及饮水都需要大量用水，尤其是冷库车间的用水量更大，为此，建场时必须要重视水源。另外，水质的好坏也对毛皮动物的生长发育和繁殖、毛皮质量等有很大影响，所以不仅水源要充足，而且水质要好。通常应选择具有充足水源的小溪、河流或湖泊、池塘附近，或具有充足地下水源或自来水源的地方。对于地表水或地下水含矿物质过多或过少，甚至缺少某种元素（如碘、硒等）的地区不能建场。绝不能使用死水、臭水或被病菌、农药污染的不洁水。

3. 土质　沙土、沙壤土透水性较好，易于清扫和排除粪便及污物，这样的土质地面修建毛皮动物栏舍（或房舍）较为理想。

4. 用地与面积　饲养毛皮动物应尽可能避免占用耕地，最好利用贫瘠土地或非耕地。占地面积应适于饲养规模及将来发展的需要。

5. 环境卫生　毛皮动物饲养场不应与畜禽饲养场靠近（半径范围 1 km 以上），更不可与居民住宅区混在一起（距离 1 km 以上），以避免同源疾病的相互传染。曾经流行过畜禽传染病的疫区或疫源区，必须严格消毒，经检察符合卫生防疫的要求后方可建场。

（三）交通与能源

毛皮动物饲养场应具有方便的交通条件，如铁路、公路的附近或有码头的地方，适合建场。但必须注意饲养场环境要有一定的安静。

电源是较大型饲养场不可缺少的能源，饲料的加工调制、冷冻贮藏、控光等都不能缺少电源。

第二节　毛皮动物饲养场的规划和布局

一、饲养场的区域划分

毛皮动物饲养场的建筑，总的来说应具备生产区、经营管理区、辅助生产区和职工生活区4个部分。生产区应具备笼舍，兽群的饲养场地，饲料加工室、储藏室、冷储库，毛皮加工室，兽医室，分析化验室等。经营管理区包括办公室、物资仓库、食堂、宿舍等。辅助生产区包括农机库等。职工生活区包括宿舍、卫生所等。

二、饲养场规划和布局的原则

场址选好后，为保证饲养场生产管理的高效和合理，在建设饲养场前，要依据饲养场经营的目的、发展规划，结合场地的风向、地形、地势、防疫卫生要求条件，进行规划布局；使场内各种建筑布局合理，既可保证动物的健康，又便于饲养管理。

规划布局时，主要遵循以下四方面原则。

第一，安全性原则。保证饲养场的整体安全，包括人和动物安全。防止偷盗和动物逃逸，避免疫病的传入和内部交叉传播。

第二，功能联系紧密原则。各区域的划分必须保证饲养场各功能的高效和顺利实现，各区划间联系要紧凑、便捷和整齐。因此，在满足生产要求的前提下，做到节约用地，尽量少占或不占耕地；建筑物之间的距离尽量布置紧凑、整齐；加大饲养区的用地面积，缩减服务区的用地面积，比例不低于8：2。

第三，环保节能原则。饲养场区域规划要求利用地理优势（冬季的防风和采光、夏季的通风、遮阴、排水等）和本地的资源优势（原有道路、供水、通讯、供电线路、建筑物等），做到节约能源和环保（尤其是粪便和废水处理），以减少投资。

第四，长远和近期目标相结合原则。饲养场的发展是一个长期的过程，因此区域划分必须既考虑当前的实际需要，又要考虑未来发展的需要，做到长远发展和当前需求两不耽误。

三、饲养场规划和布局的要求

（一）各区域的总体布局

饲养场各区域以住宅区→管理区→辅助区→生产区的顺序依次布局。如场地东西长、南北短，以由西至东平行排列或由西至东北方向上升交错排列；如场地南北长、东西短，则由北向南或西南依次排列。道路的主干要能够直达管理区，尽量避免经过生产区。各区域水、电、能源设施齐全，并应考虑安装和使用的方便，保证生产安全。

（二）建筑物的布局

在联系方便、节约用地的基础上，各区的建筑物应该保持一定的距离，并防止管理区的生活污水经地面流入生产区。

(三)围墙和绿化

饲养场周围以及各区域之间,尤其是核心生产区,一定要修建围墙(高 1.5～1.7 m)。围墙可用砖石、光滑的竹板或铁皮建成。墙基不能留有小洞,在排水沟经过的墙基处应有铁丝网拦截。

饲养场中要加强绿化,净化环境。整个场区均要植树种草,减少裸露地面,绿化面积应达场区的 30%以上。草坪要定期修剪,以免水貂等逃跑后不易寻找。

(四)生活服务区

为保证有良好的生活条件,居民区应安置在环境最好、生活方便的地段,与生产区要相对隔离,距离稍远。生活服务区排出的废水、废物不能给生产区带来污染。

(五)经营管理区

经营管理区应靠近居民较集中、交通方便的地方,以便有效利用原有的道路和输电线路、方便饲料和其他生产资料的供应、产品销售以及与居民点的联系。

管理区与生产区应加以隔离。外来人员只能在管理区活动,特别是车库应设在管理区,严防病原菌传入。场外运输应严格与场内运输分开,场外运输车辆严禁进入生产区。

(六)生 产 区

生产区是整个养兽场的核心,应位于全场的中心地段。在布局上,各种建筑力求紧凑,以服务动物饲养、方便作业为主;要考虑到机械化程度、安装动力和能源利用等设置要求;规模大的建筑可分区规划与施工;应将种兽和生产兽分开,设在不同地段,分区饲养管理;生产区内下风处还应设置饲养隔离小区,以备引种或发生疫病时暂时隔离使用;生活区、管理区的生活污水,不得流入生产区。

棚舍和笼箱是生产区的主要建筑,必须配置在生产区的中心。而且应当设在光照充足,不遮阳,地势较平缓和上风向的区域。

饲料系统建筑物应设置在地势较高处,保证卫生与安全,距其他建筑物 60 m 以上。饲料加工室应建于生产区的一侧,相互联系方便,靠近水源,与各棚舍的距离大体相等。饲料加工室的设备包括洗涤设备、熟制设备、粉碎机、绞肉机、搅拌机、洗鱼机、电机等,用来冲洗、蒸煮、浸制及混合饲料。加工室的大小根据兽群大小而定。为便于洗刷,保证卫生,室内地面和墙围应用水泥抹光,同时,应有上、下水道。

大、中型毛皮动物饲养场一般要求修建冷库。冷库规模根据兽群的大小而定。一般在东北地区,一家万头貂的饲养场,冷库规模在 300～500 t 左右,温度控制在−15℃ 以下,空气相对湿度 80%以上。小型饲养场或专业饲养户,可在背风阴凉处修建简易冷藏室或购置低温冷藏箱(冰箱)。为保证毛皮动物常年吃到新鲜蔬菜,还须挖建菜窖。尤其是高纬度的北方地区,冬季气候寒冷,秋季用菜窖贮藏蔬菜备用,更显得十分必要。

为杜绝环境污染,粪便和垃圾应集中在贮粪池(场),放至场外,经生物发酵后作肥料肥田。贮粪场应设置在生产区院外的下风处,距圈舍 50 m 以上,而且要远离居住房舍。

兽医室要毗邻管理区,距动物圈舍 50 m 以上。应当具备完整的设施和设备。要包括消毒室、医疗室、无菌操作室(20 m²)、焚尸炉或生物热坑。消毒室主要负责对外来人员接待和消毒工作,以及消毒器械和药品的贮藏。医疗室配置各种医疗用药品和器械,如显微镜、冰箱、高压蒸汽消毒器、免疫电泳仪、离心机等。

分析化验室也要毗邻管理区,距动物圈舍 50 m 以上。应当具备配套的仪器和器械,进行饲料的营养分析、毒性分析、部分疾病的检验等。

饲养场中还应当包括供水设施、仓库、围墙、休息室等建筑,以及配备诸如水貂的串笼箱、自动捕貂器、种兽运输箱(笼)、捕貂网、喂食车、水盆、水碗、颈钳等用具。

(七)毛皮加工室

毛皮加工室是生产区的一个重要组成部分,要求毗邻管理区,距动物圈舍 50 m 以上,主要对毛皮产品进行初加工。依据初加工过程中不同环节的具体要求,毛皮加工室应依次修建屠宰间、剥皮间、刮油间、洗皮间、上楦间、干燥间、贮存晾晒间、验质间。各加工间要求按顺序排开,互相直通。根据种兽规模确定面积,一般 300 只种兽,各间需 30～40 m²。

1.屠宰间 是用以处死毛皮动物的场所。处死毛皮动物的方法较多,因以方法不同,所需的处死用具和设备也不同。主要有电击器(图 3-1)、医用注射器、司可林、密闭的木箱和胶管及汽车废气或 CO_2 气体。

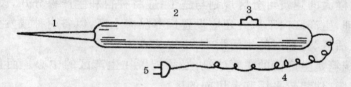

图 3-1 狐电击器示意图
1. 金属棒 2. 绝缘外壳 3. 开关 4. 导线 5. 插头

2.剥皮间 用以动物处死后剥皮的场所。需配备剥皮刀、剪刀、剥皮操作台、架、锯末或麸皮等。

剥皮操作台用三角铁焊成框架,再铺以铁板,台面正中央有一排挂钩;也可用厚重的硬木材料制成。操作台高度以能方便剥皮为限。用于挑裆、挑尾,以及剥离耳、眼、鼻、口等部。挑刀用于挑裆、挑尾,以及剥离耳、眼、鼻、口等部位的皮,可一面带刃,但要求尖而锐利。

3.刮油间 用以刮掉刚剥离的鲜皮板上的油脂、残留的结缔组织及肌肉等的场所。应备有操作平台、刮油机、刮油刀、锯末或糠麸等。

(1)刮油刀 用于刮掉皮板上的肌肉和脂肪,要求刀刃平齐,不准有微小的卷刃或缺口。可用废电锯条自制,也可用电工刀代替。刀刃的快钝由操作者技术熟练程度而定。刀刃锋利易于伤皮,刀刃太钝则很费力。

　　(2)刮油棒　是手工刮油时衬在皮筒里(皮板朝外)的圆形光滑棒状物。最好用橡胶皮管,规格为直径5 cm,长40 cm。也可用木棒制成。

　　(3)刮油机　目前国内外大型貂场都采用半机械化刮油机刮油,效率很高。

　　(4)锯末　用于洗皮。将硬质的、不含树脂的锯末过筛,取小米粒大小的锯末,干燥后保存备用。

　　4.洗皮间　刮油后用以洗皮的场所。应备有硬锯末或玉米芯、洗皮台、手动洗皮机或电动洗皮机。

　　转鼓和转笼是洗皮的工具。断面用厚木板制成,转鼓的表面钉有硬质纤维板或镀锌金属薄板。转鼓直径以能使水貂皮在转鼓内产生足够的落差为限。里面有4～8根横梁,以便转鼓转动时带着貂皮向上转。

　　5.上楦间　用以洗皮后上楦的场所。应备有不同规格的楦板和楦板纸。

　　楦板是水貂皮干燥过程中用以支撑皮张,使之保持商品规格外形的工具。要求结实、不变形、吸湿性好、利于通风。通常用松木、椴木和山杨等软质木料制成。制造楦板的材料必须十分干燥,不能涂漆,也不能涂油。鲜皮上楦板之前,要用纸把楦板缠上。目的是通过纸吸收水分和再干燥,以达到干燥皮张的目的。因此,要求纸的吸湿性要好,并保持干燥。水貂皮和狐、貉皮楦板及规格见图3-2、图3-3及表3-1、表3-2、表3-3。

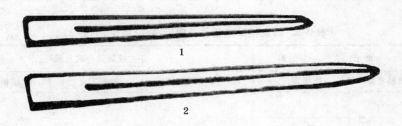

图3-2　水貂皮楦板
1. 母皮楦板　2. 公皮楦板

图3-3　狐、貉皮楦板

表 3-1　水貂皮楦板规格及开槽标准

规　格	开槽部位	开槽要求
公貂楦板 全长 110 cm， 板厚 1.1 cm	正、反面，尖端至 10 cm 之间，于中间部位	开浅槽，宽 2 cm，深 0.2 cm，并与中心透槽两侧的浅槽相通
	正面，距尖端 11 cm，于中部始	开透槽，槽长 70 cm，宽 0.6 cm
	两侧面，距尖端 13 cm 处始	开透槽，槽长 15 cm，宽 0.2 cm
	正、反面，距尖端 11 cm 处始，于中心透槽两侧	开浅槽各 1 条，槽长 80 cm，宽 2 cm
	沿楦板周边(不含末端)	开浅槽，槽宽 0.3 cm，深 0.3 cm
母貂楦板 全长 95 cm， 板厚 1 cm	正、反面，尖端至 10 cm 之间，于中间部位	开浅槽，宽 1.5 cm，深 0.2 cm，并与中心透槽两侧的浅槽相通
	正面，距尖端 11 cm，于中部始	开透槽，槽长 55 cm，宽 0.6 cm
	两侧面距尖端 11 cm 处始	开透槽，槽长 15 cm，宽 0.2 cm
	正、反面，距尖端 11 cm 处始，于中心透槽两侧	开浅槽各 1 条，槽长 70 cm，宽 1.5 cm
	沿楦板周边(不含末端)	开浅槽，槽宽 0.3 cm，深 0~3 cm

表 3-2　狐皮楦板规格及开槽标准　(单位：cm)

地 产 狐		芬兰纯繁狐和改良狐		
距楦板顶端长度	楦板宽度	距楦板顶端长度	楦板宽度	楦板厚度
0	3			
5	6.4	0	3	
20	11			
40	12.4			
60	13.9	15	12	2
90	13.9			
105	14.4			
124	14.5	180	16.5	
150	14.5			

表 3-3 貂皮楦板规格及开槽标准 （单位：cm）

距楦板顶端长度	相对宽度	开槽要求	楦板厚度
0	3.4	中间开深 1 cm，向下延伸达 34 cm 长的透槽	
7.4	8.1		
19.4	12		
28	15	开 2 条宽 1 cm，长 87 cm，相互平衡的透槽，槽间距 5.5 cm	2
50	17		
76	18	两槽与板缘距为 5.5 cm	
180	18.5		

6. 干燥间 用以上好楦板的皮张进行干燥的场所。

在大型毛皮动物饲养场，干燥间主要有通风装置、排风扇、温度计、湿度计和风干机等设备。

通风装置：应安装在离地面 1.8 m 处，通风用的空气来自预热间，不要让室外寒冷的空气直接吹入干燥间。

排风扇：应在离地面 0.3～0.6 m 处安设。排风扇要有足够的效率，要求开动 1 h后能将干燥间所有的空气排出室外。

电加热器：应安装在干燥间通风口的下方，以保证空气进入干燥间时温度不至于过低，但不能放置于离皮张太近的地方，以防烤焦皮张。

温度计和湿度计：用以监测干燥间的温度和空气相对湿度。湿度计以毛发湿度计精确性较好，但要在每个应用季节前进行校准。有条件的貂场可设恒温器，以自动调节干燥间内的温、湿度。通常干燥间最适宜的温度是 15.6～19℃，空气相对湿度为 55％。

风干机：也称皮张干燥器。由 1 台电动鼓风机和 1 个带有一定数量的风嘴管的风箱及铁架组成。风箱用木板或金属板制成，有立式（貂皮水平放置干燥）和平式（貂皮垂直放置干燥）2 种。目前我国大多数貂场采用的是立式，而国外则多用平式，以平式便于操作并节省空间。风箱一侧表面装有一定数量的风嘴管，风嘴管间的距离为横向 100 mm，纵向 80 mm，管的内径为 8 mm，高出风箱 75～100 mm。管的基部和箱体连接处的通风口要尽量通畅；端部应做成扁嘴状，以利于插入貂皮嘴中。为了抵抗强大气流的压力，风箱应做得牢固一些。在风箱用螺丝固定之前，应该先用胶粘合在一起，以防箱内的空气从风嘴以外的地方跑出。风箱的风源来自鼓风机。空气进入鼓风机以前必须经过过滤，以防尘埃阻塞风嘴管。鼓风机风口与风箱之间相接处要密封好。1 台强力鼓风机可为几台风箱提供风源。进入每个风箱的风量通过输风管上的气流调节器调节。一般公貂皮干燥时所需风速为 1 220 m/min,母貂皮为 1 158 m/min。

小型饲养场或专业户,可采取暖室自然干燥,即在室温 18～25℃的条件下晾干。貂皮自然干燥时,为防止受闷脱毛,特别是大毛细皮如狐皮等,可以采取两次上楦,即第一次是毛面向里上楦,待干至六七成时再翻转,即第二次皮板向里上楦,晾至全干卸下。

7.贮藏间 用以贮藏经初加工的皮张的场所。应备有温度计、湿度计、通风器,有条件还可设置吸湿器和空调器等。

贮藏间建筑一定要坚固,基层较高,房身达到一定的高度,屋顶不能漏雨,地面为水泥抹面或木板,墙根无鼠洞和蚁洞,墙壁能隔热防潮,库内通风良好,有足够的宽度,但要避免阳光直射皮张,门窗玻璃以磨砂玻璃或有色玻璃为宜。库内温度要求最低不低于 5℃,最高不超过 25℃,空气相对湿度保持在 60%～70%为宜。

8.验质间和包装间 用以初加工后皮张的验质、分级和包装的场所。需配备皮张的收购标准、加工技术规程、质检设备、包装箱、绳、标签、转载设备等。

第三节 水貂饲养场建设

毛皮动物饲养场的建设主要包括棚(圈)舍和笼箱建设,以及饲料加工室、饲料贮存和冷藏设备、毛皮加工室及初加工设备、兽医室、围墙、绿化以及其他物品等建设。而后者在前文中已经详述,在此不做赘述。本节以及第四、第五节均重点介绍水貂、狐和貉饲养场的基本建筑和设备——棚(圈)舍和笼箱的建设。

一、棚 舍

貂棚是用来遮挡雨、雪,防止日光直接照射的建筑。

(一)高窄式普通貂棚

高窄式普通貂棚(图 3-4)的结构简单,只需棚柱、棚梁和棚顶,不需建造四壁。貂棚可用石棉瓦、钢筋、水泥、木材等作材料。修建时可根据当地情况,就地取材,灵活设计。但在利用废旧建筑材料时,应做消毒处理。

貂棚的走向和配置与貂棚内的温度、湿度、通风和接受光照等情况有很大关系,应该根据当地的地形地势及所处地理位置综合考虑。貂棚的走向要求夏季避免阳光的直射,通风良好,冬季两侧能较均匀地获得光照,并能避开寒风的侵袭。

通常貂棚的棚宽 3.5～4 m,棚长 25～50 m,以便于管理。如果过长,中间应留有通道,以便于貂棚间的横向行走和捕捉逃貂。棚间距 3.5～4 m,相距太宽,占地面积大,浪费土地;太窄,光线暗,影响水貂性器官的发育。棚檐高 1.4～1.7 m,要求日光不直射貂笼。日光直射会减弱针绒毛的光泽,降低毛皮质量,故在不影响操作前提下,可尽量降低棚檐高度。

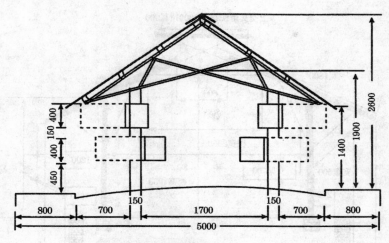

图 3-4　高窄式普通貂棚　（单位：mm）

(二)新式(低矮)貂棚

新式(低矮)棚舍(图 3-5、图 3-6)的檐高为 1.1～1.2 m,主要用于种貂,配有新式的笼箱,从设计和布局上先进了许多。有的类型适当增加了跨度,达 8 m 左右,由单栋舍变为双栋(两边养种貂,中间养皮用貂),可提高单栋棚舍的利用率。并在一定程度上提高了皮用貂的毛绒品质。

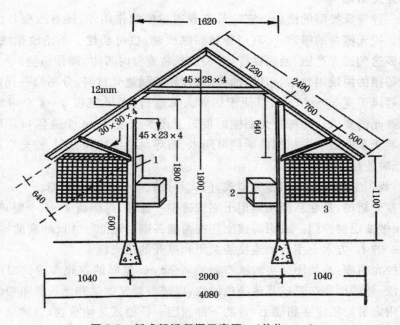

图 3-5　新式低矮貂棚示意图　（单位：mm）

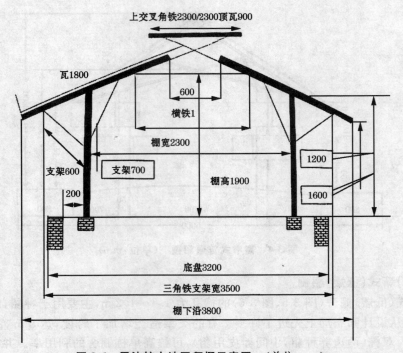

上交叉角铁2300/2300顶瓦900

瓦1800

600

横铁1

棚宽2300

支架600

支架700

棚高1900

200

1200

1600

底盘3200

三角铁支架宽3500

棚下沿3800

图 3-6　风沙较大地区貂棚示意图　（单位：mm）

（三）控光貂棚

这是一种特殊类型的棚舍。它除具有普通貂棚的作用外，还有改变日照时间的控光功能。控光棚舍的修建，可利用普通貂棚改建，也可新建。不论改建或新建，控光貂棚都要达到遮光严密，通风良好，开关遮光装置省时省力，操作简便。

控光貂棚的两端用竹席、苇席、油毡纸、砖坯等做遮光材料，分别修一拐弯的通风道。一般通风道宽 50～60 cm，以便于饲养人员通行，通风道拐 3～4 个弯即可达到既通风又遮光的要求。每栋控光貂棚的顶盖上还要安装 2～4 个通风口。可用炉筒和拐脖安装于顶棚盖上。貂棚的两侧可用木、布等材料制成控光门、控光帘或控光板等，供遮光时使用。

目前，我国常用的控光貂棚有窗式、门式和帘式等多种控光貂棚。

窗式控光貂棚，是在貂棚两侧用土坯或砖砌一道墙，每侧留 4～5 个窗户，为使遮光严密，须做 2 层窗户门。或用砖或土坯在两侧各砌一道 30～40 cm 高的矮墙，在棚檐下安装一方木，方木上用活页连接能关闭和撑开的遮光板。

帘式控光貂棚，是使用结实的帆布制成 4～6 cm 宽幅的遮光布帘。帘内表面刷上黑色油漆，外表面刷白色或其他淡色油漆，以提高遮光效果和延长帆布帘的使用年限。布帘用定滑轮固定在貂棚上，帘的下部固定一铁棍或其他重物，以防遮光时刮风把帘吹开，影响控光效果。

门式控光貂棚,是使用白铁皮、油毡纸或其他材料做成遮光门,安装在貂棚两侧,需要遮光时,关闭遮光门即可。

二、笼舍和小室

貂笼,是水貂活动、采食、排便和交配的场所,多用电焊网编制而成。笼的网眼大小为 2.5～3.5 cm。小室(图 3-7 和图 3-8),是水貂休息和产仔、哺乳的地方,可用 1.5～2.0 cm 厚的小规格木板制作。貂笼和小室要求符合水貂正常的生长发育的要求,并要求坚固耐用,便于管理操作,符合卫生防疫的要求。

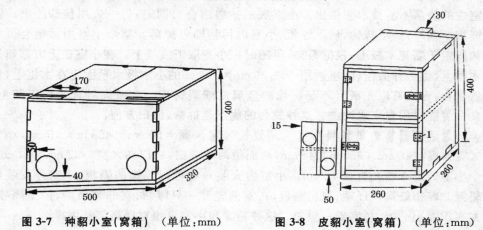

图 3-7　种貂小室(窝箱)　(单位:mm)　　　　图 3-8　皮貂小室(窝箱)　(单位:mm)

貂笼和小室的规格,种貂与皮貂的不同,种貂用的貂笼和小室规格均大于皮貂(表 3-4)。

表 3-4　貂笼和小室规格参考表　(单位:cm)

貂别	貂笼			笼门		小室			小室门					走廊宽
									出入孔			后门		
	长	宽	高	高	宽	长	宽	高	圆孔直径	方孔高	方孔宽	高	宽	
种貂	60～75	45～55	40～45	30～40	20～30	38～55	30～40	35～40	12	14	12	12	20～22	12
皮貂	50～60	30～45	30～45	20～35	20～30或无	25～35	20～30	20～30	12	14	12	全开		—

貂笼和小室分别制作好之后,安装于貂棚的两侧,一般多安装成双层,也可单层

安放。近年,有些貂场将貂笼和小室的宽度缩小为 25～30 cm,将貂棚宽度扩大为 8 m,每栋貂棚中单层安放 6 排笼舍,中间 4 排养皮貂,靠棚檐边的两排养种貂。这样的宽式貂棚,同样的面积,养貂数量比双层笼舍养貂数多,管理操作也方便。但这种宽式貂棚,由于中部光线较弱,对提高毛皮质量有良好作用,是一种值得推广的貂棚。以下介绍几种较实用的貂笼和小室。

1. 不用食碗的貂笼和小室　貂笼长×宽×高＝75 cm×45 cm×45 cm,小室长×宽×高＝38 cm×32 cm×35 cm,貂笼底前后用两块铁丝网拼成,靠前的一块因易被水貂粪尿腐蚀损坏,可随时更换。小室底距小室出入圆孔中心高度为 20 cm,可以使小室内的垫草不易被水貂带出。小室底的一边用合页固定,另一边用挂钩挂上。需要清扫小室时,摘下挂钩,放下底板,小室内污物即可掉落。整个小室用插销合页或挂钩固定于貂笼木板上,根据需要,可随时把小室取下或挂上。在小室盖上方靠貂笼的木框上,做一开关门,门里边用一块 20 cm×15 cm 的小木板水平固定在木框上,作为盛食台,台面钉以光滑且不易腐蚀的金属皮或塑料板。水貂饲料直接放于其上。盛食台可随时用自来水冲洗。这种笼舍的优点是拆修、清扫方便。

2. 带活动隔板的貂笼和小室　貂笼长×宽×高＝60 cm×45 cm×45 cm,小室长×宽×高＝45 cm×35 cm×45 cm,后面做两个后门,后门高×宽＝22 cm×12 cm,两个小室的出入圆孔直径 12 cm。小室内安装一块可以装卸的隔板,小室外安装两个貂笼。雌貂妊娠产仔期,取出隔板,一室两笼养一只雌貂;在非繁殖期,插上隔板,小室容积缩小一半,每室养一只貂。这种貂笼和小室可相对提高其利用率。

3. 窄式笼舍　适宜安装于矮檐(檐高 110 cm)貂棚中使用。每 5～6 个小室连在一块,每个小室长×宽×高＝90 cm×30 cm×45 cm,小室盖分别制作,可以单独开关。貂笼与小室对应,也是 5～6 个一连,每个笼宽×高＝30 cm×40 cm,小室和貂笼之间有一直径为 12 cm 的圆孔相通。矮檐貂棚和窄式笼舍所造成的小生态环境,对提高水貂毛皮质量和繁殖力可产生有益的影响。

无论制作哪一种笼舍,都要符合以下几项要求:

第一,笼室内壁不能留有钉头、铁皮尖和铁丝尖,否则会损伤水貂毛皮;

第二,无自动饮水装置时,须在笼内安装一个饮水盒,水盒要易于添加饮水和洗刷消毒;

第三,貂笼和小室都要与地面保持 40 cm 以上高度的距离,以方便操作;笼与笼之间也必须留有 5～10 cm 的间距,以防止水貂相互争斗时被咬伤;

第四,用食碗喂水貂的笼内,在笼门口用粗铁丝做一食碗架固定,防止水貂采食把食碗拱翻。

第四节　狐饲养场建设

一、棚　舍

狐棚是安放笼舍的地方，有遮阳、防雨等功能。样式有棚式、露天无棚式、封闭式。狐棚的走向和配置与貂棚一样，与温度、湿度、通风和光照等都有很大关系。设计狐棚时，应考虑到冬、夏的阳光特点，根据当地的地形地势及所处的地理位置而定，一般是东北到西南走向。修建狐棚的材料可因地制宜、就地取材。有条件的狐场可用三角铁、水泥墩、石棉瓦结构，虽然成本高，但坚固耐用。也可用砖木结构。

普通狐棚只需修建棚柱、棚梁及棚顶盖，不需修建四壁。狐棚一般长 50～100 m，宽 4～5 m(两排笼舍)和 8～10 m(四排笼舍)，棚脊高 2.2～2.5 m，檐高 1.3～1.5 m，作业通道 1.2 m，棚顶盖成"人"字形。

二、笼舍和小室

(一)狐　笼

狐笼一般采用镀锌铁丝编织而成。笼底用 12 号或 14 号铁丝，笼眼规格为 2.5 cm×2.5 cm 或 3 cm×3 cm。四壁及顶部网眼为 3 cm×3 cm 或 4 cm×4 cm。种狐笼规格为长×宽×高＝(100～150)cm×(70～80)cm×(60～70)cm，其安装在牢固的支架上，支架用铁筋、木框、三角铁或用砖砌成均可，笼底距地面 50～60 cm。在笼正面一侧设门，以便于捕捉狐和喂食，规格为宽 40～45 cm，高 60～70 cm。皮狐笼的规格一般为长×宽×高＝80 cm×80 cm×80 cm。

国外狐场(如芬兰)的种、皮狐笼舍规格一致，长×宽×高＝100 cm×110 cm×75 cm。笼从顶部中央开成宽 50 cm 折成直角的笼门，可向上掀起。笼的两侧壁上距笼 30 cm 处安装 2 块 30 cm 的床网，既可供狐爬上休息，以增加活动面积，又可供狐从床网上跳上跳下，使笼底网上的粪便被震落到地面上，具有自洁作用。笼门下方安放一张高 15 cm 的硬塑挡板或木板，与笼前壁呈 45°角，喂狐的饲料就挤放在挡板内。笼前壁两端安装自动饮水槽。笼的前上方呈斜面状，这样便于观察和捕捉狐。

狐笼可分为单个式、二联式和三联式 3 种。可根据狐场条件自行选择。2 个以上的笼连接在一起时，中间用双层网片或铁皮做成隔壁。

(二)小　室

在狐笼一端连接小室，小室可用木板制作，也可以用砖砌成。木制小室的规格是长 60～70 cm，宽不小于 50 cm，高 45～50 cm。用砖砌的小室可以稍大些，小室顶部要设一活动的盖板，以利于更换垫草及消毒。小室正对狐笼的一面要留一 25 cm×

25 cm 的小门,以便于和狐笼连为一体,便于清扫和消毒。公狐小室可以稍小些,长×深×高＝50 cm×50 cm×45 cm。小室板厚为 2 cm,木板要光滑,木板衔接处尽量无缝隙,用纸或布将缝隙粘糊严密,以不漏风为好,并且在小室门内要设一挡板。用砖砌的小室,其底部应铺一层木板,以防凉、防潮。小室不能用铁板或水泥板制作。

在建造及安装狐笼舍和小室时,同水貂笼舍的建造及安装一样,也需注意以下四方面的问题:①狐笼及小室内壁不能有铁丝头、钉尖、铁皮尖等露出笼舍平面,以防刮伤狐体;②狐笼底距地面留出 60~80 cm 高度,以便清扫操作;③使用食碗喂食的笼舍,在笼内应用粗铁丝安装一个食碗架,以防狐把盛有饲料的食碗拖走或弄翻,浪费饲料;④水盒应挂在狐笼的前侧,既便于冲洗添水,又便于狐饮用。

第五节　貉饲养场建设

一、棚　舍

貉的棚舍建筑样式与使用材料同水貂棚舍相近。貉棚舍一般檐高 1.5~2 m,宽 2~4 m。宽 2 m 时,可做成一面坡式的;宽在 4 m 以上时,可做成"人"字架式的。长度可视饲养规模及地形、地势条件而定。两棚间距 3~4 m,以利于光照。

二、笼舍和小室

貉笼一般采用钢筋或角钢制成骨架,然后固定铁丝网片。笼底一般用 12 号铁丝编成,网眼不大于 3 cm×3 cm;四周用 14 号铁丝编成,网眼不大于 2.5 cm×2.5 cm。貉笼分种貉笼和皮貉笼 2 种。种貉笼稍大些,一般长×宽×高＝(90~120)cm×70 cm×(70~80)cm;皮貉笼稍小些,一般为长×宽×高＝70 cm×60 cm×50 cm。笼舍行距 1~1.5 m,间距 5~10 cm。

小室可用木材、竹子或砖制成。种貉小室一般长×深×高＝(60~80)cm×(50~60)cm×(45~50)cm;皮貉最好也备有小室,一般长×深×高＝40 cm×40 cm×35 cm。在种貉的小室与网笼相通的出入口处,必须设有插门,以备产仔检查或捕捉时隔离用。出入口直径为 20~23 cm。小室出入口下方要设高出小室底 5 cm 的挡板,以便于小室保温、垫草,并能防止仔貉爬出。

我国一些地区的养貉户采用铁丝网笼加砖砌小室,笼的两侧面用砖砌成,也很实用。砖砌小室优点是安静,貉不易受到惊扰,保暖性能好,还有利于夏季防暑;缺点是笼舍太小,貉在拘禁条件下养殖,极大地限制了貉群的个体间接触和交流,会造成貉与貉之间生疏和恐惧,运动量和光照也都不足,对貉的繁殖和生长发育会有一定影响。

貉除了采用笼养外，还可以圈养。但由于圈养卫生条件难以控制，易出现毛绒缠结，对生产不利，故不常用。

实际生产中貂、貉和狐的棚舍可以相互调换使用，只需将笼和小室变换一下即可。

第四章 毛皮的初加工

第一节 取 皮

一、取皮时间

(一)季节皮取皮时间

水貂、狐、貉正常饲养至冬毛成熟后所剥取的皮张称之为季节皮。季节皮适宜取皮时间一般在农历小雪至大雪(11月中旬至12月上旬)期间,但受品种、年龄、饲养管理和光周期等因素影响。如水貂,珍珠色和蓝宝石色水貂为11月10～25日;暗褐色和黑色水貂为11月25日至12月10日;每种毛色类型的毛皮按老年公兽、育成公兽、老年母兽、育成母兽的顺序成熟。冬毛期饲养管理良好可适时取皮,如果饲养管理欠佳,会使冬毛成熟和取皮时间延迟。过早取皮,皮板发黑,针毛不齐;过晚取皮,毛绒光泽减退,针毛弯曲。

(二)埋植褪黑激素取皮时间

埋植褪黑激素的毛皮动物,其毛皮一般在埋植后3～4个月的时间内及时取皮,超过4个月不取皮,会出现脱毛现象。

二、毛皮成熟的鉴定

取皮前要对毛皮动物个体进行毛皮成熟鉴定,成熟一只取一只,成熟一批取一批,确保毛皮质量,提高经济效益。对毛皮成熟度进行鉴定时,要将观察活体毛绒特征与试宰观察皮板颜色结合进行。

(一)冬皮成熟的标志

1. 全身被毛灵活、一致 全身被毛毛峰长度均匀一致,尤其毛皮成熟晚的后臀部针毛长度与腹侧部一致,针毛毛峰灵活分散无聚拢;颈部毛峰无凹陷(俗称塌脖);头部针毛亦竖立。

2. 被毛出现成熟的裂隙　冬皮成熟的水貂、狐和貉转动身体时,被毛出现明显的裂隙。

3. 皮肤颜色变白　冬皮成熟时,皮肤颜色由青变白,用嘴吹开尾毛观察,皮肤呈淡粉红色。

(二)试剥观察皮板

正式取皮前选冬皮成熟的个体,先试剥几只,观察冬皮成熟情况:达到成熟标准时,再正式取皮;达不到标准时,则不要盲目剥皮。

试宰剥皮时,冬毛成熟的皮张,皮板呈乳白色,皮下结缔组织松软,形成一定厚度的脂肪层,刮油省力。

三、取皮方法

(一)处死方法

处死水貂、狐和貉的方法要求迅速便捷,不损坏和污染毛绒。处死前应停止喂饲。生产中常用的处死方法有如下几种。

1. 折颈法　用于处死水貂。捉住水貂后放在坚固的桌子或木箱等物体的平面上,先用左手压住水貂的肩背部,然后用右手心托住其下颌部,将头部向后翻过去,左右手同时压住头部,迅速有力地把水貂头部向前下方推按,当手有水貂颈椎骨脱臼的感觉时,其四肢随即向后伸直而死亡。此法操作简便,不需要设备和工具,处死迅速且不损伤毛皮,但劳动强度大,有时个体较大的公貂折颈时比较费力,比较适用于小型饲养场。

2. 心脏注射空气法　向动物心脏内注入空气 $5\sim10$ mL,使动物心、脑空气栓塞梗死,很快死亡。此法需要两个人协同操作,一个人用双手保定好动物,使其腹部向上;另一个人用左手托住动物胸背部,手指相捏,固定心脏,右手持注射器,在动物心跳最明显处进针,如有血液回流,即可注入 $5\sim10$ mL 空气。动物很快两腿强直,迅速死亡。此法省力,动物死亡迅速,但要求操作人员技术熟练。

3. 窒息法　适用于大型毛皮动物饲养场批量处死毛皮动物。将毛皮动物放入密闭容器内,然后用胶管将汽车废气或二氧化碳气体充入容器里,经 $3\sim5$ min,可令毛皮动物窒息死亡。此法操作简便,效率高。

4. 药物致死法　常以横纹肌松弛药司可林(氯化琥珀胆碱)处死动物。按水貂 1 mg/千克体重、狐和貉 $0.5\sim0.75$ mg/千克体重的剂量,皮下或肌内注射。动物在 $3\sim5$ min 内死亡,死亡过程中无痛苦和挣扎。

5. 电击法　将连接 220 V 交流电火线(正极)的金属棒插入动物肛门内,令其爪或嘴部接触于连接零线(负极)的铁网上,接通电源 $3\sim5$ s,动物可立即死亡。

按我国动物保护及福利等相关法律、法规要求,不允许采取棒击、杠压、绳勒等不人道的方法处死毛皮动物。

处死后的尸体要摆放在清洁、干净、凉爽的物体上,不要沾污泥土灰尘,尸体严禁堆放在一起,以防体温散热不畅而引起受闷脱毛。要及时按商品皮规格要求剥成头、尾、后肢齐全的筒状皮。如来不及当天剥皮,应将尸体放在-1~10℃处保管。如温度过高,微生物和酶容易破坏皮板;温度过低,则容易形成冻糠板,也影响毛皮品质。

(二)剥皮方法

毛皮动物的剥皮应尽量在屠宰后不久,尸体尚有一定温度时进行。僵硬或冷冻的尸体剥皮十分困难。皮张应按其商品规格要求进行剥皮,保持皮形完整,头、耳、须、尾、腿齐全;去掉前爪,抽出尾骨、腿骨,除净油脂。

1. 挑裆　用锋利尖刀从一后肢掌底处下刀,沿股内侧长短毛分界线,挑开皮肤至肛门前缘约 3.3 cm 处,再继续挑到另一后肢掌底。然后从尾腹部正中线 1/2 处下刀,沿正中线挑开尾皮至肛门后缘;再将肛门周围所连接的皮肤挑开,留一小块三角形毛皮在肛门处。

2. 剪断前肢爪掌　用骨剪或 10 cm 直径的小电锯从腕关节处剪掉前肢爪掌,或把此处皮肤环状切开。

3. 抽尾骨　剥离尾骨两侧皮肤至挑尾的下刀处,一手或用剪刀把固定尾皮,另一手将尾骨抽出,再将尾皮全部挑开至尾尖部。

4. 剥离后肢　用手撕剥后肢两侧皮肤至掌骨部,用剪刀剪断,但要使后肢完整而带爪。然后剪断母兽的尿生殖褶或公兽的包皮囊。

5. 翻剥躯干部　将皮兽两后肢挂在铁钩上固定好,两手抓住后裆部毛皮,从后向前(或从上向下),筒状剥离皮板至前肢处,并使皮板与前肢分离。

6. 翻剥颈、头部　继续翻剥皮板至颈、头部交界处,找到耳根处将耳割断,再继续向前剥,将眼睑、嘴角割断,剥至鼻端时,再将鼻骨割断,使耳、鼻、嘴角完整地留在皮板上,注意勿将耳孔、眼孔割大。

第二节　生皮的初加工

毛皮动物皮张的初加工包括刮油、修剪、洗皮、上楦、干燥等步骤。

一、刮　油

刮油的目的是把皮板上的油脂、残肉清除干净,以利于皮张上楦和干燥。剥下的鲜皮宜立即刮油,如来不及马上刮油,应将皮板翻到内侧存放,以防油脂干燥,造成刮油困难。

(一)刮油方法

刮油可用手工或机器,也可用机器粗刮后再用手工细刮。但无论哪一种方式,都需注意以下几点:①为了刮油省工、省力,应在皮板干燥以前进行。干皮需经充分水浸后,方可刮油。②刮油的工具,无论是手工的竹刀或钝铲,还是机器的橡皮刀,都要求刀刃不可太锋利。③刮油的方向,应从尾根或后肢往头部刮,刮刀要稳,用力要均匀,切忌过猛。④边刮油边用锯末搓洗皮板和手指,以防油脂污染毛被。⑤刮油时,圆筒皮可套在适宜的橡胶管上,以防皮皱褶后被刮破。⑥头部皮上的肌肉不易刮净,可用剪刀除去残肉。

1. 手工刮油 将鲜皮毛朝里、皮板朝外套在特制的刮油棍上,使皮板充分舒展铺平,勿有折叠和皱褶。刮油的步骤是从尾部、后肢向前直至耳根。刮油时右手平稳持刀,左手按住皮板,刀面与皮张角度要小,用力要均匀,边刮边用锯末搓洗皮板,以防油脂过多而污染毛皮。头部肌肉可以不刮,待下一步修剪。母兽乳房、公兽阴茎部位和前腋下最容易刮破,刮到这些部位时要特别小心。刮油的标准是去净油脂,不要用力过度,刮破毛根,造成毛绒脱落。

2. 机械刮油 用刮油机刮油不仅速度快,而且皮张洁净,不易出现破口。刮油机由两个人操作,其中一人将皮张套在特制的刮油棍上;另一人站在刮油机的左后侧,左手固定皮筒,右手操纵刮刀使其紧靠皮板。工作时给以轻轻的压力,刮一下转动一下皮筒。从头部向后刮,刮至后部将刀离开皮张,再移至头部向后刮。严禁在一个部位刮 2 次,更不可在一个部位停留,否则会损坏毛皮。由于刮油机叶轮转速高达 1 725 r/min,脂肪很容易溶化而污染滚筒。因此,每套一张皮时,应先用干毛巾把滚筒擦净。有的刮油机带有强力吸尘器,能通过吸进管嘴把刮油时溅落的脂肪和肌肉组织迅速地吸入一个容器内,从而减少了对滚筒的污染。

(二)修 剪

刮油时,皮张的边缘、尾部、四肢和头部不易刮净,可用剪子将残留的肌肉和脂肪剪净,并将耳孔适当剪大。注意勿将皮板剪破,造成破洞。修剪后将皮板用锯末搓擦,抖净锯末后,准备洗皮。

二、洗 皮

水貂、狐和貉皮在刮油后,要用小米粒大小的硬质锯末或粉碎玉米芯洗皮。其目的是去除皮板和毛绒上的油脂。注意不能用麸皮和有树脂的锯末洗皮。先洗掉皮板上浮油后,再洗毛被,要求洗净油脂并使毛绒清洁达到应有的光泽。皮板和毛绒应分别洗,洗完皮板后再翻过来洗毛面。洗皮有手工洗皮和机械洗皮 2 种方法。

(一)手工洗皮

将修剪好的皮张(皮板向外)放在洗皮盘中,用锯末充分搓洗皮板。将板面油脂搓净后,翻过皮筒,放在另一盘中再洗毛面,洗至无油脂、出现光泽时为止。洗好后用手抖净附在毛皮上的锯末,若皮的毛绒污染严重时,可在锯末中加一些酒精或中性洗衣粉洗涤。伤口、缺肢和断尾等各种损伤都要缝合、修补好。

(二)机械洗皮

机械洗皮是用转笼和转鼓。操作时,先将皮筒的板朝外放进有锯末的转鼓里,转几分钟后,将皮取出,翻转皮筒使毛被朝外,再次放进转鼓里洗。洗净后用转笼转,以抖掉锯末和尘屑。转笼、转鼓速度控制在 18～20 r/min，转速太大，离心力过大，会致使皮板贴在壁上，达不到洗涤的效果，转笼运转 5～10 min 后即可洗好。

三、上 楦

上楦的目的是使鲜皮干燥后有符合商品皮要求的规格形状。要求头部上正，左右对称，后裆部和背、腹部皮缘基本平齐，皮长不过分拉抻，尾皮平展并缩短。应尽量毛朝外上楦，不宜皮板朝外上楦。然后用钉子固定尾、四肢和头等部位。

四、干 燥

干燥的目的是去除鲜皮内的水分，使其干燥成形并利于保管贮存。上好楦的皮张干燥方法有烘干和风干 2 种。无论哪种干燥形式，待皮张基本干燥成型后，均应及时下楦。提倡毛朝外上楦吹风干燥，效率高，加工质量好。

(一)风 干 法

风干法是利用风干机鼓风干燥。上好楦板的皮张应分层放置于风干机的皮架上，将皮张张嘴套入风干机的气嘴上，让空气通过皮张腹腔，带走水分风干。鲜皮最适宜的干燥温度 18～25℃，空气相对湿度 55%～65%，每管排风量为 0.022～0.028 m³/min。鲜皮吹风至 24～30 h 时下楦，更换楦板继续吹风，干燥时间为 48～60 h。

(二)烘 干 法

即用热源加温烘干干燥。将上好楦的皮张放在晾皮架上，室温最好维持恒定(18～25℃)，空气相对湿度为 55%左右。要设专人看管，在烘干过程中要不断倒换皮张方向和位置，以便尽快干燥。24 h 后，毛皮中的大部分水分将会散发掉。因公兽楦板吸收水分较多，所以，此时必须更换干燥的楦板和纸，继续干燥 48～60 h。母兽皮应干燥 36～38 h。

五、整理贮存

(一)下 楦

下楦前一定要把图钉去除干净。下楦的皮张首先要进行风晾，即将皮张用细铁丝从眼孔穿过，每 20 张一串，在室温 13℃左右，空气相对湿度在 65%～70%的黑暗房间内悬挂几天。然后用转笼、转鼓机械洗皮除去油污和灰尘。

(二)整理贮存

1. 清洗毛绒　干透的毛皮还要用毛巾擦拭毛面，去除污渍和尘土，遇有毛绒缠结情况要小心把缠结部位梳开。

2. 初验分类　按毛皮收购等级、尺码要求初验分类，把相同类别的皮张分在一起。

3. 包装贮存　初验分类后，将相同类别的皮张背对背、腹对腹地捆在一起，放入纸、木箱内暂存保管，每捆或每箱上加注标签，标注等级、性别、数量。

初加工的皮张原则上尽早销售处理，确需暂存时，要严防虫、火、水、鼠侵袭和盗窃发生。

第三节 皮张质量等级标准

一、水貂皮质量等级标准

(一)技术要求

皮型完整,头、耳、须、尾、腿齐全,去掉前爪,抽出尾骨、腿骨,除净油脂,开后裆,毛朝外,圆筒形皮,按标准撑楦晾干。

(二)等级规格

水貂皮品质等级标准见表 4-1,水貂皮的尺码标准见表 4-2。

表 4-1 水貂皮品质等级标准

级　别	品质要求
一　级	正季节皮,皮型完整,毛绒平齐、灵活,毛色纯正、光亮,背腹基本一致,针绒毛长度比适中,针毛覆盖绒毛良好,板质良好,无伤残
二　级	正季节皮,皮型完整,毛绒品质和板质略差于一级皮标准,或有一级皮质量,可带下列伤残、缺陷之一者:①针毛轻微勾曲或加工撑拉过大;②自咬伤、擦伤、小瘢痕、破洞或白撮毛集中一处,面积不超过 $2\,m^2$;③皮身有破口,总长多不超过 2 cm
三　级	正季节皮,皮型完整,毛绒品质和板质略差于二级皮标准,或具有二级皮质量,可带下列伤残、缺陷之一者:①毛峰勾曲或严重拉伸过大;②自咬伤、擦伤、小瘢痕、破洞或白撮毛集中一处,面积不超过 $3\,m^2$;③皮身有破口,总长多不超过 3 cm
等　外	不符合一、二、三级品质要求的皮(如受闷脱毛、流针飞绒、焦板皮、开片皮等)

注:彩色貂皮(含黑十字型水貂皮)也适用此皮质要求

表 4-2 水貂皮的尺码标准 (单位:cm)

尺码号	长　度	比　差(%)	
		公　皮	母　皮
000	>89	150	—
00	83~89	140	—
0	77~83	130	150
1	71~77	120	140
2	65~71	110	130
3	59~65	100	120
4	53~59	90	110
5	<53	—	100

二、狐皮质量等级标准

(一)北极狐皮质量等级规格

1. 加工要求　皮型完整,头、耳、须、尾、腿齐全,毛朝外,圆筒皮,按标准撑板上楦干燥。

2. 等级规格　一等皮:毛色灰蓝光润,毛绒细软稠密,毛峰齐全,皮张完整,板质优良,无伤残,皮张面积在 2 111 cm² 以上。

二等皮:符合一级皮质,有刀伤或破洞 2 处,长度不超过 10 cm,面积不超过 4. 44 cm²,皮张面积在 1 889 cm² 以上。

三等皮:毛皮灰褐色,绒短毛稀,有刀伤或破洞 3 处,长度不超过 15 cm,面积不超过 6. 67 cm²,皮张面积在 1 500 cm² 以上。

等级比差:一级 100%;二级 80%;三级 60%;等外 40% 以下以质论价。

3. 尺码长度和号码比差　见表 4-3。

表 4-3　北极狐皮的尺码长度和号码比差

项　目	长度与号码					
尺码长度（cm）	0～79 ↑ 3 号	0～88 ↑ 2 号	0～97 ↑ 1 号	0～106 ↑ 0 号	0～115 ↑ 00 号	0～124 ↑ 000 号
尺码比差(%)	80	90	100	110	120	130

(二)银黑狐皮等级规格

1. 加工要术　同北极狐皮。

2. 等级规格　一等皮:毛色深黑,银针毛颈部至臀部分布均匀,色泽光润,底绒丰足,毛峰整齐,皮张完整,板质良好,毛板不带任何伤残,皮张面积 2 111. 11 cm² 以上。

二等皮:毛色较黯黑或略褐,针毛分布均匀,带有光泽,绒较短,毛银略稀,或有轻微塌脖或臀部毛银有擦落。皮张完整,刀伤或破洞不得超过 2 处,总长度不得超过 10 cm,面积不超过 4. 44 cm²。

三等皮:毛色暗褐欠光泽,银针分布不甚均匀,绒短略薄,毛银粗短,中脊部略带粗针,板质薄弱,皮张完整,刀伤或破洞不超过 3 处,总长度不得超过 15 cm,面积不超过 6. 67 cm²。

3. 尺码长度和尺码比差　同北极狐皮。

(三)彩色狐皮等级规格

彩色狐皮等级标准、尺码规格参见银黑狐皮和北极狐皮相应规格。要求毛皮颜色要符合类型要求,毛色不正的杂花皮按等外皮论价。

三、貉皮质量等级标准

(一)加工要求

加工貉皮要求按季节屠宰,剥皮适当,皮型完整,头、腿、尾齐全,去除油脂,以统一规定的楦板上楦,板朝里、毛朝外,圆筒形晾干。

(二)等级规格

野生貉皮见表 4-4,家养貉皮见表 4-5。

表 4-4　野生貉皮质量等级标准

等　级	品质要求	面积规定(cm²)		等级比差(%)
		北貉皮	南貉皮	
一　级	正季节皮,毛绒齐全,色泽光润,板质良好,可带破洞2处,总面积不超过 11 cm²	1776	1443	100
二　级	正季节皮,毛绒略空疏或略短薄,可带一级皮伤残或具有一级皮毛质、板质,可带破洞3处,总面积不超过 17 cm²	1443	1221	80
三　级	毛绒空疏或短薄,可带一级皮伤残或具有一、二级皮毛质、板质,破洞总面积不超过 56 cm²	1221	999	60
次　级	不符合一、二、三级品质要求的皮			40 以下

表 4-5　人工饲养貉皮质量等级标准

等　级	品质要求	等级比差(%)
一　级	正季节皮,皮型完整,毛绒丰厚,针毛齐全,板质良好,无伤残	100
二　级	正季节皮,皮型完整,毛绒略空疏,针毛齐全,绒毛清晰,板质良好,无伤残,或具有一级皮质量,带有下列伤残之一者:①下颌和腹部毛绒空疏,两肋或后臀部略显擦伤、擦针;②自咬伤、瘢痕和破洞,面积不超过 13 cm²;③破口长度不超过 7.6 cm;④轻微流针飞绒;⑤撑拉过大	80
三　级	皮型完整,毛绒空疏或短薄,具有一、二级皮质量,带有下列伤残之一者:①刀伤、破洞总面积不超过 26 cm²;②破口长度不超过 15 cm;③两肋或臀部毛绒擦伤较重④腹部无毛或较重塌脖	60
次　级	不符合一、二、三级品质要求的皮(如焦板皮、受闷脱毛、开片皮等)	40 以下

(三)尺码规定

貉皮长为从鼻尖至尾根的长度,其具体长度见表 4-6。

表 4-6　貉皮尺码标准　(单位:cm)

尺码号	长　度
000	＞115
00	106～115
0	97～105
1	88～96
2	79～87
3	70～78
4	＜70

第二篇

毛皮动物饲养各论

第五章　水　貂

第一节　水貂的繁殖

一、水貂的生殖生理特点

(一)水貂繁殖的季节性

水貂繁殖的季节性表现在公、母貂的生殖系统和繁殖活动,随着季节的变化而发生有规律地周期性变化。调节水貂季节性繁殖活动的生态因素,主要是光周期的季节性变化。

1.公貂　在自然状态下,成龄公貂每年从4月份起,睾丸开始呈生理性萎缩,表现为体积缩小,重量减轻,功能减退。到夏季,睾丸萎缩到最低限度,完全不能产生精子,雄激素的分泌降到最低水平,同时,附睾退化成索状,也不贮存精子,前列腺也处于萎缩状态。此时,公貂性欲丧失,不能进行发情、求偶、交配等一系列的生殖活动。从秋分起,公貂睾丸开始重新发育,但速度缓慢。从11月份起,睾丸下降到阴囊内,发育加快,体积日益增大,生殖功能逐渐恢复和加强。到翌年1月份,精子生成,雄激素分泌增加,在血液中睾酮浓度达到33.0±6.7 $\mu g/mL$ 的最高水平,出现性欲。到2月末至3月初,所有生殖器官发育成熟,睾丸能产生大量的精子和较多的雄性激素,附睾中贮存有成熟的精子,阴茎时有勃起。此时,正是公貂进入发情、求偶、交配的生殖活动的巅峰阶段。

2.母貂　成龄母貂每年分娩后,从6月份起生殖系统开始呈现生理性的萎缩。夏季,卵巢完全不能产生卵子,雌激素的分泌也降低到最低水平,子宫缩成细小的管状。此时,母貂性欲丧失,不能进行任何生殖活动。从秋分起,母貂生殖系统开始重新发育,但速度缓慢。从11月起卵巢发育加快,体积日益增大,生殖功能逐步恢复,同时子宫的发育也加快。据组织学检查,12月下旬,卵巢已能产生次级甚至成熟的滤泡。到翌年1月份，卵子生成，滤泡激素分泌增加，出现性欲。到2月末3月初，生殖器官完全发育成熟，卵巢能产生大量成熟的卵子和滤泡激素，子宫和阴道黏膜充血加厚。此时，正是母貂发情、求偶、交配、排卵等一系列生殖活动的阶段。春分以后，随着配种的结束，妊娠开始，母貂子宫继续增大，并伴随有乳腺的发育，直至妊娠后期。不过妊娠以后，滤泡激素的分泌逐渐减少，继而增加的是黄体激素，临产前则是催产素和泌乳素分泌的增加。分娩后，乳腺的活动最为激烈，直至夏至。

(二)水貂卵泡发育和排卵

水貂是强制性交配刺激性（或诱导性）排卵和多次排卵的动物，其排卵需要通过交配或类似刺激才能发生。此外，一定时间（6 min以上）的交配还可促使射入子宫的精子向输卵管运行。排卵发生在交配后的48 h(28～72 h)左右，个别水貂也可自发排卵。

在配种季节，水貂卵巢以8 d左右的间隔时间形成4次或更多次的卵泡成熟期，即有3～5个发情周期。成熟卵泡在排卵后数小时内虽出现闭锁现象，但多数母貂并不随即形成有分泌黄体酮（孕酮）功能的妊娠黄体，而是黄体处于6～10 d的休滞期，在此时间段内，无论是交配刺激还是其他刺激，均不能排出卵子，该段时间称为排卵不应期。在排卵不应期里，卵巢内又有一批接近成熟的卵泡继续发育成熟，并能分泌雌激素，从而再度引起发情和交配，出现又一次排卵。因此，间隔8～10 d配种2次（亦称异期复配）的水貂可生出来自2次不同排卵的仔貂。在配种中期，成熟卵泡数量最多，所以在此期受配的母貂产仔数较高。

(三)母貂阴道袋

水貂阴道长度一般在3.9～4.9 cm。阴道前部及前庭黏膜皱褶为纵行走向；阴道近子宫处黏膜皱褶为横行走向，有的形成环。其最大特点是，阴道近子宫端的背面有一个半圆形的袋，此袋发情期深约5 mm、宽约6.5 mm，在妊娠后期随着生殖道发育变浅至4 mm左右、宽可达7 mm。子宫颈位于阴道袋基部偏右侧。据解剖观察推测，母貂的阴道袋在交配时有固定阴茎、保证精液直接射入子宫内的作用，而不是临时的纳精器官。

(四)水貂胚泡延迟附植现象

水貂在交配后48～60 h内完成受精过程。受精卵一面慢慢向子宫角移动，一面进行细胞分裂，到交配后第八天发育成胚泡。胚泡进入子宫角后，由于子宫黏膜还未完全具备附植条件，胚泡并不立即附植，而是进入一个相对静止的发育过程，这段时间称为胚泡滞育期（或潜伏期），通常持续1～46 d。胚泡滞育期的长短主要受日照时数的影响。随着春分后日照时数的延长，卵巢上的黄体逐渐发育，黄体酮分泌量逐渐增加，一般在日照时数延长10 d后，即4月1日后，体内黄体酮才能达到使胚泡附植于子宫壁的水平，此时胚泡附植于子宫壁，胎儿进入发育期。

在滞育期胚泡处于游离状态，所以死亡率很高，往往滞育期越长，死亡率越高，最高可达16.3%。由于水貂胚泡滞育期是随春分后日照时数的延长而缩短，因此，在水貂交配后,人为有规律地增加光照时间,可缩短滞育期,增加产仔数。

二、选种与选配

种貂的利用年限只有 3～5 年,3 年以后繁殖力下降。所以,养貂场每年都要淘汰 1/3 种貂,再从仔幼貂中选择 1/3 的育成貂补充种貂群。因此,选留种貂是养貂场每年必须进行的一项工作。严格、科学地选留种貂,可以提高水貂种的品质;忽视这项工作,就会导致貂群品质逐年下降,商品皮貂质量差,等级标准低,经济效益差。

(一)水貂的主要经济性状

1. 体型大小的遗传力 水貂体型大小决定皮张的面积和价值,所以体型大小是水貂主要经济性状之一。水貂的体型表现在体重和体长两个方面,其中,体重对皮张大小影响要比体长大。

据国外对标准貂体重进行有计划的选择结果的报道,水貂体重遗传力是相当高的,其中父子相关遗传力为 0.66,父女相关遗传力为 0.78;母子相关遗传力为 0.67,母女相关遗传力为 0.44;有计划地对体重指标进行选择,在 2 年内能取得很的效果。

水貂体长的遗传力也很高。据报道,估计遗传力为 0.46～0.98。

2. 繁殖性能 繁殖力是目前水貂生产中最重视的经济性状。繁殖力是以仔貂群平均成活率为主要指标,其中包括种母貂的受配率、产仔率、胎产仔数、死胎数、仔貂成活率、育成率和公貂的配种次数等考核指标。最重要的是胎产仔数和公貂配种力。

水貂的胎产仔数变异很大,最少只产 1 只,最高纪录是 18 只,10 只是常见的,5～8 只最多。对产仔的遗传力估计只有 0.04～0.06,也有报道为 0.30 和 0.24。说明水貂胎产仔数的遗传力比较低。因此,以胎产仔数多少作为选择指标,对提高繁殖力作用不大。

公貂性活动能力不强是普遍存在的,据调查统计表明,在标准貂中,11.9% 的公貂性活动能力低,6.7% 完全没有性欲。另据对 378 只白色水貂公貂的性活动能力统计结果表明,性活动能力低的占 20.6%,完全没有性欲的占 8.9%。所以,配种次数的多少也不是主要选择指标。

3. 水貂毛绒性状 主要指绒毛和针毛的密度、长度、细度以及毛色深度等。

对针毛密度遗传力,以半同胞估计为 0.33,以仔亲回归估计为 0.38;绒毛密度的遗传力按上述 2 种方法估计分别为 0.44 和 0.46。如果进行密度大与密度大的个体、密度稀与密度稀的个体同质交配,按仔亲相关和回归计算,遗传力 0.40～0.83。如果进行密度大的个体与密度稀的个体异质交配,遗传力则为 0.22～0.45。说明水貂针绒毛密度遗传力较低。

水貂腹部毛绒稀是一种缺陷,原因是一种遗传性的毛绒脱落。当父母双方都有腹部毛绒稀疏时,仔公貂中有 65% 出现这种缺陷,仔母貂有 30% 存在这种缺陷。当只有一方亲本有这种缺陷时,公、母仔貂中存在这种缺陷的比率为 44% 和 23%。如果双亲都是正常的,仔貂中出现这种缺陷的只有 19% 和 7%。用仔亲回归估计遗传力达 0.62。遗传力如此之高，提醒人们必须对有缺陷的水貂进行严格淘汰，在群体中逐步淘汰消除这类缺陷，否则将对毛皮质量有严重的影响。

标准水貂毛色深度是一种重要的经济性状，毛色是由质量基因决定的，但在这个毛色基础上有深有浅。这种深浅之分不决定标准貂毛色基因本身，而决定修饰基因。修饰基因是一种对主要基因起辅助作用的基因，也只有在主要基因存在时才起作用。毛色深度的修饰基因只在标准貂毛色基因存在时才起作用。修饰基因是多基因，每一个基因只起较小的作用，许多修饰基因的累加作用，实际上同加性基因有相似的遗传规律。因此，毛色深度遗传同体重的遗传方式是相同的，即毛色性状的遗传力较高。

(二)选　种

选种就是选择优良的个体留作种用，同时淘汰不良个体。这是积累和创造优异的性状变异的过程，因此也是育种工作必不可少的措施。选种亦是选择，包括对质量性状的选择和数量性状的选择。

1.选种时间　在实际生产中，选种可按水貂生物学时期分为 3 个阶段进行。

(1)初选阶段(6～7 月)　对成龄公貂根据配种能力、精液品质等进行初选；对成龄母貂根据产仔数、泌乳量、母性、后代成活数等进行初选；对仔貂根据同窝仔貂数、发育状况、成活情况和双亲品质在断奶时按窝选留。初选要比实际留种数多25%～40%。

(2)复选阶段(9～10 月)　根据生长发育、体型大小、体重高低、体质强弱、毛绒色泽和质量、换毛迟早等对成龄貂和幼龄貂逐只进行选择。复选数量要比实留数量多 10%～20%。

(3)精选阶段(11 月)　在屠宰取皮前，根据毛绒品质(包括颜色、光泽、长度、细度、密度、弹性、分布等)、体型大小、体质类型、体况肥瘦、健康状况、繁殖能力、系谱和后裔鉴定等综合指标逐只仔细观察鉴别，反复对比观察，最后选优去劣，淘汰余额。这里要特别注意淘汰有遗传缺陷的个体，如针毛只在尖端色浓、被毛有暗影和斑点、腹部绒毛红褐、卷毛、后裆缺毛等必须淘汰。对选留的种貂，要统一编号，建立系谱，登记入册。

选种时种貂的公和母比例一般是：标准貂为 1：3.5～4,白貂为 1：2.5～3,其他彩貂为 1：3～3.5,国外的公、母貂比例多为 1：5～6。我国亦应随着繁殖技术的提高和饲养条件的改善而提高性比，这样有利于降低饲养成本和提高貂群质量。

选种时种貂的年龄比例要适宜，因成龄貂繁殖力高(表 5-1),故 2～4 岁的成龄貂应占 70%左右，当年幼貂不宜超过 30%,这样有利于稳定生产。

表 5-1 母貂年龄对繁殖力的影响

年龄	统计貂(只)		受孕率(%)		胎平均(只)		仔貂成活率(%)		群平均(只)	
	黑褐色	彩 貂	黑褐色	彩 貂	黑褐色	彩 貂	黑褐色	彩 貂	黑褐色	彩 貂
1	656	706	76.07	78.19	5.57	5.61	87.47	83.88	3.70	3.68
2	309	268	87.38	81.69	6.22	6.11	88.26	87.71	4.79	4.61
3	171	101	82.46	81.13	6.27	5.86	91.68	93.22	4.64	4.76
4	53	51	90.68	94.12	4.08	5.54	91.51	92.48	4.47	4.82

2. 选种依据 鉴于我国目前尚无统一的选种指标,这里只提出建议性的指标,供参考。

(1)毛色 是决定貂皮质量和价值最重要的质量指标。要求必须具有本品种的毛色特征,全身被毛一致,无杂色毛,颌下或腹下白斑不超过 1 cm²。标准貂按国际贸易的统一分色方法,可分为最最黑、最黑、黑、最最褐、最褐、褐、中褐、浅褐 8 个毛色等级。良种貂要达到最最褐色以上,底绒呈深灰色,最好针毛达到漆黑色,绒毛达到漆青色。腹部绒毛呈褐色或红褐色必须淘汰。彩貂应具备各自的毛色特性,个体之间色调均匀。褐色型应为鲜明的青褐色,带红色调的应淘汰;白色型应为纯白色,带黄或褐色调的应淘汰。

(2)光泽 是决定貂皮华美度的一个重要指标。对各种水貂均要求毛绒光泽性强。

(3)毛绒长度 主要是指背正中线 1/2 处两侧的针毛和绒毛,要求针毛长 25 mm 以下,绒毛长 15 mm 以下,针、绒毛长比值为 1：0.65 以上,且毛峰平齐、具有弹性、分布均匀,绒毛柔软、灵活。

(4)毛绒密度 每平方厘米毛纤维数量,鲜皮为 12 000 根以上,干皮为 30 000 根以上,且分布均匀。

(5)体重 成龄公貂重 2 000 g 以上、母貂重 1 000 g 以上。

(6)体长 指水貂鼻尖至尾根的长度。要求成龄公貂体长 45 cm 以上,母貂体长 38 cm 以上。

(7)繁殖力 要求公貂在 1 个配种季节交配 10 次以上,所交配母貂受孕率达 85% 以上;母貂胎产仔 6 只以上,年末成活 4.5 只以上。

幼龄公母貂各个阶段的选种标准见表 5-2 和表 5-3。

表 5-2　幼龄(母)水貂各个阶段的选种标准

项　目	初　选	复　选	终选(精选)
出生时期	5 月 5 日前	—	—
同窝仔水貂数	>7	—	—
断奶体重(g)	>350	—	—
秋分时体重(g)	—	>900	—
秋分时体长(cm)	—	>37	—
秋季换毛时间	—	9 月中旬	—
秋季换毛速度	—	快	—
毛绒品质	—	—	优
毛皮成熟	—	—	完全成熟
体　况	中上	上	上
健康状况	优	优	优
11 月份体重(g)	—	—	1000～1200
11 月份体长(cm)	—	—	37～42

(引自刘晓颖、程世鹏,2009,略修改)

表 5-3　幼龄(公)水貂各个阶段的选种标准

项　目	初　选	复　选	终选(精选)
出生时期	5 月 1 日前	—	—
同窝仔水貂数	>7	—	—
断奶体重(g)	>400	—	—
秋分时体重(g)	—	>2000	—
秋分时体长(cm)	—	>43	—
秋季换毛时间	—	9 月中旬	—
秋季换毛速度	—	快	—
毛绒品质	—	—	优
毛皮成熟	—	—	完全成熟
体　况	中上	上	上
健康状况	优	优	优
11 月份体重(g)	—	—	≥2000
11 月份体长(cm)	—	—	≥45

(引自刘晓颖、程世鹏,2009,略修改)

(三)选　配

选配就是为了获得优良的后代而确定个体交配关系的过程。目的是为了在后代中巩固和提高双亲的优良品质,创造新的有益性状。选配得当与否对繁殖力和后代品质有重要影响,因此,其是选种工作的继续,也是育种工作中必不可少的一环。

1. 品质选配

(1)同质选配　选择在品质和性能方面都具有相同优点的个体交配,以期在后代中巩固和提高双亲所具有的优良特征。但表现型相似并不意味着基因相同,因此,同质选配不是近亲交配。然而,它既可以获得近亲交配相似的效果,又可避免近亲交配所出现的退化现象。

在进行同质选配时,必须掌握的原则是,在主要性状尤其是遗传力强的性状上,公貂的表型值不低于且要高于母貂的表型值,即公貂要作为改良者。这样才能使有益的经济性状在后代中得以积累和扩大,而且逐代提高。同质选配常用于纯种繁育和核心群的选育提高。

(2)异质选配　选择在品质和性能方面具有不同优点的个体交配,以期在后代中用一方亲本的优点去纠正另一方亲本的缺点,或者结合双方的优点创造新的类型。其结果类似杂交的效果。

在进行异质选配时,必须掌握的原则是,在质量性状上,只能用一方亲本的优点去纠正另一方亲本的缺点,而不能用同一性状相反的缺点去相互纠正。在水貂生产中,通常采用群体选配,即把优点相同的母貂归为几类,然后为每类貂选择适宜的公貂,共同组成一个选配群,在群内可以自由交配。

2. 亲缘选配　可分为近亲交配和远亲交配。在水貂生产上,通常采用三代以内无血缘关系的远亲交配,三代以内有血缘关系的公母貂一般不能选配。因为近亲交配往往招致繁殖力降低,后代生命力减弱,体质衰弱,体型变小,出现畸形怪胎,死亡率高等退化现象。血缘越近,退化程度越重(表5-4、表5-5)。其根本原因在于遗传上有害隐性基因的纯合,血缘越近,纯合的速度越快、程度越高。这样就大大削弱了受精时所必需的生物学矛盾和基因的互补作用,这种表现型效应即为退化现象。

表 5-4　近亲与远亲的繁殖情况

亲缘关系	中国农业科学院特产研究所				山东烟台某水貂场		
	母貂数 (只)	产仔率 (%)	平均胎产 (只)	断奶时成活率 (%)	母貂数 (只)	产仔数 (只)	胎平均 (只)
近亲交配	156	73.2	3.5	56.9	6	18	3.0
远亲交配	450	88.2	5.54	83	13	72	5.5

表 5-5　近亲与远亲的繁殖情况

亲缘关系	失配率（%）	空怀率（%）	平均胎产（只）	11月15日仔貂成活率（%）	群平均（只）
近亲交配	10	37.0	3.88	51.6	1.26
远亲交配	0	18.0	5.65	84.4	3.91

（引自瑞典高等学校实验养兽场，1957）

　　此外，在年龄选配上，由于成龄貂在体质发育达到高峰，而且经过至少一次繁殖力选择，一般来说其繁殖力较高；而幼龄貂体质发育还未达到高峰，亦未经过繁殖力选择，故而繁殖力较低。因此应选择成龄的公母貂选配，或成龄的公母貂与青年公母貂交叉选配。单纯的青年公母貂选配繁殖力偏低，故应尽量避免。年龄选配与繁殖力的关系见表 5-6。

表 5-6　年龄选配与繁殖力的关系

选配方式	受配母貂（只）	产胎数	产仔率（%）	胎平均（只）	仔貂成活率（%）	群平均（只）
初配×初产	300	247	82.33	6.12	88.95	3.96
经配×初产	102	86	84.31	5.99	89.34	3.82
初配×经产	430	383	89.07	6.62	93.41	4.77
经配×经产	240	208	86.67	6.58	91.72	4.65

　　3. 纯种繁育　是指在主要性状的基因型相同、表现型大部分相同的种貂群中，年复一年地选优去劣，把优良的个体留作种用，进行同类型的繁殖。它能使貂群毛色、毛绒品质、体型、体质、繁殖力和适应性等不断得到改善。当某种优良性状已基本达到育种指标，无须再进行重大改良时，即可称得上纯种繁育成功。其目的是为了保持和巩固已经获得的优良性状，并在不断选优去劣的情况下扩大貂群。这是不断提高貂群品质和生产性能、防止退化的基本方法，也是培育新的良种的基础，所以在养貂生产中广泛应用。如我国对从英国、丹麦、美国等国家引入的黑褐色标准貂的繁育，就属于纯种繁育。

　　从培育新品种的角度看，单纯进行纯种繁育是远远不够的；从保持某一品种的优良性状看，该方法是行之有效的。因此，要培育新品种，还必须有纯种选育提高的过程，这就是采用近亲繁殖手段，进行品系或品族繁育。在进行品系繁育时，首选 1 只（或几只）性状品质和遗传力都是最优秀的公貂（或母貂）作系祖（或母祖），再选择几只与祖系类型相同、品质性能相近的优良母（或公）貂，和系祖一起作为育种的原始亲本。以系祖为中心，与母貂亲本相交，可以得到与系祖相似的一群后代。为了使系祖的优良性状基因得到纯合,并稳定遗传下去,就要在这一群后代中进行如半同胞之类的近交繁殖,得到更多的后代,形成品系(如以母貂为中心则形成品族)。再进行品系之间的近交繁殖,这样到第四代至第五代,就能形成品质性状优良、遗传性能稳定,在数量上可以自群繁育的新品种。在品系繁育过程中,要严格控制近交程度,一般采用半同胞近交,而不采用子亲近交,以防出现严重退化现象,并对出现的不良个体严格淘汰,同时对选留的群体给予优良的饲养条件。

纯种繁育不但适用于标准貂,而且也适用于彩貂。如果有足够数量的种貂,彩貂最好也采用纯种繁育,就是用具有相同毛色基因型和相同毛色表现型的公母貂自群繁殖。这样所得到的后代为纯合子,与双亲一致,有利于迅速扩大彩色水貂群和提高毛绒质量。特别是具有 2 对或更多隐性毛色基因的彩貂,如黄玉色、浅咖啡色、蓝宝石色、珍珠色等,纯种繁育能得到与亲本色型一致的后代,而且不易退化。

4.杂交繁育

(1)种间杂交 是在分类学上物种之间的杂交,也称远缘杂交。水貂在动物分类学中属鼬科鼬属的动物,有人曾进行过水貂同鼬科其他动物之间的杂交,但只是在育种上一种探索性的实验,在生产上没能应用。种间杂交也没有应用到水貂育种工作中。

(2)种内杂交 可分为亚种间的杂交和品种之间的杂交或品系之间的杂交等。水貂由于饲养历史较短,除了标准貂和各种彩貂有明显的色型差异以外,在标准貂内,还没有形成各种特征的许多品种。水貂的种间杂交根据不同的育种目的,分为以下两大类。

①以培育新品种和改良现有种群为目的杂交 培育新品种的育种过程,首先是选择 2 个或 2 个以上的品种或品系进行杂交。杂种后代需要进行近交,并根据新品种的要求进行选择,经过几代的培育,获得有稳定优良性状的新品种。

杂交的目的是把具有不同优良性状的遗传性组合在一起。要使杂交获得成功,必须精心选择好杂交的亲本。亲本应当具有各自的优良性状,才能使杂交后代具有广泛的优良遗传基础。例如,20 世纪 50 年代我国从前苏联引进的标准水貂具有生命力强、繁殖成活率高等优点,但毛绒品质不良,毛色浅褐,背腹差异很大,针毛稀长,毛峰不平。为了改进苏联型标准貂的毛线品质,20 世纪 60 年代以来,我国又从丹麦、荷兰、美国等国家引进一些标准貂良种。这些水貂的共同特点是,毛绒品质好,毛色黑褐光亮,全身基本一致,毛绒短而平齐,但生命力和繁殖成活率不如苏联型标准貂。各生产单位采用以良种貂为父本、苏联型貂为母本进行二系或二系级进杂文,对原种进行改良。实践证明,这是改良原种貂毛绒品质的有效途径。各种杂交组合所产生的后代,均介于双亲之间,毛绒品质大大趋向良种,繁殖力和生命力基本保持原种水平。从一般生产繁殖角度来看,杂交到三代、四代就可以自群繁育。但从育种的角度来看,究竟杂交到几代为宜,必须根据后代品质性能和遗传力来决定。根据级进杂交原理,一般级进到 4~5 代,杂种和良种就无明显区别。因此,级进到 3~4 代就应当进行后裔鉴定。如果后裔品质性能和遗传力都达到了育种新指标要求,就可以横交固定,再经选优去劣,进行自群繁殖。

以改良现有貂群为目的所采用的方法目前主要是"级进"法。级进法的目的主要是引进一种优良水貂,同原有的品质较低的貂群杂交,改良原有貂的品质,使之接近或达到引进种貂的质量标准。级进杂交的方法是,第一年,将引进的良种公貂同原有的种母貂进行杂交;第二年,再把杂交产生的第一代幼貂中优秀母貂与引进的良种公貂回交,这种回交是避免近亲交配的;第三年,再把杂交第二代幼貂中选择出来的优秀母貂与引进的良种公貂回交。经过反复回交,杂交后代的遗传性中优良种貂的优良性状比例愈来愈大,因此这种方法称级进杂交法。级进杂交法可以较快地改进原有品质较低的种群。但是,级进法是以引进种貂作为提高标准。因此要育成更优良的水貂群体,单用级进法是不能完成的。

在级进杂交过程中,第一次杂交的效果最明显,因为杂交一代将有 50% 优良种貂的遗传物质,第二代杂交只能再增加 25% 的遗传物质,使其达到 75%;第三代杂交种优良品种遗传物质增加到 87.5%;第四代杂交种优良品种遗传物质增加到 93.25%,即一代一代所增加的遗传物质比例逐代降低,但总量是逐代增加的,到 4～5 代已基本达到育种要求,不再继续回交。

②以获得杂种优势为目的杂交　杂种优势在近代畜牧业生产中广泛应用,在水貂生产中也常利用这种杂交方法,其获得杂种优势主要目的是高繁殖力,使水貂多产仔;同时也提高水貂的生活力,使早期生长快、体型大。但不能依靠这种方法提高毛皮质量。获得杂交优势的杂交基本途径是先有 2 个或 2 个以上、品质优良的纯的品系或品种,作为杂交用材料,对这几个品系或品种进行杂交,获得杂交后代。这种杂交历代具有双亲优良性状,应用于生产,一般不留种。所以,杂交必须每代进行,杂交优势只能利用一代。

A. 两系简单杂交。保持 2 个纯的品系,用作种貂,进行杂交,所获得的杂交第一代用于生产,不从中选留种貂。该法杂交过程简单,但不能利用杂交种生活力的优势,不能利用繁殖力的优势。

B. 三系杂交。要求有 3 个纯系,先对 2 个系杂交,得到的杂交 1 代,选留其中母貂作种貂,用第三个品系的公貂与其杂交,第二次杂交得到的后代都作皮貂使用,不从中选留种貂。因为第二次所用的种母貂是杂种貂,因而在繁殖方面表现杂交优势,可以提高胎产仔数,减少空怀,提高仔貂成活率,对水貂生产极为有利。

C. 轮回杂交。只需要保持 2 个纯品系,杂交后得到杂种 1 代,从中选留个体表现好的母貂作种貂,再与 2 个品系中某一系的公貂交配。后代除大量作皮貂以外,从中选留个体表现好的母貂作种貂与另一个系的公貂交配。如此轮换杂交下去,这种方法称为两系轮回杂交。

三、配 种

(一)发情鉴定

在发情配种期要对公母貂进行发情鉴定,特别是要对每只母貂做好发情鉴定,掌握其发情周期的变化规律,使发情的公母貂得到及时交配,才能提高母貂的受配率及受孕率,提高繁殖效果,同时也可避免公貂的体力消耗和公母貂的伤亡。

1.种公貂发情鉴定 种公貂发情与睾丸发育状况直接相关,通过检查睾丸发育,可预测其配种期发情情况。种公貂在12月份,睾丸比静止期大1倍以上,取皮期就应进行检查,以便淘汰睾丸发育不良的公貂。要求公貂两侧睾丸发育正常,互相游离,下降到阴囊中,配种期来临前均能正常发情。

种公貂在配种来临前,对母貂的异性刺激有性兴奋行为,发出"咕、咕"的求偶叫声,是正常发情和有性欲的表现。

2.母貂的发情鉴定 种母貂应于12月底、翌年1月底和2月底,至少进行3次发情检查,配种期根据需要随时进行。配种前所进行的发情鉴定,有助于了解种貂群发情进度,既便于配种期安排交配顺序,又能及时发现准备配种期饲养管理中存在的问题。种母貂正常情况下2月底时,至少都应发情1次。

种母貂发情鉴定主要方法有,行为表现、外生殖器官形态观察、阴道细胞图像观察和放对试情4种方法。有条件的貂场应将4种方法结合起来进行综合判定,但以外生殖器官形态观察为主,以阴道细胞图像观察为辅,以试情为准。

(1)行为表现 发情母貂常食欲不振,常徘徊于运动场,发出"咕咕"叫声,有时趴在笼子上东张西望,有时急不可待挠笼子,频繁出入小室,有时伏卧笼底爬行,磨蹭外阴部,排尿频繁,尿液呈淡绿色(平常白黄色)。

(2)外生殖器官检查 手戴厚一些的棉手套捕捉母貂,抓住母貂尾巴,头朝下臀朝上保定,观看母貂外生殖器(阴门)的形态变化。

未发情的母貂阴门紧闭,阴毛成撮。

发情的母貂外阴变化可分为如下3个阶段。

发情前期:阴毛分开,阴门肿胀,光滑圆润,呈粉白色。

发情盛期:阴毛向两侧倒伏,几乎呈90°角分开;阴门显露,逐渐肿胀外翻,阴蒂显露;阴唇外翻呈四瓣(俗称"四点"),粉红或紫红,稀薄的黏膜分泌物逐渐增多。

发情后期:阴门肿胀、外翻,明显回缩,色泽变得灰暗,黏膜亦明显皱缩,分泌物干涸。

其中发情盛期是放对配种的最佳时机,公母貂易达成交配。

(3)阴道分泌物镜检 水貂在发情旺盛阶段,其阴道黏膜上皮细胞大量脱落。所以生产中可根据水貂阴道黏膜上皮细胞的变化情况,来判断发情情况。该方法对没有发情行为变化的隐性发情母貂更为实用。方法是:将吸管或玻璃棒插入母貂阴道吸取分泌物,置于载玻片上,在200~400倍显微镜下观察。观察结果见图5-1,水貂只有处于发情盛期，才易达成交配，是配种最佳时机。

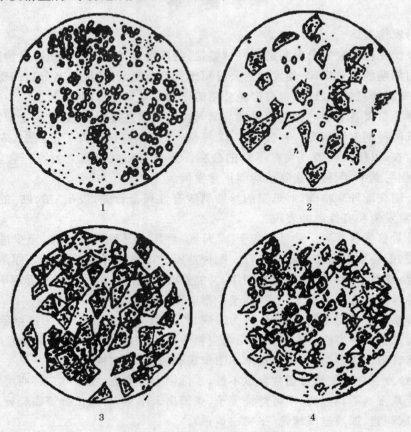

图 5-1　水貂阴道涂片
1. 发情前期（仅见大量小而透明的白细胞）　2. 发情期（白细胞减少，具多角形有核角化上皮细胞）　3. 发情盛期（白细胞消失，多角形有核角化上皮细胞占优势）
4. 发情后期（角化上皮细胞崩解成碎玻璃状，白细胞出现）

（4）放对试情　将母貂放入试情公貂笼中，依据母貂的性兴奋反应来鉴别发情。

发情前期：母貂拒绝公貂捕捉和爬跨，扑咬强行爬跨的公貂，或爬卧笼网一角，对公貂不理睬。

发情期：母貂不拒绝公貂爬跨，被公貂爬跨时表现顺从温驯，尾翘起。

发情后期：母貂强烈拒绝公貂爬跨，扑咬公貂头部或臀部。

放对试情要注意，应选择有性欲、性情比较温和的公貂作为试情公貂；放对试情的时间不宜过长，达到试情目的后要及时分开；经试情确认母貂已进入发情期，要抓紧时间让母貂受配。

（二）配种时间

水貂性成熟和配种时间主要是受日照周期变化的制约。其生殖系统从上年秋分开始发育，到下年日照回升到 11 h 30 min 时，完全发育成熟即可配种，当日照达到 12 h 后，配种即陆续结束。因此在水貂能适应的地理纬度以内，低纬度配种稍早些，高纬度配种稍晚些。各地区的配种时间见表 5-7。

表 5-7　各地区的配种时间

地　区	黑龙江	吉　林	辽　宁	山　东	江　苏
日　期	5/3～6/3		1/3	28/2	比山东省提前 2 d
	旺期 14/2～20/3		旺期 8/3～18/3	旺期 6/3～15/3	

（二）配种阶段的划分

母貂一般有 3～5 个发情周期，每个周期均可发情交配，因此水貂的配种分 3 个配种阶段进行（表 5-8）。3 月 18 日以后为补配阶段，主要任务是继续完成复配。

表 5-8　水貂配种阶段的划分 （黑龙江地区）

项　目	初　配	复　配	补　配
时　间	3 月 5～11 日，共 7 d	3 月 11～18，旺期，7～10 d	3 月 18 日以后
任　务	1. 使 90% 以上母貂交配 1 次； 2. 培训青年公貂全部配种； 3. 检查精液品质	1. 使绝大部分复配 1～2 次，结束配种； 2. 安排一定时间初配	1. 对仍有发情表现母貂补配； 2. 对个别公貂攻关
注　意	1. 公貂利用率关系配种成败 1 只公貂配 4～5 只母貂； 2. 每天上午配 1 次	本期结束配种的水貂，空怀率低、群平均成活率高	

（四）配种方式

1. 周期复配（异期复配）　每个发情周期配 1 次。包括，2 个周期配 2 次（×—×），3 个周期配 3 次（×—×—×），4 个周期配 4 次（×—×—×—×）。周期间隔以 7～10 d 为好。这种方式适应于发情较早而又不能连续复配的母貂，少数母貂拒绝复配则形成只配 1 次。

2. 连续复配（同期复配）　在一个发情周期内连续交配 2 次。包括连续 2 d 各配 1 次（××），连续 3 d 隔日配 2 次（×○×）。这种方法适用于发情较晚的母貂。

3. 周期连续复配（异期复配）　即周期复配与连续复配相结合。包括先周期、后连续配 3 次（×—××），先连续、后周期配 3 次（××—×），周期、连续、周期配 4 次（×—××—×）。

实践证明,在配种旺期连续受配 2 次(××),或先周期、后连续落点在旺期受配 3 次(×-××)的母貂,受孕产仔率最高;受配次数越多,空怀率越低,但对产仔数并无影响。不同配种方式对产仔数的影响见表 5-9,对配种的影响见表 5-10。

表 5-9　不同配种方式对产仔数的影响

配种方式	交配次数	平均胎产(只)
5～7 d 复配	3	5.83
7～10 d 复配	3	6.17
连续复配	2	7.11
隔日连续复配	2	6.0
先周期、后连续复配	3	6.61
先连续、后周期复配	3	6.48
先连续、后周期复配	5	6.07
随机交配	1～5	6.0

(引自徐丛,1996)

表 5-10　不同配种方式对配种的影响

交配次数	1	2	2	3	总平均
交配方式	—	1+1	1+7	1+7+1	—
母貂数	3360	2731	2563	1530	10184
胎平均	4.64	4.94	5.91	5.98	4.9
空怀率(%)	32.2	18.7	15.5	10.5	21.1
群平均(只)	3.14	4.01	4.24	4.55	3.86

(引自 Venge,1992)

(五)配种操作过程

1. 放对时间　初配阶段一般选择上午 8:00～11:00,下午 1:30～4:00,每只公貂每天只能配 1 次。复配阶段一般选择上午 6:00～9:00,下午 3:30～5:00,每只公貂每天可配 1～2 次。

2. 放对操作　将母貂直接放入公貂笼内,由公貂自行扑捉交配。放对时要严防跑貂,保持环境安静,出现撕咬或刺耳叫声要立刻分开。开对水貂舔完外生殖器后,就会出现敌对行为,应马上将母貂提出,检查其外生殖器,送回原来笼内,并做配种记录。

3. 交配行为和过程　交配姿势经常变化,主要是侧卧和站立 2 种姿势,并且经常变换。交配时间少则 1~3 min,长达 4 h,通常 30~100 min。配种初期,交配时间短,随着配种次数增加,交配时间逐渐拉长。

四、妊 娠

(一)水貂妊娠的生理特点

妊娠母貂新陈代谢旺盛;饮欲增强,饮水增加,喜静厌惊,活动减少,小心谨慎,喜卧于笼网上晒太阳;妊娠母貂抗应激性降低,抗病力下降,易患消化道、生殖系统疾病,发生疾病往往会引起妊娠中断。

水貂妊娠天数短则 37 d,长至 85 d,平均 47±1 d,实际妊娠期为 30±1 d。妊娠期不固定、变动范围大是水貂妊娠的最大特点;其原因是交配后受精卵发育成胚泡后,不立即着床,而是在子宫内游离,即存在胚泡延迟植入的现象。受精卵发育成胎儿至产出的发育过程如下。

1. 卵裂期 卵子在输卵管上段受精后开始卵裂。在囊胚阶段进入子宫角。受精卵经卵裂到达子宫的时间需 6~7 d(也有人认为是 8~11 d)。

受精卵一面慢慢向子宫角移动,同时进行着细胞分裂,经多次卵裂后形成桑葚胚,并继而形成有腔囊胚(胚泡),然后胚泡进入子宫角。一般从受精卵开始到胚泡形成并进入子宫角内的时间为 6~11 d。

2. 胚泡滞育期 胚泡进入子宫角后,由于黄体存在休眠期,此时黄体尚不能分泌足够的黄体酮,而新卵泡发育又产生雌激素,使子宫内膜不发生形成胎盘所必需的变化,未能为胚泡着床做好准备,因而出现延缓着床现象。通常持续 1~46 d 后才能附植在子宫壁上。在滞育期里,胚泡处于相对静止阶段,发育十分缓慢,有时胚泡可自由地从一侧子宫角转移到另一侧子宫角。胚泡滞育期随着春分后日照时间的增加而逐渐缩短。因此,配种结束早的母貂,一般比配种结束晚的滞育期长(表 5-11)。

表 5-11 配种结束日期与胚胎滞育期的关系

配种结束日期	2 月底	1/3~5/3	6/3~11/3	12/3~17/3	3 月下旬
胚胎滞育期(d)	15~22	9~14	6~11	4~7	1~4

由于滞育期的长短不一,导致母貂的妊娠期在个体间有很大的差异,平均为 47±2 d,变动幅度 37~85 d。胚泡滞育期的结束,与黄体所分泌的黄体酮量有关。当血浆中黄体酮的含量开始增加后 7~10 d,胚泡才开始着床(大约在 4 月 1~10 日)。在自然条件下,无论配种结束日期如何,母貂血浆中黄体酮的浓度,大约在 3 月 25~30 日开始增高。增加光照可以诱发黄体酮提前分泌,从而缩短胚泡在子宫角内的游离期。在延缓着床阶段,胚泡从子宫腺分泌的"子宫乳"中,获得所需的全部养料。

3. 胚胎期 是胚泡附植至胎盘,迅速发育至胎儿成熟并产出的阶段,通常为

30±1 d 的时间。在 12 h 以上的长日照条件下,胚泡在子宫内膜上着床后,母体的子宫内膜与胚体的绒毛膜形成胎盘。这时,胚胎发育非常迅速,所有养料由胎盘提供。仅仅 28～34 d 的时间,就能从一个几乎看不见的胚泡,发育成重 8～10 g 的胎儿。胚胎着床后,所有个体的生长发育速度大致相同 。

(二)缩短水貂胚泡滞育期的措施

1. 饲喂黄体酮　实践证明,从配种落点开始投喂黄体酮,前 3 d 每只母貂 8 mg,分早晚 2 次投入饲料喂服,每次 4 mg,后 8 d 减为每只母貂 4 mg,分早、晚 2 次投喂,每次 2 mg,全程共投喂 11 d,用药总量为每只 56 mg。

2. 适当掌握复配落点　水貂胚泡滞育期随着配种结束日期的推迟而逐步缩短。这就要严格掌握水貂发情规律,适当掌握复配落点,即在配种旺期完成复配,可获得较高的胎平均和群平均产仔数。旺期完成初配的母貂应尽量在 2 d 内完成复配。

3. 延长日照时数　实践证明,延长光照时数,可诱导黄体酮提前分泌,从而使胚胎着床。可采取人工增加光照时间的方法。一般在水貂配种结束后,每天日落后开始采用人工灯光有规律地适当增加光照时间,至母貂群半数母貂产仔结束为止。补充人工光照可缩短滞育期 2～5 d。

4. 适当减少复配次数　复配可以阻止胚胎附植而拖延妊娠期和增加空怀率。实践证明,只配 1 次的母貂产仔数并不低,妊娠率也很高。关键是严格掌握发情配种的原则和时机,减少放对次数,杜绝不管发情与否的轮换式放对方法。应先配经产貂、后配初产貂,先配发情好的、后配发情不明显的,尽量 1～2 次,最多不超过 3 次为好。

(三)妊娠期阶段的划分

依据胚泡和胎儿生长发育特点,饲养上把水貂妊娠期划分为妊娠前期和妊娠后期。

1. 妊娠前期　从受配至 4 月上旬,胚泡处于滞育阶段。此期母貂对营养需要并不明显增加。

2. 妊娠后期　胚泡附植以后至分娩。此期胎儿迅速发育,母貂对营养需要明显增加。因此除供给母体自身营养需求外,还应保证胎儿生长发育和为产后泌乳所需储备的营养,是全年各生产时期中最为重要的阶段。妊娠后期可见母貂腹围明显向两侧扩展。

五、产　仔

4 月下旬至 5 月下旬是母貂的产仔期,5 月 1 日前后是产仔旺期。

母貂临产前叼草絮窝,用嘴啃咬乳房周围的被毛(俗称拔乳毛),多数拒食 1～2 顿。产仔时间多在傍晚或清晨,白天产仔的较少。产仔时母貂呼吸加快,身体不时旋转,腹部阵缩并发出低沉的呻吟,当胎儿露出阴门时,时常用牙齿轻轻牵拉协助胎儿娩出。产仔过程通常持续 1～2 h,个别有间隔一至几日分批产仔的。胎儿娩出后,母貂立即咬断脐带,舐食胎液、胎膜和胎盘。通常每隔 5～20 min 娩出 1 只,产后 3～4 h

即可排出油黑色的食胎盘的粪便。产仔多在小室内进行。产仔间隙也有时在笼网上喘息,此时若遇胎儿娩出,很可能从笼网眼中掉落于地上。产仔过程中母貂口渴,饮水增加。产仔过程中,母貂对接连产出的仔貂照顾不周,但产仔结束以后母貂立即表现出强烈的母性,可见到母貂仔细舐舐仔貂,这种舐舐的本能具有调节仔貂的体温、增强活力的作用。经舐舐后的仔貂,在母貂腹部寻找乳头,母貂亦安静哺乳。

产后母貂往往停食1～2顿才开始正常采食。仔貂健康和母乳充盈的情况下,母貂很少离开小室,母子关系一直非常融洽,直至仔貂开始采食饲料、母貂泌乳力降低时(一般在1个月以后),才见到母貂拒绝给仔貂哺乳的行为,但其他方面的照顾仍表现出强烈的母性。产仔母貂对惊扰十分敏感,过度惊恐会遗弃甚至咬食仔貂。

六、影响繁殖力的因素

影响水貂繁殖力的因素有很多,主要包括种貂的品质、种群的年龄结构、繁殖技术、饲养管理和疾病等。

(一)种貂的品质

种貂的品质是影响繁殖力的关键因素。选育繁殖力高的优良种貂是提高其繁殖力的有力措施。

(二)种母貂的年龄

种母貂年龄对繁殖力的影响见表5-12。

表 5-12 种母貂年龄与繁殖力的影响

年 龄	受配母貂 (只)	受配率 (%)	产仔率 (%)	胎平均 (只)	群平均 (只)
1	2175	97.25	89.66	4.71	4.22
2	1500	97.83	92.32	5.69	4.90
3	1500	98.41	93.20	5.67	5.10

(引自张志明,2007)

从表5-12可以看出,经产母貂繁殖力高于初产母貂,这是因为经产母貂是经过严格的选择和淘汰的结果。由于初产母貂较选留的经产母貂繁殖力低,因此,基础种貂群中母貂的年龄结构也必然对种群的繁殖力造成影响。经产母貂多的种群,其繁殖力高。

(三)饲养和繁殖技术

1. 体况 种母貂繁殖期体况对繁殖力有直接的影响。过肥或过瘦的体况均对繁殖不利,适宜繁殖的体况繁殖力高(表5-13)。

表 5-13　不同体重指数母貂的繁殖力

体重指数	母貂数（只）	受配率（%）	产仔率（%）	胎平均（只）
23 以下（过瘦）	3275	98.63	82.56	6.14
24～26（适中）	7658	97.60	89.71	6.27
27 以上（过肥）	2665	96.57	81.91	6.11

（引自张志明，2007）

2. 交配日期对繁殖力的影响　交配时间不同，母貂的排卵数有所差异，因而亦影响其繁殖力。母貂 3 月中旬排卵数较早期和晚期为多（表 5-14），因此，3 月中旬结束交配的母貂繁殖力高（表 5-15）。

表 5-14　母貂交配日期和排卵数

交配日期	3 月 3～6 日	3 月 7～14 日	3 月 15～22 日	3 月 23 日以后
统计数	16	29	51	24
排卵数	131	260	470	192
平均数	8.19	8.97	9.24	8.06

（引自张志明，2007）

表 5-15　母貂结束配种落点对繁殖力的影响

结束配种期落点	受配母貂数	产胎数	产仔率（%）	胎平均（只）	成活率（%）	群平均（只）
3 月 5～7 日	1246	1077	86.44	4.72	86.52	3.53
3 月 8～10 日	1076	907	84.29	7.62	73.77	4.74
3 月 11～12 日	340	283	83.23	5.16	70.96	3.05
3 月 13～15 日	5215	4874	93.46	6.94	86.76	5.63
3 月 16～18 日	4534	4138	91.26	6.43	81.91	4.81
3 月 19～21 日	1587	1247	78.57	6.45	63.37	3.21

（引自张志明，2007）

（四）种貂的饲养管理

种貂饲养管理的好坏，对其繁殖力有着直接或间接的影响。因为种貂的繁殖力必须通过饲养管理来保证和发挥。

(五)疾 病

影响水貂繁殖的疾病有生殖系统的疾病、妊娠期营养失调或代谢失调(如维生素
C 缺乏所产生的仔貂红爪病,钙、磷失调引起的软骨病)、腐烂变质饲料引起的妊娠中
毒症以及水貂阿留申病(表 5-16)等。

表 5-16　水貂阿留申病对繁殖力的影响

组 别	母貂数 (只)	产仔率 (%)	胎平均 (只)	仔貂成活率 (%)	群平均 (只)
阳性貂	123	82.93	5.11	79.30	3.14
阴性貂	2622	87.74	6.25	88.40	4.50

(引自张志明,2007)

七、现代繁殖技术在水貂上的应用进展

现代动物繁殖技术包括人工授精、同期发情、胚胎移植、胚胎分割、胚胎嵌合、体
外受精、克隆技术和性别控制等,其中人工授精和胚胎移植在现代畜牧业生产中发挥
着极其重要的作用。尤其是人工授精技术,是迄今为止应用最广泛、最有成效的繁殖
技术。但由于水貂自身特殊的生殖生理特点,以及极高的经济价值,使得现代繁殖技
术的开展和研究受到极大限制,目前仅在人工授精技术、卵子体外培养等方面有所
报道。

(一)水貂人工授精技术研究进展

水貂的人工授精研究已进行了 30 多年,但尚未获得大规模的成功应用。1975
年,Ahmad. M. S. 等冷冻水貂精液,精子解冻后的复苏率为 23.8%～71.6%。1977
年,Jakovac. M. 等研究水貂的电刺激采精,每只貂每次采得 $0.648×10^6$ 个精子。
1983 年,Adams. C. 常规从阴道给母貂输精未获成功,但剖腹子宫角输精获得
66.7%的产仔率(6/9)。

我国从 1983 年开始进行水貂的人工授精研究,虽获得了一定的进展,但受胎率
和产仔率不高,仍有许多难点需要攻关,有待于深入细致的研究。

(二)水貂卵母细胞体外成熟研究进展

水貂属季节性繁殖、刺激性排卵动物,这使其卵子体外受精、胚胎移植等胚胎生
物工程技术的开展受到限制。目前仅见冯怀亮等于 1992 年发表的关于水貂卵母细
胞是否具有体外成熟能力的报道。

青岛农业大学水貂繁殖技术课题组于 2010 年对不同季节水貂卵巢卵母细胞体
外成熟进行了进一步的研究。于休情期(11 月份)采集未注射过褪黑激素的水貂卵
巢,于繁殖期(3 月份)采集发情水貂卵巢,分别进行卵母细胞的体外成熟培养,结果
发现,不同季节的水貂卵巢卵母细胞均具有体外成熟发育的能力。

第二节　水貂的饲养管理

在人工饲养的条件下,根据水貂不同生物学时期的生理变化及营养需要特点,为了管理上的方便,可将水貂一年的饲养划分为不同的时期(表 5-17)。

表 5-17　水貂饲养时期的划分

性　别	准备配种期	配种期	妊娠期	产仔哺乳期	幼貂育成期		种貂恢复期
					生长期	冬毛期	
公　貂	9 月下旬至翌年 2 月下旬	3 月上旬至 3 月中旬	—	—	6 月上旬至 9 月中旬	9 月下旬至 12 月下旬	3 月下旬至 9 月下旬
母　貂	9 月下旬至翌年 2 月下旬	3 月上旬至 3 月中旬	3 月上旬至 5 月上旬	4 月中旬至 6 月上旬	6 月上旬至 9 月中旬	9 月下旬至 12 月下旬	6 月上旬至 9 月下旬

一、各生物学时期的饲养标准

科学的饲养标准是指导进行合理饲养的主要依据,没有科学的饲养标准,就无法进行合理的饲养工作。目前,我国尚未制定出统一的水貂饲养标准,各生产单位所执行的均是经验标准(表 5-18)。美国与日本水貂营养标准见表 5-19。

表 5-18　我国水貂经验饲养标准(每只每日)

月　份	热能 (kJ)	可消化的营养物质(g)			维生素				
		蛋白质	脂肪	碳水化合物	维生素 A (IU)	维生素 D (IU)	维生素 E (mg)	维生素 B₁ (mg)	维生素 B₂ (mg)
12～2	924～966	23～32	6～8	12～15	800～1000	50～60	2.5	0.5	0.25
3	840～1050	23～32	5～7	10～13	1000	50～60	2.5	0.5	0.25
4	966～1092	25～33	5～7	10～13	1000	80～100	5.0	1.0	0.5
5～6	1008～1092	25～35	8～10	10～15	1000～1500	100～150	2.5	1.0	0.5
7～8	840～1176	22～30	5～7	13～18	800	50	5.0	0.5	0.25
9～12	1092～1260	25～35	6～8	12～16	800	50	2.5	0.5	0.25

表 5-19 美国与日本水貂营养标准(占干物质%)

营养物质		繁殖期 (1~4 月)	泌乳期 (5~6 月)	育成期 (7~8 月)	冬毛生长期 (9~12 月)
蛋白质	美	40~42	40~42	36~38	36~38
	日	31.1~43	41.1~43	41.1	31.1~34.2
脂 肪	美	18~22	22~30	24~30	20~22
	日	14.1~17.2	14.1~23	23	17.2~18.2
碳水化合物	美	28~35	22~27	27~32	33~38
	日	32.9~44.9	26.3~32.9	26.3	39.2~44.9
灰 分	美	7~8	7~8	6~7	6~7
	日				

(引自 NRC,1982)

二、准备配种期的饲养管理

准备配种期从 9 月中下旬开始到翌年 2 月末。从该阶段水貂自身代谢特点和气候条件看,一方面水貂正处于脱夏毛、长冬毛,且冬毛逐渐发育成熟;性腺等性器官也逐渐发育并成熟;另一方面气候逐渐转冷并进入低温的寒冬。根据上述特点,水貂在该阶段内的营养需要特点是,首先要保持正常的生命活动的需要,其次是保证冬毛生长发育的需要,在此基础上,剩余的营养物质才能用来满足性腺等性器官发育的需要。而作为种貂,就是要通过准备配种期饲养管理,使其在配种前性腺等性器官达到完全的发育成熟和有良好的体况,为配种奠定良好的基础。所以准备配种期饲养管理的中心任务就是,供给种貂充足优质的饲料,充分保证和满足水貂性腺等性器官发育的营养需要,同时调整好种貂体况,在配种前达到配种体况要求。

(一)准备配种前期的饲养管理

1. 准备配种前期的饲养 此期气候逐渐转冷,水貂性腺发育刚刚开始,全群正处于脱夏毛、长冬毛,成年貂夏季食欲不振,体况偏瘦,食欲开始恢复,幼龄种貂继续生长发育的时期。水貂从饲料获取的营养物质主要用于御寒、冬毛生长和性腺等性器官发育。所以较上一个时期(成年貂恢复期和幼龄貂育成前期)营养物质需求量增多。因此在饲养上应适当提高日粮标准使水貂增加肥度。日粮总量为 350~400 g,其中总热量应达到 1 250 kJ,粗蛋白质 25~30 g。要注意提高优质的动物性饲料比例(达到 70%),且品种要多样化。为促进冬毛生长,应供应富含蛋氨酸、胱氨酸的饲料,如动物肝脏、羽毛粉、鸡蛋和全鱼等,要注意增加维生素 A 和维生素 E 的持续补给和适当增加动物脂肪的给量。水貂准备配种期前期日粮营养标准和日粮配方分别见表 5-20 和表 5-21。

表 5-20　水貂准备配种期前期的营养标准(100 g 饲料)

性　别	代谢能(kJ)	可消化营养物质		
		蛋白质	脂　肪	碳水化合物
公	1250	30~35	10~15	11~16
母	900	25~30	10~15	10~15

(引自张志明,2007)

表 5-21　水貂准备配种期的日粮配方

原料名称	热量比	重量比	喂　量
动物性饲料(%)	70	60	—
膨化料(%)	27	5	—
蔬菜(%)	3	10	—
水(%)	—	25	—
酵母(g)	—	—	4
羽毛粉(g)	—	—	1
食盐(g)	—	—	0.5
维生素 A(IU)	—	—	1500
维生素 E(mg)	—	—	10
维生素 B_1(mg)	—	—	10
维生素 C(mg)	—	—	25
氯化钴	—	—	1

2.准备配种前期的管理

(1)防寒保温,安全越冬　从 9 月中旬开始需在小室内增加垫草保温,以减少种貂抵御寒冷的热能消耗,减少疾病发生,以利于安全越冬,增加仔貂的成活率。此外,垫草具有刺激皮肤血液循环,加快换毛,刺激毛囊分泌油脂,使毛被光亮柔顺的作用。

(2)种、皮貂分群饲养　种貂复选工作结束后,应立即将挑选出来的种貂接受较充足的光照。淘汰的皮貂减少光照强度,以利于提高毛皮质量。

种、皮貂分群后根据不同的饲养目的,采取不同的饲料配方和营养标准。种貂尤其是新入选的当年幼貂,体长生长尚未结束,故饲料中应注意全价蛋白的补充。秋分以后随之冬毛的生长成熟，种貂的性器官也逐渐生长发育，繁殖所必需的维生素饲料也应适时供给。

（3）提供适宜光照　由于水貂生殖系统发育成熟和交配是对短日照的生理反应，所以，秋分至冬至期间种貂可减少日照时数和降低光照强度，不可人为延长光照时间，如日落后使用照明灯等；冬至以后当日照达到11.5 h即开始配种，12 h以后配种陆续结束。所以，为提高种公貂的性欲和延长发情期，可在配种前1个月采取控光措施，适当减少日照时数。

准备配种期采取适当的控光措施，对水貂生殖系统发育成熟和发情交配有一定的积极作用。但不当光照，会抑制性腺活动，阻碍生殖系统的发育和成熟，造成发情紊乱、交配率低，大批失配。因此，采取人工光照措施前，一定要充分了解和掌握水貂繁殖与自然光周期的关系以及人工控光的详细方法，切忌盲目进行。

（二）准备配种中期的饲养管理

1. 准备配种中期的饲养　此期气温较低，性腺发育较快；幼貂的生长基本完成，换毛于12月上旬完成并可取皮。水貂获取的饲料营养多用于产生热量维持体温。所以此期的日粮标准应保持前期水平，其中动物性饲料必须达到70%～75%，蛋白质含量要在30 g以上，并增加少量脂肪，以及添加鱼肝油和维生素E等。但在饲养时要注意，应适当控制种貂体况，调整膘情，既不能养得太瘦，又不能过肥。如果过瘦，到后期，损害的性器官无法恢复功能，水貂不能正常发情和配种；如果太肥，会影响卵细胞生成，繁殖力下降。所以，种貂体况要适中，即壮而不肥，瘦要有肉。

11～12月份正是取皮季节，切不可只忙于取皮工作，而忽视和放松对种貂的饲养管理，否则，对下一年的繁殖势必产生不良的影响。

2. 准备配种中期的管理

（1）做好种貂精选定群工作　冬至前后即12月下旬，根据水貂选种的综合评定标准，对翌年留种水貂进行精选定群。此时对冬毛尚未达到完全成熟和食欲不振、患病和体质瘦弱的个体一律淘汰。应对种貂逐只进行生殖器官形态的检查，触摸公貂的睾丸，发现隐睾、单睾、体积太小等发育不良者及时淘汰；检查母貂阴门，阴门口狭小或扭曲等畸形者，亦要及时淘汰。

（2）垫草保温，安全越冬　此期应向种貂小室中絮入干燥的防寒垫草保温，从而减少种貂抵御寒冷的热能消耗，减少疾病发生，以利于安全越冬。此期间加垫防寒垫草，易使种貂对垫草形成习惯性，还有利于母貂在产仔前的垫草保温，增加仔貂的成活率。在寒冷季节水貂最怕小室污秽潮湿，在这样的不良环境下，易患呼吸道等疾病，还增加其抗寒的热能消耗，造成体质消瘦而影响健康。

（三）准备配种后期的饲养管理

1～2月份是水貂准备配种的后期。饲养管理的主要任务是调整种貂的体况，促进种貂性成熟和发情，为配种做好准备。

1. 准备配种后期的饲养　水貂性腺发育迅速，生殖细胞全面发育成熟，1月份公貂附睾内有精子储存，母貂已有发情表现。此期水貂体况容易上升，体重易增加。因此，饲养上的重点仍是调整日粮标准，控制体况过肥，使种貂达到配种前的适宜体况。

日粮要营养应均衡、营养价值要提高，热量标准要适当降低（标准稍低于前期和中期）。日粮总量为 250 g 左右，其中总热量为 1 045 kJ，粗蛋白质超过 25 g。日粮中动物性饲料占 75% 左右，且由鱼类、肉类、内脏、蛋类等组成；谷物饲料可占 20%～22%，蔬菜可占 2%～3% 或更少。饲料中应添加催情饲料，如动物脑、大葱、松针粉等，以及鱼肝油 1 g（含维生素 A 1 500 IU），酵母 4～6 g，麦芽 10～15 g 或维生素 E 5 mg、大葱 2 g。

准备配种后期大部分时间处于寒冷季节，为防止饲料冻结，便于水貂采食，一般日喂 2 次，饲料早、晚比例为 4：6，饲料加工时颗粒要大些，稠度要浓些。天气特别寒冷时最好用温水拌料，以减少水貂的能量消耗，节约饲料。

2. 准备配种后期的管理

（1）搞好体况鉴定　水貂的体质健康状况与繁殖力有密切关系，配种期只有健康的体质，适宜的体况，才能发挥较高的繁殖力。但水貂的体况需要在准备配种期内来调整，到配种期时才能达到适宜的体况。因此，在准备配种后期，要尽力调整过肥、过瘦的两极体况。种貂体况调整应分 2 个阶段进行。秋分（9 月下旬）至冬至（12 月下旬）之间，种貂体况应中等偏上；12 月下旬至翌年 2 月下旬种母貂中等略偏下，公貂中等略偏上。

体况鉴定主要采取以下方法。

①目测　水貂体况鉴别可直接目测观察，每周鉴定 1 次。主要观察水貂的食欲、活动及站立时的体躯状态。采食迅猛，运动灵活自然，后腹部明显凹陷，脊背隆起，肋骨明显者，为过瘦；食欲不旺，行动笨拙，反应迟钝，后腹部突圆、下垂者，为过肥；食欲正常，运动灵活自然，后腹部较平坦或略显有沟者，为适中。

②称重　在 1～2 月份，应每半月从种貂群中随机抽取 10～20 只种貂称重 1 次，取其平均体重。中等体况母貂：银蓝水貂 1 201～1 678 g，平均 1 439 g，短毛黑水貂 1 219～1 651 g，平均 1 471 g；中等体况公貂：银蓝水貂 2 477～2 776 g，平均 2 626 g，短毛黑水貂 2 282～2 770 g，平均 2 526 g。如果抽查结果低于上述标准，则为过瘦，如果抽查结果高于上述标准，则为过胖。

③体重指数计算　体重指数是指水貂的体重（g）与体长（cm）之比。研究结果表明，母貂的体重指数与繁殖力密切相关，体重指数适宜时，繁殖力最高。青岛农业大学的研究结果表明，体重指数短毛黑水貂为 31～34、银蓝水貂为 30.5～35 时，繁殖效果最好。

（2）体况调整方法　主要是通过改变饲料成分和食量及调整运动量来调节。

①减肥方法　主要是通过减少日粮中脂肪给量和食量及增加运动量来调节。如果全群过肥，一方面要降低日粮热量标准，去掉脂肪含量高的动物性饲料，但不可以降低日粮中动物性饲料的比重，同时要减少饲料总量，每周可断食 1～2 次；另一方

面要经常逗引水貂运动,消耗体内脂肪。如果只是少数个体过肥,主要应减少饲料量,同时进行人工逗引增加运动量。

② 增肥方法 主要是通过增加日粮中脂肪给量和食量及减少运动量来调节。如果全群过瘦,主要应提高日粮热量标准,适当增加动物性饲料的脂肪比例,增加饲料给量。如系少数个体过瘦,除增加饲料量外,还可单独进行补饲。同时对小室添足垫草,加强保温,减少能量消耗。

(3)加强异性刺激促进发情 配种前1~2周应加强对种公貂的异性刺激,增强性欲,提高公貂的利用率。简便的方法是将公、母貂互换笼舍穿插排列,每隔4~5只母貂放1只公貂,或将母貂装入串笼内放在公貂笼内或笼顶。但异性刺激不宜过早开始,以免降低公貂的食欲和体质。另外也可经常每隔2~3 d向日粮中加入少许葱、蒜类有辛辣气味的饲料,也可起到类似异性刺激的作用;但不能将其当蔬菜来喂,否则会引起中毒。

(4)做好配种的准备工作 ① 制订选配方案。根据选配原则,做出选配方案和近亲系谱备查表(表5-22、表5-23),制订出配种方案。② 准备好母貂配种登记表(表5-24)和公貂配种标签。③ 准备好各种用具,如捉貂手套、扑兽网、扑貂箱、串笼箱、显微镜等。

表 5-22　种公貂登记表

序 号	貂 号	出生日期 (日/月)	体 长 (cm)	体 重 (g)	毛绒 质量	配种 能力	父 (号)	祖 父 (号)	外祖父 (号)	母 (号)	祖 母 (号)	外祖母 (号)

表 5-23　种母貂登记表

序 号	貂 号	出生日期 (日/月)	体 长 (cm)	体 重 (g)	毛绒 质量	产仔数 (只)	父 (号)	祖 父 (号)	外祖父 (号)	母 (号)	祖 母 (号)	外祖母 (号)

表 5-24　母貂配种登记表

序　号	母貂号	体　况	与配公貂					
			第一次交配时间	貂　号	第二次交配时间	貂　号	第三次交配时间	貂　号

（5）其他　做好卫生消毒工作，要经常清除笼舍的粪便和剩食，垫草要勤晒勤换，经常清理小室，适当进行消毒等。此外，应加强饮水供应，水貂每天需水 30～90 mL，每日应供给饮水 2～3 次。

三、配种期的饲养管理

3月份是水貂的配种期。除按照配种方案要求，落实和做好水貂配种的各项技术环节工作外，饲养管理的主要任务是维持种公貂的体况，提高其交配能力和精液品质，继续保持和控制种母貂的体况。

（一）配种期的饲养

1. 日粮配合　配种期水貂性欲冲动和性活动加强，营养消耗较大，食欲自然下降，尤其公貂更为突出，容易造成急剧消瘦而影响交配能力。因此，日粮配合必须符合营养全价、适口性强、容积较小、易于消化的特点。日粮总量不应超过 250 g，其中日粮总热量为 837～1 047 kJ，粗蛋白质为 30 g，动物性饲料应占 75%～80%，主要应由鱼、肉、肝、蛋、脑和奶等组成。配种期水貂日粮配方见表 5-25。另外对配种能力强和体质瘦弱的公貂，每天中午应单独补饲优质饲料 80～100 g，以保持其配种能力。种公貂的补饲料配方见表 5-26。

表 5-25　水貂配种期日粮配方

原料名称	热量比	重量比	喂　量
动物性饲料（%）	75	64	—
膨化料（%）	23	4	—
蔬菜（%）	2	7	—
水（%）	—	25	—
蛋（g）	—	—	10

续表 5-25

原料名称	热量比	重量比	喂量
奶　粉(g)	—	—	20
氯化钴(g)	—	—	0.001
食　盐(g)	—	—	0.5
酵母粉(g)	—	—	4
羽毛粉(g)	—	—	1
添加剂(g)	—	—	0.4
鱼肝油(IU)	—	—	1500
维生素 E(mg)	—	—	10
维生素 B_1(mg)	—	—	10
维生素 C(mg)	—	—	25

（引自张志明，2007）

表 5-26 种公貂补饲料配方

饲　料	鱼或肉	鸡　蛋	肝　脏	牛　奶	兔　肉	谷　物	蔬　菜	酵　母	麦　芽	维生素 A (IU)	维生素 E (mg)	维生素 B_1 (mg)
补饲量 (g)	20～25	15～20	8～10	20～30	10～15	10～12	10～12	1～2	6～8	500	2.5	1.0

2. 保持种母貂的繁殖体况　种母貂在配种期间体力消耗不如公貂那么大,交配受孕后,在 3 月份由于胚泡处于滞育期,受精卵并不附植和发育,营养消耗也不增加。因此,配种期保持前期的体况,防止发生过肥或过瘦现象,尤其是不能过肥,否则在妊娠期内不利于为其增加营养。如果配种期种母貂体况偏肥,则妊娠期必然形成过肥体况,这对繁殖力是很不利的。

3. 保证饮水　配种期必须保证水貂有充足而洁净的饮水,特别配种结束后的公貂更为需要。

(二)配种期的管理

1. 合理利用公貂资源　选留的种貂公母的比例为 1:4,公貂数量略显不足,一旦有公貂由于各种原因不能参加配种,就会增加其他公貂的利用率,甚至造成母貂得不到交配,导致空怀,从而影响生产。因此合理利用公貂就显得格外重要。

当年的青年公貂初次交配,由于缺乏经验,又较胆怯,也不善于捕捉叼衔母貂,故应选择发情良好、性情温驯的母貂作其配偶。放对时可以协助公貂衔住母貂颈部,同时消除惊扰和抑制其性活动的因素。如果双方能和睦相处，即使暂时未达成交配，也不要立即抓走或频频更换母貂。配种初期争取让每只公貂尽快开始第一次交配，称之为"开张"。

成龄公貂开张较早，配种力强，在初配阶段应适当控制使用，以便到配种旺期发挥主力作用；如果配种初期使用过度，势必影响旺期复配而降低母貂产仔率。瘦公貂在配种前期交配力强，也应计划控制使用，配偶不宜安排太多；否则，配种后期无力完成复配任务。肥公貂一般开张较晚，但在配种前期不可轻易放弃培养。

对已开张的公貂，交配力强、体质健康的，可以适当提高其配比和交配次数；交配力低的，可以降低其配比和交配次数，但交配密度均不宜过大，并有计划地将母貂配种落点集中安排在配种旺期。初配阶段，每只公貂每天只安排交配1次。复配阶段，每只公貂每天可交配2次，其间隔要达到4 h以上。

2. 准确进行母貂发情鉴定　采取观察行为活动表现、外生殖器官目测检查、阴道细胞图像观察和放对试情相结合的方法，准确进行母貂发情鉴定。以目测外生殖器官变化为主，以放对试情为准，准确把握种母貂的交配时机，才能使母貂得到及时交配，既降低了空怀率，又可减少由于不发情放对而出现的公母貂撕咬争斗所导致的伤亡。因此，放对前对母貂进行发情鉴定，是水貂繁殖生产中的关键环节之一。

3. 确保交配质量　配种时，认真观察公、母貂的交配行为，确认母貂真受配、假受配或误配，对提高母貂的受孕率极为重要。

放对交配时，可观察到公貂咬住母貂后颈部，前腿紧紧抱住母貂后躯腰部，能够控制住母貂后，公貂后腿及后腰部有抖动、摩擦现象。一段时间后，如见到公貂腰部拱起，身体弯曲几乎成90°直角，后腿紧紧用力，与母貂连接牢固，有时候会伴有母貂的一声叫声，可判断为交配成功。射精时，可见到公貂双眼迷离，后腿有往前送的动作。

如见公貂紧紧抱住母貂，有射精动作，但是腰部拱起未成90°角而成锐角，此时公、母貂身体未发生连接，这种情况视为假配。误配是指公貂阴茎误插入母貂的肛门内，母貂因疼痛而发出刺耳尖叫声并拼力挣脱，查看母貂肛门有红肿或出血现象。对确认假配或误配的母貂，应尽快更换公貂进行有效补配。正常饲养条件下，母貂受配率应不低于95%。

4. 检查精液品质　用胶头滴管（管头磨光并经消毒过的）从交配后分开的母貂阴道里吸取少许液体，涂在载玻片上，在100倍显微镜下观察。如能看到大量游动的精子，则表明该公貂精液品质优良，做好记录，可以后续用于配种；如果视野中看不到精子，或者有精子但为死精，则记录下来。此时不能马上淘汰公貂，原因有二：一是公貂可能没有真正射精；二是公貂一次开张配种时，精液品质普遍不是很好，存在无精或死精现象，待到第二次配种后，再检查与之交配的母貂阴道的精子情况，一般就能看到游动的精子。如果接连3次检查精液都没有精子或者都为死精，则应将该公貂淘汰，不再参加配种，其配过的母貂要用精液品质好的公貂进行补配。这种无精液的公貂比例很小,一般不超过 1%。

5. 对难配母貂的特殊措施 对难配的母貂,必须准确判定其确已发情,在此基础上查明原因,采取相应措施,才会收到良好的效果。

(1)被咬伤拒配母貂 多数因发情鉴定不准,急于求成,盲目放对,又遇到性情暴烈的公貂所致。对此必须暂停放对,待伤势恢复再发情时,找交配力强而性情温驯的公貂交配。如到配种后期确系发情又不能拖延时,可用普鲁卡因对伤部局部封闭,再行放对。

(2)顽固拒配的母貂 对不发情者,不能强配。发情而刁泼拒配的,多数是因为以前频频放对,与公貂多次搏斗而锻炼出来的。因此根本的办法是掌握好放对时机,切忌盲目乱放,作为临时措施,可找体大力强,善于驾驭的公貂交配。

(3)发情晚的母貂 对不发情的母貂,可肌内注射孕马血清促性腺激素(PMSG)100 IU 或人绒毛膜促性腺激素(HCG)50~100 IU,并将其养在公貂邻舍,几天后即可放对配种。

(4)隐蔽发情的母貂 可用阴道分泌物镜检和放对试情的方法做发情鉴定。如分泌物中含有大量多角形带核的鳞状上皮角化细胞,放对后表现温驯,虽然外阴无变化,亦属发情,可以放对。

(5)阴门狭窄的母貂 个别母貂内生殖器官发育正常,亦发情接受交配,但因阴门狭窄,公貂配不上。对此种母貂可以用外科手术刀将阴门放大一些,即可放对配种。

(6)不会抬尾的母貂 有的母貂发情良好,接受交配,只是不会抬尾,阻碍交配成功。对此可用细绳系于尾端,将尾提向侧方,放对交配。

6. 科学使用性激素 乏情母貂一般表现为阴毛始终呈"一支笔",阴户"一点白",屡次试情放对,均遭拒配。有些貂场为了促使母貂发情,采取在 2 月中旬连续 3 d 使用己烯雌酚给母貂催情,由于过早用药及用药时间较长、量大,严重地扰乱了母貂的正常生殖生理功能,并引起子宫内膜过度增生及腺体变性,因而适得其反。一般认为,对在发情旺期中仍未发情的母貂可于 3 月中旬前后,使用 HCG 170 IU/只或 PMSG 150 IU/只,注射后 3~7 d 放对,母貂很易接受公貂的配种,效果较好。

7. 保证种貂疲劳的恢复和饲养人员休息 配种期是水貂生产管理上最繁忙的时期,加之水貂的放对又需要在清晨较寒冷的时候进行,工作量大又很辛苦。配种期应讲究提高劳动效率,要按照母貂发情时间排序,并在前一天做好次日的种貂放对安排。放对过程严防跑貂,尽量缩短放对配种的有效时间。放对结束和完成必要的饲养管理工作后,除值班人员外,其余人员一律撤离,给种貂创造一个安静的环境,在保证值班人员休息的同时,也保证种貂疲劳的恢复。

8. 严防跑貂和错捉错放 配种期极易跑貂,故应加强笼舍修检和加固工作。场内应多设自动扑捉箱,以便及时扑捉跑出的种貂。在发情检查和放对的过程中亦应防止跑貂、错捉和错放。放对时种貂的号牌应同时携带。

9. 认真做好配种记录和登记 水貂的配种记录是种貂系谱的重要依据和档案，应及时、准确地做好记录、登记、统计和归档工作。每日及时做好日报。

10. 做好配种结束后的收尾工作 配种结束后应及时对种公貂进行筛选，及时屠宰取皮，以降低饲养成本。对翌年继续留种的优良种公貂，则应加强饲养管理，促进其体况的恢复。日粮标准仍按配种期的标准，待体况恢复后再转为恢复期的饲养。

四、妊娠期的饲养管理

(一)妊娠期的饲养

母貂妊娠期，尤其是胎儿发育期营养需要增加，除满足自身正常生命活动的生理需要，又要保证胚胎在体内生长发育的营养需要，同时，母貂在妊娠后期还要为产后泌乳积存一部分营养物质。此外，妊娠期恰逢水貂脱冬毛、长夏毛，身体需要大量的能量和含硫氨基酸。因此，母貂在妊娠期需要大量的营养物质，日粮的供给应分阶段调整。

1. 日粮配合 妊娠前期即 4 月上旬前，妊娠母貂营养需要不必增加，故仍采用配种期的日粮标准；4 月中旬以后采用妊娠期的营养标准（表 5-27），日粮配比和日粮配方分别见表 5-28 和表 5-29。

表 5-27 水貂妊娠、泌乳期营养标准

总热量(kJ)	蛋白质(g)	脂 肪(g)	碳水化合物(g)
752～1086	27～35	6～8	9～13

表 5-28 水貂妊娠期日粮配比 (%)

配 比	鱼类	肉 类	膨化料	蔬 菜	水	合 计
重量比	62.5	3	3.8	7	23.7	100
热量比	75	5	18	2	—	100

表 5-29 水貂妊娠期日粮配方

原料名称	热量比	重量比	喂 量
鱼类(%)	75	64	—
肉类(%)	5	1	—
膨化料(%)	18	3	—
蔬菜(%)	2	7	—
水(%)	—	25	—

续表 5-29

原料名称	热量比	重量比	喂 量
酵母(g)	—	—	4
食盐(g)	—	—	0.5
羽毛粉(g)	—	—	1
鸡蛋(g)	—	—	10
氯化钴(g)	—	—	0.001
添加剂(g)	—	—	0.5
维生素 A(IU)	—	—	1500
维生素 B$_1$(mg)	—	—	10
维生素 C(mg)	—	—	25
维生素 E(mg)	—	—	10

（引自张志明，2007）

2. 饲料质量及加工要求

（1）品质要新鲜 妊娠母貂对饲料品质的新鲜程度要求很严。品质失鲜的饲料容易引起母貂胃肠炎并危害胎儿，继而造成妊娠中断或流产。

①动物性饲料 必须有可靠的来源，且经兽医卫生检疫确认为无疾病隐患和无污染。含有激素类的动物产品，如通过激素化学去势或肥育的畜禽、带有甲状腺的气管、性器官、胎盘等饲料，脂肪已出现氧化变质的饲料，含有毒素的鱼，冷藏时间超过3个月的动物性饲料，失鲜的蛋类、酸败的奶类饲料，均不宜饲喂妊娠母貂。

②植物性饲料 谷物潮结、被真菌污染发霉，熟制不透，不能用来饲喂妊娠母貂。蔬菜类饲料腐烂、堆积发热、被农药等有害物质污染，也不能用来饲喂妊娠母貂。怀疑谷物饲料轻度发霉时，应添喂"毒去完"等制真菌添加剂予以预防。

③添加剂饲料 维生素类、无机盐、微量元素等添加剂饲料要质量可靠，含量充足。陈旧过期、变质的不能用来饲喂妊娠母貂。

（2）种类稳定 应制订和落实水貂妊娠期所用饲料的采购计划，各种饲料的数量和质量要保持稳定，不能突然改变。否则会影响妊娠母貂的食欲和采食，对妊娠造成不良影响。

（3）营养价值完全 主要指保证全价蛋白质、必需脂肪酸、维生素、无机盐和微量元素的补给。

①保证全价蛋白质饲料的补给 畜禽的瘦肉、鲜血、心、肝、奶类、蛋类均为全价蛋白质饲料，应占日粮动物性饲料的 20%～30%。

②保证必需脂肪酸的供给 必需脂肪酸只在植物油中含有，妊娠母貂日粮应少

量添加植物油以补充必需脂肪酸补给（2～5 g/d）。

③保证维生素、无机盐、微量元素饲料供给　应按妊娠期营养需要保质、保量补给，注意贮存、加工过程中营养成分被破坏。非水貂专用添加剂，如畜、禽用添加剂，不宜在繁殖期使用。

（4）适口性强　通过对饲料品种的筛选，保证品质新鲜；通过对饲料的精细加工，增强日粮的适口性。如发现母貂食欲不佳，应马上查明原因，及时调整。

（二）妊娠期的管理

1. 适当控制体况　母貂妊娠期体况控制仍不能忽视，如不注意控制体况，很容易将母貂养肥，影响妊娠和分娩。妊娠母貂的体况应分阶段控制。妊娠前期（4 月上旬前），仍应保持配种期的中等或中等略偏下的体况；妊娠后期至产仔前，要达到中等或中等偏上的体况，这样才有利于发挥其高繁殖力。切忌在临产前把妊娠母貂养成上等体况，否则胎儿发育大小不均，难产增多，母貂产后无乳或缺乳，严重影响产仔和仔貂成活。

2. 及时观察貂群的健康状况　母貂在妊娠期食欲旺盛，若出现拒食或有剩食现象，必须立即查找原因并及时采取措施，拒食持续 2～3 d 就会发生部分胎儿被吸收或流产。因此，要求每次喂食前后都要仔细观察每只貂食欲情况，并做好记录。

水貂粪便的形状、颜色是反映其健康与否的指标之一。正常粪便呈条状、褐色（以鱼为主食的粪便色淡）。若粪便不正常，如持续腹泻也会导致流产。所以应每天观察 1 次粪便，做好记录，发现异常要及时投药治疗。

母貂妊娠后活动量明显减少，尤其是临产前由于腹围增大、腹部下垂，常卧于小室或运动场。每天应观察母貂的腹围增大情况或有无异常现象，如出现流产先兆或见笼底有血，应迅速采取保胎措施。

3. 喂食和饮水应符合要求　喂食要定时、定量。妊娠前期可日喂 2 次，妊娠后期为使日粮全部被食入，可分 3 次投喂，即早食喂 30%、午食喂 20%、晚食喂 50%。饮水盒内要保证有充足清洁的饮水，应经常检查水盒并补充饮水。

4. 保持环境安静　在母貂妊娠期内，严禁在场内及其附近施工、搬动笼舍或大声喧哗，要关好笼舍，杜绝跑貂。对跑出的母貂严禁急速追赶捕捉，应待其安静时轻缓地捕捉归笼，以免母貂受惊流产。妊娠期谢绝任何人参观。

5. 产前产窝消毒和添加垫草保温　按预产期提前 1～2 周对产窝进行消毒（3% 热碱水洗刷或火焰喷烧）。

小室里加垫草保温对提高初生仔貂的成活率至关重要，因此要认真做好。先将草捆打开，将草料抖落成交错状的草铺，两手上下夹起草铺从小室上口压入小室内，箱底和四周要压实，侧壁的草要弯压在小室的上方，中间留有空隙，以便母貂进一步整理做窝。母貂在临产前几天，还要对小室里的垫草检查一次，如不符合要求应重新再铺。

6. 禁止乱喂药　在产前、产后 1 周，禁止使用磺胺类药物，如磺胺嘧啶钠、磺胺甲氧噻唑钠、羧苯甲酰磺胺噻唑等。虽然母貂的泌乳量很大,按单位体重计比奶山羊和奶牛都大,但任何抑菌药物都会损害泌乳系统,使泌乳功能降低。产后2周仔貂生长得快,母乳量下降时,可以在饲料中添加益生素类或速补类的促进剂,促进有益菌生长繁殖,提高泌乳量。

7.做好产前准备工作 刚产出的仔貂个体小,很容易从笼底的网眼中漏到地上而造成损失。因此,在母貂产仔前,应在笼网底上加垫一层密眼的垫网。不要待母貂产仔后再加垫,否则会对母貂造成惊恐和干扰。

五、产仔哺乳期的饲养管理

对于一个貂场而言,从第一只母貂产仔开始到最后一只母貂产仔结束(一般为4月下旬至5月中旬),称为产仔期。水貂哺乳期是指从第一只产仔母貂开始分泌乳汁哺育仔貂到最后一只仔貂哺乳结束,一般人为地限制在40~50日龄内。水貂产仔哺乳期是指从第一只母貂产仔哺乳开始,到最后一只母貂哺乳结束。此期产仔同哺乳紧密相连,实际上是一部分妊娠,一部分产仔,一部分泌乳,一部分恢复(空怀貂),仔貂由单一哺乳分批过渡到兼食饲料,成龄貂全群继续换毛的复杂生物学时期。

产仔哺乳期母貂因哺乳仔貂,营养消耗极大,体况逐渐消瘦。因此,该期饲养管理的中心任务是给母、仔貂创造正常生活所必需的环境条件,即正常的母性、充盈的乳汁、适宜的窝温、健康的身体和安静的环境,尽最大努力进行产仔保活。

(一)产仔哺乳期的饲养

1.产仔母貂的日粮配合 据报道,泌乳期母貂每天的泌乳量较大(表5-30),由分泌乳汁消耗的营养物质较多(表5-31)。因此该时期是母貂营养消耗最大的阶段,对蛋白质、脂肪、矿物质和维生素等营养物质均十分需要。日粮必须具备营养丰富全价,饲料新鲜稳定,适口性强且易于消化的特点。母貂产仔后不再控制日粮量,保证其吃饱吃好。日粮标准可持续妊娠期水平,或略高于妊娠期水平。日粮的热量可按900~1 300 kJ供给,日粮中的鱼、肉、肝、蛋、乳等动物性饲料要达到75%以上。母貂产仔哺乳期日粮配方见表5-32。日粮中应适当增加脂肪和催乳饲料(精肉、奶、蛋、肝、血等),有助于母貂泌乳。添加饲料(维生素、无机盐、微量元素等)应考虑到仔貂的需要,按妊娠期加倍量供给。此期饲料加工要细,饲料要调制成稀食,保证饲料绝对新鲜。

表5-30 母貂每天的泌乳量与仔貂吮乳量的关系 (单位:g)

仔貂日龄	1~10	10~20
雌貂泌乳量	28.8	32.2
仔貂吸乳量	4.1	5.3

表 5-31　水貂乳、狐乳与某些动物乳的化学成分比较 （%）

成　分	银　狐	蓝　狐	水　貂	乳　牛	山　羊
干物质	18.12～24.6	28.0～31.5	19.2	12.8	13.1
粗蛋白质	6.7～10.9	12.5～17.1	10.7	3.5	3.5
粗脂肪	5.4～9.5	9.0～18.0	4.8	3.8	4.1
糖	3.5～5.1	2.3～3.7	4.1	4.8	4.6
灰　分	0.9	1.1	0.7	0.7	0.9

表 5-32　母貂产仔哺乳期日粮配方

饲料品种	重量比 （%）	日给量 （g）
还杂鱼	35	105
肝	3	9
肉　类	15	45
牛　奶	10	30
动物内脏	7	21
血　液	5	15
蜜　糖	2	6
植物脂肪	0.5	1.5
玉　米	11	33
水	10.5	31.5
果蔬类	1	3
食　盐	—	0.7
骨　粉	—	1
氯化钴		0.5 mg
维生素 A	—	2000～2500 IU
维生素 E	—	200～250 IU
维生素 D	—	4 mg
维生素 B_1		3 mg
维生素 B_2		1.5 mg
维生素 C	—	30 mg
合　计	100	300

2. 饲喂制度 常规饲养一般日喂 2 次,最好 3 次。此外,对一部分仔貂还应给予补饲。此时,饲料颗粒要小,稠度要低,但必须使母貂能衔住喂养仔貂。饲喂时,要按产期早晚、仔貂多寡合理分配饲料,切忌一律平均。

3. 仔貂补喂 对生后数小时内因某种原因没吃上初乳的仔貂,可用牛、羊乳或奶粉经巴氏杀菌法消毒后,加少许鱼肝油临时滴喂,然后尽快送给母貂抚养。由于家畜常乳缺少水貂初乳所富含的球蛋白、清蛋白和含量高的维生素 A 和维生素 C、镁盐、卵磷脂、酶、母源抗体、溶菌素等复杂成分,故单纯靠牛、羊乳哺喂仔貂是不易成活的。

对同窝数量多、20 日龄以上的仔貂,在母乳不足的情况下,可用鱼、肉、肝脏、蛋糕,加少许鱼肝油、酵母进行补喂,每日 1 次。但不要全群普遍都喂,也不可 1 日多次饲喂,以防止仔貂吃饱饲料不再吮乳,造成母貂假性乳房炎(胀奶)而拒绝护理仔貂。补饲料见表 5-33。

表 5-33 幼貂补饲料配方(每只每天)

饲料种类	奶 粉	鸡 蛋	乳酶片	维生素 E	维生素 A
补饲量	10 g	14 g	0.2 片	3 mg	250 IU

(二)产仔哺乳期的管理

1. 注意观察母貂产仔情况 母貂突然拒食 1～2 次,是分娩的重要先兆。如果拒食多次,腹部很大,又经常出入小室,行动不安,精神不振,蜷缩在小室中,在笼网上摩擦外阴部或舔外阴部,出现排便动作,且外阴部有血样物流出,这些现象表明母貂可能难产。发现母貂难产时,应采取相应助产措施,并做好记录。当发现仔貂夹在母貂阴门处久娩不出时,可将母貂抓住,依照母貂分娩动作,顺势用力把仔貂拉出。如果母貂产力不足时,可注射催产素 0.3～0.4 mg 进行观察;待 2～3 h 后仍产不出仔貂时,要进行剖宫产手术。取出的仔貂经人工处理后代养,对术后母貂一定要加强护理。

2. 保持环境安静 产仔母貂喜静厌惊,过度惊恐容易造成母貂弃仔、咬仔,甚至吃掉仔貂。所以必须避免场内和附近有震动性很大的声响干扰。

3. 建立昼夜值班制度 值班人员从晚 6 时到第二天早 5 时,每 3 h 在各貂栋巡逻检查 1 次。及时发现母貂产仔,在小室上标记产仔时间。对落地、受凉、饥饿的仔貂和难产母貂及时救护。母貂产仔过程中及产后,饮水量增加,要确保水盒中有充足的水。

有的母貂把仔貂产在笼网上,有的仔貂自行乱爬,会从笼网中掉落地面,都很容易被冻僵。如果冻僵时间不长,应及时抢救,一般都可救活。抢救时,先擦去仔貂身上的泥沙和胎膜,然后用保温袋进行保温(温度不要太高,以免仔貂过度脱水),待仔貂恢复生活能力后再送回原窝或代养。因母貂难产或受压而窒息的仔貂,如果发生时间较短,可采取心脏按摩方法,帮助仔貂心脏跳动,然后进行人工呼吸,有可能将仔貂救活。母貂因难产死亡时,要立即剖宫取胎,先去掉胎膜,擦干羊水,然后利用人工呼吸的方法抢救仔貂。

4.注意保暖　如果小室缺草,仔貂受冻,应将其取出,把小室添满垫草,做好窝,待仔貂暖和到有吃奶的能力时再送回窝内。遇有大风雨天气,必须在貂棚迎风一侧加以遮挡,以防寒潮侵袭仔貂,引起感冒继发肺炎而大批死亡。

5.仔貂检查　母貂产仔后要及时检查初生仔貂的健康状况,发现异常,及时处理,以提高仔貂成活率,减少仔貂初生时的死亡率。检查时应听、看、检相结合。听就听仔貂的叫声,借此判断仔貂是否健康。仔貂出生后叫声尖而短促、强而有力时,说明仔貂是健康的;长时间叫声不停,由尖短有力变为冗长无力、沙哑时,说明仔貂没有吃上奶、窝冷或远离母貂受冻。这时应立即开箱检查,并采取适宜的护理措施。

产后第一次开箱检查仔貂要在母貂胎粪排出后的半天到一天进行。检查的重点是看仔貂是否健康、是否吃上奶、窝形和垫草量、仔貂体温是否正常、有无红爪病、母貂产仔数及母性情况等。发现问题后及时采取相应的措施。检查前先把母貂逗引到小室外并将小室门插上。若母貂不出产箱,不要强行检查。在开箱后触摸仔貂前,先用窝中垫草擦拭手,以免手上有异味带给仔貂。健康仔貂发育均匀,拿在手中挣扎有力,腹部饱满,鼻镜部黑亮(说明已吃上初乳)。弱仔表现在窝中分散,大小不均,拿在手中挣扎无力,腹部凹,貂体往往湿凉。

仔貂的健康状况,不必天天检查,但要随时注意母貂的行为。如遇母貂不安心哺乳,还应及时检查仔貂发育情况。当发现母貂奶量不足时,应及时组织代养。在检查仔貂时,发现无力吃奶的,可用小吸管喂给5％葡萄糖、牛奶1～2滴加少许鱼肝油,人工哺乳后,待其叫声有力时送回窝。在给仔貂人工哺乳时,不可急躁,喂量不可过大,以防呛入肺内。

6.仔貂代养　当同窝仔貂较多,母貂哺育不过来,或母貂乳量不足、无乳或产后患乳房炎、自咬病等疾病,或母貂弃仔、死亡时,要对这类母貂的部分或全部仔貂采取代养措施。代养的方法一般有两种,一种是同味法,先将母貂诱出小室,再把要代养的仔貂用代养母貂的分泌物或垫草轻轻擦拭全身,使它们的身上气味相似,然后放在窝内,打开小室门,让母貂自行护理;二是自行叼入法,即用插板封死小室门,在门口放一块木板,然后将仔貂放在代养母貂洞口的板上。打开小室门,母貂听到仔貂的叫声后会自行将仔貂叼入。这两种方法,以第一种成功率最高。

选择代养母貂的条件是,一是本窝产仔数少,不能超过6只;二是两窝产仔日期相近(不能超过2天);三是母性要好,泌乳量要充足。

7.保持产窝卫生　哺乳初期仔貂粪便由母貂舔食,但从20日龄左右仔貂开始采食饲料以后,母貂不再食其粪便,而此时仔貂排便尚未定点,母貂还经常向小室内叼入饲料喂仔,产窝内会变得潮湿污秽,加之天气日渐炎热,各种微生物易于孳生。所以必须搞好产窝内的卫生,勤换垫草。要及时清除粪便、湿草、剩饲料等污物。同时还要搞好饲料品质的卫生检查和食具的消毒工作,以避免发生各种疾病。

8.适时断奶分窝　产仔哺乳1个月后,母貂的泌乳量明显下降;母、仔貂的关系亦开始向疏远甚至恶化的方向变化,有时母仔貂间或仔貂之间会出现敌对的咬斗行为。这主要是由于仔貂已养成哺乳的习惯,无论母貂有无乳汁分泌,仍经常追逐母貂吮乳,故常引起母貂的反感,甚至有伤害仔貂的行为。此外,母貂泌乳逐渐减少后,仔貂长时间的吮吸也容易造成对乳头的伤害而导致母貂乳房癌的发生;此时多数哺乳母貂已身体消瘦,甚至已有授乳症发生。因此5月底之前应备好仔貂分窝所需的笼箱、饲料器具等,保证仔貂在40日龄左右能及时断奶分窝,以促进大龄仔貂的生长发育,提高成活率。

六、幼貂育成前期的饲养管理

幼貂育成期是指仔貂分窝以后至体成熟(12月下旬)的一段时间。其中,分窝至秋分(9月下旬)是幼貂体格迅速增长期,故又称幼貂生长期或育成前期;秋分至冬至是幼貂冬毛生长成熟的阶段,故对皮貂而言又称冬毛生长期或育成后期。育成前期的好坏,直接影响到以后体型的大小;育成后期饲养管理的好坏,直接影响到皮貂以后冬毛的质量。所以幼貂育成期是决定种貂品质和毛皮产品质量的一个非常关键的饲养管理时期,必须依据育成期幼貂的生长发育规律进行合理的饲养管理。

作为种貂的幼貂,则在育成后期实际上是进入了准备配种期,对其按准备配种期的饲养管理技术操作即可。

(一)幼貂育成期生长发育的主要特点

仔貂初生重8～12 g,体长6～8 cm。但生后生长发育十分迅速。仔貂从出生到冬毛成熟时的体重和体长增长曲线见图5-2,幼貂在育成前期内体重增长见表5-34。断奶后120日龄期间,体重、体长增长均最快,其中断奶后40～80日龄生长发育最快,特别是骨骼、内脏器官;而断奶120 d后,即育成后期主要是肌肉、脂肪生长,及脱夏毛长冬毛。

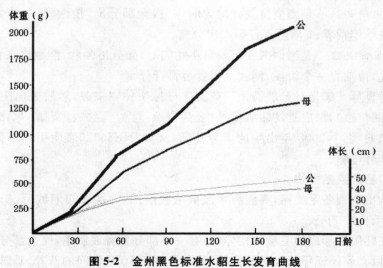

图5-2　金州黑色标准水貂生长发育曲线

表 5-34　幼貂育成前期内体重增长　（单位：g）

色型	日龄							
	60		70		80		90	
	公	母	公	母	公	母	公	母
黑褐色貂	731	562	923	653	1106	717	1228	780
白色貂	551	485	753	593	902	657	965	710
蓝色貂	660	518	882	644	1031	687	1116	719
黄色貂	715	550	933	648	1049	692	1207	745

(二)幼貂的断奶分窝

断奶分窝是指让仔貂离开母貂独立生活。要求适时分窝，即仔貂分窝后能独立生活，且生长发育不出现停顿或负增长现象。

1.断奶分窝前的准备工作　分窝前准备好足够的笼箱，食饮用具等用品，应彻底清洗和消毒。分窝时要查清血缘，并按种用、皮用进行分窝初选、登记编号入笼。

2.断奶分窝时间　断奶分窝既不能过早，又不能过晚。断奶过早，会影响仔貂发育，过晚会影响母貂体质恢复。适宜的分窝时间在 35～60 日龄；生长发育正常者一般在 40～45 日龄。母、仔关系已变紧张，同窝仔貂多且发生严重咬斗行为的，可提早一些在 35 日龄分窝；仔貂发育滞后、但母貂母性尚好的情况下，可稍晚些并在仔貂60 日龄前分窝。此外仔貂的体重也是断奶分窝的重要依据，当仔貂体重达到 350～400 g 时较为适宜。

3.断奶分窝方法　主要有集中断奶法和分批断奶法 2 种。

(1)集中断奶法　是当全窝发育均匀时，一次全部分出，按性别、个体大小相同，一笼双养或单笼饲养；1 周后再行第二次分窝。

(2)分批断奶法　是当同窝仔貂发育不均匀时，先分出强壮、能独立采食的；较弱的继续哺乳，待哺育一个阶段，能独立采食后再行分窝。

4.仔貂编号　编号时最前面大写英文字母标明种貂来源，然后是出生年的最后一位数(或两位数)，最后是幼貂顺序号(公为奇数，母为偶数)。例如："A8001"表明种貂祖代来自美国，2008 年出生的 1 号公貂；又如"NE8002"表明引种于荷兰，2008年出生的 2 号母貂。

(三)幼貂的换毛规律

仔貂从出生到冬毛成熟，要经历 3 次被毛脱换：胎毛换成初期绒毛，初期绒毛换成夏毛，夏毛换成冬毛。

水貂在胚胎期形成的毛囊原始体，只有一小部分发育成胎毛，而大部分仍处于休眠状态，所以必须保证仔貂有足够营养，特别是 20～50 日龄间的营养，是影响第一次换毛的重要因素。否则,处于休眠状态的毛囊原始体发育成毛纤维的速度就会变慢,甚至得不到充分的发育,就会达不到其遗传上所能达到的毛密度。营养不良也会影响毛中色素的形成,因为色素的形成需要一定种类和数量的氨基酸,否则会产生分色带的灰毛、白毛和棉毛等。

初生仔貂皮肤表面被覆一层浅色、非常短而又稀疏的胎毛,随着身体的发育,胎毛逐渐脱落,代之而生出形态、结构与胎毛完全不同的成体毛。成体毛的好坏是衡量水貂毛皮质量优劣的重要指标之一。但是,此次长出的成体毛是夏毛,而夏毛的利用价值低,所以这次换毛往往不被人重视。殊不知它正是为生产优质冬毛做充分准备。

幼貂分窝后 110～180 d 开始脱夏毛、长冬毛,此期是决定毛皮质量的关键时期。脱夏毛、换冬毛是在短日照条件下进行的。夏至后,日照逐渐缩短,当日照时间缩短到 13 h 左右,即夏至后 70 d 左右,皮肤内开始形成冬季"胚胎毛",随着胚胎毛的生长发育,皮肤颜色从尾部到头部逐渐变黑。当日照时间逐渐缩短到 12.0～11.5 h,即秋分之后,夏毛脱落,冬毛长出,此时皮肤颜色最深。当日照时间缩短到 11.0～10.5 h 即秋分后 30 d 左右,除头部外,全身冬毛长齐。当日照时间缩短至 9.5 h 左右,即从冬季"胚胎毛"形成开始经 90 d 左右,全身冬毛长齐,皮肤颜色变成淡粉红色,冬季毛皮达到成熟。

(四)幼貂育成前期的饲养

1. 饲养特点 幼貂育成前期是体型增长最快("撑大个")的时期,饲养的好坏直接影响以后水貂体格的大小、繁殖性能和皮张的张幅。在日粮配合和饲喂上要遵循以下原则。

第一,保证蛋白质的供给及与能量的合理比例。育成期由于营养物质和能量在体内以动态平衡的方式积累,在极为旺盛的新陈代谢中,同化作用大于异化作用,蛋白质代谢呈正平衡状态,使机体组织细胞在数量上迅速增加,使幼貂得以激烈生长和迅速发育。因此,对蛋白质、脂肪、矿物质和维生素的需要极为迫切。要保证蛋白质的营养需要,并保持蛋白质和能量的合理比例。如果能量偏高,会影响幼貂的采食量,最终造成蛋白质摄入不足,影响幼貂的生长发育。

第二,保证矿物质元素和维生素的供给。幼貂的骨骼发育需要大量的钙、磷等矿物质元素,摄食营养物质的消化、吸收和利用也需要诸多维生素和矿物质元素的参与,亦应在日粮中供给。

第三,刚分窝的头 1～2 周应逐渐增加日粮量。应投喂营养丰富、品质新鲜、容易消化的饲料和日粮,喂量不要太多,以便幼貂适应饲料。喂量应逐渐增加,防止出现消化不良和消化道疾病。

第四,分窝半个月以后要提高日粮量,以幼貂吃饱而不剩余浪费为原则,不限制喂量。幼貂吃饱的标致是喂食后 1 h 左右饲料吃光,且消化和粪便情况无异常。喂饲应尽量在早、晚天气较凉爽时进行。

2. 日粮配合 幼貂育成前期营养标准见表 5-35。日粮的配和比例(占日粮的重

量比)为动物性饲料 65％～75％,谷物 10％～20％ ,蔬菜 10％～15％,豆浆或水
15％～20％。喂量一般按 300～400 g/d,公貂较母貂约多 30％。

表 5-35　幼貂育成前期营养标准

性　别	代谢能 (kJ)	可消化营养物质(g)		
		蛋白质	脂肪碳	碳水化合物
公	1500	20～35	8～12	15～18
母	900	15～20	8～10	13～15

日粮配合时一方面要注意蛋白质的含量和质量,用多种动物性饲料混合搭配,保
证蛋白质的全价性,断奶初期 10～23 g;2～3 月龄 25～32 g;另一方面要含充足的矿
物质和维生素,日粮中适当搭配兔头、兔骨架、鲜碎骨等(占动物性饲料的 15％～
20％),也可以补加骨粉 1 g,注意维生素 A、维生素 D 和维生素 B_1 的补给。幼貂育成
前期日粮配方见表 5-36。

表 5-36　幼貂育成前期日粮配比标准　(％)

配　比	鱼　类	鸡　肠	谷　物	蔬　菜	水	合　计
热量比	36	24	37	3	—	100
重量比	34.45	13.61	7.8	22.09	22.05	100

添加饲料(g)						
酵　母	羽毛粉	食　盐	维生素 A (IU)	维生素 E (mg)	维生素 B_1 (mg)	维生素 C (mg)
3	1	0.5	1500	10	10	12.5

3. 饲喂制度　育成期时值酷暑盛夏,要严防水貂因采食变质饲料而出现各种疾
患。因此,除在采购、运输、贮存、加工等各环节上严把饲料品质关外,还必须制定合
理的饲喂制度。此时一般每天喂 3 次,早饲量占 30％,应当尽量早喂;午饲量一般占
20％,要快速喂;晚饲量占 50％,应推迟喂。

(五)幼貂育成前期的管理

1. 训练幼貂定点排便　幼貂分窝后从单笼饲养开始,应将粪便撮起一点,抹在其
笼网的前部或前角处,这样分入该窝的幼貂就会把这个地方当成"厕所",养成在此处
排泄粪尿的习惯。如个别幼貂仍在小室内排泄粪尿,可将小室内的粪尿多撮起一些
放在笼网的前部,并关闭小室门 2～3 d,待其养成在室外排泄粪便的习惯后,再把小
室门打开。

2. 加强卫生管理,预防疾病发生 幼貂育成前期正值天气炎热的时期,也是各种疾病的多发期。因此必须做好卫生防疫工作。搞好饲料室、饲料加工和饲养用具的卫生,把住病从口入关。尽量避免水貂采食变质饲料,必须在采购、运输、贮存、加工等各环节上严把饲料品质关,消灭蚊蝇。要搞好貂棚、貂笼、小室以及食具的清扫、洗刷和消毒。垫草要保持清洁干燥,除断奶晚和瘦弱的幼貂需延长放褥草的时间外,应在6月份全部撤除垫草。水盒应随时洗刷干净,保证清洁饮水。遇有阴天或气候突变时,要注意观察貂群的行为动态,及时发现病貂并加以治疗。

3. 适时做好疫苗接种 幼貂从断奶分窝之日起,一定要在断奶分窝的第十五至二十一天及时接种犬瘟热、病毒性肠炎和脑炎等疫苗,预防这几种病的发生。疫苗接种的时间不宜过早,因仔貂在哺乳期间可从乳汁中获得母源抗体,能中和疫苗而降低疫苗的免疫效果。但也不宜接种过晚,因仔貂断奶分窝3周后,体内的母源抗体就会消失,此时如不及时接种疫苗,就会产生免疫空档,容易感染疾病而发生疫情。不要有意无意漏注某种疫苗。

4. 严防幼貂中暑 炎热夏季,若阳光直射幼貂头部,会使其头部温度过高而发生日射病,气温过高也会导致幼貂体热交换受阻,发生热射病。二者统称为中暑。中暑的幼貂死亡率较高。夏季高温还会抑制水貂的食欲,减少采食量而影响生长发育。对此可采取如下预防措施:①向笼舍地面洒水降温防暑尤其是午间和午后最热的时间。②午间驱赶熟睡的幼貂运动。③保证水盒中不缺水。④早、晚喂食的时间尽量拉长一些,赶在凉爽的清晨和傍晚饲喂。早食喂完1h后,要及时将剩食清理出来,以防饲料变质。⑤棚舍两侧可张挂遮阳网,防止阳光直射笼舍。

5. 适时窝选 结合幼貂断奶分窝,对母貂和幼貂进行全年第一次选种工作,选择出来的后备种貂要集中在一起,编入复选群,以便入秋前后进行复选。被淘汰的母貂应在6月份,幼貂在7月上旬及时埋植褪黑激素,以便促进冬毛提前在9月上旬至10月中旬成熟,提前取皮。

6. 抓住良机,观毛复选 秋季换毛情况是种貂复选的重要根据。幼貂进入8月份后开始脱夏毛长冬毛,9月下旬至10月上旬即秋分以后,正是其毛被脱落最明显的时期,也是复选种貂的最佳时期。种貂换毛的早晚和冬毛成熟的快慢,与翌年的繁殖息息相关。故应进入8月份以后就要对幼貂脱毛早晚和快慢进行观察和记录,为复选提供依据。复选以后的种貂应进行阿留申病的检疫和疫苗接种,然后转入准备配种期的饲养管理。被淘汰的幼貂则转入冬毛生长期的饲养管理。

7. 定期抽检体尺,观察饲养效果 为准确考察幼貂生长发育情况,于每月末以随机抽样的方法检查一部分幼貂的体重和体长。经抽检,体重和体长达不到要求时,应及时查明原因,改善饲养管理。

七、冬毛生长期的饲养管理

(一)水貂冬毛生长期的生理特点

水貂冬毛生长期是9～12月份这段时间,是决定毛皮质量的关键时期。此期的饲养管理主要是针对皮貂,包括成年貂和育成后期的幼龄貂。

对于幼龄水貂,9月份以后已接近体成熟,由体长增长转为以生长肌肉和沉积脂肪为主的肥育阶段。同时随着秋分以后日照时间变短,而转为冬毛生长和成熟。此时,水貂的新陈代谢水平仍较高,蛋白质的代谢仍呈正平衡状态。对于成龄貂,则以冬毛生长为主。

该阶段水貂的营养需要仍以蛋白质为主,每千克体重每日需要可消化蛋白质25～30 g,尤其需要构成毛绒和形成色素的含硫氨基酸(胱氨酸、蛋氨酸、半胱氨酸等)。脂肪的供给也很必要,不仅能促进水貂肥育,增加皮张的延伸率和尺码,而且还会明显增强毛绒光泽和华美度,提高毛皮质量。

(二)冬毛生长期的饲养

日粮中蛋白质的含量可适当降低,皮用貂一般动物性饲料的比例比种貂降低5%～10%。可不用肉、肝、蛋、奶等成本较高的饲料,可用小杂鱼、各种畜禽下杂、兔副产品等多种饲料搭配使用。但不应限制含硫氨基酸的蛋白质饲料如鲜血、羽毛粉等的供给,以利于毛绒生长。

日粮中谷物性饲料适当增加,但不可超过日粮的30%。这样可以提高取皮貂的肥度,节省动物性饲料,降低成本,提高皮张的长度。

矿物质饲料要适当减少。禁止大量使用兔头、兔骨架、鸡骨架等含矿物质多的饲料,否则易造成针毛勾曲,降低毛皮质量。兔头、兔骨架、鸡骨架不能超过动物性饲料的30%。

适当提高日粮中脂肪的给量。在以海杂鱼为主的饲料中,更应增加脂肪的用量,使其占日粮干物质的10%左右。若饲料中脂肪含量仍不足,可加植物油,也可用高温后的痘猪肉汤拌饲料,以增加其肥度和毛绒的光泽度。水貂冬毛生长期营养标准、及日粮配方见表5-37、表5-38。

表 5-37　水貂冬毛生长期营养标准

性　别	代谢能（kJ）	可消化营养物质（g）		
		蛋白质	脂肪	碳水化合物
公	2300	25～30	10～16	15～20
母	1400	20～30	8～12	12～18

表 5-38　水貂冬毛生长期日粮配方

原料名称	热量比	重量比	喂　量
动物性饲料(%)	65	56	—
膨化料(%)	32	6	—
蔬菜(%)	3	13	—
水(%)	—	25	—
食盐(g)	—	—	0.5
酵母粉(g)	—	—	4
维生素 A(IU)	—	—	1500
维生素 E(mg)	—	—	10
维生素 B_1(mg)	—	—	10
维生素 C(mg)	—	—	15
豆油(g)	—	—	2

(三)冬毛生长期的管理

此期管理的中心任务在于提高皮张长度和毛绒质量。

1. 提供适宜光照环境　秋分以后要将皮貂养在棚舍光照度较低的地方(如北侧、树荫下),这有利于皮貂肥育和提高毛皮质量。皮貂在保证冬毛正常生长发育的同时,宜肥育饲养,以期生产张幅大的毛皮。肥育饲养的日粮要求是蛋白质水平适宜,而能量水平较高。

2. 防寒保温　入秋后气候逐渐转冷,应注意做好冬季防寒工作。在入冬前,要修整好棚舍,应特别注意垫草的管理。垫草不仅可以防寒、防潮,减少疾病的发生,而且能经常梳理被毛,对防止毛绒缠结,提高毛皮质量具有重要的作用。

3. 保证清洁、充足的饮水　缺水会影响水貂貂的新陈代谢及毛绒生长。应供给充足,且经常更换保持清洁。

4. 严把饲料关,防止病从口入　禁喂腐败变质的饲料。除海杂鱼外,淡水鱼、畜禽内脏均需蒸熟后喂。食碗、场地、笼舍等应定期消毒。饲料中定期添加预防性的药物。要及时清理水貂笼网上积存的粪便,以免玷污水貂毛绒。

5. 监测冬毛成熟情况　要定期观察冬毛生长成熟情况。如发现皮貂冬毛生长成熟缓慢,则应及时查找原因,并迅速加以纠正。11月下旬以后水貂毛皮已逐渐成熟,应在取皮前做好各项准备工作。

八、种貂恢复期的饲养管理

种貂恢复期是指公貂结束交配、母貂结束哺乳后,至准备配种期开始前的一段恢复时期。此期的饲养管理往往被饲养者所忽视,但若饲养管理不佳,将直接影响到第二年的生产。因此,种貂恢复期饲养管理的任务是,对留种的种貂要尽快恢复其在繁殖过程中所消耗的体质,为下一年再生产、保证其种用价值打下良好的基础。

(一)种貂恢复期的饲养

公貂配种结束后,体力消耗很大,肥度下降,应在此阶段给予营养补充,使其尽快恢复体质。不可因忙于母貂妊娠期和产仔期的工作而忽视对公貂的饲养管理。若此时公貂营养不足,体质恢复较慢,则易引起疾病而造成死亡,或换毛开始晚、速度慢,以及第二年发情迟缓、不集中,性欲减退,配种次数少,致使母貂空怀率高和胎产仔数少等。

母貂从配种结束到仔貂断奶分窝,一般要经历近 3 个月时间。因此体力和营养消耗很大,表现体况下降,体质消瘦,抗病力降低,易发生各种疾病。为使其尽快恢复体况而不影响翌年的生产,应加强饲养,促其尽快恢复体况。

饲养上,公貂在配种结束后的近 20 d 内,母貂在仔貂断奶后的 20 d 内,仍应喂给上一时期的日粮,20 d 以后待其体质恢复后,再转入恢复期的日粮标准(表 5-39)。

表 5-39 恢复期种貂日粮标准

性 别	比例(%)			营养成分给量(g)		
	动物性饲料	谷物性饲料	果蔬类饲料	蛋白质	脂 肪	碳水化合物
公	60	32	8	16~24	3~5	16~22
母	60	32	8	13~20	2~4	12~18

(二)种貂恢复期的管理

1.选种 母貂哺乳结束后立即进行选种,选择当年繁殖力高的公、母貂在翌年继续利用。其余的可淘汰取皮,以节省饲料,降低成本。

2.检查种貂体质恢复情况 继续留种的种貂要集中在一起,以便于管理,注意及时发现和治疗疾病,并于配种前第二次接种疫苗。恢复期至秋分(9月下旬)时结束,秋分季节种貂已明显秋季换毛,是恢复良好的体现。如秋分时种貂换毛尚不明显,则应在准备配种期内要加强饲养管理。

3.及时埋植褪黑激素 淘汰的老种貂于 6 月份内及时埋植褪黑激素,以便在 9 月底至 10 月上旬提前取皮。

九、利用褪黑激素诱导冬毛早熟技术

褪黑激素(Melatonin,MT 或 MLT)是一种主要由松果体细胞在暗环境下分泌的吲哚类激素(5-甲氧基-N-乙酰色氨酸),现已能人工合成并生产。大量研究资料表明:褪黑激素参与了对动物换毛、生殖及其他生物节律和免疫活动的调节,具有镇静、镇痛、调节生长和繁殖的作用。在水貂上主要用来诱导冬毛早熟。

(一)褪黑激素作用原理

水貂被毛生长的周期性受光周期制约,其实质是通过松果体分泌的褪黑激素控制。长日照会抑制褪黑激素的合成,使分泌量减少;而当光照时间缩短时,就会减轻这种抑制,褪黑激素的合成量增多,分泌量也随之增加,从而诱发夏毛脱落,生长冬毛。因此,冬毛生长与褪黑激素水平密切相关。在夏季采用人工方法将外源褪黑激素埋植在水貂皮下,并且使褪黑激素逐渐释放出来,则会提高水貂体内的褪黑激素水平,起到相当于短日照的作用,从而使夏毛提前脱落,冬毛提前生长并成熟。

(二)褪黑激素使用方法

1. 褪黑激素适宜埋植时间

(1)淘汰老种貂　老种貂繁殖结束,即仔貂断奶分窝后要适时初选。淘汰的老种貂应在 6 月份埋植褪黑激素。但埋植时老种貂应有明显的春季脱毛迹象,如冬毛尚未脱换应暂缓埋植,否则效果不佳。

(2)幼貂　当年淘汰的幼貂应在断奶分窝 3 周以后,一般进入 7 月份埋植褪黑激素。出生晚的幼貂也可在 8~9 月份埋植,虽然对提前取皮效果不明显,但有促进生长、加快肥育和促进毛绒成熟的作用,对提高毛皮质量有益。

2. 埋植部位　在皮貂颈背部略靠近耳根部的皮下处。埋植时先用一只手捏起皮貂颈背部皮肤,另一只手将装好药粒的埋植针头斜向下方刺透皮肤,再将针头稍抬起平刺到皮下深部,将药粒推置于颈背部的皮肤下和肌肉外的结缔组织中。注意勿将药粒植入到肌肉中,否则会因药物释放吸收速度加快而影响使用效果。

3. 埋植剂量　水貂不分老、幼貂均埋植 1 粒,没必要增加埋植剂量。但要注意防止埋植操作过程中药粒丢脱。

4. 埋植时的药械消毒　埋植褪黑激素应使用专用的埋植注射器。要严格注意埋植药械和埋植部位的消毒,要用酒精充分浸湿药粒和埋植器针头,埋植部位毛绒和皮肤也要用酒精棉擦拭消毒,以防感染发生。

(三)应用褪黑激素注意事项

1. 褪黑激素埋植物质量可靠　褪黑激素埋植物是一种体内缓释植入物,质量好的褪黑激素埋植物应含量充足、埋植后缓释时间长(3~4 个月)。适时使用褪黑激素埋植物,幼貂冬皮可提前取皮 30~52 d,成年貂提前 30~70 d。褪黑激素埋植物产品性质较稳定,一般常温避光保存 1~2 年亦不失效,若在冰箱中低温保存效果更佳。

2. 适时埋植褪黑激素　要提高褪黑激素埋植物的应用效果,关键是适时埋植,准确掌握判断冬皮成熟的标准适时取皮。冬皮成熟的日期与埋植褪黑激素的日期、水貂品种色型和年龄有关。

3. 饲料营养调整　埋植褪黑激素 10 d 左右,水貂食欲增加,此时应注意调整饲料的营养供给,以满足冬毛的生长需要。生产中各饲养场使用相同的褪黑激素埋植物,可能效果有所不同,这主要与各饲养场饲料营养及时调整与否和判断冬皮成熟的经验有关。

(四)其他　因褪黑激素埋植物体积小、易丢失,因此,应注意检查褪黑激素埋植物是否按要求的数量经埋植器推入皮下。另外,在水貂发生传染病期间禁止埋植褪黑激素,以避免加速传染病的传播流行。

(四)埋植褪黑激素后的饲养管理

1. 埋植后的饲养　埋植褪黑激素后机体将转入冬毛生长期生理变化,故应采用冬毛生长期饲养标准,适时增加和保证饲料量。埋植褪黑激素2周以后,食欲旺盛,采食量急剧增加,要适时增加和保证饲料供给量,以吃饱而少有剩食为度。

2. 埋植后的管理　水貂埋植褪黑激素后宜养在棚舍内光照较低的地方,防止阳光直射,可提高毛皮质量。注意察看换毛和被毛生长状况,遇有局部脱毛不净或毛绒黏结时,要及时活体梳毛。加强笼舍卫生管理,根治螨、癣类皮肤病。

(五)埋植褪黑激素后的取皮时间

1. 正常取皮　从埋植日开始计算,90～120 d内为适宜取皮期,在正常饲养管理条件下皮貂的毛皮在此时间内均应成熟。

2. 强制取皮　如埋植褪黑激素120 d后皮貂的毛皮仍达不到成熟程度,一般不要再继续等待,而是采取强制取皮。否则会出现毛绒脱换的不良后果。

第六章　狐

第一节　狐的繁殖

一、狐的生殖生理特点

(一)狐的生殖器官

1. 公狐　公狐的生殖器官由性腺(即睾丸)、输精管道(即附睾、输精管和尿生殖道)、副性腺(即前列腺和尿道球腺)和外生殖器(即阴茎)组成(图6-1)。

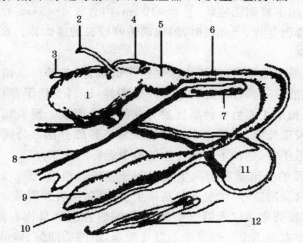

图6-1　公狐的生殖器官
1. 膀胱　2. 左输尿管　3. 右输尿管　4. 输精管　5. 前列腺　6 尿道
7. 耻骨联合　8. 腹壁　9. 阴茎　10. 包皮　11. 睾丸　12. 阴茎骨

（1）睾丸　呈卵圆形,位于腹股沟区与肛门区之间的阴囊内,由曲细精管和间质细胞构成。睾丸的生理功能是生成精子和分泌雄性激素。在发情配种季节,曲细精管内表皮生精上皮细胞可发育为精母细胞(精原细胞),再发育为精子细胞,最后发育成精子。精子生成后脱落到曲细精管腔中,再移行到附睾中储存。曲精精管的间质细胞可分泌雄性激素——睾酮,它能促进雄性动物生殖器官的发育,并使雄性动物产生性欲,出现发情、求偶征候。

睾丸的体积和重量呈明显的季节性变化:5～8月份,睾丸处于静止状态,重量仅为1.2～2 g,直径在5～10 mm,质地硬而无弹性,精原细胞不能产生成熟精子,阴囊满布被毛并贴于腹侧,外观不明显;8月末至9月初,睾丸开始发育;11月份以后,发育速度开始加快;12月底睾丸体积明显增大;翌年1月份时重量达3.7～4.3 g,富有弹性,此时已有成熟的精子产生,但尚不能配种,因前列腺的发育较睾丸迟;1～2月份,睾丸直径可达到2.5 cm左右,重量达5 g左右,质地松软富有弹性,附睾中有成熟精子,此时阴囊被毛稀疏,明显可见,有性欲要求,可进行交配;3月底至4月上旬,睾丸迅速萎缩,性欲也随之减退;至5月份,恢复静止状态。

（2）附睾和输精管　附睾位于睾丸的上端外缘,分附睾头和附睾尾,附睾头与曲细精管相连,附睾尾与输精管相连。附睾是储存精子并使精子继续发育成熟的部位。输精管前端接于附睾尾,后端与外生殖道前部相连。输精管后部在膀胱颈部膨大,形成输精管壶腔。输精管是输送精子的管道,其壶腹部能临时储存精子,并分泌液体,构成精液的一部分。

（3）阴茎　由海绵体和阴茎骨构成,能把精液输送到母狐的阴道内,并能排尿。公狐的阴茎细长,呈不规则圆柱状,长8～10 cm,内含长4～6 cm的阴茎骨。阴茎的海绵体组织包裹着阴茎骨,当充血时,形成两边叶较长的膨大体。在阴茎约1/2处有两球状体分列两侧。

（4）副性腺　是分泌精清(精液中除去精子的液体)的部位。精清的作用是稀释精子,并使精子获能,还能润滑尿道,中和尿道酸性,以利于精子存活和被射出体外。对一般动物来说,精清主要由各种副性腺分泌物混合而成。而狐和犬科动物一般都不具有精囊腺和尿道球腺,精清主要由前列腺和壶腹腺分泌。公狐前列腺分泌的精清随精子进入母狐子宫,是精子在雌性生殖道中运行的重要介质。

2. 母狐　母狐的生殖器官由内生殖器和外生殖器组成(图6-2),内生殖器包括卵巢、输卵管、子宫和阴道;外生殖器包括尿生殖前庭、阴唇和阴蒂。

（1）卵巢　母狐的卵巢位于第三和第四腰椎处,左侧卵巢比右侧卵巢稍靠前,呈扁圆状,灰红色,左右各1个。卵巢中心是皮质部,由间质细胞、卵母细胞(卵原细胞)和各种卵泡构成。卵巢体积的增大,主要是由于滤泡(卵泡)的生长。发情期滤泡成熟,突出于卵巢表面,内有成熟卵子,卵子排出后滤泡闭锁,形成黄体。卵巢的生理功能是生成卵子,并分泌雌性激素和黄体素。雌性激素能刺激雌性动物产生性欲,出现发情求偶征候。黄体素能促进胚泡在子宫内着床,并维持妊娠。

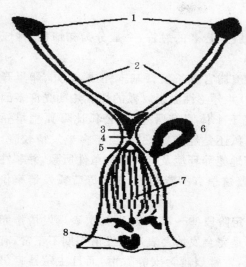

图 6-2　母狐的生殖器官

1. 卵巢　2. 子宫角　3. 子宫体　4. 子宫颈
5. 子宫颈口　6. 膀胱　7. 阴道　8. 阴蒂

母狐生殖器官在夏季（6～8月份）也处于静止状态；8月末至10月中旬，卵巢的体积逐渐增大，卵泡开始发育，黄体开始退化；到11月，黄体消失，滤泡迅速增大；翌年1月，卵巢长约2 cm，宽约1.5 cm，母狐开始发情排卵。子宫和阴道也随卵巢的发育而变化。

（2）输卵管　是长5～7 cm的细管。其前端膨大呈伞状，后端与子宫角末端连接。输卵管是卵子排出的通道，同时也是精子和卵子结合受精的部位。

（3）子宫　狐的子宫为双角子宫，分为子宫角、子宫体和子宫颈3部分。子宫角和子宫体由子宫阔韧带吊在腰下部和骨盆的两侧壁上。子宫角前端与输卵管相连，长4～6 cm，前部较薄，后部较厚，子宫颈突入阴道，形成阴道穹窿。子宫是胎儿发育的温床，在夏秋空怀季节，子宫呈细小的管状，妊娠后子宫壁逐渐增厚，子宫体积增大，同时卵巢分泌性激素，促进子宫膜发育及胚胎的植入和发育；至临产前子宫可充满腹腔，使腹围增大。

（4）阴道　长6～8 cm，前端与子宫颈相连，后部接尿生殖前庭，是胎儿产出的通道。尿道在此有一开口，因此阴道又称尿生殖道。外生殖器包括尿生殖前庭、阴唇和阴蒂。母狐的尿生殖前庭有2个比较发达的突起，交配时前庭受刺激而剧烈收缩，两突起膨大，与公狐阴茎的球状体共同作用而出现"连锁"。雌狐的阴门上圆下尖，比较发达。非繁殖季节由阴毛覆盖。

（二）影响狐繁殖周期的主要因素

狐属于季节性一次发情动物，1年只繁殖1次，繁殖季节在春季。银黑狐和赤狐交配期1～2月份，妊娠期52 d（49～52 d），胎产仔3～8只；北极狐发情季节为2月上旬至5月上旬，4～6月份产仔。在性周期里，狐的生殖器官因受光照影响而呈现明显的季节性变化。据研究，光周期影响狐的繁殖周期主要是影响其体内松果腺褪黑激素分泌节律，从而影响狐的生殖内分泌调节。因此，可以通过人工控制光照改变狐的繁殖周期，如从8月20日开始，每天给48只雌蓝狐、12只雄性蓝狐和12只雄性银黑狐进行5 h光照、19 h黑暗，120 d后改为16 h光照、8 h黑暗，结果银黑狐的精子生成提前1个月，而蓝狐的精子生成提前2个月，蓝狐的发情期也提前了。Kuznet-sol应用控光技术使蓝狐1年繁殖2胎，充分证明光周期在狐季节性繁殖中的重要作用。

(三)初情期和性成熟

母狐的性功能发育过程是一个发生、发展至衰老的过程,一般分为初情期、性成熟、繁殖功能停止。

1.性成熟　指幼狐长到9～11月龄,生殖器官生长发育基本完成,睾丸、卵巢开始产生具有生殖能力的性细胞(精子和卵子)并分泌性激素。狐的性成熟期受许多因素的影响,如遗传、营养、健康等。一般情况下个体间有所差异,公狐比母狐稍早一些。野生狐或由国外引入的狐,无论是初情狐还是经产狐,引进当年多半发情较晚,繁殖力较低。这是由于引种后还没有适应当地笼养环境及饲养管理条件所致,并非性成熟迟缓。出生晚的幼狐约有20%到翌年繁殖季节不能发情,青年母蓝狐发情率仅为65%。

2.初情期　指出生后的幼狐,发育到一定阶段(9～11月龄),初次表现发情排卵的年龄。此时母狐虽有发情表现,但往往不是完全发情。表现出发情周期不正常,有时卵巢有排卵的现象,但外部没有发情表现,常常表现为安静发情,而且生殖器官仍处于继续生长发育中。

3.母狐适配年龄　一般为12～14个月。具体应根据生长发育情况而定,不宜一概而论。一般要比性成熟的时间稍晚些,而比体成熟时间早,应当在性成熟到达时再过2个发情周期后进行配种。

(四)排卵与受精

1.排卵　狐是自然排卵动物。一般银黑狐排卵时间是在发情后的第一天下午或第二天早上,北极狐在发情后的第二天。但并不是所有滤泡同时成熟和排卵,最初和最后一次排卵的间隔时间,银黑狐为3d,北极狐为5～7d。

排卵后卵子迅速运行到输卵管里,卵细胞被放射冠所包围,但没有极体形成,这与其他动物不同。大多数哺乳动物的卵第一次减数分裂发生在滤泡里,但母狐的卵细胞第一次减数分裂的纺锤体,在到达输卵管1/3处之前不能看到。

2.受精　公母狐交配后,精子和卵子结合、形成受精卵的过程称之为受精。精子在母狐生殖道中约存活24h。据报道,发情的第一天只有13%的母狐排卵,发情的第二天47%,第三天30%,第四天7%。要想提高母狐的受胎率,最好是在母狐发情的第二至第三天连续交配。据对560只母狐的实验,仅交配1次时,空怀率达到30.9%;初配后第二天复配,空怀率降到14.7%;当再次连续复配(交配3次)时,空怀率降到4.3%。

受精卵分裂的最初阶段发生于子宫角里,植入则发生于交配后的12～16d。

二、选种与选配

选种就是选择优良的个体留做种用,同时淘汰不良个体,这是积累和创造优异的性状变异的过程,因此也是育种工作必不可少的措施。选种亦是选择,包括对质量性状和数量性状的选择。

（一）选种要求

狐的选种并不是对所有的数量性状都有同等的改良作用，而对遗传力较高的数量性状，如体重、体长、毛绒粗细度、毛长等有着明显的改良作用。选种可以使这些性状在育种上取得明显的效果。而产仔率、泌乳力、产仔数等繁殖性状遗传力低，所以改良效果较小。

狐的质量性状选择，应以个体的表现型为基础进行选择。例如，根据亲代和子代毛色的表现型，判断其基因型，从而进行有效的选择；而对一些有害的隐性基因，如脑水肿、先天性后肢瘫痪、不育症等，也根据子代的表现型，对亲代进行有效的选择。

据调查，有些饲养场的种狐群存在毛色逐年退化、个体变小的现象，这并不全是因对环境的不适应或饲养管理不当，而大多是由于放松了选种工作造成的。目前，不少养狐场选留种狐时，以繁殖力高的狐为主要选种依据，仅以顺利交配、少空怀多产仔为原则，而忽视了毛绒品质这一重要经济性状。

要做好选种工作，必须有明确的育种目标，即通过选种达到什么目的，解决什么问题。总而言之，狐的选种不外乎达到体型大、毛皮质量好、适应性强、繁殖性能好的优良狐群。在总的目标下，还可以拟定具体指标，如外貌特征、毛色、毛绒品质、生长发育（包括初生重、断奶重和成年重）等。

（二）选种标准

种狐的选种应以个体品质、系谱测定、同胞测定和后裔测定等综合指标为依据。

1. 个体品质鉴定

（1）毛绒品质鉴定　银黑狐毛绒品质鉴定主要指标如下。

①银毛率　即银黑狐身体银色毛所占面积的比例。银色毛的分布由尾根至耳根为100%，由尾根至肩部为75%，尾根至耳之间的一半为50%，尾根至耳间的1/4为25%。种狐的银毛率应达到75%～100%。

②银毛强度　按照银色毛分布的多少和银毛上端白色部分（银环）的宽窄来衡量，可分为大、中、小3类。银环越宽，银色强度越大，银色毛越明显。种狐以银色强度大为宜。

③银环颜色　可分为纯白色、白垩色、微黄（或浅褐）3种类型。按银环宽度又可分为宽（10～15 mm）、中（6～10 mm）和窄（<6 mm）3类。种狐银环颜色要纯白而宽，但宽度不应超过15 mm。

④"雾"　针毛的黑色毛尖露在银环之上，使银黑狐的被毛形成"雾"状。如果黑色毛尖很小，称"轻雾"；如果银环窄，并且其位置很低，称"重雾"。种狐以"雾"正常为宜，轻或重均不理想。

⑤黑带　在脊背上针毛的黑毛尖和黑色定型毛形成黑带。有时这种黑带外观不明显，但用手从侧面往背脊轻微滑动，就可看清。种狐以黑带明显为宜。

⑥尾　狐尾的形状可分为宽圆柱形和圆锥形。尾端的白色部分有大（>8 cm）、中（4～8 cm）、小（<4 cm）之分；其颜色有纯白、微黄和掺有黑色等3类。种狐尾以宽

圆柱形、尾端纯白而宽为宜。

　　⑦针、绒毛　长度要求正常，即针毛长 50～70 mm，绒毛 20～40 mm；密度以稠密为宜；毛有弹性，无缠结，针毛细度为 50～80 μm，绒毛细度 20～30 μm。

　　北极狐则要求毛绒浅蓝，针毛平齐，长度 40 mm 左右，细度 54～55 μm；绒毛色正，长度 25 mm 左右，密度适中，不宜带褐色或白色，尾部毛绒颜色与全身毛色一致，没有褐斑，毛绒密度大，有弹性，绒毛无缠结。

　　银黑狐毛和北极狐毛绒品质等级鉴定标准见表 6-1 和 6-2。

表 6-1　银黑狐毛绒品质鉴定标准

项　目	一　级	二　级	三　级
综合印象	优　秀	良　好	一　般
银毛率	75%～100%	50%～75%	25%～50%
银毛颜色	珍珠白色	白　色	微　黄
健康状况	优	良	一　般
银色强度	大	中	小
银环大小(宽)	12～16 mm	8～12 mm	<8 mm 或>16 mm
"雾"	正常	重	轻
尾的毛色	黑色	阴暗	暗褐色
尾端白色大小	>8 cm	4～8 cm	<4 cm
尾末端形状	宽圆柱形	中等圆柱形或粗圆锥形	窄圆锥形
躯干绒毛颜色	浅蓝色	深灰色	灰色或微灰色
背　带	良　好	微　弱	没　有

（引自朴厚坤，2004）

表 6-2　北极狐毛绒品质要求

项　目	一　级	二　级	三　级
综合印象	优　秀	良　好	一　般
躯干和尾部毛色	浅　蓝	蓝色及带褐色	褐色或带白色
光泽强度	大	中　等	微　弱
针毛长度	正常、平齐	很长、不太平齐	短、不平齐
毛绒密度	稍密	不很稠密	稀　少
毛弹性	有弹性	软　柔	粗　糙
绒毛缠结	无	轻　微	全身都有

（引自朴厚坤，2004）

种狐的品质鉴定分育成幼狐和成年狐分别进行。留种原则,公狐应达到一级,母狐应达二级以上。

(2)体型鉴定 狐的外部形态是其内部生理功能、解剖构造的表现,因此,只有善于对狐体各部位结构的优缺点进行鉴定,才能了解体质的结实程度、生长发育和健康状况,也是进行育种工作的基础。狐体各部位名称见图6-3。

图6-3 狐体各部名称

1. 颅部 2. 面部 3. 颈部 4. 鬐甲部 5. 背部 6. 肋部 7. 胸肋部 8. 腰部
9. 腹部 10. 荐臀部 11. 股部 12. 小腿部 13. 跗部 14. 跖部 15. 趾部
16. 肩胛部 17. 臀部 18. 前臂部 19. 腕部 20. 掌部 21. 指部 22. 尾部

狐的体型鉴定一般采用目测和称重相结合的方式。种狐体重,银黑狐 5～6 kg;北极狐公狐大于 7.5 kg,母狐大于 6.7 kg。种狐体长,银黑狐公狐 68 cm 以上,母狐 65 cm 以上;北极狐公狐大于 70 cm,母狐大于 65 cm。

此外,除进行体型鉴定外,还要注意对狐的以下几个部位的观察鉴定。

①头 大小应和身躯的长短相适应,头大体躯小或头小体躯大都不符合要求。

②鼻与口腔 鼻孔轮廓应明显,鼻孔大,黏膜呈粉红色,鼻镜湿润,无鼻液。口腔黏膜无溃疡,下颌无流涎。

③眼和耳 注意观察结膜是否充血,角膜是否浑浊,是否流泪或有脓性分泌物等。眼睛要圆大明亮,活泼有神。耳直立,稍倾向两侧,耳内无黄褐色积垢。

④颈 要求和躯干相协调,并附有发达的肌肉。

⑤胸 要求深而宽。胸的宽窄是全身肌肉发育程度的重要标志,窄胸是发育不良和体质弱的表现。

⑥背腰和臀部 要求背腰长而宽,要直,凸背、凹背都不理想。用手触摸脊椎骨时,以脊椎骨略能分辨,但又不十分明显为宜。臀部长而宽圆,母狐要求臀部发达。

⑦腹部　前部应与胸下缘在同一水平线上,在靠近腰的部分应稍向上弯曲,乳头正常。银黑狐乳头3对以上,蓝狐6对以上。

⑧四肢　前肢粗壮、伸屈灵活,后肢长,肌肉发达、紧凑。

⑨生殖器　公狐睾丸大、有弹力,两侧对称,隐睾或单睾都不能作种用。母狐阴部无炎症。

(3)繁殖力鉴定

①成年公狐　睾丸发育良好,交配早,性欲旺盛,配种能力强,性情温驯,无恶癖,择偶性不强。配种次数8~10次,精液品质良好,受配母狐产仔率高,胎产多,年龄2~5岁。

②成年母狐　发情早,不迟于3月中旬,性情温驯,产仔多,银黑狐4只以上,北极狐7只以上;母性强,沁乳能力好。凡是生殖器官畸形、发情晚、母性不强、缺乳、爱剩食、自咬或患慢性胃肠炎及其他慢性疾病的母狐,一律不能留作种用。

③幼狐　应选双亲体况健壮,胎产银黑狐4只以上、北极狐7只以上,银黑狐在4月20日以前、北极狐在5月25日以前出生,发育正常。

2.谱系鉴定　首先了解种狐个体间的血缘关系。将3代祖先范围内有血缘关系的个体归在一个亲属群内。然后分清亲属个体的主要特征,如毛绒品质、体型、繁殖力等,对几项指标进行审查和比较,查出优良个体,并在后代中留种。

3.后裔鉴定　根据后裔的生产性能考察种狐的品质、遗传性能和种用价值。后裔生产性能的比较方法有3种,即后裔与亲代之间、不同后裔之间、后裔与全群平均生产指标比较等。因此,平时应做好公母狐的登记卡片,作为选种、选配的重要依据。种狐登记卡的格式见表6-3和表6-4。

表6-3　种母狐登记卡

兽号:		体重(g):		体长(cm):		毛绒质量:		产仔数(只):		
色型:		同窝仔狐(只):			出生日期:			评定:优、良、中		
母:					父:					
外祖母:		外祖父:			祖母:			祖父:		
繁殖性能										
年　度	公狐号	配种日期		产　仔			产仔成活数	后裔评定		
		初　配	结　束	日　期	活仔	死胎		优	良	中

表 6-4　种公狐登记卡

兽号：		体重(g)：		体长(cm)：		毛绒质量：		配种能力：
色型：		同窝仔狐(只)：		出生日期：			评定：优、良、中	
母：				父：				
外祖母：		外祖父：			祖母：		祖父：	

繁殖性能

年　度	受配母貂号	配种次数	配种日期		胎　产	后裔评定		
			初配	结束		优	良	中

(三)基础种兽群的建立

种狐的年龄组成对生产有一定的影响,如果当年幼狐留得过多,不仅公狐利用率低,而且母狐发情晚,不集中,配种期推迟。

在一个繁殖季节里,种公狐参加配种的数量与种公狐总数之比,称为种公狐的配种率。实践证明,种公狐各个年龄间的配种率差异显著,以 3～4 岁龄的配种率最高,2 岁龄次之,最低的是 1 岁龄狐。因此,在留种时一定要注意种公狐的年龄结构。如果 1 岁龄种公狐比例过大,就会造成发情母狐失配的现象。

基础种狐群的年龄结构合理,是稳产、高产的前提。较理想的种狐年龄结构是,当年幼狐占 25%,2 年龄狐占 35%,3 年龄狐占 30%,4～5 年龄狐占 10%。公母比例以 1∶3 或 1∶3.5 较适宜。

据韩学宝对种公狐(北极狐)年龄(X)与其平均配种次数(Y)的分析,建立直线回归方程为:$Y=0.3451+2.492 X(1\leqslant X\leqslant 4)$。如果计算出所留种公狐的平均年龄,就可以预测出每只种公狐当年参加配种的次数。

(四)选择方法

1.个体选择法　适用于遗传力较高的性状,完全根据个体的表型值来选择。体重、体长、毛绒密度和长度、毛色深浅度等性状,在个体之间表现型的差异,主要由遗传上的差异所致。因此,采取个体选择法就能获得好的选择效果。

2.家系选择法　以整个家系作为一个单位,根据家系的平均表现型值进行选择。它适用于遗传力较低性状的选择,如繁殖力、泌乳力、成活率等性状。在育种工作中,广泛采用全同胞、半同胞测验进行家系选择。一般采用 5 只以上的全同胞和 30 只以上的半同胞,测验效果才能比较可靠。

3.综合评分法　同时选择几个性状,按每个性状的遗传力和经济意义,将各性状的评分数相加,求得总评分,然后按总分高低进行选择。此法既可以同时选择几个性状,又可以突出选择重点,而且还能把某些重要性状,即特别优良的个体选择出来,因而育种效果较好。

(五)狐的选种过程

选种是饲养场的一项经常性工作,生产中每年至少进行 3 次选择,即初选、复选和终选。

1. 初选 时间在 5～6 月份。对成年狐根据选种标准进行初选;当年幼狐在断奶时(40 日龄),根据同窝仔狐数及生长发育情况、出生早晚进行初选。在初选时,凡是符合选种条件的成年狐全部留种,幼狐应比计划数多留 30％～40％。

2. 复选 时间在 9～10 月份。根据脱换毛速度、生长发育、体况恢复等情况,在初选的基础上进行复选,为终选打好基础。这时应比计划数多留 20％～25％。

3. 终选 时间在在 11 月份取皮之前。应根据被毛品质和半年来的实际观察记录进行严格选种。具体要求:银黑狐全身呈现鲜艳的乌鸦黑色,银毛率 75％ 以上;银色强度大,但银环宽度不超过 1.5 cm,在背脊上有黑带;绒毛呈深灰色,稠密;针毛完全覆盖绒毛;尾为宽的圆柱形,尾端纯白,长度大于 8 cm。北极狐针毛和绒毛呈浅蓝色,无褐色和杂毛,银色强度大,针毛稠密而有光泽,绒毛不缠结,12 月份体重应达到种狐标准。

银黑狐和北极狐凡体型小或畸形者,银黑狐 7 年以上、北极狐 6 年以上的不宜留种;营养不良、经常患病、食欲不振、换毛推迟者也要淘汰。

(六)选 配

选配是以巩固和提高双亲的优良品质,达到获得理想后代为目的,而有目的、有计划地进行的育种工作,是选种工作的继续。选配通常从双亲主要性状的品质和血缘关系、年龄等几方面考虑。

1. 品质选配 可分为同质选配和异质选配。

(1)同质选配 是选择优点相同的公母狐交配,目的在于巩固并发展这些优良品质。同质选配时,在主要性状上,公狐的表型值不能低于母狐的表型值。公狐的毛绒品质,特别是毛色一定要优于母狐,毛绒品质差的公狐不能与毛绒品质好的母狐交配。

(2)异质选配 是一种表型不同的基础选配,其可分成两种情况,一种是选择具有不同优异性状的公母狐相配,以期将两个性状结合在一起,从而获得兼有双亲不同优点的后代;另一种是选同一性状,但优劣程度不同的公母狐相配,即所谓以好改坏,以优改劣,以优良性状纠正不良性状,以期后代取得较大的改进和提高。例如,选用毛绒密度好的狐与被毛平齐的狐相配,期望得到毛绒丰厚、被毛平齐的后代,这属于前者;如用一只体型小的狐,与其他性状同样优秀、体型大的个体交配,目的是使后代体型有所增大,这属于后者。

2. 体型选配 应以大型公狐与大、中型母狐交配,不应采用大公配小母、小公配大母以及小公配小母等作法。在生产中可采用群体选配,其方法是把优点相同的母狐归类在一起,选几只适宜的公狐,共同组成一个选配群,在群内可采用随机交配。种狐年龄对选配效果有一定的影响,一般2～4岁种狐遗传性能稳定,生产效果也较好。通常以幼公配成母、成公配幼母、成公配成母生产效果较好。大型养狐场在配种前应编制出选配计划,并建立育种核心群。小型场或专业户每3～4年应更换种狐1次,以更新血缘关系。

3.亲缘选配　是考虑交配双方亲缘关系近远的一种选配,如双方有较近的亲缘关系,称为近亲交配,简称近交;反之,则称非亲缘交配,更确切地称为远亲交配,即远交。在生产实践中,为防止因近亲交配而出现繁殖力降低、后代生命力弱、体型小、死亡率高等现象,一般不采用近亲交配。但在育种过程中,为了使优良性状固定,去掉有害基因,必要时也常采用近亲选配的方式。

4.种群选配　是考虑互配个体所隶属的种群特性和配种关系的一种选配方式。即确定是选用相同种属的个体互配,还是选用不同种属的个体交配,以更好的组织后代的遗传基础,塑造出更符合理想要求的个体或狐群,或充分利用杂交优势。种群选配可分为纯种繁育与杂交繁育。

(1)纯种繁育　也称为本品种选育,一般指在本品种内部,通过选种选配和品系繁育手段,改善品种结构,以提高品种性能的一种方法。其含义较广,应用时也比较灵活。

目前,我国饲养的狐多数是从国外引进的品种,其生产性能已达到很高的程度,体质和毛色也比较一致。选配的目的是要保持和发展本品种原有的独特优点和特有的性能,克服本品种缺点。选配要严格控制近交程度,避免近交衰退现象的出现,同时加强饲养管理,使该品种的生产性能充分发挥出来。

(2)杂交繁育　是通过2个或2个以上品种公母狐的交配,丰富和扩大群体的遗传基础,再加以定向选择和培育,经过若干代选育后,就可达到预定目标,形成新的品种。

参加杂交的品种要具有生产性能好、抗病力强、体型大等优点。为使杂交后代获得的优良性状及特点得到巩固和发展,必须保证饲养条件,对杂交后代的饲养水平要一致,要严格按照选种指标选种。当杂交后代各项指标达到时,要及时进行性状固定工作。

近几年来,我国由芬兰、美国等地引入良种北极狐改良和提高国内本地品种已取得显著效果,尤其是杂交一代杂交优势明显,用芬兰北极狐杂交改良本地蓝狐,杂交后代生产性能明显高于本地蓝狐,成年狐体重平均达到9.7 kg,体长平均达到95 cm以上。其杂交模式见图6-4。

这种杂交必须级进到第四至第五代,在体型和毛皮质量方面接近原种时,才能横交,固定过早的横交扩群只能使杂交改良前功尽弃。杂交4代之内的狐只能做商品狐,不能作种狐出售。

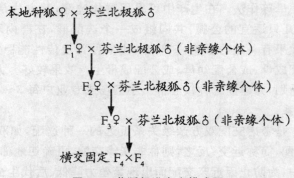

图 6-4　蓝狐级进杂交模式图

三、配　种

（一）发情鉴定

1. 公狐发情鉴定　方法比较简单。进入发情期的公银黑狐表现出活泼好动，采食量有所下降，排尿次数增多，尿中"狐香"味变浓，对放进同一笼的母狐表现出较大兴趣。

公北极狐的发情表现与银黑狐相似，采食量减少，趋向异性，对母狐较为接近，时常扒笼观望邻笼的母狐，并发出"咕咕"的叫声，有急躁表现。

当把发情较好的公狐放入母狐笼中，会对母狐表现出极大的兴趣，除频频向笼侧排尿外，常与母狐嬉戏玩耍；触摸其睾丸可发现，阴囊无毛或少毛，睾丸具有弹性；如果用按摩法采精，可采到成熟精子。

2. 母狐发情鉴定　银黑狐发情延续 5～10 d，北极狐 9～14 d。但真正接受配种的发情旺期较短，银黑狐持续仅 2～3 d，北极狐 4～5 d。

发情期母狐的生殖器官发生明显变化。在生产实践中，主要根据母狐行为表现、外阴部变化、阴道分泌物涂片镜检（图 6-5）及试配观察，并借助于发情探测器进行发情鉴定。狐的发情期可分为以下 3 个阶段。

（1）发情前期　母狐不安，在笼内游走，开始有性兴奋的表现；外阴部稍微肿胀；阴道涂片可见白细胞占优势，少见有核上皮细胞；测情器数值银黑狐一般 150 左右，北极狐 200 左右。此期银黑狐可持续 2～3 d，北极狐 3～4 d，个别母狐延续 5～7 d。

（2）发情期　此期母狐愿与公狐接近，公母在一起玩耍时，母狐温驯；外阴部高度肿胀，差不多呈圆形，阴唇外翻，阴蒂外露呈粉红色，富有弹性，并有黏膜流出；阴道涂片可见角质化无核细胞占多数；测情器数值银黑狐 200～500，北极狐 300～800。公狐表现也相当活跃、兴奋，频频排尿，不断爬跨母狐，经过几次爬跨后，母狐把尾翘向一边，安静地站立等候交配。此期银黑狐持续 2～3 d，北极狐持续 4～5 d。

（3）发情后期　母狐表现出戒备状态，拒绝交配；外阴部开始萎缩，弹性消失，外阴部颜色变得很深（呈紫色），而且上部出现轻微皱褶；阴道涂片又出现有核细胞和白

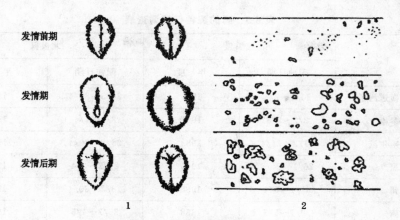

图 6-5　外阴部变化及阴道涂片
1. 阴门的变化　2. 阴道分泌物的变化

细胞;测情器数值较上一时期明显下降。

3. 测情器的使用方法　目前,在养狐业较发达的国家,尤其是以人工授精为主的养狐场,利用测情器测试母狐的排卵期,已成为判定适配期或输精时间的重要手段。国内有些养狐场也开始应用测情器进行母狐发情鉴定。方法是:将测情器探头插入母狐阴道内,读取测情器所显示的数值,根据每次测定的数据记录,确定母狐的排卵期。一般在每天相近的时间内进行测定,每天测定 1 次,当数值上升缓慢时也可以每天测定 2 次。当测情器读数持续上升至峰值后又开始下降时,即为狐的排卵时间,此时为最佳交配或人工授精的适宜期。使用测情器通常要结合外阴部观查法同时进行。

(二)母狐的异常发情

1. 隐性发情(安静发情)　是指母狐发情时虽然缺乏行为表现,但卵巢上却有卵泡生长发育、成熟和排卵。引起隐性发情的原因是有关生殖激素分泌不平衡所致,如当母狐激素分泌量不足时,发情表现就不明显。

2. 短促发情　是指母狐发情期持续的时间非常短(0.5 d),如果不注意观察,容易错过配种机会。其原因是由于卵巢上的卵泡发育中断或受阻而引起的,对后一种现象一定要注意再次发情的出现。

3. 延续发情　是指母狐发情时间延续很长。其原因是母狐不良促性腺激素分泌不足,造成母狐卵巢上的卵泡交替发育所致。

4. 不发情　是指母狐因营养不良或患有严重的全身性疾病,或是由于环境的突变而造成的(在繁殖季节里)不发情。

(三) 配　种

1. 配种日期　依地区、气候、日照及饲养管理等条件而有所不同(表 6-5)。

表 6-5　狐的配种日期调查表

地　区	银黑狐		北极狐	
	配种日期	年　度	配种日期	年　度
黑龙江横道河子	30/1~2/4	1961	24/3~30/4	1961
黑龙江泰康	2/2~2/3	1961	2/3~1/4	1961
黑龙江哈尔滨	21/2~21/4	1983	26/2~20/4	1960
吉林左家	26/1~24/3	1960	21/2~2/4	1960
辽宁金州	31/1~5/4	1985	18/2~30/4	1985
山东胶南	20/1~5/3	1988	25/2~1/5	1989

我国东北地区银黑狐的配种期为 1 月下旬至 3 月下旬,北极狐是 2 月下旬至 4 月下旬。由国外引进的北极狐,当年配种期比自繁狐推迟 10~20 d,但呈逐年提前的趋势,一般经过 3 年后配种期基本稳定。

2. 配种方法　包括自然交配和人工授精 2 种。

(1)自然交配　可分合笼饲养交配和人工放对配种。

①合笼饲养交配　指在整个配种季节内,将选好的公母狐放在同一笼内饲养,任其自由交配。此方法国内外均有采用,其优点是节约人力,工作量小;缺点是使用种公狐较多,造成公狐饲养成本增加,且不易掌握母狐预产期,平时也无法掌握种公狐配种能力的好坏,更不能检验精液品质的好坏。目前国内已经不用,有些大场也只在配种后期,对那些不发情的或放对不接受交配的母狐采用此法。

②人工放对配种　是公母狐隔离饲养,在母狐发情的旺期,再把公母狐放到一起进行交配,交配后将公母狐分开。一般采用连日或隔日复配,银黑狐复配 1~2 次,而北极狐应复配 2~3 次。目前国内养狐场基本都采用此法。人工放对时,一般将母狐放到公狐笼内交配较好,因为如果将公狐放到母狐笼里,公狐要花费很长时间去熟悉周围环境,然后才能进行交配。如果母狐胆小,就应将配种能力强的公狐放到母狐笼内交配。据观察,早晨、傍晚和凉爽天气公狐比较活跃,是放对配种的最好时间;中午和气温高的天气,公狐则表现懒惰,交配不易成功。

精液品质的好坏,直接影响到母狐的繁殖效果。应及时检查和发现精液品质不良的公狐。检查方法是:用直径 0.8~1.0 cm、长约 15 cm 的吸管,轻轻插入刚配完的母狐阴道内 5~7 cm 处,吸取少量的精液,涂在载玻片上,置于 200 倍显微镜下观察(室温 20℃以上)。先确定视野中有无精子,然后再观察精子的活力、形状和密度。经 2~3 次检查精液品质仍差的公狐不允许再参加配种,已交配过的母狐应更换公狐补配。

(2)人工授精　是用器械或其他人为方法采取公狐的精液,再用器械将精液输入发情好的母狐子宫内,以代替自然交配的方法。这是近十余年来在养狐业中广泛应用的一项新技术,对改良和提高我国地产狐的种群质量和毛皮质量起到了极大的促进作用。

3. 交配行为 当发情的公、母狐放进同一笼内时,一般公狐主动接近母狐,嗅闻母狐的外阴部,此后公、母狐相互嗅闻,公狐则向笼内四周频频排尿,然后与母狐嬉戏玩耍;经过一段时间的玩耍后,发情的母狐表现温驯,站立不动,将尾巴翘向一侧,静候交配。此时,公狐经过求偶阶段,有了较强的性冲动,阴茎勃起,并稍突出于包皮之外,经常抬起前肢爬跨,经过多次爬跨后阴茎置入阴道达成交配。公狐是断续性多次射精,臀部不断颤抖,射精后立即从母狐身上转身滑下,背向母狐,出现连锁现象,短者几分钟,长者达 2 h,通常为 20~40 min。

交配时,公狐阴茎出现两次充血,第一次充血,使茎勃起插入母狐阴道;第二次充血,刺激母狐阴道前庭的两球状体膨大,使阴茎锁紧在阴道内,即出现连锁现象,直到射精完毕。

交配时间的长短对母狐产仔无显著影响,但不允许将连着的狐强行分开,因为连锁时射精仍在继续,强行分开不仅影响母狐的受孕率,还可能损伤公狐阴茎。

交配结束后,公、母狐各自舔舐自己的外阴部并饮水。这时公狐对母狐失去兴趣,母狐虽然仍向公狐摇头摆尾,公狐则窝在笼内一角,不理睬母狐。

4. 配种驯化 初次参加配种的公母狐没有配种经验,应进行配种驯化。小公狐初次参加配种时,一般表现胆小,可以放到已配种的临近笼舍里,使其见习配种过程,然后再将其放到已初配过的母狐笼内,诱导其交配。对性欲旺盛的小公狐,可以选择性情旺盛、发情好的老母狐与其交配,或公母狐合养,进行异性刺激,以促进小公狐尽快完成初配。小公狐初放对时,要防止被母狐咬伤,否则会导致小公狐的性抑制。也可以将小公狐与小母狐合笼进行异性刺激,对训练小公狐参加配种效果也较好,但所需时间较长。训练小公狐一定要有耐心,只要看到小公狐爬跨,或后躯颤抖等动作出现就要坚持训练。完成初配的小公狐为了巩固其交配能力,第二天或隔天还要令其与母狐进行交配。初配母狐第一次参加配种时,最好选用已参加过配种的公狐。

5. 配种注意事项

(1)择偶性 狐和其他动物一样,公母狐均有自己选择配偶的特性。当选择公母狐相互投合的配偶时,则可顺利达成交配,否则即使发情好的母狐,公狐也不理睬。因此,在配种过程中,要随时调换公狐,以满足公母狐各自择偶的要求。在配种过程中,有的母狐已达到发情持续期,但仍拒绝多个公狐的求偶交配,如果将其放给去年原配公狐,则会顺利达成交配,这也是择偶性强的表现。

(2)合理利用公狐 一般种公狐均能参加配种,但不同个体配种能力不同。对那些配种能力强、性欲旺盛、体质好的种公狐可适当提高使用次数,但不要过度使用,以便在配种旺季充分利用。体质较弱的公狐一般性欲维持时间较短,一定要限制交配次数,适当增加其休息时间。对有特殊求偶、交配技巧的公狐,要控制使用次数,重点让其与难配母狐进行交配。在配种期间,哪些公狐在配种旺季使用、哪些公狐在配种后期使用应做到心中有数。对配种旺季没有发情的公狐,仍要进行训练,不要失去信心,在配种后期这种公狐往往发挥重要的作用。部分公狐在配种初期表现很好,中途性欲下降,只要加强饲养管理,一般过一段时间能恢复正常性欲。

(3)注意安全　在狐的配种期,既要保证工作人员的人身安全,也要保证狐的安全。由于发情期的狐体内生殖激素水平较高,表现为暴躁,易发怒,特别是公狐,饲养人员在抓狐时,动作要准确、牢固,防止被咬伤或让狐逃跑,但动作不宜过猛,以免造成狐的外伤。另外,应注意观察放对时的公母狐行为,以防止公母狐相互咬伤,发现有一方拒配时,要及时将公母狐分开。

四、妊娠与产仔

(一)妊　娠

1. 妊娠期　银黑狐和北极狐的平均妊娠期为 51～52 d,前者的变动范围是 50～61 d,后者为 50～58 d。据对 105 头银黑狐和 233 头北极狐妊娠期统计资料,51～55 d 的占 95％以上(银黑狐),52～56 d 的占 84％以上(北极狐)。母狐妊娠期的长短与产仔数有一定关系(表 6-6)。

表 6-6　妊娠长短与胎平均产仔数关系(北极狐)

项　目	妊娠期				
	46～49 d	50～52 d	53～55 d	56～62 d	合　计
产胎数	5	25	17	7	54
产仔数(只)	45	276	179	40	540
胎平均(只)	9.0	11.0	10.5	5.7	10

(引自朴厚坤,实用养狐技术,2004,略修改)

2. 预产期推算方法　为提高仔狐的成活率,加强对产仔母狐的护理工作,需在配种结束后,将母狐的预产期推算出来。推算母狐预产期的方法有两种,一种是日期推算法,另一种是图表快速推算法。

日期推算法比较简单。方法是:从母狐最后一次受配日期算起,月份加 2,日期减 7,如果日期减 7 后为负数,则先把月份去掉 1 个月(1 个月按 30 d 计算),然后用 30 减去负数的数值即为产仔日。例如,某母狐最后一次交配是在 2 月 10 日,那么它的预产期推算为:2+2=4(月份),10-7=3(日期),即该母狐的预产期为 4 月 3 日左右。又如某母狐配种结束在 3 月 1 日,预产期为:3+2=5(月份),因为 1-7=-6(日期),所以应为 30-6=24(日期),那么其预产期为 4 月 24 日。

3. 胚胎发育　胚胎在妊娠前半期发育较慢,后半期发育很快。30 d 以前胚胎重1 g,35 d 时 5 g,40 d 时 10 g,48 d 时 65～70 g。据 Bojihhckhh 等研究资料,母狐妊娠

23～26 d后胚胎身长为3～4 cm,30～33 d时7～8 cm,重达5 g。妊娠4～5周后可以观察到母狐的腹部膨大并稍下垂,用触摸方法可以进行妊娠诊断。

胚胎在妊娠的不同阶段均可发生死亡,造成妊娠中断。早期胚胎死亡比较多见,主要由于母狐营养不足、维生素缺乏等;死亡的胚胎多被母体吸收,妊娠母狐腹围逐渐缩小。胎儿长大后死亡会引起流产,多由于母狐食入变质饲料或疾病引起。

妊娠期母狐受到应激(噪声、异色异象、寒暑等)会造成心理紧张、不适和行为失常等,影响胚胎的正常发育。因此,在母狐的妊娠期,除了按饲养标准供给营养外,还要保证狐场的安静,杜绝参观和机动车辆进入。饲养人员要细心看护,严禁跑狐。临产前5～10 d进行笼具消毒,有条件的可用火焰(喷灯)消毒,也可用3%氢氧化钠(火碱)液消毒。同时,对产箱要保温,高纬度的北方,要用软杂草将产箱四角压实,人工造巢,产箱缝隙用纸糊上,以防冷风侵入;低纬度的河北、山东地区,因产仔季节到来时天气已变暖,保温要求不那么严格,但也要有垫草,以防寒流袭击。

(二)产　仔

1. 产仔期　狐的产仔期虽然依地区不同而有所差异(表6-7),但银黑狐多半在3月下旬至4月下旬产仔,北极狐在4月中旬至6月中旬产仔。英系北极狐的产仔旺期集中在4月下旬至5月之间,占总产胎数的85.5%,6月1日以后产的只占4.9%。

表6-7　狐产仔日期

地　区	银黑狐		北极狐	
	1960年	1961年	1960年	1961年
黑龙江横道河子	25/3～30/4	24/3～30/4	17/4～31/5	—
杜尔伯特	29/3～7/5		2/5～7/6	
吉林左家	19/3～27/4	22/3～24/4	16/4～15/5	24/3～11/5
辽宁金州	27/3～18/4	22/3～27/4	29/4～12/6	—

(引自朴厚坤,实用养狐技术,2004)

2. 产仔过程　母狐产前活动减少,常卧于小室里。临产前1～2 d,母狐拔掉乳头周围的毛,并拒食1～2顿。产仔多半在夜间或清晨,产程需1～2 h,有时达3～4 h。银黑狐胎平均产仔4.5～5.0只,北极狐8～10只。

产仔后母狐母性很强,除吃食外,一般不出小室。个别母狐有抛弃或践踏仔狐的行为,多为高度受惊造成的。

3. 难产应对　母狐难产时,食欲突然下降,精神不振,焦躁不安,不断取蹲坐排粪姿势或舔外阴部。难产时可用前列腺素(PG)和催产素混合物(0.3 mg PGE$_2$和10 IU合成催产素2 mL)注入子宫内。经催产仍无效时,根据情况立即剖宫取胎。

4. 健康仔狐的判断　银黑狐初生重为80～130 g,北极狐60～80 g。初生狐闭眼,无听觉,无牙齿,身上胎毛稀疏,呈灰黑色。仔狐出生后 1～2 h,身上胎毛干后,即可爬行寻找乳头吮乳,吃乳后便沉睡,直至再行吮乳时才醒过来嘶叫。3～4 h 吃乳 1 次。

健康的仔狐,全身干燥,叫声尖、短而有力,体躯温暖,成堆地卧在产房内抱成团,大小均匀,发育良好。拿在手中挣扎有力,全身紧凑。生后 14～16 d 睁眼,并长出门齿和犬齿;18～39 日龄时开始吃由母狐叼入的饲料。弱仔则胎毛潮湿,体躯凉,在窝内各自分散,四面乱爬,握在手中挣扎无力,叫声嘶哑,腹部干瘪或松软,大小相差悬殊。

据统计,仔狐的早期死亡多半在 5 日龄以前,随着日龄增加,其死亡率下降。

(三) 提高狐繁殖力的主要措施

所谓繁殖力,是指维持正常繁殖功能生育后代的能力,也就是指在一生或一段时间内繁殖后代的能力。

1. 繁殖力的评价指标　包括以下几项主要指标。

(1)受配率　用于配种期考察母狐交配进度的指标。

$$受配率 = \frac{达成配种的母狐数}{参加配种并发情的母狐数} \times 100\%$$

(2)产仔率　用于评价母狐妊娠情况。

$$产仔率 = \frac{产仔母狐数(包括流产数)}{实配母狐数} \times 100\%$$

(3)胎平均产仔数　用于母狐产仔能力的测定。

$$胎平均产仔数 = \frac{仔狐数(包括流产和死胎)}{产仔母狐数}$$

(4)群平均产仔数　用于评价整个狐群产仔能力。

$$群平均产仔数 = \frac{仔狐数(包括流产和死胎)}{配种期存栏母狐数}$$

(5)成活率　用于衡量仔、幼狐培育的好坏。

$$成活率 = \frac{现活仔狐数}{所产仔狐数} \times 100\%$$

(6)年增值率　用于衡量年度狐群变动情况。

$$年增值率 = \frac{年末只数 - 年初只数}{年初只数} \times 100\%$$

(7)死亡率　用于衡量狐群发病死亡的情况。

$$死亡率 = \frac{死亡只数}{年初只数} \times 100\%$$

2. 提高狐繁殖力的措施　影响狐繁殖力的因素较多,如遗传、营养、环境应激,饲养管理等。这些因素直接或间接影响公狐的精液品质、配种能力及母狐的正常发情、排卵数和胚胎发育,最终影响到狐的繁殖功能。提高狐的繁殖力,必须采取综合性措施。

(1)培育优良高产的种狐群　在建场时就应引入优良种狐,只有良种才能产出优良后代。实践中往往引入狐种并不理想,这就需要在实际工作中不断选育提高。具体做法是,不断淘汰生产性能低、母性差、毛色差的种狐及其后裔,保留生产性能优良的种狐及其后裔,经过 3~5 年的精选和淘汰,就会使种群品质大大提高。

(2)加强饲养管理,促进种狐健康　科学饲养管理能保障种狐的健康,使种狐有良好的繁殖体况,保证精子和卵子的质量,这是提高狐繁殖力的先决条件。再好的种狐,如果饲养管理跟不上,也不能充分发挥良种的潜力和生产效能。因此,按狐不同生理时期的饲养标准,进行适宜的饲养管理,是提高母狐繁殖力的必备条件之一,主要包括日粮全价,卫生、饲养环境适宜,无疾病传播及无应激等。

(3)应用外源生殖激素促使母狐超数排卵　动物的繁殖生理活动如精子和卵子的生成、性器官发育、发情、妊娠、分娩等都是在生殖激素的作用下实现的。动物体内的生殖激素有十余种,由脑垂体、性腺等分泌。

外源生殖激素是指人们根据生殖激素的化学结构人工合成,或从动物的组织器官中分离提取的,而非狐体自身合成的生殖激素。

目前在狐的繁殖方面主要应用以下 4 种外源生殖激素。

①孕马血清促性腺激素(PMSG)　是一种比较特殊的促性腺激素,由糖蛋白组成,其同一分子具有 FSH 和 LH 两种活性,因此,具有促卵泡成熟和促排卵的作用。近年来,在大家畜人工授精和胚胎移植技术方面,常用 PMSG 促进同步发情和超数排卵。对狐主要用在促进发情、排卵及人工授精时同步发情技术。成年母狐初情前或初情期,每只狐用 100~500 IU。

②人绒毛膜促性腺激素(HCG)　是人和高等动物灵长类胎盘分泌的一种糖蛋白类激素,主要作用是,使月经黄体转变为妊娠黄体;促进卵泡的发育及排卵。对雌雄动物均有促进发情作用。中国农业科学院特产研究所于 1994—1995 年利用 HCG进行促进北极狐同步发情的试验,效果良好。在试用 HCG 促进母狐发情时,其发情和自然发情母狐的外阴部变化一致,在处理后的 4~5 d 母狐外阴部开始肿胀,6~10 d 发情达到持续期,能够顺利达成交配和产仔(产仔率为 30%~60%)。每只母狐用量为 200~250 IU,一次注射较为适宜。HCG 也不是对所有母狐均有作用,种狐体况必须达到或接近标准体况者才有效。一般是在配种后期对发情较迟缓的母狐使用。

③促黄体素释放激素(LRH)　由丘脑下部分泌,其主要作用是促进母狐排卵。我国用 LRH 提高紫貂繁殖力达 50%左右。为了使母狐超数排卵,提高繁殖力,可在交配之后给每只母狐注射 LRH 8~10 μg。

④褪黑激素(MLT)　又称黑色紧张素,是一种吲哚类物质,由松果体分泌。目前研究情况表明,MLT 的主要作用是促进雄性睾丸发育;此外,在长日照条件下埋植 MLT,可使动物提前换毛。国外有人在 6~8 月份给银黑狐埋植 MLT 40 mg,11月份采集精液进行冷冻,到翌年繁殖季节给北极狐人工授精,结果有 9 头产仔,胎平

均产仔数为 7 ± 0.5 只。

（4）按照狐属和北极狐属的不同繁殖特点采取不同的繁殖技术措施　狐属种狐较北极狐属种狐发情时间早，发情进程快，而且持续时间短，发情症候不明显，产仔数少。另外，狐属种狐在发情持续期时难以达成交配，因此，交配的准确性较高，故狐属的发情鉴定要及时准确，并结合试情放对达成初配，初配后要求连日复配1～2次。北极狐由于发情持续期和排卵持续时间均较狐属长，发情前期又易达成交配，故交配准确性低，因此，对北极狐发情鉴定要严格准确，杜绝提早交配，初配后必须连日或隔日复配2～3次。北极狐属较狐属增加复配次数，可提高受胎率和产仔数。但复配次数过多，容易使母狐生殖道损伤而增加细菌感染的机会，易引起子宫内膜炎，造成流产或空怀。

五、狐的人工授精技术

在狐的繁殖上采用人工授精技术有以下优点：

第一，提高优良种公狐的配种能力。1只公狐自然交配时最多交配3～5只母狐，而采用人工授精时，1只公狐的精液可输给50～100只母狐。

第二，加快优良种群的扩繁速度，促进育种工作进程。因为人工授精能选择最优秀的公狐精液用于配种，使优良遗传基因的影响显著扩大，从而加快种狐改良和新品种、新色型扩繁培育的速度。

第三，降低饲养成本。由于减少了种公狐的留种数，节省了饲料和笼舍的费用支出，减少了饲养人员的数量，从而降低了饲养成本。

第四，可进行狐属和北极狐属的种间杂交。狐属的赤狐、银黑狐与北极狐属的北极狐由于发情配种时间不一致，而造成了生殖隔离现象，采用人工授精技术可完成狐属与北极狐属之间的杂交。

第五，减少疾病的传播。人工授精人为隔断了公母狐的接触，减少了一些传染性疾病的传播与扩散。

第六，提高母狐的受胎率。人工授精所用的精液都经过品质检查，保证质量要求，对母狐经过发情鉴定，可以掌握适宜的配种时机。

第七，克服交配困难。生产中常因公母狐的体型相差较大，择偶性强或母狐阴道狭窄、外阴部不规则等出现交配困难。利用人工授精技术可解决上述问题。

狐的人工授精技术主要包括采精、精液品质检查、精液的稀释、精液的保存和输精。

（一）采　精

采精是指获得公狐精液的过程。采精前应准备好采精器械，如公狐保定架、集精杯、稀释液、显微镜、电刺激采精器等。根据精液保存方法的需要，还应置备冰箱、水浴锅或液氮罐等。集精杯等器皿使用前要灭菌消毒。采精室要清洁卫生，用紫外线灯照射2～3 h进行灭菌，以防止精液污染。采精人员在采精前要剪短指甲，并将手洗净消毒。采精前公狐的包皮也要用温水洗净。

采精方法主要有按摩采精、电刺激采精2种。为了既能最大限度地采集公狐精液，又能维护其健康体况和保证精液品质，必须合理安排采精频率。采精频率是指每周对公狐的采精次数，公狐每周采精3或4次，一般连续采精2～3 d应休息1～2 d。随意增加采精次数，不仅会降低精液品质，而且会造成公狐生殖功能降低和体质衰弱等不良后果。

1. 按摩采精　将公狐放在保定架内，或由辅助人员将狐保定好，使狐呈站立姿势。操作人员用手有规律地快速按摩公狐的阴茎及睾丸部，使阴茎勃起，然后捋开包皮把阴茎向后侧转，另一只手拇指和食指轻轻挤压龟头部刺激排精，用无名指和掌心握住集精杯，收集精液。本法操作比较简单，不需要过多的器械。但是，要求操作人员技术熟练，被采精的公狐野性不很强，一般经过2～3 d的调教训练，即可形成条件反射。

2. 电刺激采精　是利用电刺激采精器，通过电流刺激公狐引起射精而采集精液。电刺激采精时，将公狐以站立或侧卧姿势保定，剪去包皮及其周围的被毛，并用生理盐水冲洗拭干。然后将涂有润滑油的电极探棒经肛门缓慢插入直肠10 cm，最后调节电子控制器使输出电压为0.5～1 V，电流强度为30 mA。调节电压时，由低到高，按一定时间通电及间歇，逐步增高刺激强度和电压，直至公狐伸出阴茎，勃起射精，将精液收集于集精杯内。公狐应用电刺激采精一般都能采出精液，射精量为0.5～1.8 mL，精子密度为$4 \times 10^9 \sim 11 \times 10^9$ 个/mL，比一般射精量多（主要是精清量大），但精子密度低。有时，电刺激采精会混进尿液，混入尿液的精液不可使用。

(二)精液品质检查

精液品质检查的目的在于鉴定精液品质的优劣，以便决定配种负担能力，同时也能反映出公狐饲养管理水平和生殖功能状态、采精操作水平及精液稀释、保存的效果等。精液品质检查的项目很多，在生产实践中，一般分为常规检查项目和定期项目检查2大类。前者包括射精量、色泽、气味、pH值、精子活率、精子密度等；定期检查项目包括精子计数、精子形态、精子成活率、精子存活时间及指数、美蓝褪色时间、精子抗力等。当公狐精子活力低于0.7，畸形精子占10%以上时，受胎率明显下降，该种精液为不合格精液，不能用于输精。

(三)精液的稀释

精液稀释是向精液中加入适宜精子存活的稀释液，扩大精液的容量，延长精子的存活时间及受精能力，便于精液保存和运输。

精液稀释液由多种成分组成，如葡萄糖、果糖、乳糖、蛋黄等营养物质，枸橼酸钠、磷酸二氢钾等缓冲物质以及抗冻物质（甘类、激素类、维生素类）等。狐精液常温保存的稀释液配方见表6-8。

表 6-8　精液稀释液的几种配方

配　方	成　分	剂　量
1	氨基乙酸	1.82 g
	枸橼酸钠	0.72 g
	蛋　黄	5.00 mL
	蒸馏水	100.0 mL
2	氨基乙酸	2.10 g
	蛋　黄	30.00 mL
	蒸馏水	70.00 mL
	青霉素	1000.00 U/mL
3	葡萄糖	6.80 g
	甘　油	2.50 mL
	蛋　黄	0.50 mL
	蒸馏水	97.00 mL

（引自白秀娟，《简明养狐手册》，2002）

　　配制稀释液时，所用的一切用具必须彻底清洗干净，严格消毒。所用蒸馏水或去离子水要新鲜，药品要求用分析纯，使用的鲜奶需经过滤后在水浴（92～95℃）中灭菌10 min。卵黄要取自新鲜鸡蛋，抗生素、酶类、激素类、维生素等添加剂必须在稀释液冷却至室温时，方可加入。

　　精液的适宜稀释倍数应根据原精液的质量，尤其是精子的活力和密度、每次输精所需的有效精子数（每次最少不低于 3000 万个精子）、稀释液的种类和保存方法而定。新采得的精液要尽快稀释，稀释的温度和精液的温度必须调整一致，以 30～35℃为宜。稀释时，将稀释液沿精液瓶壁或插入的灭菌玻璃棒缓慢倒入，轻轻摇匀，防止剧烈震荡。若做高倍稀释，应先低倍再高倍，分次进行稀释。稀释后即进行镜检，检查精子活力。

　　（四）精液的保存

　　精液保存的目的是为了延长精子的存活时间，便于运输，扩大精液的使用范围。

　　精液的保存方法主要有 3 种，即常温保存（15～25℃）、低温保存（0～5℃）和冷冻保存（-70～-196℃）。精液常温保存时间越短越好，一般不超过 2 h；低温保存时间不能超过 3 d；冷冻保存的精液可以长期使用。目前狐的精液保存采用常温保存法，即现采现用；低温保存和冷冻保存基本不用，狐的冷冻精液长期保存目前尚未有成功的报道。

(五)输　精

输精是人工授精的最后一个技术环节,适时准确地把符合要求的精液输到发情母狐生殖道内的适当部位,以保证获得较高的受胎率。

输精前要准备好输精器、保定架、水浴锅等。输精器材使用前必须彻底洗涤,严格消毒,最后用稀释液冲洗。狐用输精器见图6-6。

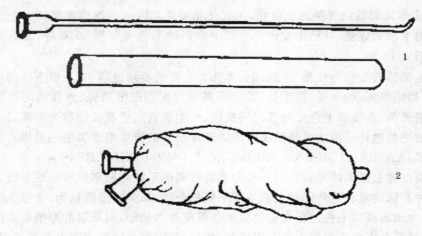

图6-6　狐用输精器
1. 针式输精器　　2. 气泡式输精器

常温保存的精液需要升温到35℃,镜检活率不低于0.6,按每只母狐每次输精量,装入输精器内。接受输精的母狐要进行保定,保定后将尾巴拉向一侧,阴门及其附近用温肥皂水擦洗干净,并用消毒液进行消毒,然后用温水或生理盐水冲洗擦干。输精员在输精操作前,指甲需剪短磨光,手臂洗净擦干后用75%酒精消毒,待完全挥发干再持输精器材。

狐的输精方法主要有针式输精法和气泡式输精法2种,前者常用,后者很少用。

针式输精法:是用开膣器将阴道撑开,将输精针轻轻插入子宫,然后将精液注入子宫内。由于精液直接进入子宫内,所以能提高母狐的受胎率。

气泡式输精法:是将气泡式插精器(人们模拟狐交配的链锁现象而制成的输精器针)事先送到母狐的阴道内,通过通气孔注入空气,然后关闭气孔,再由输精孔注入精液。此法由于输精孔难以对准子宫颈口,精子进入子宫的机会较少,所以受精率较低。

输精时间应根据母狐发情鉴定情况,在母狐发情旺期进行输精。如果精液品质好,第一次输精后24 h再输第二次即可;倘若精液品质较差,可连续输3 d,每日1次。

第二节　狐的毛色遗传及应用

一、狐的毛色基因

　　50多年来彩狐的育种发展很快,尤其是北美及北欧一些国家在狐的毛色育种工作中取得了较大成就,并已形成产业。其中赤狐的毛色突变型30多种,北极狐的毛色突变型近10种。

　　野生型狐的毛色为红褐色,统称为赤狐。在狐的养殖过程中,不断有新的毛色个体出现,如铂色狐、珍珠狐、琥珀狐、蓝宝石狐等。人们把银黑狐、赤狐的毛色变种狐以及由银黑狐、赤狐和毛色变种狐之间交配,产生的新的色型狐统称为彩狐。

　　狐的毛色遗传是由主色基因决定的。现在已知的野生型赤狐毛色基因有10对,其符号是:AA、BB、CC、BrFBrF、BrCBrC、$g^n g^n$、PMPM、PEPE、RR、ww。

　　目前世界上通用的彩狐基因符号和名称有美国系统和斯堪的那维亚系统。由于对某些种彩狐的毛色遗传问题上双方有不同的看法,如美国系统认为,北极大理石白狐、北极大理石狐的毛色遗传由铂色狐的复等位基因控制;而斯堪的那维亚系统则认为,这两种狐分别由不同位点的基因控制,所以,基因符号的写法上也显然不同。

二、狐的色型及毛色遗传

　　狐的色型,根据遗传基因的显、隐性可分为隐性突变型、显性突变型和组合型3大类型。

(一)隐性突变型

　　根据毛色分为黑色、褐色、浅灰色、蓝色、白色等几大类。

　　1. 黑色突变基因　阿拉斯加银黑狐(aa)分部在北美洲西部的阿拉斯加,为野生型赤狐的隐性基因,毛色深,但其针毛尖端呈白色。加拿大银黑狐(bb)分布在北美洲东部,为野生型赤狐的隐性突变基因,又称标准银黑狐。加拿大银黑狐和阿拉斯加银黑狐,虽然毛色表现型基本一致,但为不同基因型的2种赤狐突变种。当这两种银黑狐交配[aaBB×AAbb→AaBb(银十字狐)]时,所产的后代不是银黑狐,而是带黄色毛的一种新色型,称为银十字狐(又名银狐杂交狐)。

　　当2种不同分布区的银黑狐分别与野生型赤狐杂交时,出现不同的十字狐:即阿拉斯加银黑狐和赤狐交配[aaBB×AAbb→AaBB(阿拉斯加十字狐)]时,子一代的针毛出现金黄色,称为阿拉斯加十字狐(商品名为金黄色十字狐);而加拿大银黑狐和赤狐交配[AAbb×AABB→AABb(标准十字狐)]时,子一代中毛色近于赤色,称为标准十字狐(商品名为色狐)。我国黑龙江横道河子野牲饲养场1958年曾通过当地赤狐(母)和银黑狐(公)杂交,获得了杂种后代。

　　当阿拉斯加十字狐和银十字狐或标准十字狐交配时,子代出现多种毛色分离现象：

AaBB×AaBb → AABB＋AaBB＋AABb＋aaBB＋AaBb＋aaBb

AaBB×AABb → AABB＋AABb＋AaBB＋AaBb

当标准十字狐和银黑狐杂交时，子一代银黑狐和赤狐各半：

AABb×AAbb → 50％AABb＋50％AAbb

2. 棕色突变基因　有两种类型，一种是巧克力狐（bbbrFbrP），另一种称为科立科特（coliott）棕色狐（bbbrCbrC），都是银黑狐的毛色变种狐。巧克力狐（又称桂皮色狐）被毛为深棕色，眼睛为棕黄色；coliott 棕色狐被毛为棕蓝色，眼睛为蓝色。两种棕色狐分别由不同的基因控制。

巧克力狐和 coliott 棕色狐同东部珍珠狐交配时，分别产生 2 种不同的颜色。

① PEPEBrFbrFbb × pEpEBrFBrFbb

　　巧克力狐　　　　珍珠狐

　　F₁　　PEpEBrFbrfbb

　　银黑狐（携带琥狐基因）

② PEpEbrCbrCbb × pEpEBrCBrCbb

　　Colicott 棕色狐　　珍珠狐

　　F₁　　PEpEBrCbrCbb

　　银黑狐（携带蓝棕狐基因）

F₁ 间横交：　　PEpEBrCbrCbb × PEpEBrCbrCbb

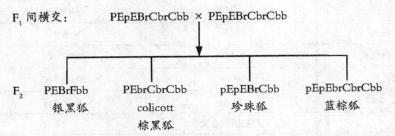

F₂　PEBrFbb　　PEbrCbrCbb　　pEpEBrCbb　　pEpEbrCbrCbb

　　银黑狐　　　colicott　　　珍珠狐　　　蓝棕狐

　　　　　　　棕黑狐

3. 蓝灰色突变基因（pEpE）　珍珠狐是银黑狐的蓝灰色隐性变种，毛色较淡而呈蓝色，除白尾尖外没有白斑。珍珠狐种类较多，有东部珍珠、西部珍珠、Pavek 珍珠、Chrry 耶珍珠和 Mansfield 珍珠等，还有一种珍珠狐毛色为蓝灰而略带棕色。这几种珍珠狐的基因不同，而表现型基本相同。

4. 白色突变基因（cc）　白化狐是赤狐的隐性突变，被毛为白色，眼、鼻尖等裸露黏膜由于没有色素沉积而呈现淡红色。

（二）显性突变型

铂色狐（WᵖW）是银黑狐的显性突变种，含有 1 对杂合复等位基因，因被毛中黑色素明显减少，而呈现蓝色，颈部有色环，从鼻尖到前额有 1 条明显的白带，尾尖为白色。在铂色狐之间交配时，产仔数下降，这是由于 Wᵖ 基因纯合个体在胚胎早期死亡所致。

$$如\ AAbbW^Pw \times AAbbW^Pw \longrightarrow W^PW^PAAbb + 2W^PwAAbb + wwAAbb$$
（死胎）

白脸狐（bbWw）属深色类型狐，是银黑狐的白色显性突变种。外貌特征是白色的颈环，在鼻、前额、四肢、胸腹部均有或多或少的块状白斑，尾尖为白色。W^P基因是 W 的复等位基因。白脸狐的显性基因（W）纯合个体也存在胚胎早期死亡现象。

日辉色狐（SunGlow）又称日光狐（W^MwxBb）毛色与北极大理石色狐相同，只是背部有红色的标志，杂合时毛色较暗。

（三）组合色型

组合色型是 2 对以上突变基因同时控制某个体的毛色性状，常见的组合色型如表 6-9 所示。

表 6-9　常见组合色型彩狐的名称及基因符号

中文名	基因符号	
	斯堪的纳维亚系统	美国系统
2 对基因组合型		
双隐性银黑狐	Aabb	aabb
珍珠狐	bbpp	BbpEpE
白脸狐	bbWw	bbWw
铂色狐	bbW^Pw	bbW^Pw
北极大理石色狐	bbMm	bbW^Mw
北极大理石白色狐	bbMM	bbW^MW^M
科立科特棕色狐	bbee	BbbrCbrC
巧克力色狐	bbgg	BbbrFbrF
3 对基因组合型		
琥珀色狐	bbppgg	bbpEpEbrFbrF
浅棕色狐	bbppee	bbpEpEbrCbrC
蓝宝石狐	bbppss	bbpEpEMpM
珍珠铂色狐	bbppW^Pw	bbpEpEW^Pw
4 对基因组合型		
蓝宝石浅棕色狐	bbppssee	bbpEpEMpMbrCbrC
琥珀铂色狐	bbppggW^Pw	bbpEpEbrFbrFW^Pw
蓝宝石铂色狐	bbppssW^Pw	bbpEpEMpMW^Pw

（引自朴厚坤，《实用养狐技术》，2004）

三、几种彩色狐的杂交分离

(一)铂色狐

铂色狐×
- 铂色狐→50％铂色狐＋25％银黑狐
- 北极大理石狐→25％大理石铂色狐＋25％铂色狐＋25％北极大理石狐＋25％银黑狐
- 赤狐→50％日光白色狐＋50％标准十字狐
- 银黑狐→50％铂色狐＋50％银黑狐

(二)巧克力狐

巧克力狐×
- 铂色狐→50％铂色狐＋50％银黑狐
- 巧克力狐→100％巧克力狐
- 北极大理石狐→50％北极大理石狐＋50％银黑狐
- 珍珠狐→100％银黑狐
- 琥珀狐→100％巧克力狐

(三)日光狐

日光狐×
- 日光狐→50％日光狐＋25％赤狐＋25％日光白色狐
- 赤狐→50％日光狐＋50％赤狐
- 铂色狐→25％日光白色狐＋25％铂色日光狐＋25％日光十字狐＋25％标准十字狐
- 日光白色狐→50％日光白色狐＋50％日光狐

(四)珍珠狐(东部)

珍珠狐(东部)×
- 银黑狐→100％银黑狐
- 琥珀狐→100％珍珠狐
- 铂色狐→50％铂色狐＋50％银黑狐
- 北极大理石狐→50％北极大理石狐＋50％银黑狐

(五)银黑狐

十字狐×银黑狐→50％银黑狐＋50％赤狐

(六)白脸狐

白脸狐×
- 珍珠狐→50％白脸狐＋50％银黑狐
- 白脸狐→67％白脸狐＋33％银黑狐
- 北极大理石狐→25％北极大理石狐＋25％北极大理石白脸狐＋25％白脸狐＋25％银黑狐

四、彩色北极狐的毛色遗传

(一)色型及其遗传基因

野生北极狐有两种色型,一种是冬天为白色,其他季节为浅褐色,即白色北极狐;

另一种是毛色终年不变,但褐色的被毛淡化,趋于蓝色,既浅蓝色北极狐。浅蓝色北极狐是野生型基因,其他色型是浅蓝色北极狐的突变种。已知浅蓝色北极狐的基因有:CC、DD、EE、FF、GG、LL、ss 等 7 对基因(见表 6-10)。

表 6-10　北极狐基因型*

中文名称	英文名称	基因符号						
浅蓝色北极狐	blue fox	CC	DD	EE	FF	GG	LL	ss
白化狐	albino fox	cc	—	—	—	—	—	—
白色北极狐	polar fox	—	dd	—	—	—	—	—
北极珍珠狐	arctic pearl fox	—	—	ee	—	—	—	—
蓝宝石狐	sapphire fox	—	—	—	ff	—	—	—
北极蓝狐	arctic blue fox	—	—	—	—	gg	—	—
珍珠狐	bothnia pearl fox	—	—	—	—	—	ll	—
阴影狐	shadow fox	—	—	—	—	—	—	Ss

*丹麦基因分类系统;"—"表示同于浅蓝色北极狐的基因符号

(引自朴厚坤,2004)

1. 白化狐(cc)　是浅蓝色北极狐的隐性突变。毛色为白色,生活力弱。

2. 白色北极狐(dd)　是浅蓝色北极狐的隐性突变种。幼龄狐毛色呈灰褐色。冬天毛色为白色,底绒为灰色。

3. 北极珍珠狐(ee)　为隐性突变型。被毛的毛尖呈珍珠色,鼻镜为粉红色。

4. 蓝宝石狐(ff)　为隐性突变种。被毛呈浅蓝色。

5. 阴影狐(Ss)　是浅蓝色北极狐的显性突变种。当显性基因纯合时,导致胚胎的早期死亡;除背部、额部、肩部有斑纹外,其他部位均为白色。

(二)彩色北极狐的毛色分离示例

1. 浅蓝色北极狐

浅蓝的北极狐×
- 浅蓝色北极狐→100%浅蓝色北极狐
- 白色北极狐→100%浅蓝色北极狐
- 蓝宝石狐→100%浅蓝色北极狐
- 阴影狐→50%阴影狐+50%浅蓝色北极狐

2. 白色北极狐

白色北极狐×
- 蓝宝石狐→100%浅蓝色北极狐
- 白色北极蓝宝石狐→100%白色北极狐
- 阴影蓝宝石狐→50%浅蓝色北极狐+50%阴影狐

3.蓝宝石狐

$$蓝宝石狐 \times \begin{cases} 阴影蓝宝石狐 \to 50\%蓝宝石狐 + 50\%阴影蓝宝石狐 \\ 阴影狐 \to 50\%阴影狐 + 50\%浅蓝色北极狐 \end{cases}$$

4.阴影狐

阴影狐 × 阴影狐 → 67%阴影狐 + 33%浅蓝色北极狐

五、狐属与北极狐属的属间杂交

近几年来,狐属与北极狐属的属间杂交在养狐生产中越来越引起人们的重视。主要是其杂交后代的毛绒品质均好于双亲,既克服了银黑狐针毛长而粗的缺点,又纠正了北极狐针毛短、细、绒毛易缠结等缺陷。杂种狐皮绒毛丰厚,针毛平齐,色泽艳丽,具有很高的商品价值。

属间杂种狐的生产,多半采用人工授精的方式进行。采用狐属的彩狐作为父本,北极狐属的彩狐作母本进行人工授精;若反交,则繁殖力低。属间杂交子一代杂种狐无繁殖能力,只能取皮。属间杂交毛色分离示例如下。

(一)赤狐与北极狐或彩色北极狐之间的杂交

$$赤狐♂ \times \begin{cases} 浅蓝色北极狐 \to 100\%蓝霜狐 \\ 阴影狐 \to 50\%阴影狐 + 50\%蓝狐 \\ 白色北极狐 \to 100\%金岛狐 \end{cases}$$

(二)银黑狐与北极狐或彩色北极狐的杂交

$$银黑狐♂ \times \begin{cases} 浅蓝色北极狐 \to 25\%银霜狐 + 75\%银黑狐 \\ 白色北极狐 \to 100\%金岛狐 \\ 阴影狐 \to 50\%阴影狐 + 50\%银蓝狐 \end{cases}$$

阿拉斯加银黑狐 × 白色北极狐 → 100%北方白狐

(三)狐属彩狐与北极狐属彩狐之间杂交

$$铂色狐♂ \times \begin{cases} 白色北极狐 \to 50\%铂色北极狐 + 50\%金岛狐 \\ 阴影狐 \to 25\%阴影铂色狐 + 25\%铂色银狐 \\ \qquad\quad + 25\%阴影银狐 + 25\%蓝银狐 \end{cases}$$

在彩色狐的育种工作中,铂色狐占有重要的地位。用铂色狐与其他狐种之间杂交时,可产生许多种新色型狐。如:铂色狐×金黄狐 → 25%金黄铂色狐+25%赤狐或金黄狐+50%银黑狐。

彩色狐的培育途径,常采取铂色狐与北极狐之间的杂交方法或北极狐与赤狐之间的杂交。有时用人工授精技术进行不同属间或种间杂交。狐的色型差别很大,有时颜色上的微小差别,却表现出很大的差价,这给狐的育种及选种带来一定困难。

第三节　狐的饲养管理

狐在野生状态下，可根据自身生命需要选择栖息环境和捕食食物。而在人工饲养过程中，其饲料和生活条件完全由人来提供。人工环境是否合适，提供的饲料是否能满足其生长发育的需求，即饲养管理的好坏，对狐的生命活动、生长、繁殖和生产毛皮影响极大。因此，在人工饲养条件下，必须根据狐的生长发育特性，进行科学的管理，才能提高狐的生产力。

一、狐生物学时期的划分

狐在长期进化过程中，其生命活动呈现明显的季节性变化。例如春季繁殖交配，夏、秋季哺育幼仔，入冬前蓄积营养并长出丰厚的被毛等。依据狐一年内不同的生理特点和营养需要特点，为了饲养管理上的方便，将狐划分为不同的生物学时期（表6-11）进行饲养管理。

表 6-11　狐生物学时期的划分

类　别	月　份											
	2	3	4	5	6	7	8	9	10	11	12	1
种公狐	配种期		恢复期					准备配种期				
种母狐	配种、妊娠期		泌乳期		恢复期			准备配种期				
幼　狐				哺乳期		育成期						

（引自白秀娟，2002）

必须强调的是，狐各生物学时期有着内在的联系，不能把各个生产时期截然分开。如在准备配种期饲养管理不当，尽管配种期加强了饲养管理，也很难取得好效果。只有重视每一时期的管理工作，才能取得良好成绩。

二、准备配种期的饲养管理

从8月底至翌年1月中旬配种之前，为准备配种期。此期约5个月之久。根据光周期规律和生殖器官发育的特点，为了管理方便，其又分为准备配种前期（8月底到11月中旬）和准备配种后期（11月中旬到翌年1月中旬）。

准备配种前期，狐的生殖器官由静止进入活动期，有关繁殖的内分泌活动增强，母狐的卵巢开始发育，公狐的睾丸也逐渐增大。进入准备配种后期生殖器官发育增快，生殖细胞开始进入发育状态，到12月末公狐可以采到成熟的精子。准备配种期也是狐的冬毛生长期。因此，此期的基本任务是使狐安全越冬，促进性器官的发育和成熟,保证毛绒的正常生长。

(一) 准备配种期的饲养

成年种狐由于经历了前一个繁殖期,体质仍然较差,而育成种狐(后备种狐)仍处于生长发育阶段。因此,在准备配种前期,饲养上应以满足成年狐体质恢复,到11月份应恢复到正常的营养体况,促进育成种狐的生长发育,有利于冬毛成熟为重点。准备配种后期的任务是平衡营养,调整种狐的体况,从12月份到翌年1月份,种狐要保持中上等水平。

此期日粮供给上,要求饲料营养全价,品种保持相对稳定,品质新鲜,适口性强,易消化。特别应注重供给种狐易消化、蛋白质含量高的饲料,以促进性腺功能的增强。日粮中银黑狐需要可消化蛋白质 40～50 g,脂肪 16～22 g,碳水化合物 25～39 g,代谢能 1.97～2.30 MJ;北极狐分别为 47～52 g、16～22 g、25～33 g 和 2.0～2.64 MJ。日粮配合时,动物性饲料占 60%,到配种前动物性饲料应增到 65%,谷物饲料约占 23%,果菜类占 8% 左右。还应注意多种维生素和矿物质元素的补充,一般每只每天可补喂维生素 A 1 600～2 000 IU、B 族维生素 220 mg、维生素 E 5 mg。每天可饲喂 2 次,日采食量在 0.4 kg 左右。

此期如果饲养日粮不全价或数量不足,可导致种狐精子和卵子生成障碍,并影响母狐的妊娠、分娩。

(二) 准备配种期的管理

1. 适当光照　光照是动物繁殖不可缺少的条件之一。为促进种狐性器官的正常发育,要把所有种狐放在朝阳的自然光下饲养,不能放在阴暗的室内或小洞内。实践证明,光照有利于狐性器官的发育及发情和交配,但没有规律的增加光照或减少光照都会影响狐生殖器官的正常发育和毛绒的正常生长。

2. 防寒保暖　准备配种后期气候寒冷,特别是北方。为减少种狐抵御外界寒冷而过多消耗营养物质,必须注意加强对小室的保温工作,保证小室内有干燥、柔软的垫草,并用油毡纸、塑料薄膜等堵住小室的缝隙。对于个别在小室里排便的狐,要经常检查和清理小室,勤换或补充垫草。

3. 保证采食量和充足的饮水量　准备配种后期,由于气温逐渐寒冷,饲料在室外很快结冰,影响狐的采食,在投喂时应适当提高饲料温度,使其可以吃到热的食物。另外,水是狐生长发育不可缺少的物质,缺水严重时会导致代谢紊乱,甚至死亡,轻者也会食欲减退、消瘦。在准备配种期应保证狐群饮水供应充足,每天至少 2～3 次。

4. 加强驯化　通过食物引逗等方式进行驯化,使狐不怕人,这对繁殖有利,尤其是声音驯化更显重要。

5. 做好种狐体况平衡的调整　种狐的体况与繁殖力有密切关系,过肥或过瘦都会严重影响繁殖。应随时调整种狐体况,严格控制两极发展。在养狐生产中,鉴别种狐体况的方法主要是以目测、手摸为主,并结合称重进行。

(1)肥胖体况　被毛平顺光亮,脊背平宽,行动迟缓,不爱活动;用手触摸不到脊椎骨,全身脂肪非常发达。

(2)适中体况　被毛平顺光亮,体躯匀称,行动灵活,肌肉丰满,腹部圆平;用手摸脊背时,既不挡手,又可感触到脊骨和肋骨。

(3)消瘦体况　全身被毛粗糙、蓬乱无光泽,肌肉不丰满,缺乏弹性;用手摸脊背和肋骨可感到突出挡手。

肥胖体况,到临发情期前体重应比12月份体重下降15%~16%,中上等体况的也要下降6%~7%。1月下旬(银黑狐)或2月中旬(北极狐)要求公狐普遍保持中上等体况,母狐则以中等稍偏下为宜。

6.异性刺激　准备配种后期,把公母狐笼间隔摆放,增加接触时间,以刺激性腺发育。

7.做好配种前的准备工作　银黑狐在1月中旬,北极狐在2月中旬以前,应周密做好配种前的一切准备工作,维修好笼舍,编制配种计划和方案,准备好配种工具、捕兽钳、捕兽网、手套、配种记录表、药品,开展技术培训等工作。

三、配种期的饲养管理

从配种开始至配种结束这段时间,为狐的配种期。银黑狐配种期一般为2月上旬至3月上旬,北极狐配种期在3月初至5月初。配种期的早晚受地理位置、光照、营养程度、体况、年龄、饲养条件等因素影响。配种期是养狐场全年生产的重要时期。配种期饲养管理工作的主要任务是使每只母狐都能准确、适时受配。适时放对自然交配或适时实施人工授精是取得高产丰收的基础。

(一)配种期的饲养

配种期公母狐由于性欲的影响,食欲下降,体质消耗较大,尤其公狐频繁的交配,营养消耗更大。经过一个配种期,大多数狐的体重下降10%~15%。所以,此期要加强饲养管理,供给优质全价、适口性好、易消化的饲料。应适当提高新鲜动物性饲料的比例,使公狐有旺盛、持久的配种能力,良好的精液品质;母狐能够正常发情,适时配种。对参加配种的公狐,中午可进行一次补饲,补给一些肉、肝、蛋黄、乳、脑等优质饲料。此期日粮中,银黑狐需要可消化蛋白质55~60 g,脂肪20~30 g,碳水化合物35~40 g,代谢能2.30 MJ。配种期种狐日粮配方见表6-12。

表6-12　配种期狐的日粮配合

类　别	每兆焦中的饲料量(g)					
	肉鱼类	谷　物	蔬　菜	乳　类	酵　母	骨　粉
银黑狐	120~134	12~17	12	24	2.4	2.4
北极狐	120~139	12~17	36	17	2.4	2.4

(引自朴厚坤,2004)

配种期投给饲料的体积过大,会在某种程度上降低公狐活跃性而影响交配能力。配种期间可对公狐实行 1～2 次喂食制,如在早食前放对,补充饲料应在午前喂;在早食后放对,公狐的补充饲料应在放对后半小时进行。

(二)配种期的管理

1. 防止跑兽　配种期由于公、母狐性欲冲动,精神不安,运动量大,故应随时注意检查笼舍牢固性,严防跑狐。在对母狐发情鉴定和放对操作时,方法要正确并注意力集中,以防人、狐皆伤。

2. 做好发情鉴定　公狐一般发情早于母狐,并且在配种过程中起着主导的作用。因此,在配种期合理利用公狐,直接关系到配种进度和当年的生产效果。在正常情况下,1 只公狐可交配 4～6 只母狐,能配 8～15 次,每天可利用 2 次,间隔时间应在 3～4 h。对性欲旺盛的公狐应适当控制,防止利用过频。连续配 4 次的公狐应休息半天到一天。对发情较晚的公狐,亦不要弃之不用,应耐心培训,送给已初配过的母狐,争取初配成功。在交配顺利的时候,特别要注意公狐精液品质的检查,在配种初期和末期应抽查镜检,尤其对性欲强而已多次交配的公狐,更应重点检查。

3. 加强饮水　配种期公、母狐运动量增大,加之气温逐渐由寒变暖,狐的需水量日益增加。每天要保持水盆里有足够的清水,或每天至少供水 4 次以上。

4. 区别发情和发病　种狐在配种期因性欲冲动表现食欲下降,尤其是在公狐放对初期及母狐临近发情时期,有的连续几天不吃,要注意这种现象同发生疾病或外伤的区别,以便对病、伤狐及时治疗。此期要经常观察狐群的食欲、粪便、精神、活动等情况,做到心中有数。

5. 保证配种环境　配种期间,要保证饲养场安静,谢绝外人参观。放对后要注意观察公、母狐行为,防止咬伤,若发现公母狐互相有敌意时,要及时把它们分开。此外,要搞好食具、笼舍、地面卫生,特别是温度较高地区,更要重视卫生防疫工作。

四、妊娠期的饲养管理

从受精卵形成到胎儿娩出这段时间,为狐的妊娠期。此期母狐的生理特点是胎儿发育,乳腺发育,开始脱冬毛换夏毛。妊娠期是养狐生产的关键时期,这一时期饲养管理的好坏直接关系到母狐的空怀率高低和产仔多少,同时关系到仔狐出生后的健康,将决定一年生产的成败。

(一)妊娠期的饲养

妊娠期是母狐全年各生物学时期中营养要求最高的时期,妊娠母狐的新陈代谢十分旺盛,对饲料和营养物质的需求比其他任何时期都严格。此期日粮除了供给母狐自身生命活动、春季换毛和胎儿生长发育所需要的营养物质外,还要供给产后泌乳的营养物质储备。

妊娠期母狐由于受精卵开始发育,雌激素分泌停止,黄体激素分泌增加,外生殖器官恢复常态而使食欲逐渐增加。特别是妊娠 28 d 以后,即妊娠后半期,这个时期胎儿长得快,吸收营养也多,妊娠母狐的采食量也增加,对蛋白质和添加剂却非常敏感,稍有不足便产生不良影响,如胎儿被吸收、流产等。因此,拟定日粮时,要尽量做到营养全价,保证各种营养物质的需要,尤其是蛋白质、维生素和矿物质饲料的需要。妊娠期母狐日粮见表 6-13 和表 6-14。

表 6-13　妊娠母狐的日粮配合

饲　料	重量比	喂　量
动物性饲料(%)	50～60	—
谷物(%)	12～15	—
果蔬类(%)	5～10	—
水(%)	10～20	—
维生素 A(IU)	—	2500
维生素 D(IU)	—	300～400
维生素 E(mg)	—	5～10
维生素 B_1(mg)	—	10～20
维生素 C(mg)	—	10～20
食盐(g)	—	2
鲜碎骨(g)	—	30～50
骨粉(g)	—	5～8
总饲料量(g)	500～750	

(引自朴厚坤,2004)

表 6-14　妊娠母狐日粮配方　(单位:g)

狐　别	妊娠期	肉鱼类	谷　物	蔬　菜	乳　类	酵　母	骨　粉
银黑狐	前　期	209～251	39.7～42.7	90～105	50～60	7.5～9.0	7.5～9.0
	后　期	209～251	35.5～42.7	100～120	50～60	7.5～9.0	7.5～9.0
北极狐	前　期	300～326	30～33.6	90～98	60～65	9.0～9.7	9.0～9.7
	后　期	350～370	35～38	105～113	70～75	10.5～11.3	10.5～11.3

(引自朴厚坤,2004)

　　此期,每日需要的代谢能,银黑狐妊娠前期为 2.09～2.51 MJ,后期为 2.72～2.93 MJ;北极狐妊娠前期为 2.51～2.72 MJ,后期为 2.93～3.14 MJ。可消化蛋白质,银黑狐前期为 55.2～61.0 g,后期 62～67 g;北极狐为 70～77 g。脂肪,银黑狐前期为 18.4～20.3 g,后期 20.7～22.3 g;北极狐为 23.3～25.7 g。碳水化合物,银黑狐前期为 44.2～48.8 g,后期 49.6～53.6 g;北极狐为 56～61.6 g。

妊娠期时,当银黑狐正处于产仔时,北极狐已进入配种旺期。因此,必须既要做好银黑狐妊娠、产仔期的饲养管理工作,又要做好北极狐的配种工作。妊娠期特别要注意饲料的质量。胎儿从 30 d 后发育迅速,这时母狐的饲料量应增加,临产前 2～3 d 饲料量可减少 1/4。一般情况下,初次受配的母狐比经产母狐饲料量大一些,北极狐由于胎产仔数多,日粮中的营养和数量应比银黑狐多一些。

妊娠期必须供给品质新鲜的饲料,严禁饲喂贮存时间过长、氧化变质的动物性饲料以及发霉的谷物或粗制土霉素、酵母等。饲料中更不许添加死因不明的畜禽肉、难产死亡的母畜肉、带甲状腺的气管、含有性激素的畜禽副产品(胎盘和公、母畜生殖器官)等。凡是没有质量保证的和不合乎卫生要求的饲料尽量不喂。妊娠期饲养管理的重点在于保胎。因此,此期一定要把好饲料质量关。

饲料种类应多样化,如果饲料单一或突然改变种类,都会引起全群食欲下降,甚至拒食。实践证明,以鱼和肉类饲料混合搭配的日粮,能获得良好的生产效果。常年以鱼类饲料为主的饲养场(户),此期应增加少量的生肉(40～50 g);而以畜禽肉及其下杂为主的场(户),则增加少量的海杂鱼或质量好的江杂鱼。妊娠期日粮较理想的动物性饲料搭配比例是,畜禽肉 10%～20%,肉类副产品 30%～40%,鱼类 40%～50%。此期和配种期一样,不能滥用各种外源激素类药物,如复方黄体酮等。

妊娠母狐的食欲普遍增加,但妊娠初期不能马上增量,妊娠前期以始终保持中上等体况为宜。正常妊娠的母狐基本上不剩食,粪便呈条状,换毛正常,多在妊娠 30～35 d 后腹部逐渐增大。当母狐经常腹泻或排出黄绿稀便,连日食欲下降甚至拒食和换毛不明显时,应立即从饲料查明原因,及时采取相应措施,否则将导致死胎、烂胎、大批空怀等不良后果。鲜肝、蛋、乳类、鲜血、酵母及维生素 B_1 能提高日粮的适口性,特别是以干鱼或颗粒料为主的日粮,加入少量的畜禽肉或内脏,可明显提高适口性。

妊娠前期不能养得太肥,如果在妊娠前 4 周母狐腹部明显增大,不爱活动,往往导致大批空怀。

母狐临产前后,多半食欲下降,因此,日粮应减去总量的 1/5,并把饲料调稀;此时饮水量增多,经常保持清洁的饮水。但暴饮则是不正常的表现,日粮中食盐量过多时有暴饮现象。

在妊娠期注意观察全群的食欲和营养状况,适当调整日粮标准。

(二)妊娠期的管理

妊娠期的管理主要是给妊娠母狐创造一个安静舒适的环境,以保证胎儿的正常发育。为此应做好以下工作。

1. 保证环境安静　妊娠期应禁止外人参观,饲养人员饲养操作时动作要轻,更不可在场内大声喧哗,以免母狐受到惊吓而引起流产、早产、难产、叼仔、拒绝哺乳等现象。为使母狐习惯与人接触,从妊娠中期开始,饲养人员要多进狐场,并对狐场内可能出现的应激加以预防。

2. 保证充足饮水　母狐妊娠期需水量大增,每天饮水不能少于 3 次,并保证饮水的清洁。

3. 搞好环境卫生　母狐妊娠期正是万物复苏的春季,是病原菌大量繁殖,疫病开始流行的时期,因此要搞好笼舍卫生,每天刷洗饮、食具,每周消毒 1～2 次。同时要保持小室里经常有清洁、干燥和充足的垫草,以防流感侵袭。饲养人员每天注意观察狐群动态,发现有病不食者,要及时请兽医治疗,使其尽早恢复食欲,以免影响胎儿发育。

4. 妊娠阶段观察　妊娠 15 d 后,母狐外阴萎缩,颜色变深,阴蒂收缩;初产狐乳头似高粱粒大,经产狐乳头为大豆粒大,外观可见 2～3 个乳盘;喜睡,不愿活动,腹围不明显。妊娠 20 d,外阴呈黑灰色,恢复到配种前状态,乳头开始发育,乳头部皮肤为粉红色,乳盘放大,大部分时间静卧嗜睡,腹围增大。妊娠 25 d,外阴唇逐渐变大。产前 6～8 d,阴唇裂开,有黏液,乳头发育迅速,乳盘开始肥大,为粉红色;母狐不愿活动,大部分时间静卧,腹围明显增大,后期腹围下垂。如果有流产征候者,每只应肌内注射黄体酮 20～30 mg 保胎。

5. 做好产前准备　按时记录好母狐的初配、复配、预产日期,便于做好母狐临产前的准备工作。预产期前 5～10 d 要做好产箱的清理、消毒及更换垫草等工作,准备齐全和检查仔狐用的一切工具。对已到预产期的母狐更要注意观察,看其有无临产征候,乳房周围的毛是否已拔好,有无难产表现等,发现情况及时采取相应措施。

6. 加强防逃工作　母狐妊娠期内,饲养人员要注意笼舍的维修,防止跑狐。一旦跑狐,切忌猛追猛捉,以防机械性损伤造成母狐流产或其他妊娠狐的惊恐。

7. 经常观察母狐的食欲、粪便和精神状态　发现问题要及时查找原因和采取措施。如个别妊娠母狐食欲减退,甚至 1～2 次拒食,但精神状态正常,鼻镜湿润,则是妊娠反应,尽量饲喂其喜欢吃的食物,如大白菜、黄瓜、番茄、新鲜小活鱼、鲜牛肝、鸡蛋、鲜牛肉等。

8. 准备好产仔箱　在母狐配种 20 d 后,要将消毒好的产仔箱挂上,不要立即打开箱门,待临产前 10 d 再打开小箱门。如果在寒冷地区可添加垫草,垫草要用大锅蒸 20 min,晒干后再垫,垫草除具有保湿作用外,还有利于仔狐的吸乳。一般 12 月初应不间断地为母狐提供垫草,否则其会不适应垫草,把草全部拉出窝外。临时垫草易使母狐受惊,所以垫草应一次垫足,以防产后缺草,非寒冷地区产后不要垫草。母狐产仔时如果天气仍然较冷,产箱可用彩条塑料薄膜包好,既保温,又可防雨水漏入。

五、产仔哺乳期的饲养管理

对于整个狐群,从第一只母狐产仔到最后一只母狐产仔结束的时期,称为产仔期。银黑狐的产仔期一般为 3 月下旬至 4 月下旬,北极狐则在 4 月中旬至 6 月上旬。泌乳期是指从母狐产仔到仔狐断奶分窝为止的一段时期,也称为哺乳期,需 6～8 周。产仔泌乳期通常是指从母狐产仔开始,直到仔狐断奶分窝为止,该期实际上是母狐一部分妊娠,一部分产仔,一部分泌乳,一部分恢复(空怀狐),仔狐由单一哺乳到分批过渡到兼食饲料,成龄狐全群继续换毛的复杂生物学时期,是母狐营养消耗最大的阶段。因此,此期饲养管理的正确与否,直接影响到母狐泌乳力、持续泌乳时间以及仔狐的成活率。饲养管理的中心任务是确保仔狐成活和正常发育,达到丰产丰收的目的。

(一)产仔哺乳期的饲养

母狐1昼夜的泌乳量占体重的10%～15%。以北极狐为例,带10只仔狐的母狐,产仔第一旬每天泌乳量360～380 g,第二旬413～484 g,第三旬349～366 g;带13只仔狐的母狐,各旬的日平均泌乳量分别为442 g、524 g和455 g。仔狐对乳的需求随着日龄的增长而增加,但开始采食后便下降。仔狐的生长发育和健康状况,取决于出生后3～4周所获得母乳的数量和品质。哺乳母狐胎产仔数越多,泌乳量也越多,同时对饲料的需求也就越高。所以在拟定泌乳母狐的日粮时,必须考虑一窝仔狐的只数和日龄。

产仔哺乳期日粮应维持妊娠期的水平。银黑狐需要可消化蛋白质45～60 g,脂肪15～20 g,碳水化合物44～53 g,代谢能2.51～2.72 MJ;北极狐分别为50～64 g,17～21 g,40～48 g,2.72～2.93 MJ。日粮搭配上尽可能做到饲料种类多样化,要适当增加蛋、乳类和肝脏等容易消化的全价饲料。哺乳期母狐日粮配方见表6-15。

表 6-15 哺乳期母狐的日粮配方 （单位：g）

狐 别	肉鱼类	谷 物	蔬 菜	乳 类	酵 母	骨 粉	食 盐
银黑狐	195～210	52～56	46～50	130～140	9.8～10.6	10～11	2.0
北极狐	300～320	45～50	70～75	130～140	9～10	10～11	2.5

（引自朴厚坤,2004）

产后1周左右,母狐食欲迅速增加,应根据胎产仔数和仔狐的日龄以及母狐食欲情况,每天按比例增加饲料量。仔狐一般在生后20～28 d开始吃母狐叼入产箱内的饲料,此期母狐的饲料加工要细碎,并保证新鲜、优质和易消化吸收。仔狐4～5周龄时可以从产箱爬到笼里吃食,但母狐仍然不停地往产箱里叼饲料,并把饲料存放在小室的角落,容易使饲料腐败。因此,应经常打扫产箱卫生。

在哺乳期日粮中脂肪量应增加到干物质的22%,可用骨肉汤或猪蹄汤搅拌饲料。

(二)产仔哺乳期的管理

1. 保证母狐的充足饮水 母狐生产时体能消耗很大,泌乳又需要大量的水,因此,产仔泌乳期必须供给充足、清洁的饮水。同时,由于天气渐热,饮水还有防中暑降温的作用。如果天气炎热,还应经常在狐舍的周围进行洒水降温。

2. 做好产后检查 检查仔狐一般在气候温暖的时候进行,天气寒冷,夜间和清晨不宜进行。母狐产后应立即检查,最多不超过产后 1～2 h,对有恐惧心理、表现不安的母狐可以推迟检查或不检查。检查的主要内容是看仔狐是否吃上母乳。初生仔狐眼紧闭,无牙齿、无听觉,身上披有黑褐色胎毛,毛较稀疏,吃上母乳的仔狐嘴巴黑、肚腹增大,集中群卧,安静,不嘶叫;未吃上母乳的仔狐分散在产箱内,肚腹小,不安地嘶叫。还应观察有无脐带缠身或脐带未咬断、胎衣未剥离、死胎等问题,发现问题及时解决。检查时,动作要迅速、准确,不可破坏产窝。检查人员手上不能有刺激性较强的异味,最好用一些狐舍的垫草将手反复搓几次。

3. 精心护理仔狐　初生仔狐体温调节机制还不健全,生活能力很弱,全靠温暖良好的产窝,以及母狐的照料而生存。因此窝内要有充足、干燥的垫草,以利保暖。对哺乳期乳量不足的母狐,一是加强饲养,二是以药物催乳。可喂给 4～5 片催乳片,连续喂 3～4 次,对催乳有一定作用。经喂催乳片后,乳汁仍不足时,及时注射促甲状腺激素释放激素(TRH),有较好的催乳效果。TRH 为白色粉末,每瓶含 100 μg。使用时用 1 mL 灭菌蒸馏水或生理盐水溶解稀释,每只狐一次肌内注射 20 μg(0.2 mL TRH 稀释液),一般经 4～5 h 或第二天收到一定效果。

4. 适时断奶分窝　断奶分窝是将发育到一定程度,已具有独立生活能力的仔狐与母狐分开饲养的过程。仔狐的断奶一般在 50～60 日龄进行,如泌乳不足也可在 40 日龄进行,具体断奶时间主要依据仔狐的发育情况和母狐的哺乳能力而定。过早断奶,因仔狐独立生活能力较弱,影响生长发育,易造成疾病甚至死亡;过晚断奶,由于仔狐哺乳,使母狐体质消耗过度而不易得到恢复,影响下年的生产。因此必须做好适时断奶、分窝工作。断奶方法可分为一次性断奶和分批断奶 2 种。如果仔狐发育良好,均衡,可一次性将母狐与仔狐分开,这就是一次性断奶。如果仔狐发育不均衡,母乳泌乳量又少,可从仔狐中选出体质好、体型大、采食能力强的仔狐先分出去,体质较差的弱仔留给母狐继续喂养一段时间,待仔狐发育较强壮时,再行断奶,这就是分批断奶。

5. 保持环境安静　在母狐产仔泌乳期间,特别是产后 20 d 内,对外界环境变化反应敏感,稍有动静都会引起其烦躁不安,从而出现叼仔,甚至吃掉仔狐的现象。所以给产仔母狐创造一个安静舒适的环境,是十分必要的。一定要保持饲养环境的安静,谢绝参观,晚上值班人员禁止用手电乱照,以免造成母狐惊恐不安、食仔或泌乳量下降等。母狐产后缺水或日粮中维生素和矿物质供给不足时,也可造成食仔现象。改善环境条件并补加维生素和矿物质后仍具有食仔恶癖的母狐,应及时将其与仔狐分开,并于当年淘汰。

6. 重视卫生防疫　母狐产仔泌乳期正值春雨季节,多阴雨天,空气湿度大,且产仔母狐体质较弱,哺乳后期体重下降 20%～30%,因此必须重视卫生防疫工作。狐的食具每天都要清洗,每周消毒 2 次;对笼舍内外的粪便要随时清理。

六、成年狐恢复期的饲养管理

公狐从配种结束，母狐从断奶分窝开始到性器官的再次发育这一段时期，称为维持期，又称为恢复期。公银狐从3月下旬到8月末，母银狐从5月到9月，公蓝狐从4月下旬到9月初，母蓝狐从6月到9月。

(一)成年狐恢复期的饲养

进入维持期，头1个月的日粮应维持上一时期的饲养水平。因为公狐经过1个多月的配种，体力消耗很大，体重普遍下降；母狐由于产仔和泌乳，体力和营养消耗比公狐更大，变得极为消瘦。为了使其尽快恢复体况，不影响翌年的正常繁殖，配种结束后的公狐和断奶后的母狐的日粮，分别应与配种期和产仔哺乳期的日粮相同，经15～20 d后再改换维持期日粮。

生产中常遇到当年公狐配种能力很强，母狐繁殖力也高，但第二年大不相同的情况。表现为公狐配种晚，性欲差，交配次数少，精液品质不良；母狐发情晚，繁殖力普遍下降等。这与维持期饲养水平过低，未能及时恢复体况有直接关系。因此，公狐配种结束、母狐断奶后的头2～3周饲养极为重要。

狐一年之中有一个体重增减的曲线，生产性能较好的种狐一般在7～8月份体重最轻，而到12月底可在此基础上增重40%～50%。维持期代谢能大约是0.42 MJ/千克体重，如8月份一只4 kg重的狐将需要1.68 MJ。

Brain等曾提出，不同体长狐的维持能量需要量和蛋白质需要量如表6-16所示。

表6-16　不同体长狐的维持需要

体　型	体长（cm）	代谢能（MJ）	可消化蛋白(g)		
			夏　季	初　秋	秋　末
特　大	66	2.30	42.5	46.2	63.8
大	64～66	1.88	35.4	42.5	46.2
中	61～64	1.67	32.0	39.1	42.5
小	61	1.26	28.4	35.4	39.1

（引自朴厚坤，2004）

据加拿大萨默塞德狐场的经验，在夏季为防止减重和正常脱毛，日粮中应含有30%新鲜蔬菜、30%肉类和40%谷物（能量比），谷物中大约28%是稻谷。夏季时，每只狐饲喂53 g磨碎的稻草粉等绿草能满足其维生素C的需要。夏季维生素A和维生素D的过量饲喂易产生干毛症和被毛无光泽、不正常脱毛以及秋季长出新毛时明显的暗褐色现象。因此，在夏季种狐不需要大量的维生素A和维生素D。

夏季狐虽不需要高蛋白，但初秋需要较多的蛋白质，而秋末则需要更多的蛋白质。该场认为,夏季狐日粮中肉类饲料不超过 150 g 也能满足其蛋白质的需要,喂 530 g 饲料只需要 55.7 g 蛋白质。

维持期银黑狐和芬兰北极狐的日粮配方分别见表 6-17 和表 6-18。

表 6-17 成年银黑狐日粮配方　　(单位:g)

饲　料	1～2 月份	3～5 月份	6～8 月份	9～12 月份
生鱼	103	103	103	133～164
生肉(下杂)	114	122	61	80～102
乳　类	114	162	162	90
谷　物	57	70	57	57
蔬　菜	25	25	35	50
骨　粉	5	5	5	5
麦　芽	8	4	4	6
干酵母	7	9	5	5
食　盐	2	2	2	2
总　量	465	502	434	428～481

(引自朴厚坤,2004)

表 6-18　芬兰北极狐的日粮配方　(%)

饲　料	饲养时期			
	12 月至产仔	7～8 月份	9～10 月份	11～12 月份(皮狐)
鱼内脏	45	35	15	5
整　鱼	12	20	18	18
酸贮鱼	—	—	4	6
屠宰场下脚料	18	18	30	18
动物血	—	—	3	3
毛皮兽胴体	—	—	5	8
蛋白浓缩料	5	6	8	10
脂　肪	0～1	0～3	0～3	0～3
谷　物	8	10	13	18
维生素混合物(g/t)	340	340	230	230
水	11～12	8～11	18～21	21～24

(引自邹兴淮等,2001)

（二）成年种狐恢复期的管理

种狐恢复期经历时间较长，气温差别悬殊，管理上应根据不同时间狐的生理特点和气候特点，认真做好各项工作。

1. 加强卫生防疫　炎热的夏、秋季节，各种饲料应妥善保管，严防腐败变质。饲料加工时必须清洗干净，各种用具要洗刷干净，并定期消毒，笼舍、地面要随时清扫或洗刷，不能积存粪便。

2. 保证供水　此期天气炎热，要保证饮水供给，并定期给狐群饮用万分之一的高锰酸钾水。

3. 防暑降温　狐的耐热性较强，但在异常炎热的夏、秋季节仍要注意防暑降温。除加强饮水外，还要将笼舍遮蔽阳光，防止发生日射病。

4. 避免无意识地延长光照和缩短光照　养狐场严禁随意开灯或遮光，以避免因光周期的改变而影响狐的正常发情。

5. 做好梳毛工作　在毛绒生长或成熟季节，如发现有缠结现象，应及时梳理，以防止其毛绒黏结而影响毛绒质量。

6. 淘汰母狐　应注意淘汰本年度中在产仔期繁殖性能表现不好，如产仔少、食仔、空怀、不护仔、遗传基因不好的种母狐，下年度不能再留作种用。

七、幼狐育成期的饲养管理

断奶后到 9 月底是幼狐育成期。幼狐断奶后头 2 个月是生长发育最快的时期，此期间饲养的正确与否，对体型大小和皮张幅度影响很大。

（一）幼狐育成期的饲养

断奶后前 10 d 的幼狐日粮，仍按哺乳期母狐的日粮标准供给。10 d 后应保证供给幼狐生长发育及毛绒生长所需要的足够营养物质（表 6-19），供给新鲜的优质饲料。如喂给质量低劣、不全价的日粮，可引起胃肠病，阻碍仔狐的健康发育。

表 6-19　育成狐的饲养标准

月　龄	银黑狐			北极狐		
	代谢能（MJ）	可消化蛋白（g）		代谢能（MJ）	可消化蛋白（g）	
		种　用	皮　用		种　用	皮　用
1.5～2	1.59～1.96	22.7～25.1	22.7～25.1	1.76～1.84	21.5～26.3	21.5～26.3
2～3	1.88～2.05	20.3～22.7	20.3～22.7	2.38～2.43	20.3～22.67	20.3～22.7
3～4	2.47～2.72	17.9～20.3	17.9～20.3	3.01～3.18	17.9～20.3	17.9～20.3
4～5	2.64～2.84	17.9～20.3	17.9～20.3	2.89～3.05	17.9～20.3	17.9～20.3
5～6	2.76～2.93	21.5～23.9	17.9～20.3	2.72～2.89	21.5～23.9	17.9～20.3

续表 6-19

月　龄	银黑狐			北极狐		
	代谢能（MJ）	可消化蛋白（g）		代谢能（MJ）	可消化蛋白（g）	
		种　用	皮　用		种　用	皮　用
6～7	2.38～2.64	21.5～23.9	17.9～20.3	2.47～2.68	21.5～23.9	17.9～20.3
7～8	2.13～2.22	21.5～23.9	17.9～20.3	2.26～2.34	22.7～15.1	17.9～20.3

（引自白秀娟，2007）

　　幼狐育成初期日粮不易掌握，幼狐大小不均，其食欲和喂饲量也不相同，应分别对待。一般在饲喂后 30～35 min 捡盆，此时如果剩食，可能喂量过大或日粮质量差，要找出原因，随时调整喂量和饲料组成。日粮要随日龄增长而增加，一般不要限制饲料，以喂饱又不剩食为原则。仔狐刚分窝时，其消化功能不健全，经常出现消化不良现象，所以，在日粮中可适当增加酵母或乳酶生等助消化的药物。断奶后 15～20 d，接种犬瘟热、病毒性肠炎等传染病疫苗。

　　幼狐在 4 月龄时开始换乳齿，这时有许多幼狐吃食不正常，出现拒食现象。对此应检查幼狐口腔，对已活动尚未脱落的牙齿，用钳子夹出，使之很快恢复食欲。从 9 月初到取皮前，在日粮中适当增加脂肪和含硫氨基酸的饲料，以利冬毛的生长和体内脂肪的积累。

　　（二）幼狐育成期的管理

　　1. 适时断奶分窝　断奶前根据狐群数量，准备好笼舍、食具、用具、设备，同时进行消毒清洗。适时断奶分窝，有利于仔狐的生长发育和母狐体质的恢复。

　　刚断奶的仔狐，由于不适应新的环境，常发生嘶叫，并表现出行动不安、怕人等。一般应将同性别、体质、体长相近的同窝仔狐 2～4 只放在同一笼内饲养，1～2 周后待其适应新环境后再逐渐分开；2.5～3 月龄时单笼饲养。

　　2. 适时接种疫苗　仔狐分窝后 15～20 d，应对犬瘟热、狐脑炎、病毒性脑炎等主要传染病实施疫苗预防接种，防止各种传染病的发生。

　　3. 定期称重　体重变化是仔狐生长发育的指标。因此，为了及时掌握生长发育的情况，每月应至少进行 1 次称重，以了解和衡量育成期饲养管理的好坏。在分析体重资料时，还应考虑仔狐出生时的个体差异和性别差异。作为仔狐发育情况的评定指数，还应包括毛绒发育状况、齿的更换及体型等。

　　4. 做好选种和留种工作　挑选一部分育成狐留种，原则上要挑选出生早、繁殖力高、毛色符合标准的后裔作预备种狐。挑选出来的预备种狐要单独组群，专人管理。

　　6. 加强日常管理　天气炎热时，注意预防中暑，除加强供水外，还要将笼舍遮盖阳光，防止直射光。兽场内严禁开灯。各种饲料应妥善保管，严防腐败变质，各种用具洗刷干净，定期消毒，小室内的粪便要随时清除。秋季小室里垫少量 6～10 cm 长的硬稻草,有利于保暖,尤其在阴雨连绵的天气,小室里的潮湿易弄脏幼狐身体,受凉也常引起幼狐得病,造成死亡。

八、冬毛生长期的饲养管理

进入9月份,当年的幼狐身体开始由主要生长骨骼和内脏转为主要生长肌肉和沉积脂肪。随着秋分以后光照周期的变化,包括种兽和淘汰兽开始慢慢脱掉夏毛,长出浓密的冬毛,这一时间被称为狐冬毛期。养狐的主要目的就是为了获得优质毛皮,因此,冬毛期营养需求极为重要。

(一)冬毛期的饲养

冬毛期狐的蛋白质水平较育成期略有降低,但此时狐新陈代谢水平仍较高,为满足肌肉等生长,蛋白质水平仍呈正平衡状态,继续沉积。同时,冬毛期正是狐毛皮快速生长时期。因此,此期日粮中蛋白质一定要保证充足的构成毛绒的含硫必需氨基酸的供应,如蛋氨酸、胱氨酸和半胱氨酸等,但其他非必需氨基酸也不能短缺。冬毛期狐对脂肪的需求量也相对较高,首先起到沉积体脂肪的作用,其次脂肪中的脂肪酸对增强毛绒灵活性和光泽度有很大的影响。冬毛期狐日粮中各种维生素以及矿物质元素也是不可缺少的。总之,冬毛期狐日粮应保证各种营养元素的全价性。

冬毛期的狐不论是种用还是皮用都应注意营养需要,皮兽的饲料与种兽的一样,营养不能单一,更不能减少皮兽日粮中的动物性饲料。这段时间,狐的脂肪沉积较快,要使之肥一些,为越冬做准备。

冬毛生长期,如果饲喂饲料公司生产的全价饲料,一般狐日饲喂干料量建议为每天250~350 g,相当于对水后的湿料800~1 000 g,日粮中蛋白质含量建议为28%,脂肪为10%;一般日喂2次,早晨喂日粮的40%,晚上喂日粮的60%,具体的饲喂量以狐的实际个体大小确定,每次食盆中应稍有剩余为宜。

冬毛生长期,如果喂自配料,蓝狐的配方见表6-20。

表6-20　冬毛生长期蓝狐日粮配方　(单位:g)

饲　料	喂　量	饲　料	喂　量
鱼及下杂	160	酵　母	5
肉及畜禽下杂	160	骨　粉	5
谷　物	200	食　盐	2
蔬　菜	80	维生素B	0.015
水	200	维生素A	500 IU
总　量	800		

注:谷物饲料为90%玉米面和10%麸皮加1倍水熟制;如果没麸皮用玉米面和豆粉(比例为7:3)

冬毛期的饲养与其他时期相比应适当增加谷物饲料,减少矿物质饲料,否则易造成针毛弯曲,降低毛皮质量。由于各地饲料种类差异很大,无法统一要求尽可能新鲜、多样,多种饲料配合饲喂,可使蛋白质互补,有利营养物质吸收利用。

对埋植褪黑激素诱导皮张早熟措施的狐,淘汰兽应在6月份、育成兽应在7月份埋植褪黑激素后即应给予冬毛生长后期的饲料,才能有提早毛皮成熟的效果。

狐冬毛期天气虽日益变凉,饮水量相对减少,但一定要保证充足、洁净的饮水,缺水对毛皮兽的影响比缺饲料还要严重,根据所喂饲料的稠稀程度添加饮水,每日至少2~3次。冬天可以用洁净的碎冰块或雪代替水放在水盒中。

(二)冬毛期的管理管理要点

1. 严把饲料关　冬毛期在保证饲料营养的基础上,一定要把好质量关,防止病从口入。此期禁止饲喂腐败变质的饲料,除海杂鱼外,其他鱼类及畜、禽内脏,特别是禽类肉及其副产品,都应煮熟后饲喂。食盆、场地和笼舍要注意定期消毒。

2. 疾病防制　冬毛期,成年狐已经具备了一定的免疫能力,除腹泻和感冒外,患其他疾病的概率比较低。若有腹泻还照常吃食,则可能是投食过量、饲料未熟或变质。应查找原因做相应调整后,加喂庆大霉素,一般2 d后症状即可消失;如不吃食,则采取肌内注射人用黄连素加病毒唑和安痛定,每天1次,3 d后可痊愈。感冒则表现为突然剩食或不吃食,鼻镜干燥,应即刻注射青霉素、安痛定、地塞米松,每天2次,直到恢复正常。

第七章 貂

第一节 貂的繁殖

一、貂生殖系统的结构

(一)公貂的生殖系统

公貂的生殖系统由睾丸、附睾、输精管、阴茎及副性腺等组成。

1. 睾丸 公貂睾丸呈卵圆形,位于鼠蹊部的阴囊里。睾丸是产生精子并分泌雄性激素的腺体,其大小和功能有明显的季节性变化。静止期重 0.5~1.0 g,不产生精子;繁殖期重 2.3~3.2 g,不断产生精子,同时分泌雄性激素,使公貂有性欲要求。

2. 附睾 为长管状,盘曲附在睾丸之上,可分为头、体和尾 3 部分。附睾头位于睾丸的后近端,形状扁平,呈"U"形。附睾体沿睾丸的后缘下行,至睾丸的远端转为连接输精管的附睾尾。附睾的作用是运输和储存精子,并使精子最后发育成熟。

3. 输精管 和附睾尾相接,直径约 1.5 mm。在附睾尾处,输精管是弯曲的;到附睾头附近,输精管变直,并与血管、淋巴管和神经形成精索,然后通过腹股沟管进入腹腔。2 条输精管在膀胱上方并列而行,在阴茎基部会合,并在此开口于尿道。

4. 副性腺 主要有前列腺和尿道球腺。前列腺较发达,包在尿道周围。尿道球腺小而坚实,位于尿道出骨盆腔的附近。副性腺主要功能是在射精时,排出前列腺和尿道球腺分泌物,其中,前列腺分泌物的作用是稀释精液和提高精子活力,而尿道球腺泌物的主要作用是清洗尿道。

5. 阴茎和包皮 阴茎是公貂的交配器官,长 65~95 mm,粗 10~12 mm。阴茎包括阴茎根、阴茎体和龟头。阴茎根部连接坐骨海绵体肌,向前延伸形成圆柱状的阴茎体。阴茎中有一根长 60~85 mm 的阴茎骨,中间有一槽沟、尖端带勾。包皮为皮肤折转而形成的一管状皮肤鞘,起容纳和保护龟头的作用。

(二)母貉的生殖系统

母貉的生殖系统由卵巢、输卵管、子宫、阴道和外生殖器官组成。

1.卵巢 是产生卵细胞的器官,同时还分泌雌性激素,以促进其他生殖器官及乳腺的发育,并使发情期母貉产生性欲。貉的卵巢呈扁圆形,直径4～5 mm,几乎完全被脂肪囊包围。

2.输卵管 是位于每侧卵巢和子宫角之间的一条细管,为输送卵细胞和进行受精作用的场所。貉的输卵管很细,与输卵管系膜黏结在一起,盘曲在卵巢囊上,不易观察。

3.子宫 是胚胎发育和胎儿娩出的器官,由左右2个子宫角、1个子宫体和子宫颈组成。子宫角长70～80 mm,粗3～5 mm;子宫体长35～40 mm,粗12～15 mm。子宫颈呈圆筒状,壁厚,黏膜形成许多皱褶。

4.阴道 是母貉的交配器官,同时也是产道。阴道全长10～11 cm,直径15～17 mm。其前端与子宫颈的连接处形成拱形结构,即阴道穹窿。

5.外生殖器官 包括前庭、大阴唇、小阴唇、阴蒂和前庭腺,统称阴门。阴门在非繁殖期陷于皮肤内,被阴毛覆盖,外观不明显。在发情时,则有肿胀、外翻等一系列形态变化。这种变化是进行母貉发情鉴定的重要依据。

二、貉的繁殖周期

貉属于季节性一次发情的动物。貉的发情季节很短,从1月末到3月底4月初。野生貉的性成熟时间为8～10月龄。通常认为笼养貉与野生貉无明显差异,但也有资料表明人工饲养的幼貉由于弥补了自然状态下的不良因素,从而使个体在顺境下发育迅速,其形态、行为发育都比野生状态下提前1个月左右,即8～9月龄就可以达到性成熟,而且公貉比母貉略提前,依营养、气候等因素的不同,个体间有所差异。

(一)公貉的繁殖周期

公貉睾丸的大小呈明显的季节性变化(表7-1)。睾丸从每年的秋分前开始增大(两睾丸的合并宽度由8月中旬的1.77±0.20 cm增至秋分的2.05±0.20 cm,)。以后睾丸体积逐渐增大,至1月中旬时达2.70±0.24 cm。此时睾丸开始变得柔软且富有弹性,阴囊被毛稀疏、松弛下垂。睾丸体积达最大的时间在2月中旬(2.84±0.23 cm);3月以后体积开始下降,配种结束后(4月中旬)为2.16±0.21 cm;5～8月份体积最小(1.81±0.52～1.77±0.20 cm)。

表7-1　公貉睾丸大小的季节性变化

日期(日/月)	15/1	15/2	15/3	15/4	15/5	15/8	15/9	15/10	15/11	15/12
测定数(只)	24	18	15	13	15	19	17	17	16	23
睾丸宽度(cm)	2.70±0.24	2.84±0.23	2.66±0.15	2.16±0.21	1.81±0.52	1.77±0.20	2.05±0.20	2.11±0.23	2.38±0.34	2.43±0.26

值得注意的是,睾丸体积在1～2月份开始配种前和配种初期达最大,整个配种期睾丸体积则逐渐下降。公貉在整个配种期始终保持性欲要求。2岁以上的公貉比1岁公貉参加配种和结束配种的时间略早。

(二)母貉的繁殖周期

母貉卵巢与公貉睾丸相似,大至从秋分前后开始发育,至1月底、2月初可有发育成熟的卵泡和卵子;发情配种之后,未受孕母貉进入静止期,受孕母貉经60 d左右的妊娠期和1.5～2个月的哺乳期后进入静止期。

1.发情时间　貉属季节性一次发情,1年只有1个发情周期。母貉的发情时间主要受年龄的影响(表7-2)。

表7-2　不同年龄母貉的发情时间

年　龄	1岁	2岁	3岁	4岁	5岁
统计只数	130	72	23	11	17
发情时间(2月)	26日	18日	17日	20日	21日

1岁母貉的发情时间最晚,平均在2月26日,极显著地迟于2岁以上的母貉($P<0.01$)。4岁和5岁母貉的发情时间也较晚,都显著迟于3岁母貉($P<0.05$)。发情最早的是3岁和2岁的母貉,二者间无明显差异($P>0.05$)。由此可看出,貉群的发情时间集中在2月中下旬。除年龄外,营养和气候条件等也对发情时间产生影响。

2.发情周期的划分　可分为4个阶段:发情前期、发情期、发情后期和静止期。

(1)发情前期　指从母貉开始有发情表现至接受交配的时期。其持续时间个体差异较大,但集中在7～12 d,占58.2%(表7-3)。此期阴毛开始分开,阴门逐渐红肿,阴门的开口宽度由初配前7～8 d的0.84±0.10 cm,增加到初配前1 d的0.79±0.12 cm(表7-4),挤压有少量浅黄色阴道分泌物流出。放对试情时,对公貉有好感,但拒绝交配。

表7-3　母貉发情前期的持续时间

天　数	4	5	6	7	8	9	10	11	12	13	14	15	16	17	18	21	25
统计只数	1	6	6	12	9	7	11	8	7	4	5	3	5	2	2	2	2
占总只数(%)	1.1	6.3	6.3	13	9.7	7.5	11.9	8.6	7.5	4.3	5.4	3.2	5.4	3.2	2.2	2.2	2.2

表 7-4　母貉发情周期阴门开口宽度

时间(d)	−8~−7	−6~−5	−4~−3	−2	−1	0(初配)	1	2	3	4	5~6	7~8	9~10	11~12
统计只数	6	6	6	5	6	6	6	6	6	5	6	6	5	5
阴门开口宽度(cm)	0.34±0.10	0.45±0.06	0.58±0.05	0.71±0.22	0.79±0.12	0.69±0.14	0.74±0.08	0.68±0.16	0.74±0.12	0.54±0.11	0.54±0.11	0.45±0.13	0.44±0.14	0.38±0.08

(2)发情期　母貉开始接受交配到拒配的时期,一般为 1~4 d,占 83% 左右(表 7-5)。此期母貉阴门高度种胀、外翻,紫红色,呈"十"字或"Y"字形状,阴门开口宽度由初配前 1 d 的 0.79±0.12 cm,降到 0.74±0.08~0.66±0.16 cm,颜色变深,有大量乳黄色阴道分泌物。

表 7-5　母貉发情期的持续时间

天数	1	2	3	4	5	6	7	8	10以上	合计
统计只数	65	112	237	58	35	31	13	8	7	566
占总只数(%)	11.5	19.8	41.9	10.2	6.2	5.5	2.3	1.4	1.2	100

(3)发情后期　指母貉拒配到外生殖器官恢复到原来状态的时期,一般为 5~10 d。

(4)静止期　即非繁殖期,一般为 8 个月。

3. 妊娠　正常情况下,母貉经交配后精子和卵子结合形成受精卵,即进入妊娠期。貉的妊娠期为 54~65 d,平均为 60 d 左右,最短 50 d,最长 70 d。不同类型的貉,如笼养貉与野生貉之间、初产貉与经产貉之间没有明显差别。不同年龄间无明显差异,但随年龄增长有增加之趋势(表 7-6)。

表 7-6　不同年龄母貉的妊娠天数

年龄(岁)	1	2	3	4~6
统计只数	120	65	20	24
妊娠天数	59.51	59.52	59.60	59.71

母貉交配 12~16 d 后,胚泡在子宫角中着床,胎儿开始发育。胎儿发育早期以形成各种器官为主,生长速度缓慢。妊娠 30 d 时,胚胎仅重 1 g;35 d 时,重 5 g;40 d 时,重 10 g,各种器官已形成。胎儿后期发育以生长为主,增重很快。妊娠 48 d 时,胎

儿重达 65～70 g,母貉腹围明显增大,并稍有下垂,越到后期越明显。

妊娠期母貉新陈代谢旺盛,食欲猛增,体重也相应增加,毛色也明显光亮。母貉表现性情温驯,喜安静,活动减少,常卧于笼网晒太阳,对周围异物、异声等刺激反应敏感。母貉有 4～5 对乳头,对称分布在腹下两侧。妊娠后期乳腺区从前到后发育较快,产前乳头突出,色变深,大多数母貉有拔乳头毛或衔草做窝的现象。

胚胎在妊娠的不同阶段均可发生死亡,造成妊娠中断。早期胚胎死亡比较多见,主要由于营养不足、缺乏维生素等。死亡的胚胎多被母体吸收,妊娠母貉腹围逐渐缩小而不再产仔。胎儿长大后死亡会引起流产,多由于母貉食入变质饲料或发生疾病引起。妊娠期母貉受到应激会造成紧张、不适和行为失常等,影响胚胎的正常发育。因此,在母貉的妊娠期,除了按饲养标准供给营养外,还要保证貉场的安静,杜绝参观和机动车辆进入。饲养人员要细心看护,严禁跑貉。

4. 产仔 从 4 月上旬到 6 月上旬,集中在 4 月下旬至 5 月初。一般笼养繁殖的经产貉最早,初产貉次之,而笼养的野生貉最晚。笼养貉的产仔时期还与地理纬度有关,一般纬度高的地区较纬度低的地区早些。母貉临产前多数减食或废食。产仔多于夜间在巢室中进行,也有个别的在笼网或运动场上产仔。分娩持续时间 4～8 h,个别也有 1～3 d 的。一般每 10～15 min 分娩出 1 只仔貉。娩出后母貉立即咬断脐带,吃掉胎衣和胎盘,并舔舐仔貉身体,直至产完后才安心哺乳。貉是多胎动物,胎平均产仔 8±2.13 只,变动范围在 1～15 只。不同类型笼养貉的产仔能力有区别,一般初产貉低于经产貉,笼养野生貉低于笼养繁殖貉。

5. 哺乳 刚出生的仔貉在窝箱内互相偎依成团,未睁眼,无牙齿,耳道闭合,胎毛呈灰黑色。仔貉出生 1～2 h 胎毛干后,即可爬行并找到乳头吮吸。仔貉吃过初乳后便开始沉睡,至醒来后再吮乳,每间隔 6～8 h 吮乳 1 次,吃后仍进入睡眠状态。

产仔母貉母性很强,一般安心哺育仔貉,很少走出小室。母貉非常爱护仔貉,除夜深人静时出室吃食外,轻易不出小室活动。笼养繁殖的母貉产仔后,即使有人打开小室上盖,甚至用木棒驱赶,母貉也不会丢弃仔貉而离开小室。但也有个别母貉行为异常,如玩弄、叼咬仔貉,食仔、弃仔等,其原因多是受到突然惊扰、缺奶或饮水不足。尤其是驯养初期的野貉,有遗弃、践踏甚至咬食仔貉的现象,这多是高度惊恐的结果。因此,在产仔哺乳期应尽量避免惊扰产仔母貉。母貉在仔貉 1 月龄前,一般采取躺卧姿势哺乳;1 月龄以后,有的母貉则站立哺乳。仔貉在吃乳时,母貉逐个舔舐仔貉的肛门,刺激其排泄并吃掉排泄物。仔貉不能自行采食之前,排泄在小室内的粪便由母貉吃掉,或将其叼至室外,使小室保持干净。仔貉刚会采食时,母貉从笼中将食物叼到小室中喂给仔貉,直至仔貉能自行采食为止。

三、貉的繁殖技术

(一)貉的发情鉴定

1. 公貉的发情鉴定 公貉发情从群体上看比母貉早些,也比较集中,从 1 月末到

3月末都有配种能力。公貉发情时，睾丸膨胀如鸽卵大小、下垂，有弹性，已下降至阴囊中，表明已有交配能力。睾丸太小，质地坚硬无弹性，或没有降到阴囊中的，一般没有交配能力。发情期的公貉好动，有时会在食盆上排尿，有时翘起一肢向笼壁上排尿，并经常发出"咕咕"的求偶声。

2. 母貉的发情鉴定 母貉发情期通常在2月下旬至3月上旬，个别会推迟到4月末。对母貉的发情鉴定一般采用4种方法：性行为观察法、外生殖器官检查法、阴道分泌物涂片镜检法和放对试情法。

(1)性行为观察法 即根据观察母貉的性行为来判断其发情与否。母貉进入发情前期即表现出行动不安，往返运动加强，食欲减退，尿频；发情盛期时，精神极度兴奋，食欲进一步减退，直至废绝，不断发出急促的求偶叫声；至发情后期，行为逐渐恢复正常。

(2)外生殖器官检查法 主要根据外生殖器官的形态、颜色和分泌物的多少来判断母貉的发情程度。凡阴门开始显露和逐渐肿胀、外翻，颜色渐红，为开始发情阶段（即发情前期）的表现；阴门高度种胀、外翻，紫红色，呈"十"字或"Y"字形状，阴蒂暴露，分泌物多且黏稠，此为发情盛期（即性欲期）的表现，而阴门收缩，肿胀消退，分泌物减少，黏膜干涩，则为发情结束（即发情后期）的表现。发情盛期是交配的最适期。极个别的母貉外生殖器官没有上述典型变化，但确已发情且能与公貉达成交配并受孕，这种现象称为隐性发情或隐蔽发情。生产上应注意观察并与未发情貉区分开，以免失配。

(3)阴道分泌物涂片镜检法 貉的发情和排卵，是受体内一系列生殖激素调节和控制的。与此同时，生殖激素还作用于生殖道，使其上皮增生，为交配做准备。因此，在发情周期中，随体内生殖激素水平的规律性变化，阴道分泌物中脱落的各种上皮细胞的数量和形态也呈规律性的变化。阴道分泌物中出现大量角化鳞状上皮细胞是母貉进入发情期的重要标志。通过显微镜检测阴道分泌物中角化鳞状上皮细胞的数量比例，结合外阴部检查等发情鉴定方法，可提高母貉发情鉴定的准确性，特别是对鉴定隐性发情有重要意义。阴道分泌物涂片的制作与检查方法是，用经消毒的吸管，插入阴道8～10 cm，吸取阴道分泌物，于清洁的载玻片上滴1滴，涂成薄层，阴干后于100倍显微镜下观察。

(4)放对试情法 当用以上发情鉴定方法还不能确定母貉是否发情时，可进行放对试情。处于发情前期的母貉，有趋向异性的表现，但拒绝公貉爬跨交配；发情期的母貉，性欲旺盛，公貉爬跨时，后肢站立，翘后，温驯地静候交配。发情后期的母貉，性欲急剧减退，对公貉不理睬或怀有"恶意"，很难达成交配。故放对试情能顺利达到交配的，说明母貉发情良好。

以上4种发情鉴定方法应结合进行，灵活掌握。一般以外生殖器官检查为主，以性行为观察为辅，以放对试情的行为为准。阴道分泌物涂片镜检法较权威，可对外生殖器官表现不明显或隐性发情的貉进行发情鉴定。

（二）貉的配种

1. 配种期 笼养貉的配种期是和母貉的发情时期相吻合的，东北地区一般为2月初至4月下旬，个别的在1月下旬开始。不同地区的配种时间稍有不同，一般高纬度地区略早些。貉的配种时间与其类型也有关系，笼养繁殖的经产貉配种早，进度快；笼养繁殖的初产貉次之；笼养野生貉最迟。这与不同类型貉发情早晚不同相一致。

2. 交配行为 交配时一般公貉比较主动，接近母貉时往往伸长颈部，嗅闻母貉的外阴部。发情母貉则将尾部翘向一侧，静候公貉交配。这时公貉很快举起前肢爬跨于母貉背上，后躯频频抖动，将阴茎置于阴道内。之后，后躯紧贴于母貉臀部，抖动加快，紧接着后臀部内陷，两前肢紧抱母貉腰部，静停0.5～1 min，尾根轻轻扇动，即为射精动作。射精后母貉翻转身体，与公貉腹面相对，昵留一段时间。此时，公母貉一般相互逗吻、嬉戏，母貉发出"哼哼"的叫声。绝大多数的交配貉均可观察到上述行为。但有个别的看不到射精后的昵留行为，还有个别公母貉交配后出现类似犬交配后的长时间"连锁"现象。

3. 交配时间 貉的交配时间较短，交配前求偶的时间为3～5 min，交配射精时间为0.5～1 min；昵留时间为5～8 min。整个交配过程多在10 min以内者居多。

4. 交配能力（交配频度） 貉的交配能力主要取决于性欲强度，其次是两性性行为的配合。同一对公母貉连续交配的天数以2～4 d居多，母貉年龄大的比年龄小的交配频率高。公貉在整个发情期内均有性欲，一天可交配1～2次，每次交配最短时间间隔为3～4 h。一般公貉可交配3～4只母貉，总交配次数为8～12次；个别性欲强的公貉在整个配种期可交配5～8只母貉，总交配次数为15～23次。

5. 放对时间 貉的配种一般在白天进行。特别是早、晚（尤其是早晨和上午）气候凉爽的时候，公貉的精力较充沛，性欲旺盛，母貉发情行为表现也较明显，容易促成交配。具体时间为早晨6:00～8:00或上午8:30～10:00，下午4:30～5:30。配种后期气温转暖，放对时间只能在早晨。

6. 放对方法 一般除新引入的野生貉可采取公母貉同居令其自然交配外，貉的配种均采取人工放对、观察配种的方法。放对时一般是将母貉放入公貉笼内，因为公貉较为主动，在其熟悉的环境中性欲不受抑制，可缩短交配时间，提高放对效率。但遇到公貉性情急躁暴烈或母貉胆怯的情况时也可将公貉放入母貉笼内。

放对分试情性放对和交配性放对。试情性放对，如前所述，主要是通过试情来证明母貉的发情程度，故当发情未到盛期时，放对时间不宜过长，以免公母貉之间因达不成交配而产生惊恐和敌意。交配性放对，是在确认母貉已进入发情盛期的情况下，力争达成交配，所以，只要公母貉比较和谐，就应坚持，直至顺利完成交配。

7. 配种方式 因为貉是季节性一次发情，自发性陆续排卵的动物，所以，其配种只能采取连日复配的方式。即初配1次以后，还要连续每天复配1次，直至母貉拒绝交配为止，这样可提高产仔率。有时貉在上一次交配后，间隔1～2 d才接受再次复配。为了确保貉的复配,对那些择偶性强的母貉,可更换公貉进行异雄交配(即用1只母貉与2只或2只以上公貉交配)。

8. 配种时的注意事项

(1)注意配偶的选择性　公母貉均有自己选择配偶的特性。当选择了互相投合的配偶时,就可顺利达成交配,否则即使发情也互不理睬。在配种过程中,有的母貉已达到发情持续期,但仍拒绝多个公貉的求偶交配,此时将此母貉放给去年原配公貉,则会顺利达成交配,这也是择偶性强的表现。

(2)早期配种训练　种公貉尤其是年幼的公貉,第一次交配比较困难,一旦交配成功,就能顺利交配其他母貉。因此,对种公貉进行配种训练是十分必要的。训练年幼公貉参加配种,必须选择发情好、性情温驯的母貉与其交配,发情不好或没有把握的母貉不能用来训练小公貉。训练过程中,要注意保护公貉,严禁粗暴地恐吓和扑打公貉,注意不要让其被咬伤,种公貉一旦丧失性欲要求,很难正常配种。

(3)种公貉的合理利用　种公貉个体间配种能力差异很大,一般公貉在一个配种期可交配5～12次,多者高达20余次。为了保证种公貉在整个配种期都保持旺盛的性欲,应做到有计划地合理使用。配种前期和中期,每天每只种公貉可接受1～2次试情性放对和1～2次配种性放对,每天可成功交配1～2次。一般公貉连续5～7 d每天达成1次交配后,必须休息1～2 d才能再放对。配种后期发情母貉日渐减少,公貉的利用次数也减少,应挑选那些性欲旺盛、没有恶癖的种公貉完成晚期发情母貉的配种工作。配种后期一般公貉性欲减退,性情也变得粗暴,有的甚至咬母貉或择偶性变强,对这样的公貉可少搭配母貉,重点使用,以便维持旺盛的配种能力,在关键时用其解决那些难配的母貉。

(4)精液品质检查　种公貉精液品质的好坏直接影响母貉的繁殖效果。检查方法是用直径0.8～1.0 cm、长约15 cm的吸管轻轻插入刚交配完的母貉阴道内5～7 cm处,吸取少量的精液,涂在载玻片上,置于200～400倍显微镜下观察。镜检时先看是否有精子,然后检测精子的活力、密度。精子量大、密度大,呈直线运动,形状如蝌蚪,头尾分明,说明精液品质好。如果经镜检发现无精子,或精子少,或死精子、畸形精子多,精子呈圆形运动时,说明精子品质不好。个别公貉前两次交配的精液品质较差,但能恢复正常,如果经3次检查确认精液品质差的公貉,只能让其作试情公貉,禁止参加配种,其交配过的母貉要及时用精液品质好的公貉补配。

精液品质检查应在室内进行,室温要在20℃以上,吸管要严格消毒。在镜检过程中要多看几个视野,以作出正确判断。

(5)辅助交配措施　生产中常有个别母貉虽然发情正常,但交配时后肢不能站立或不抬尾,导致难配,此时需人工辅助才能达成交配。辅助交配时要选用性欲强且胆大温驯(最好经一定的训练)的公貉。对交配时不站立的母貉,可将其头部抓住,臀部朝向公貉,待公貉爬跨并有抽动的插入动作时,用另一只手托起母貉腹部,调整母貉臀部位置。只要顺应公貉的交配动作,一般都能达成交配。对于不抬尾的母貉,可用细绳拴住尾尖固定其背部,使阴门暴露,再放对交配,交配后将绳及时解下。对于阴道狭窄的母貂,可用消毒好的不同粗细的玻璃棒扩撑。对外阴部阴毛过长的母貂,可用水润湿,将阴毛分于两侧,或用剪刀剪掉过长的阴毛,以利于交配。有的母貂发情时阴门一侧肿胀,使公貂难以交配,这时可以将蒸馏水注入未肿胀的一侧,使其肿胀均匀,以利于公貂交配。

(6)注意安全　在配种期既要保证工作人员的人身安全,也要保证貂的安全。由于发情期的貂体内生殖激素含量较高,表现为脾气暴躁,易发怒,特别是公貂,因此在抓貂时,动作要准确、牢固,防止被其咬伤,或让貂逃跑;同时动作不宜过猛,以免造成貂的外伤。另外应该注意观察放对时公母貂的行为,以防止貂互相咬伤;发现有拒配一方时,要及时将公母貂分开。

(三)产仔保活技术

1. 产仔前的准备工作　母貂受配后经过约 60 d 的妊娠期便开始产仔,一般在临产前 10 d 应做好产箱的清理、消毒及垫草保温等工作。小室消毒可用 2% 氢氧化钠洗刷,也可用喷灯火焰灭菌。垫草宜选柔软不易折碎、保温性强的山草、软稻草、软杂草、乌拉草等。垫草多少可根据气温灵活掌握,北方寒冷地区可多一些。垫草除具有保温作用外,还有利于仔貂抱团、吮乳及毛绒的梳理。所以,即使气温暖和,也应适当加垫草。垫草应在产仔前一次絮足,否则产后缺草时临时补给会使母貂受惊扰。

2. 难产处置　如母貂已出现临产征候,但迟迟不见仔貂娩出,表现惊恐不安,频频出入小室,常常回视腹部并有痛苦状,已见羊水流出,但长时间不见胎儿娩出;或胎儿嵌于生殖孔,久久娩不出来,均有难产的可能。发现难产并确认子宫颈口已张开时,可以进行催产。方法是肌内注射脑垂体后叶素 0.2~0.5 mL,或肌内注射催产素 2~3 mL。如经 2~3 h 后仍不见胎儿娩出时,可进行人工助产。方法是先用消毒药液对外阴部进行消毒,之后用甘油润滑阴道,将胎儿拉出。如上述方法均不见效时,可根据情况进行剖宫取胎,以挽救母貂和胎儿。

3. 产后检查　采取听、看、检相结合的方法进行产后检查,是产仔保活的重要措施。听和看,即听仔貂的叫声,看母貂的吃食、粪便、乳头及活动情况。若仔貂很少嘶叫,但叫时声音洪亮,短促有力,母貂食欲越来越好,乳头红润饱满,活动正常,则说明仔貂健康,发育良好,反之则说明仔貂不健康。所谓检,就是打开小室直接检查仔貂情况。操作时先将母貂诱出或赶出小室,关闭小室门后进行检查;健康的仔貂在窝内抱成一团,发育均匀,浑身圆胖,肤色深黑,身体温暖,拿在手中挣扎有力;反之,若仔貂在窝内到处乱爬,毛绒潮湿,身体较凉,挣扎无力,则是不健康的表现。

检查时,饲养人员最好戴上手套,或用小室内垫草搓手后再拿仔貂,以免手上带有异味引起母貂反感。有些母貂会因检查引起不安而出现叼仔貂乱跑的现象。这时应将其哄入小室内,关闭小室门 0.5~1 h,即可安定。

第一次检查应在产仔后的 12~24 h 进行,以后的检查根据听、看的情况而定。由于母貂护仔性强,一般以少检查为好。但发现母貂不护理仔貂,仔貂嘶叫不停且叫声越来越弱时,必须及时检查,采取措施,否则将会耽误抢救,造成损失。

4.产后护理　　主要是通过母貉护理仔貉,确保仔貉成活。由于仔貉是依赖母乳生长的,所以保证仔貉吃饱乳是提高其成活率的关键。一般产后应及时将母貉乳头周围的毛拔掉,以免影响仔貉吮乳。遇到母貉缺乳或无乳时,应及时将其仔貉交给其他母貉代养。代养母貉应具备有效乳头多、奶水充足、母性强、产仔日期与被代养仔貉相同或相近、仔貉大小也相近等条件。

代养方法是:将母貉关在小室内,把被代养的仔貉身上涂上代养母貉的粪尿,然后放在小室门口,拉开小室门,让代养母貉将仔貉叼入室内。也可将被代养仔貉直接放在代养母貉的窝内。代养后要观察一段时间,如母貉不接受被代养的仔貉,需更换母貉重新代养。仔貉也可用产仔的犬、猫、狐哺育。

整个哺乳期内必须密切注意仔貉的生长发育状况,并以此判断母貉乳汁质量的好坏及数量的多少。遇到母貉乳量少或乳汁质量不好,影响仔貉生长发育时,也应及时进行代养。

5.仔貉补饲和断奶　　母貉泌乳能力强。仔貉生长发育也很迅速,一般15～20日龄长出牙齿,采食饲料。这时可单独给仔貉补饲易消化的粥状饲料。如果仔貉不会吃饲料,可将其嘴巴接触饲料或把饲料抹在嘴上,训练其学会吃食。这种补饲方法不仅可以促进仔貉的生长发育,而且能起到很好的驯化作用。

仔貉45～60日龄后,大部分仔貉能独立采食和生活,此时母貉泌乳量减少,乳房萎缩,并对仔貉开始态度冷淡,尤其在仔貉吃乳时,极力躲避,有时甚至扑咬仔貉。因此,在仔貉45～60日龄时可根据仔貉的发育情况和母貉的泌乳能力及时断奶分窝。如仔貉生长发育良好,同窝仔貉大小均匀一致,可一次将母仔全部分开;如同窝仔貉数多,发育不均衡,要分批分期断奶,即将健壮的仔貉先分出,把弱小的暂时留给母貉继续哺乳一段时间,待健壮后再陆续分出。

第二节　　貉的育种

一、育种的目的和方向

貉育种的目的,在于如何运用动物遗传学的基本原理和有关生物科学技术,改良所饲养的貉的遗传性,培育出在体型、毛皮品质和色泽上,适应人们需求的新品种或新类型。

貉皮属大毛细皮类,其特性是张幅较大、毛长、绒厚、耐磨、保温、色型单一、背腹毛差异大等。貉的育种,均需从某一个或几个性状上来进行选择和改良。育种首先要分清主次,针对市场的要求,选择几个重要的经济性状;同时要明确每一性状的选育方向,并且在一定时期内坚持不变,这样才能加速改良的进展,提高育种效果。在貉的育种上主要应注意对如下性状的选择和改良。

（1）被毛长度　在所饲养的毛皮兽中,貉的被毛可以说是最长的,其背部针毛可达 11 cm;绒毛可达 8 cm。毛长会使毛皮的被毛不挺立、不灵活、易粘连。因此,这一性状应向短毛的方向选育。

（2）被毛密度　与毛皮的保温性和美观程度密切相关。被毛过稀,则毛皮的保温性差,毛绒不挺,欠美观。貉的被毛密度与水貂和狐相似,因此,在育种上不是迫切考虑的性状,但亦应巩固其遗传。

（3）被毛颜色和色型　貉的野生型毛色个体间差异较大,由青灰色渐变至棕黄色。按目前人们对貉皮毛色的要求,颜色越深（接近青灰）越好。因此,毛色应朝这个方向选育。20 世纪 80 年代在野生型貉中发现的一种毛色为白色的突变型,已培育成为一个新色型,既吉林白貉。近年来在山东地区又发现一种毛色为红褐色的突变型,目前正在培育研究中。对于野生型貉中未来可能出现的其他毛色突变的个体,应注意保护、收集和培育,以丰富貉的色型,满足人们的需求。

（4）背腹毛差异　貉尤其是产于东北地区的貉背腹毛差异（长度、密度、颜色）较大,从而影响到毛皮的有效利用。迄今的研究表明,貉背腹毛的差异与其体矮、四肢短有关。因此,可通过间接地选择体高这一性状,来缩小背腹毛的差异。

（5）体型（体重）　体型大则皮张大。这一性状无疑应向体型大的方向培育。

二、种貉的选择

（一）种貉的鉴定

在选种之前,首先要对每只貉的个体进行品质鉴定,内容主要包括上述几个性状。其中被毛长度、体高和体重可直接用尺和秤度量,而被毛颜色和密度,则可分成若干等级。此外,母貉的繁殖力（窝产仔数）作为一项繁殖性状,在种貉鉴定时也应予以考虑。将每只预选貉相同性状的度量值,按由高到低（理想到不理想）的顺序排列。

（二）单性状选择

1. 个体选择　根据个体的表型值（实际度量值）进行选择叫做个体选择,也把它称为大群选择。这是各种选择方法中最普遍的一种。个体选择的效果,取决于所选择性状遗传力的大小及选择差的高低。因所选性状的遗传进展（△G）与性状的遗传力（h^2）和选择差（S）成正比:$△G＝h^2S$。因此,个体选择适用于遗传力高的性状。选择差则取决于淘汰率,淘汰率越高,则选择差越高,所选性状的遗传进展也就越大。

2. 家系选择　根据家系的平均表型值进行选择称为家系选择,又称为同胞选择。家系选择适用于遗传力低的性状,因为家系平均表型值,接近于家系的平均育种值,而各家系内个体间差异主要是由环境造成的,对于选种没有多大意义。具体方法是计算出每个家系（全同胞或半同胞）某一性状的平均值,依次选择平均值高的家系,而不管家系内个体的表型值如何。

（三）多性状的选择

在一个貉群中,希望提高的性状往往不止一个。在一定时期内,同时要选择 2 个以上性状的选种方法,称为多性状选择。

1. 顺序选择法　即一段时间内只选择一个性状,在其提高后再选另一个性状,这样逐一进行选择。这种选择方法对某一性状来说,遗传进展是较快的,但几个性状总起来看,需时较长。若几个性状之间存在着负相关,则更有顾此失彼之虞。如果不在时间顺序上选择,而空间上分别选择,即在不同貉群内选择不同性状,待提高后再通过杂交进行综合,则可缩短选育时间。

2. 独立淘汰法　同时选择几个性状,分别规定淘汰标准,其中只要任何一个性状不够标准就淘汰。这种方法的缺点是,首先容易将一些个别性状突出的个体淘汰掉。其次是选择的性状愈多,中选的个体就愈少。因为全面优秀的个体是少数的,而留下来的往往是各个性状都表现中等的个体。

3. 综合选择法　此方法有两层含义:一是选择综合性状,如体重是体长和胸围的综合性状,毛重是毛长和毛密度的综合性状。二是根据几个性状的表型值,根据其遗传力、经济重要性以及性状间的表型或遗传相关,制定一个综合选择指数,依次按指数由高到低选留种貉。

三、选　配

所谓选配,即有目的、有计划地确定公母貉的配对,使后代有最佳的遗传组合,以达到培育或利用良种的目的。

(一)个体选配

1. 同质选配　就是选择性状相同、性能表现一致的优秀公母貉配种,以期获得相似的优秀后代。其主要作用是使亲本的优良性状稳定地遗传给后代,使优良性状得以保持与巩固,并增加具有这种优良性状的个体。如在一个貉群内要加深毛绒的颜色及增加毛绒颜色深的个体,则在这个性状上可采用同质选配,即选择毛绒颜色均较深的公母貉配种。

2. 异质选配　可分为两种情况:一种是选择具有不同优秀性状的公母貉相配,获得兼有双亲不同优点的后代;如选择毛色深与体型大的貉相配;选择体高与毛短的貉相配等。另一种是选同一性状,但优劣程度不同的公母貉相配,即所谓以优改劣,以期后代能取得较大的改进和提高。例如某一母貉其他性状都表现优秀,只有在体型这一性状上较小,则可选一体型较大的公貉与之相配。由上可见,异质选配主要作用是综合双亲的优良性状,丰富后代的遗传基础,创造新类型,并提高后代的适应性和生活力。

(二)种群选配

种群选配是根据与配双方,是属于相同的还是不同的种群而进行的选配。所谓同种群,即指貉本身及其祖先都属于同一种群,而且都具有该种群所特有的形态和特征。貉的分布较广,由于长期适应当地的自然环境,各地所产貉在许多性状上都各具特点。如北貉体大、毛长、绒厚、色深;而南貉则体小、毛短、绒稀、色浅。即使同产于东北,不同地区的貉亦各具特点。如:主产于黑龙江省的乌苏里貉,体矮、毛长、色深、被腹毛差异大;而产于吉林的朝鲜貉,则体高、毛稍短、色较浅、背腹毛差异小。因此,在貉的育种上,根据同一或不同种群的特点进行种群选配(纯繁和杂交),有着很重要的意义。

1. 纯繁 即同种群选配,是选择相同种群的个体进行配种。纯繁具2个作用,一是可巩固遗传性,使种群固有的优良品质得以长期保持,迅速增加同类型优良个体的数量;二是提高现有品质。如乌苏里貉毛色和朝鲜貉体高,这两个性状可分别通过两个种群的纯繁,加以巩固和提高。

2. 杂交 即异种群选配,是选择不同种群的个体进行配种。其作用亦有2种:一是使原来分别在不同种群个体上表现的优良性状集中到同一个体上来;二是产生杂种优势,即杂交产生的后代在生活力、适应性及繁殖力诸方面,都比纯种有所提高。例如,乌苏里貉与朝鲜貉杂交,即可获得毛色深、体高和背腹毛差异小的优良后裔。

(三)选配中应注意的问题

1. 明确育种目标 育种应有明确的目标,各项具体工作都要围绕其进行,选配当然不能例外。在选配时不仅要考虑相配个体的品质,还必须考虑相配个体所隶属的种群对其后代的作用和影响。此外,要根据育种目标,抓住主要的性状进行选配。

2. 公貉的等级要高于母貉 公貉具有带动和改进整个貉群的作用,而且留种数较少,所以其等级和质量都应高于母貉。对优秀的公貉应充分利用,一般公貉要控制使用。

3. 相同缺点者不配 选配中,绝不能让具有相同缺点(如毛色浅和毛色浅、体型小和体型小等)的公母貉相配,以免使缺点进一步发展。

4. 避免任意近交 近交只宜控制在育种群必要时使用,它是一种局部且又短期内采用的育种方法。在一般繁殖群和生产群应绝对防止近交,以免产生后代衰退和生产力下降。

5. 公母貉的年龄 母貉的发情时间因年龄而有差异。老龄母貉发情早,当年母貉则发情较晚。公貉也有相似规律。因此,在作选配计划时,应考虑与配公母貉的年龄,以免发情不同步而使母貉失配。

第三节 貉的饲养管理

一、貉饲养管理时期的划分

貉在长期进化过程中,其生命活动呈明显的季节性变化,如春季繁殖交配,夏秋季哺育幼仔,入冬前蓄积营养并长出丰厚的冬毛等。在貉的饲养过程中,人们也将其一年的饲养管理进行划分。依据貉在一年内不同的生理特点而划分的饲养期,称为貉的生物学时期(表7-7)。

表 7-7　貉生物学时期的划分

类　别	月　份											
	12	1	2	3	4	5	6	7	8	9	10	11
成年公貉	准备配种后期		配种期		恢复期					准备配种前期		
成年母貉	准备配种后期		配种期		妊娠、泌乳期			恢复期		准备配种前期		
幼　貉					哺乳期			育成期		冬毛生长期		

　　必须强调的是,貉各生物学时期有着内在的联系,不能把各个生产时期截然分开。如在准备配种期饲养管理不当,尽管配种期加强了饲养管理,也难取得好的成效。疏忽了任何时期的饲养管理必将使生产受到严重损失,每一个时期都以前一时期为基础,各个时期都是有机地联系在一起的,只有重视每一时期的管理工作,貉的生产才能取得良好成绩。

二、准备配种期的饲养管理

(一)准备配种期的饲养

　　准备配种期一般为 8 月中旬至翌年 1 月。秋分以后,随着日照的逐渐缩短,貉的生殖器官逐渐发育,与繁殖有关的内分泌活动也逐渐增强,通过神经—体液调节,母貉卵巢开始发育,公貉睾丸也逐渐增大。冬至以后,随着日照时间的逐渐增加,貉的内分泌活动进一步增强,性器官发育更加迅速,到翌年 1 月末 2 月初,公貉睾丸中已有成熟的精子产生,母貉卵巢中也已形成成熟的卵泡。貉在入冬前采食比较旺盛,体内储存了大量的营养物质,为其顺利越冬及生殖器官的充分发育提供了可靠保证。

　　此期饲养管理的中心任务是为貉提供各种需要的营养物质,特别是生殖器官生长发育所需要的营养物质,以促进性器官的发育;同时注意调整种貉的体况,为顺利完成配种任务打好基础。一般根据光周期变化及生殖器官的相应发育情况,把此期划分为前后 2 个时期进行饲养。

　　准备配种前期一般为 8 月中旬至 11 月。应继续补充种貉繁殖所消耗的营养物质,供给冬毛生长及储备越冬所需要的营养物质,以维持自身新陈代谢以及满足当年幼貉的生长发育。为貉提供日粮应以吃饱为原则,过少不能满足需要,过多会造成浪费。此期动物性饲料的比例应不低于 15%,可适当提高饲料的脂肪含量,以利提高肥度。到 11 月末时,种貉的体况应得到恢复,体重母貉应达到 5.5 kg 以上,公貉应达 6 kg 以上。10 月份日喂 2 次,11 月份可日喂 1 次,供足饮水。

　　准备配种后期一般为 12 月至翌年 1 月。此期冬毛的生长发育已经完成,当年幼貉已生长发育为成貉。因此,饲养的主要任务是平衡营养,调整体况,促进生殖器官的发育和生殖细胞的成熟。应及时根据种貉的体况对日粮进行调整,适当增加全价动物性饲料及饲料种类,补充一定数量的维生素,喂给适量的酵母、麦芽、维生素 A、维生素 E 等,可对种貉生殖器官的发育和功能发挥起到良好的促进作用。此外,从 1 月份开始每隔 2～3 d 可少量补喂一些刺激发情的饲料,如大蒜、葱等。从 12 月份开始,日喂 1 次;1 月份起,日喂 2 次,全天按早饲 40％、晚饲 60％ 的比例饲喂。

貉准备配种期的饲养标准和准备配种后期的日粮配方分别见表 7-8 和表 7-9。

表 7-8　貉准备配种期的饲养标准

时　期	热　量 (kJ)	日粮量 (g)	重量比(%)				添加饲料(g)				
			鱼　肉	鱼肉副产品	熟谷物	蔬　菜	酵　母	麦　芽	食　盐	骨　粉	维生素
10～11 月	2090～1672	700～550	10～5	5～10	70	10	—	—	2.5	5～10	维生素 A 500 IU
12 月至翌年 1 月	1463～1672	400～500	20～25	5～10	60	10	5～8	10	2.5	5～10	维生素 B₂ 2 mg

表 7-9　貉准备配种后期的日粮配方

饲料种类	重量比例(%)	日粮重量(g)		
		喂　量	早饲(40%)	晚饲(60%)
鱼　类	20	80	32	48
猪　肉	15	60	24	36
肝　脏	5	20	8	12
窝窝头	45	180	72	108
大白菜	5	20	8	12
水	10	40	16	24
食　盐	—	2	0.8	1.2
维生素 A	—	2000 IU	—	2000 IU
维生素 D	—	300 IU	—	300 IU
维生素 E	—	5 mg	—	5 mg
维生素 B₁	—	10 mg	—	10 mg
维生素 C	—	30 mg	—	30 mg

(二)准备配种期的管理

1. 防寒保暖　准备配种后期气候寒冷,为减少貉抵御外界寒冷而消耗营养物质,必须注意小室的保温工作,保证小室内有干燥、柔软的垫草,并用油毡纸、塑料薄膜等堵住小室的孔隙,经常检查清理小室,勤换垫草。

2. 保证采食量和充足饮水　准备配种后期,天气寒冷,饲料在室外很快结冰,影响貉的采食。因此,在投喂时应适当提高饲料温度,使貉可以吃到热的食物。此外,貉的饮水也应得到满足,每天至少供应 2～3 次。

3. 搞好卫生　有的貉习惯在小室中排便和往小室中叼饲料,使小室底面和垫草潮湿污秽,容易引起疾病及造成貉毛绒缠绕。因此,应经常打扫笼舍和小室卫生,使小室干燥、清洁。

4. 加强驯化工作　准备配种期要加强驯化,特别是多逗引貉在笼中运动。这样做既可以增强貉的体质,又有利于消除貉的惊恐感,提高繁殖力。

5. 注意貉体况的调整　种貉的体况与其发情、配种、产仔等密切相关,身体过肥或过瘦均不利于繁殖。因此,在准备配种期必须重视种貉体况的营养平衡工作,使种貉具有标准体况。在生产实际工作中,鉴别种貉体况的方法主要是以眼观、手摸为主,并结合称重资料进行。其体况分为肥胖、适中、较瘦。

(1)肥胖体况　被毛平顺光滑,脊背平宽,体粗腹大,行动迟缓,不爱活动;用手触摸不到脊椎骨和肋骨,甚至脊背中间有沟,全身脂肪非常发达。公貉如果肥胖,一般性欲较低;母貉如果脂肪过多,其卵巢也被过多的脂肪包埋,影响卵子正常发育。对于检查发现过肥的种貉,要适当增加其运动量或少给饲料,减少小室垫草;如果全群肥胖,可改变日粮组成,减少日粮中脂肪的含量,降低日粮总量。

(2)适中体况　被毛平顺光亮,体躯均匀,行动灵活,肌肉丰满,腹部圆平;用手摸脊背和肋骨时,既不挡手,又可触摸到脊椎骨和肋骨。一般要求公貉体况保持在中上水平,体重为 6.5～9.0 kg;母貉体况应保持中等水平。

(3)较瘦体况　全身被毛粗糙,蓬乱而无光泽,肌肉不丰满,缺乏弹性;用手摸脊背和肋骨时,感到突出挡手。对于较瘦体况的种貉,要适当增加营养,以求在配种期达到最佳体况。

6. 做好配种前的准备工作　应周密做好配种前的一切准备工作。维修好笼舍并用喷灯消毒 1 次,编制配种计划和方案,准备好配种用具,并开展技术培训工作。

上述工作就绪后,应将饲料和管理工作正式转入配种期的饲养和管理上。在配种前,种公母貉的性器官要用 0.1％高锰酸钾水清洗 1 次,以防交配时带菌而引起子宫内膜炎。因经产母貉发情期有逐年提前的趋势。所以准备配种后期,应留意经产母貉的发情鉴定工作,要做好记录,做到心中有数,以使发情的母貉能及时交配。

三、配种期的饲养管理

貉的配种期较长,一般为 2～3 个月。此期饲养管理的中心任务是使所有种母貉都能适时受配,同时确保配种质量,使受配母貉尽可能全部受孕。为达此目的,除适时配种外,还必须搞好饲养管理的各项工作。

公貉在配种期内有时一天要交配 1～2 次,在整个配种期内完成 3～4 头母貉 6～10 次的配种任务,营养消耗量很大,加之在整个配种期中由于性兴奋使食欲下降、体重减轻。因此,配种期内应对种公貉加强营养,悉心管理,才能使其有旺盛持久的配种能力。

(一)配种期的饲养

此期饲养的中心任务是使公貂有旺盛持久的配种能力和良好的精液品质,使母貂能正常发情,适时完成交配。此期由于公母貂性欲冲动,精神兴奋,表现不安,运动量加大,加之食欲下降,因此,应供给优质全价、适口性好、易于消化的饲料,如蛋、脑、鲜肉、肝、乳品,并适当提高日粮中动物性饲料的比例,同时加喂维生素 A、维生素 D、维生素 E 和 B 族维生素及矿物质。日粮能量标准为 1 650～2 090 kJ,每 418 kJ 代谢能中可消化蛋白质不低于 10 g,日粮量 500～600 g。每日每头维生素 E 15 mg。由于种公貂配种期性欲高度兴奋活跃,体力消耗较大,采食不正常,每天中午要补饲 1 次营养丰富的饲料,或给 0.5～1 个鸡蛋。配种期貂的日粮配方见表 7-10。

表 7-10　配种期貂的日粮配方

性　别	日粮量(g)	重量比(%)				添加饲料(g)									
		鱼肉	鱼肉副产品	熟谷物	蔬菜	酵母	麦芽	乳品	蛋类	食盐	骨粉	维生素 A(IU)	复合维生素 B(mg)	维生素 C(mg)	维生素 E(mg)
公貂	600	25	15	55	5	15	15	50	50	2.5	8	2000	5	5	50
母貂	500	20	15	60	5	10	15	—	—	2.5	10	1500	5	—	50

配种期投给饲料的体积过大,某种程度上会降低公貂活跃性而影响交配能力。配种期每天可实行 1～2 次喂食制,喂食前后 30 min 不能放对。如在早饲前放对,公貂的补充饲料应在午前喂;早饲后放对,应在饲喂后 0.5 h 进行。

(二)配种期的管理

1. 防止跑貂　配种期由于公母貂性欲冲动,精神不安,故应随时注意检查笼舍牢固性,严防跑貂。在对母貂发情鉴定和放对操作时,方法要正确,注意力要集中,以免造成人貂皆伤。

2. 做好发情鉴定和配种记录　在配种期首先要进行母貂的发情鉴定,以便掌握放对的最佳时机。发情检查一般 2～3 d 进行 1 次,对接近发情期者,要天天检查或放对。对首次参加配种的公貂要进行精液品质检查,以确保配种质量。

养貂场在进行商品貂生产时,一只母貂可与多只公貂交配,这样可增加受孕机会;在进行种貂生产时,一只母貂只能与同一只公貂交配,以保证所产仔貂谱系清楚。一只母貂一般要进行 2～3 次交配,过多交配则易使异物带进阴道、子宫的概率增大,引起子宫内膜炎,进而造成空怀或流产。配种期间要做好配种记录,记录公母貂编号、每次放对日期、交配时间、交配次数及交配情况等。

3. 加强饮水　配种期公母貂运动量增大,加之气温逐渐由寒变暖,貂的饮水量日益增加。每天要经常保持水盆里有足够的饮水,或每天至少供水 4 次以上。

4. 区别发情和发病貂　貂在配种期因性欲冲动,食欲下降,公貂在放对初期,母貉临近发情时期,有的连续几日不吃,要注意同疾病或有外伤的区别,以便对伤病貉及时治疗。要经常观察群貉的食欲、粪便、精神、活动等情况,做到心中有数。

5.保证配种环境　貉胆小易惊,因此在种貉配种期间,要保证饲养场安静。放对后要注意公母貉的行为,防止咬伤,若发现其互相有敌意,要及时把它们分开。另外要搞好食具、笼舍和地面卫生工作,特别是温度较高地区,更应重视卫生防疫工作。

四、妊娠期的饲养管理

从受精卵形成到胎儿娩出这段时间为貉的妊娠期。貉妊娠期平均2个月,全群可持续3~5个月。此期是决定生产成败、效益高低的关键时期。饲养管理的中心任务是保证胎儿的正常生长发育,做好保胎工作。

(一)妊娠期的饲养

貉在妊娠期的营养水平是全年最高的。因为此期的母貉不仅要维持自身的新陈代谢,还要为体内胎儿的正常生长发育提供充足的营养,同时还要为产后泌乳积蓄营养。如果饲养不当,会造成胚胎被吸收、死胎、烂胎、流产等妊娠中断现象而影响生产。妊娠期饲养的好坏,不仅关系到胎产仔数的多少,而且还关系到仔貉生后的健康状况。

在日粮配合上,要做到营养全价,品质新鲜,适口性强,易于消化。腐败变质或可疑的饲料绝对不能喂。饲料品种应尽可能多样化,以达到营养均衡的目的。

喂量要适当,可随妊娠天数的增加而递增。妊娠头10 d,总热量不能过高,要根据妊娠的进程逐步提高营养水平,既要满足母貉的营养需要,又要防止过肥。

给妊娠母貉的饲料可适当调稀些。在饲喂总量不过分增多的情况下,后期最好日喂3次。饲喂量最好根据妊娠母貉的体况及妊娠时间等区别对待,不要平均分食。

妊娠期母貉的饲养标准和日粮配方分别见表7-11和表7-12。

表 7-11　妊娠期母貉的饲养标准

妊娠期	日粮标准			重量比(%)									添加饲料(g)			
	热量(kJ)	可消化蛋白质(g/100kJ)	日粮量(g)	鱼肉类	鱼肉副产品	熟谷物	蔬菜	酵母	麦芽	乳品	食盐	骨粉	维生素A(IU)	维生素B(mg)	维生素C(mg)	维生素E(mg)
前期	1883~2301	2.39	600左右	25	10	55	10	15	15	—	3.0	15	1000	5	—	5
中期	2501~2720	2.34	700~800	25	10	55	10	15	15	—	3.0	15	1000	5	—	5
后期	2929~3347	2.39	800~900	30	10	50	10	15	15	50	3.0	15	1000	5	5	5

表 7-12 妊娠期母貂的日粮配方 （单位:g）

饲料种类	重量比例（%）	日粮量		全群量（40 只）		
		总 量	蛋白质	早饲（40%）	晚饲（60%）	合 计
海杂鱼	20	200	20.2	3200	4800	8000
马内脏	10	100	15.0	1600	2400	4000
痘猪肉	5	50	13.5	800	1200	2000
鲜碎骨	2	20	3.4	320	480	800
熟玉米面	18	180	14.4	2900	4300	7200
熟黄豆面	7	70	8.1	1100	1700	2800
大白菜	10	100	1.4	1600	2400	4000
水	25	250	—	4000	6000	10000
酵 母	3	10	3.8	160	240	400
麦 芽		15		240	360	600
松针粉		5		80	120	200
维生素 A		1000 IU		—	—	—
维生素 B_1	—	3 mg	—	—	—	—
合 计	—	1000	79.8	16000	24000	40000

（二）妊娠期的管理

此期内管理的重点是给妊娠母貂创造一个舒适安静的环境,以保证胎儿正常发育。

1.保持安静 妊娠期内应禁止外人参观,饲喂时动作要轻捷,不要在场内大声喧哗,避免妊娠母貂惊恐。饲养人员可在母貂妊娠前、中期多接近母貂,以使母貂逐步适应环境的干扰,至妊娠后期则应逐渐减少进入貂场的次数,保持环境安静,这样有利于产仔保活。

2.保证充足饮水 母貂妊娠期需水量增大,每天饮水不能少于 3 次,同时要保证饮水的清洁卫生。

3.搞好环境卫生 母貂妊娠期正是万物复苏的季节,也是病原菌大量繁殖、疫病开始流行的时期,因此,要搞好笼舍卫生,每天洗刷食具,每周消毒 1～2 次。同时要保持小室里经常有清洁、干燥和充足的垫草,以防寒流侵袭引起感冒。饲养人员每天都要注意观察貂群动态,发现有病不食者,要及时请兽医治疗,使其尽早恢复食欲,免得影响胎儿发育。

4. 做好产前准备　预产期前 5～10 d 要做好产箱的清理、消毒及垫草保温工作。产箱可用 2％热碱水洗刷，也可用喷灯灭菌；最好垫以不容易碎的乌拉草、稻草等。要注意垫草不能过厚，一般 6～7 cm。对已到预产期的貉更要注意观察，看其有无临产征候、乳房周围的毛是否拔好、有无难产的表现等，如有应采取相应措施。

5. 加强防逃　母貉妊娠期内，饲养员要注意笼舍的维修，防止跑貉，一旦跑貉，不能猛追，以防流产。

6. 注意妊娠反应　个别母貉会有妊娠反应，表现吃食少或拒食，可以每天补饮 5％～10％葡萄糖液，数日后就会恢复正常。

五、哺乳期的饲养管理

哺乳期一般在 4～6 月，全群可持续 2～3 个月。此期饲养管理的中心任务是确保仔貉成活及正常的生长发育，以达到丰产丰收的目的，这是取得良好生产效益的关键环节。因此，在饲养上要增加营养，使母貉能分泌足够的乳汁；在管理上要创造舒适、安静的环境。

(一)哺乳期的饲养

此期日粮总热量与妊娠期相同，日粮重量为 1 000～1 200 g。日粮组成见表 7-13。为了催乳，可在日粮中补充适当数量的乳类饲料，如牛奶、羊奶及奶粉等。如无乳类饲料，可用豆浆代替。亦可多补充些蛋类饲料。饲料加工要细，浓度可小些，不要控制饲料量，应视同窝仔貉的多少、日龄的大小区别分食，让其自由采食，以不剩食为准。

表 7-13　貉哺乳期日粮组成

饲料种类	重量比例(%)	日粮量(g)		
		总　量	早饲(40%)	晚饲(60%)
鱼　类	20	120	48	72
肉　类	10	60	24	36
肝　脏	5	30	12	18
乳　品	5	30	12	18
窝窝头	40	240	96	144
蔬　菜	10	60	24	36
水	10	60	24	36
维生素 A	—	2000 IU	—	2000 IU
维生素 D	—	300 IU	—	300 IU
维生素 B	—	5 mg	—	5 mg
维生素 C	—	30 mg	—	30 mg
维生素 B_1	—	10 mg	—	10 mg

(二)哺乳期的管理

1. 保证母貂的充足饮水 哺乳期必须供给貂充足、清洁的饮水。同时由于天气渐热,渴感增强,饮水有防暑降温的作用。

2. 做好产后检查 母貂产后应立即检查,最多不超过 12 h。主要目的是看仔貂是否吃上母乳。吃上母乳的仔貂嘴巴黑,肚腹增大,集中群卧,安静,不嘶叫;反之,未吃上母乳者,仔貂分散在产箱内,肚腹小,不安地嘶叫。还应观察有无脐带缠身或脐带未咬断、有无胎衣未剥离、产仔数、有无死胎等。

3. 精心护理仔貂 小室内要有充足、干燥的垫草,以利于保暖。对乳汁不足的母貂,一是加强营养,二是以药物催乳,可谓给 4～5 片催乳片,连续喂 3～4 次,经喂催乳片后,乳汁仍不足时,需将仔貂部分或全部取出,寻找保姆貂。

不同日龄仔貂的饲养管理工作重点不同。仔貂在 30 日龄前发育非常迅速,所需要的营养物质基本从母乳中获得;随着日龄的增长,仔貂的消化系统发育完善,20～28 d 便开始吃人工补充饲料,此时仔貂可自行走出小室外觅食。当仔貂开始吃食后,母貂即不再舔食仔貂粪便,使仔貂的粪便排在小室里,污染小室和貂体。所以要注意小室卫生,及时清除仔貂粪便及被污染的垫草,并添加适量干垫草。

采食后的仔貂要供给新鲜、易消化的饲料,最好在饲料中添加有助于消化的药物,如乳酶生、胃蛋白酶等,以防止仔貂消化不良。饲料要稀一些,便于仔貂舔食,以后随着日龄的增长可以稠些。不同日龄仔貂的补饲量见表 7-14。

表 7-14 不同日龄仔貂的补饲量 （g/d·只）

仔貂日龄	20	30	40	50
补饲量	20～60	80～120	120～180	200～270

30 日龄以上的仔貂很活跃,此期应将笼舍的缝隙堵严,以防仔貂串到相邻的笼舍内而被其他母貂咬伤、咬死。

哺乳后期,由于仔貂吮乳量加大,母貂泌乳量日渐下降,仔貂因争夺乳汁,很容易咬伤母貂乳头,从而导致母貂乳腺疾病的发生。发生乳腺炎的母貂一般表现不安,在笼舍内跑动,常避离仔貂吃奶,不予护理仔貂;而仔貂则不停发出饥饿的叫声;检查母貂,可见乳头红肿,有伤痕或肿块,严重的可化脓溃疡。发现这种情况,应将母仔分开。如已超过 40 日龄,可分窝饲养。有乳腺炎的母貂应及时给予治疗,并在年末淘汰取皮。

4. 适时断奶分离 断奶分窝是将发育到一定程度、已具有独立生活能力的仔貂与母貂分开饲养的过程。仔貂断奶一般在 40～50 日龄进行,但是在母貂泌乳量不足时,可在 40 日龄内断奶。具体断奶时间主要依据仔貂的发育情况和母貂的哺乳能力而定。过早断奶会影响仔貂的发育,过晚断奶会消耗母貂体质,影响下一年生产。

5. 保持环境安静 在母貂哺乳期内,尤其是产后 25 d 内,一定要保持饲养环境的安静,以免造成母貂惊恐不安,出现吃仔或泌乳量下降。

六、成年貉恢复期的饲养管理

（一）成年貉恢复期的饲养

恢复期对于公貉是指从配种结束（3 月份）至生殖器官再度开始发育（9 月份）之间的时期；对于母貉则是指仔貉断奶分窝（7 月初）至 9 月份这段时间。此期公母貉经过繁殖期的营养消耗，身体较消瘦，食欲较差，采食量少，体重处于全年最低水平。因此，恢复期饲养管理的中心任务是给公母貉补充营养，增加肥度，恢复体况，并为越冬及冬毛生长储备足够的营养，为下一年的繁殖打好基础。

为促进种貉体况的恢复，在公貉配种、母貉断奶后 20 d 内，应分别继续给予配种期和产仔泌乳期的日粮，以后再逐步喂给恢复期的日粮。

恢复期的日粮中动物性饲料比例应不低于 15%，谷物性饲料尽可能多样化，能加入 20%～25% 的豆面更好，以改善配合日粮的适口性，使公母貉尽可能多采食一些饲料。8～9 月份日粮供给量应适当增加，使其多蓄积脂肪，以利于越冬。成年貉恢复期的饲养标准和日粮配方分别见表 7-15 和表 7-16。

表 7-15　成年貉恢复期的饲养标准

日粮标准		重量比（%）				添加饲料（g）	
热量（kJ）	日粮量（g）	鱼肉类	鱼肉副产品	熟谷物	蔬菜	食盐	骨粉
1883～2717	450～1000	5～10	5～10	60～70	15	2.5	5

表 7-16　成年貉恢复期的日粮配方　（单位：g）

性别	杂鱼	畜禽内脏	玉米面	白菜	胡萝卜	牛乳或豆浆	骨粉	食盐	酵母	总量
公貉	—	60	110	100	25	150	15	2.5	5.0	467.5
母貉	50	50	120	130	—	195	13	2.0	8.5	568.5

（二）成年貉恢复期的管理

种貉恢复期经历的时间较长，气温差别悬殊，应根据不同时间生理特点和气候特点，认真做好以下各项管理工作。

1. 加强卫生防疫　在炎热的夏秋季节，各种饲料要妥善保管，严防腐败变质。饲料加工时必须清洗干净，各种用具要经常洗刷干净，并定期消毒，地面笼舍要随时清扫和洗刷，不能积存粪尿。

2. 保证供给饮水　天气炎热要保证供给饮水，并定期饮用万分之一的高锰酸钾水溶液。

3. **防暑降温** 貉的耐热性较强,但在夏季异常炎热时也要注意防暑降温。除加强供水外,还要将笼舍遮蔽阳光,防止阳光直射发生日射病。

4. **防寒保暖** 在寒冷的地区,进入冬季后,就应及时给予足够的垫草,以防寒保暖。

5. **合理光照** 预防无意识的延长光照或缩短光照,严禁随意开灯或遮光,以免因光周期的改变而影响貉的正常发情。

6. **搞好梳毛工作** 当毛绒生长或成熟季节,如发现毛绒有缠结现象,应及时梳整,从而减少毛绒粘连,影响毛皮的质量。

七、幼貉育成期的饲养管理

幼貉育成期是指仔貉断奶后进入独立生活的体成熟阶段,一般为6月下旬至10月底或11月初。此期是幼貉继续生长发育的关键时期,也是逐渐形成冬毛的阶段。最终幼貉体型的大小、毛皮质量的好坏,关键在于育成期的饲养管理。要做好育成期的饲养管理工作,首先要掌握幼龄貉的生长发育特点,然后根据其生长发育规律,适时提供幼貉生长发育必需的营养物质和环境条件,才能促进其正常生长发育。

(一)仔幼貉的生长发育特点

仔貉出生时体长8～12 cm,体重120 g左右,身被黑色稀短的胎毛。仔、幼貉生长发育十分迅速,至60日龄断奶分窝时,体重可增加十几倍,体长可增加3倍左右;至5～6月龄,长至成年貉大小。仔、幼貉在不同日龄时的体重和体长增长速度分别见表7-17和表7-18。

表7-17 不同日龄仔、幼貉的体重 （单位:g）

性别	日龄									
	1 (初生重)	15	30	45	60 (断奶重)	90	120	150	180	210
公	120.1	295.3	541.9	917.8	1370.6	2724.1	4058.3	4769.2	5445.0	5538.5
母	117.2	294.5	538.6	888.6	1382.5	2783.1	4184.9	4957.6	5654.3	5545.5

表7-18 不同日龄仔、幼貉的体长 （单位：cm）

性别	日龄						
	10	20	30	40	50	60	70
公	18.2	23.1	27.21	32.34	35.95	40.50	44.38
母	18.63	22.73	26.78	31.98	35.83	40.52	43.17

仔、幼龄貉生长发育有一定的规律性,体重和体长的增长在120日龄之前最快,120日龄后生长强度降低,150~180日龄生长基本停止,已达体成熟。

(二)幼貉育成期的饲养

此期饲养管理的主要任务是使幼貉在数量上保证成活率,尽量保持分窝时的只数;在质量上要达到要求的体型和毛皮质量,从而获得张幅大、质量好的毛皮和培育出优良的种用幼貉。

幼貉断奶后头2个月是决定其体型大小的关键时期,如在此期内营养不良,极易造成生长发育受阻,即使以后加强营养也很难弥补。因此,此期应供给优质、全价、能量含量较高的日粮,同时还要特别注意补给钙、磷等矿物质饲料及维生素,以促进幼貉骨骼和肌肉的迅速生长发育。幼貉生长发育旺期,日粮中蛋白质的供给应保持在每日每只50~55g,以后随生长发育速度的减慢,逐渐降低,但不能低于每日每只30~40g。蛋白质不足或营养不全价,将会严重影响幼貉的生长发育。幼貉育成期饲养标准和日粮配方分别见表7-19和表7-20。

表7-19　幼貉育成期饲养标准

日粮标准		重量比(%)								添加饲料(g)	
热量(kJ)	日粮量(g)	鱼肉类	鱼肉副产品	熟谷物	蔬菜	酵母	乳品	食盐	骨粉	维生素A(IU)	维生素E(mg)
2090~3344	不限,随日龄递增	25~10	15~10	50~60	15	5~8	50	2~2.5	10~15	800	3

表7-20　幼貉育成期日粮配方　(单位:g)

杂鱼	畜禽内脏	玉米面	白菜	牛奶或豆浆	骨粉	食盐	酵母	维生素A(IU)	松针粉	总量
50	30	130	100	130	20	1.8	5	500	2	468.8

幼貉育成期每日喂2~3次,日喂3次时,早、午、晚分别占全天日粮量的30%、20%和50%,让貉自由采食,以不剩食为准。

(三)育成期的管理

1.断奶初期的管理 刚断奶的幼貉由于不适应新的环境,常发出嘶叫,表现行动不安、怕人等。一般应先将同性别、体质体长相近的幼貉2~4只放在同一个笼内饲养1~2周后,再进行单笼饲养。

2.定期称重 幼貉体重的变化是其生长发育快慢的指标之一。为了及时掌握幼貉的发育情况,每月至少进行1次称重,以衡量育成期饲养管理的好坏。此外,毛绒发育情况和牙齿的更换情况及体型等,也应作为幼貉发育的评定指标。

3. 做好选种工作 挑选一部分幼貉留种,原则上要挑选产期早、繁殖力高、毛色符合标准的幼貉作种。挑选出来的种貉要单独组群饲养管理。

4. 加强日常管理 幼貉育成期正处于炎热夏季,气温较高,管理上要特别注意防暑和防病。除保证饮水外,还可采取地面洒水降温、给笼舍遮阳等方法降温。饲料要保证卫生,腐败变质的饲料绝不能饲喂,水盒、食具要及时清洗,小室内粪便及残食要随时清除,以防止肠炎和其他疾病的发生。7 月份要接种病毒性肠炎、犬瘟热及其他疫苗。

八、皮用貉冬毛生长期的饲养管理

皮用貉除选种后剩下的当年幼貉外,还包括一部分被淘汰的种貉,在毛皮成熟期都要屠宰取皮。为了获得优质的毛皮,饲养上主要是保证正常生命活动及毛绒生长成熟的营养需要。皮用貉的饲养标准(表 7-21)可稍低于种用貉,以降低饲养成本。但日粮中要保证供给充足的蛋白质,特别是要供给含硫氨基酸多的蛋白质饲料,如羽毛粉等,以保证冬毛的正常生长。如果蛋白质不足,就会使冬毛生长缓慢、底绒发空,严重降低毛皮质量。日粮中矿物质含量不能过高,否则可使毛绒脆弱无弹性。日粮中应适当提高脂肪的给量,不但有利于节省蛋白质饲料,而且貉体内蓄积一定数量的脂肪,有提高毛绒光泽度和增大皮张张幅的作用。此外,应注意添加维生素 B_2,因为当维生素 B_2 缺乏时,绒毛颜色会变浅,影响毛皮质量。貉冬毛生长期的饲料配方见表 7-22。

表 7-21 皮用貉的饲养标准

日粮标准		重量比(%)				添加饲料(g)	
热量(kJ)	日粮量(g)	鱼肉类	鱼肉副产品	熟谷物	蔬 菜	酵 母	食 盐
2090~2508	550~450	5~10	10~15	60~70	15	5	2.5

表 7-22 貉冬毛生长期的饲料配方 (%)

饲料种类	Ⅰ	Ⅱ	Ⅲ
鱼 粉	3	1.8	0
畜禽副产品	10	6.2	4
酵 母	2	2	2
豆 粕	16	17	21
玉米加工副产品	27	35	32
玉 米	26	22	28
麦 麸	10	10	7
草 粉	2	2	2
植物油	4	4	4

　　皮用貉在管理上的主要任务是提高毛皮质量。皮用貉 10 月份就应在小室内铺垫草，以利于梳毛。此外要加强笼舍卫生管理，分食时要注意不要使饲料沾污毛绒，以防毛绒缠结。

第三篇

毛皮动物疾病防制

第八章 毛皮动物饲养场兽医卫生综合措施

建立兽医卫生防疫机构,作好日常的兽医卫生监督工作,是贯彻预防为主方针的重要措施。为了保证毛皮动物不发生疫病,确保人兽安全,兽医人员应经常深入现场了解饲料和饲养管理情况,经常注意和调查场区附近地区的畜禽场传染病流行情况,及时发现解决问题。

第一节 毛皮动物饲料、饮水的卫生管理

毛皮动物的许多传染病如伪狂犬病、结核病、巴氏杆菌病、旋毛虫病和肉毒梭菌毒素中毒等许多疾病都是通过饲料传染的,有些普通病也是由于营养物质(蛋白质、维生素及其他营养元素)缺乏而引起的。直接或间接。因此,严格对毛皮动物的饲料进行兽医卫生检查,是预防毛皮动物疾病发生的重要环节之一。

一、饲料卫生

(一)饲料卫生管理的原则

1.禁止从疫区采购饲料 有很多传染病,如犬瘟热、狂犬病、鼻疽、结核、巴氏杆菌病、肉毒梭菌毒素中毒、布鲁氏菌病等是家畜和毛皮兽共患传染病,有些还是人兽共患传染病。因此,从疫区采购的带病畜禽动物肉类饲料易引起疫病暴发流行。

2.严防饲料发霉变质 管好库房和冷库,严防饲料发霉变质。对不新鲜或变质饲料应停止饲喂,或经过无害化处理后方可再喂。要重视灭鼠工作,因为鼠是很多疫病的传播者。

3.消除饲料中有毒有害物质 肉类饲料加工前要清除杂质,如泥沙、变质(发黄变绿)的脂肪,拣出毒鱼,用清水洗干净方可进一步加工。

(二)常用饲料的卫生要求

1.畜禽副产品 鲜血、鲜肝可以生喂(猪血除外),但不能保存,应随时购入随时饲喂。

动物脂肪适量喂给,对仔兽发育和母兽生产力均有良好影响;如果喂给质量不好的脂肪或过量饲喂,会对毛皮动物的健康产生极大危害;因此要特别注意脂肪供给的数量和检查质量。动物脂肪可分为工业用和食用2种。工业用脂肪多由被污染的原料以及皮革厂各种皮脂碎屑熔炼而成,包括高酸度(脂肪分解产生脂肪酸,酸败产生臭氧化物、过氧化物及含氧酸)和硬脂化(以羟基簇代替游离价脂肪酸)的脂肪,其分解产物对毛皮动物机体有毒害作用,并破坏混合饲料中的维生素A、维生素C及B族维生素。来自屠宰点混有锯末经过再熔化的毛皮动物脂肪,不能饲喂繁殖期的毛皮动物,只有经细菌检查后,方可喂给毛皮动物。脂肪酸败对毛皮动物繁殖的影响极大,不能饲喂毛皮动物。对脂肪的鉴定不能只限于感官,必须以化学方法检查其酸度、过氧化物数目及其有无醛的存在。只有符合食用标准的脂肪才可用来喂毛皮动物,同时每月应检查混合饲料中的脂肪含量,必须按规定标准喂给,不能超量。

牛、羊和猪胚胎不能生喂,因常有布鲁氏菌存在,易造成布鲁氏菌病流行,应煮熟后再喂。

新鲜优质的兔副产品(头、骨架)可以生喂。兔耳及质量差的兔头、兔骨架,需蒸煮后加工喂给。

禽副产品(头、肠、爪、皮)要进行细菌学检查,特别注意有无巴氏杆菌。质量好的可以生喂。

2. 鱼及其废弃品　有毒鱼类不能喂给毛皮动物;淡水鱼类一般均含有破坏维生素的酶(如硫胺素酶)不能生喂,必须经蒸煮后熟喂。长期保存并带有自体溶解和脂肪酸败症状的鱼绝不允许加入饲料中。质量不好的鱼和其副产品不能作为毛皮动物的饲料,因为有些鱼及其副产品经蒸煮后也不能破坏其有毒产物(毒素耐热性高)。

3. 痘猪肉(囊虫病猪肉)　痘猪肉脂肪含量较多,且脂肪易酸败变质,饲喂毛皮动物特别是幼兽易引起维生素 B_1 和维生素 E 缺乏病。一般用来饲喂毛皮成熟期的皮兽,非皮兽只能掺杂其他饲料中搭配喂给。痘猪肉在饲喂前应进行加工处理,即将皮和瘦肉之间的脂肪剔净,再经高温熔化撇出脂肪后,将瘦肉渣放入木盒内冻成坨后贮存备用。

4. 蚕蛹　是毛皮动物较好的动物性蛋白质饲料,含蛋白质65%,脂肪24%,日粮中添加10%～15%的蚕蛹干代替肉类饲料是完全可行的。但蚕蛹在生产、保存、运输中,常被普通变形杆菌、绿脓杆菌、肠杆菌和霉菌类等污染,致使其剧烈腐败;蚕蛹脂肪甚至在一般室温下就能很快氧化分解。因此,利用时要十分慎重,应当预先进行细菌学、真菌学和毒物学检查,并经过蒸煮后才能喂给非繁殖期的毛皮动物。

5. 乳及乳制品　新鲜无污染的牛乳可生喂,来源不明(农场、奶站供应)的乳,应实行巴氏灭菌后喂给,腐败牛乳不能饲喂。酸乳制品对原因不明的胃肠疾病有显著预防和治疗作用,在夏季还能防止饲料腐败,对不适宜用抗生素防制的细菌性传染病和非细菌病、中毒及维生素缺乏症等都有良好作用。新鲜凝乳块是毛皮动物繁殖期较好的饲料,呈白色,酥脆,味微酸。腐败凝乳块颜色发黄或污绿色,黏稠,有酸败脂肪味或丙酮味,并有霉变,不能饲喂。

6. 植物性饲料　谷物饲料(混合饲料、麸子、粉面、完整籽粒)除应检查杂质(芒棘和异物)外,还必须进行真菌和毒物学检查。豆饼和其他油饼(葵花饼、花生饼等)可以饲喂毛皮动物,但并不是好饲料,主要因为其有时含有有毒物质(氢氰酸、棉籽油醇等),会导致消化和代谢紊乱、中毒。因此,没有经过专门检测的豆饼及其他油饼不能喂毛皮动物。

青饲料(白菜、菠菜、甘蓝、莴苣、茎叶、水生植物、青草等)应妥为保存,气温高的季节可放于木架上,不要堆在地上,以防腐烂。水生植物应除去根后饲喂。北方冬季应放于 0～4℃左右的窖内贮存。

块根、块茎类和蔬菜必须新鲜才能饲喂毛皮动物,腐烂、发霉或被虫及啮齿类咬噬损坏的不能利用。

植物油应检查其酸度和酸败情况,如果酸败变质(浑浊、有异味、有酸味),则不能饲喂,否则对毛皮动物的生产力和仔兽的发育均有不良影响,甚至可引起中毒而死亡。

7. 维生素类饲料　鱼肝油酸败后饲喂毛皮动物易导致黄脂肪病,绝不能饲喂。检查鱼肝油时,应注意其颜色、透明度及稠度。如果实验室检查测定维生素 A 含量大大低于规定商品标准时,则应认为鱼肝油是酸败的。

饲料酵母(面包酵母、啤酒酵母、水解酵母、石油酵母、蛋白—维生素合成物)对毛皮动物不是一种好饲料,一方面含维生素量低,另一方面在运输、贮存过程中易发霉变质,喂后引起中毒,因此不适长期保存使用。其中面包酵母和啤酒酵母在加入混合饲料前必须蒸煮,否则可引起毛皮动物急性胃扩张,水解酵母和蛋白—维生素合成物必须接受真菌学检查。

多种维生素(医药工业制造的多种糖衣丸、片)如保存不合理需进行真菌和毒物学检查。

二、饲料加工及饲喂用具卫生

(一)饲料加工室的卫生

动物性饲料是很好的"细菌培养基",容易成为细菌的孳生地,因此,饲料加工室的卫生防疫是非常重要的。饲料加工室应门窗密闭,防止老鼠等动物窜入,夏季门窗应安装纱网,防止蚊蝇进入;墙壁和地面要随时清扫、冲洗和消毒,特别是每次加工完后,要彻底冲净,勿留死角,以防细菌繁殖;生熟饲料加工要相对隔离;要防止有毒有害物质混入,也要禁止用有毒、有异味的药物消毒;工作人员进出饲料室,要更换工作服和鞋,非饲料加工室人员严禁进入饲料室。

(二)饲料加工用具和食具卫生

饲料加工用具和食具每天都和饲料接触,极易残留或附着有机物,造成微生物繁殖。因此,每天在饲喂间隙,要清洗饲料车、饲料加工容器、食盆和水盒,并定期消毒;

尤其是在哺乳期及炎热的夏天。

三、饮水卫生

毛皮动物的饮水要清洁、无污染。要管理好水源和饮具,饮水器具要经常刷洗、消毒,防止藻类和霉菌孳生。

第二节　毛皮动物疫病综合防制措施

人工饲养下的貂、狐和貉均属小型野生动物,体小,未得到完全驯化,仍保留有野性,并且单位养殖场内养殖数量多,一旦发病,特别是传染病,对每只动物进行单独治疗困难极大,甚至是不可能。因此,毛皮动物饲养场在动物疫病防制上必须遵守"预防为主,防重于治"的原则,控制或减少疫病的发生。

一、经常性的卫生防疫制度

(一)加强检疫

凡引入新动物,都应隔离饲养2周以上,或经过必要检疫,确认健康无病,方可进场混群饲养。各种饲料、物品等都应从非疫区购入。

(二)严格控制或禁止外人参观

为防止引入病原和毛皮动物受到惊扰,应尽量减少外来人员进入饲养场,必要时须经本场兽医同意,场领导批准,并经卫生消毒后方可准许入场。

(三)饲养场门口设消毒槽

大中型饲养场消毒槽一般是用水泥灌注而成,槽深40 cm,宽250 cm,长800 cm。槽内充消毒药,供车辆和工作人员出入时消毒。

(四)经常保持棚舍及笼箱清洁

1. 地面卫生　笼舍下的粪尿应每天及时清除,保持地面清洁和干燥,这是灭蝇和防止疾病发生的有效办法,特别是低纬度地区在夏季更应如此。饲养场每周应清扫积粪2～3次,每次集中清理粪尿后,应撒生石灰消毒,粪便运出场外。

2. 笼舍卫生　毛皮动物常将饲料叼入小室内存放,个别的还在小室内排泄粪尿,易导致细菌繁殖传播疾病。因此,小室内和笼网上的剩食及粪便要经常清除。食具要经常清洗,并定期消毒。

3. 垫草卫生　垫草具有防寒保暖、梳毛及产仔保温作用。要求清洁、干燥、无泥土、无污染、无腐烂霉变,还要防止犬、鼠絮窝而传染疫病。垫草使用前要在强烈日光下暴晒经紫外线消毒。发霉和用过后重又晒干的垫草不能使用。

4. 死亡动物剖检　必须在兽医诊疗室或特设房间内进行,解剖后的尸体及其污染物应烧毁或深埋,用具进行彻底消毒。对饲养过病兽的笼子也要进行消毒。从场内隔离出来的毛皮动物不再归回兽群内,直至屠宰期取皮利用。

5. 严格检查饲料　每批饲料都应检查其新鲜度和细菌培养率,同时要做好饲料调配室的卫生监督工作。

6. 保持用具卫生　饲养人员的工作服、胶靴及护理用具等应编号,固定人员使用,不得转借他人。工作结束后,应将工作服和靴子消毒后存放待下次再用。绝对不允许把工作服穿回家或不穿工作服进场。

7. 药物预防　是利用药物预防毛皮动物群体特定传染病和寄生虫病的发生与流行的一种非特异性方法。临床上,有些毛皮兽传染病至今尚无有效的疫苗用于免疫预防,有些疫苗的免疫效果仍不理想,而使用一些高效的抗菌药物则可预防某些特定传染病和寄生虫病的发生与流行,而且还可获得增重和增产的效果。但是,在使用药物添加剂做群体预防时,应严格掌握药物剂量、使用时间和方法。要注意长期使用药物易产生耐药菌株,影响防制效果。因此,在进行药物预防时应将各种有效药物交替使用,既防止产生耐药性,又能收到较好的效果。

二、常用消毒方法

做好养殖场日常消毒工作,对防制毛皮动物疾病非常重要。平时常用的消毒方法有物理消毒法、生物消毒法和化学消毒法 3 种。

(一)物理消毒法

本法包括清扫、日晒、干燥和高温火焰消毒等。

太阳光的紫外线对微生物具有杀死作用。因此,在场区周围不应种植和栽培高大树木及高粱等高秆作物。定期清除杂草。夏季来临前要彻底清扫笼箱。

火焰消毒是毛皮动物饲养场经常采用的消毒方法。特别是早春、冬季和深秋温度比较低的时候,常用火焰喷灯消毒笼箱、食板。使用时为避免火灾,常使用煤油而不用汽油。近年来瓦斯火焰喷灯得到推广。在消毒木制部分时,以烧到变黑为宜,但不能达到炭化程度;金属部分用急火焰,可将铁丝笼网上的污物(粪便、绒毛)烧尽。酒精灯、瓦斯灯及气炉子火焰,可用于采血、接种的器械消毒。

水蒸气消毒常用来对绷带材料、工作服、实验室培养基和某些药物溶媒的消毒。

甲醛蒸气对窝箱、工作服和用具上的病原体消毒很有效,在国外已经采用。一般是用冷藏车厢改装而成的甲醛蒸气室。1 m³ 容积消耗纯福尔马林(40% 甲醛溶液)75～250 g。作用时间从福尔马林沸腾时开始,40 min 到 2.5 h。一次最少消毒 24 个银黑狐或北极狐的窝箱,或 300 个水貂窝箱。毛皮动物患真菌病时,用此法消毒窝箱最为适用。工作捕捉网、手套分别挂在蒸气室的钩上,扫帚、靶子等用具顺小室壁放置。

(二)生物消毒法

本法主要是对粪便、污水和其他废物做生物发酵处理。在毛皮动物饲养场内,动物被生长型微生物感染时,大多采用此法进行粪便消毒。

(三)化学消毒法

化学消毒法即用化学药物杀灭病原体。常用的化学消毒药剂有如下几类。

1. 氧化剂　包括漂白粉、氯亚明、高锰酸钾和一氯化碘。

(1)漂白粉　用于消毒粪便、垃圾箱及水源。因其对金属有腐蚀作用,故不适用于笼舍消毒。消毒 1 m² 面积,需 10%～20%漂白粉溶液 10～15 L。

(2)氯亚明 B(一氯亚明)　用于消毒污秽地面、房间等,常以粉剂和水溶液使用。对芽胞型微生物,有效氯应当为 4%～5%;生长型为 1%～2%。

(3)高锰酸钾　广泛用于消毒开始腐败的副产品、饲料调配室及饲料加工机器。使用浓度大约 10%。

(4)一氯化碘　在毛皮动物患有秃毛癣时,用以消毒场内地面(以 10%浓度,按 1 m² 面积 4 L 计算)。

2. 苯酚(石炭酸)及其同系物　包括甲酚合剂、来苏儿(煤酚皂溶液)、克辽林(杂甲酚)等。

(1)甲酚合剂(3%硫酸-苯酚)　热水溶液可用来消毒地面及垃圾,但作业时应做好防护措施。

(2)来苏儿　是一种毛皮动物饲养场最适用的消毒药。5%～10%热水溶液用于消毒窝箱、食板、饮水盒等饲养器皿和饲料加工机器;1%～3%溶液用于消毒手、尸体及解剖器械等。但对真菌和芽胞型微生物消毒效果不好。

(3)克辽林　与来苏儿使用范围大致相同,还可用于消毒篱笆和栅栏等。考虑其毒性较大,用于笼箱消毒必须在使用之前数日完成。

3. 碱类　主要包括氢氧化钠和碳酸钠。

(1)氢氧化钠(苛性钠)　是发生病毒性和细菌性传染病时,最为常用的消毒药之一。除金属笼舍以外(因有腐蚀作用),对毛皮动物饲养场的其他物品都适用。浓度以 1%～4%热水溶液为宜。浸泡或喷淋使用。用于窝箱消毒时,消毒 1～2 h 后,即可把仔兽放入其中。

(2)碳酸钠　是洗刷和消毒毛皮动物饲料调配室、饲料器皿、饲料加工机器、窝箱及食板等的有效药物,对大多数细菌和病毒都有致死作用。随着溶液温度增高,其杀灭作用增强。例如,0.5%溶液加温到 80℃ 经 10 min 能杀死炭疽病原菌的芽胞。常使用 0.5%～5%热水溶液。

4. 重金属盐类　主要用硫酸铁(绿矾)做冷库消毒。先用 3%～5%福尔马林蒸气对冷库进行熏蒸消毒,后用氢氧化钠溶液洗涤地板、天棚、墙壁、门,再用 5%硫酸铁热溶液喷雾冲洗天棚、墙壁和门,最后用生石灰悬浮液刷墙。

三、免疫预防

传染病对毛皮动物养殖危害严重,一旦发生难以治疗,甚至会导致全群死亡,养殖失败。因此,毛皮动物饲养场必须对常见的和危害严重的传染病进行定期接种疫苗,以杜绝传染病的发生和蔓延。

生产中主要是对犬瘟热、病毒性肠炎、传染性脑炎和加德纳氏菌病等进行疫苗预防接种,接种的疫苗种类、时间和剂量见表8-1。

表 8-1　毛皮动物传染病免疫接种时间

疫苗种类	接种时间	接种剂量
犬瘟热活疫苗		水貂 1 mL,狐、貉 3 mL
水貂病毒性肠炎灭活疫苗	种兽配种前 1 个月	水貂 1 mL,狐、貉 3 mL
传染性脑炎甲醛灭活吸附疫苗	仔兽分窝后 2～3 周	狐 1 mL
阴道加德纳氏菌铝胶灭活疫苗		狐 1 mL

首次接种时间要考虑到母源抗体的影响。接种时间过早疫苗被动物体内的母源抗体中和,造成免疫失败。同时,由于母源抗体也被弱毒疫苗破坏了,动物体失去了抵抗力,就不能抵抗病原的入侵而发病。接种过晚,动物体内的母源抗体消失,而疫苗刺激机体产生抗体尚需一段时间,将出现免疫空白期,此期间若有病原入侵,也会导致发病。

研究证实,仔貂、仔狐、仔貉的母源抗体可通过胎盘和初乳获得,相当于母貂、母狐、母貉的 77% 的血清抗体,其中 5% 来自胎盘,95% 来自初乳。母源抗体可以保护仔兽在一定时间内不受犬瘟热、细小病毒性肠炎和狐脑炎的强毒感染。据国外报道,仔兽第八周龄时犬瘟热母源抗体已消退了 80%,到第九周龄时已全部消退。因此初免的日龄不能超过 63 d。若在 63 d 注射疫苗,动物需经 7 d 以上的时间才能产生保护性抗体,这就有 10 d 左右的时间为发病危险期,如果在这期间有犬瘟热强毒的侵入,就会发病。

疫苗接种后一般不会出现明显反应。在注射疫苗后一般的反应为食欲轻度下降,体温略微升高,但经过 1～2 d 很快恢复,不必处理。但有时也可出现过敏反应,一般在接种疫苗后的 1～2 h 或半天内,动物精神沉郁,呕吐,食欲废绝,甚至发生神经症状,卧地不起等。遇此情况可用肾上腺素 0.3～1 mL,肌内注射;或用地塞米松 0.5～2.5 mg,必要时可用 10% 葡萄糖酸钙 10～20 mL,5% 葡萄糖氯化钠 200 mL,静脉注射,以解救过敏的动物。

四、疫情处理

(一)及时逐级报告疫情

当养殖场毛皮动物发病或死亡时,饲养人员应立即通知兽医人员;兽医人员应及时检查,当怀疑有某种传染病发生时,应立即向场领导和上级有关部门报告,并及时把病理材料送实验室,迅速确诊。一旦确诊为传染病时,应逐级向有关部门报告,并按国家有关规定执行,还应通知邻近单位和有关部门注意做好预防工作。

(二)检疫隔离

首先应对兽群进行检疫,并根据检疫结果,将兽群分为病兽、疑似感染兽(与病兽或其污染材料有过明显接触的)和假定健康兽(与前两种兽无接触的)分群饲养管理。病兽是最危险的传染源,必须放入隔离舍内由专人护理和治疗,不准畜禽进入和病兽跑出;所有的饲养管理用具均应固定;护理和医疗人员出入均须消毒。对疑似感染兽应在消毒后进行紧急预防接种和药物预防,并集中观察,经1~2周不发病即可解除隔离。对假定健康兽应进行紧急预防接种和采取相应的保护措施。在隔离期间应停止一切畜牧学措施(称重、打号及其他移动)。

(三)封 锁

当养殖场发生如犬瘟热、病毒性肠炎等烈性传染病时,除严格隔离病兽外,应立即划区封锁。本着"早、快、严、小"的原则,根据不同传染病,划定疫区范围进行封锁,即执行封锁应在流行初期果断进行,越快越好,严密封锁,但范围不宜太大。在封锁区内的易感动物应进行预防接种,对患病动物进行治疗、急宰或扑杀等处理。封锁期因不同传染病而异。

(四)尸体处理

死于传染病的动物尸体含有大量病原体,可污染环境,如不妥善处理,会成为新的传染源,危及其他健康动物,应做无害化处理。常用的处理方法有如下几种。

1.生物热掩埋法 选择地势高、水位低、远离居民区、养殖场、水源和道路的偏僻处,挖一深2 m以上适当大小的坑,坑底撒布生石灰,放入尸体后,再放一层生石灰,然后填土掩埋,经3~5个月生物发酵,达到无害化目的。

2.火化法 挖一适当大小的坑,内堆放干柴,尸体放于柴中,倒上汽油等燃料焚烧,直至尸体烧成黑炭为止,之后将其埋在坑内。大型毛皮动物饲养场应建焚尸炉,以便焚烧动物尸体。本法对毛皮动物尸体处理最为适合。

3.煮沸法 有条件的养殖场可将尸体进行高压蒸汽灭菌,此法可靠,灭菌后的尸体可综合利用。

(五)消 毒

消毒是防制传染病的一项重要措施,目的在于消灭被传染源散布于外界环境中的病原体,以切断传染途径,阻止疾病继续蔓延(消毒药及消毒方法见前文)。

(六)解除封锁

在最后一只病兽死亡、急宰或扑杀后,经一定时期观察,若再无新病例发生,应对养殖场全面大消毒后解除封锁。

第三节　毛皮动物疾病诊断基础

一、诊断的概念

毛皮动物疾病的诊断,必须紧密结合影响机体发病的内在因素和外在条件,通过对病兽全面系统地临床检查、尸体剖检,以及必要的实验室检验等综合手段,认识疾病的本质,作出确切的诊断。疾病诊断必须以动物解剖学、生理学和病理生理学等专业基础科学为依据,熟练地掌握毛皮动物疾病的诊断技术,严格按解剖顺序进行检查,不得颠倒或遗漏,以免造成误诊。

有些疾病通过临床检查即可作出诊断;有些疾病必须结合尸体剖检的病理变化方可确诊,如阿留申病、结石、寄生虫病等;而有些疾病必须做实验室检查方可确诊,如某些传染病、寄生虫病及中毒性病。因此兽医工作人员必须熟练地掌握全面的毛皮动物疾病诊断技术。

兽医人员必须对每个病例的预后作出判定。因为判定预后是一件复杂而严肃的工作,要具有足够的理论知识和丰富的临床经验。必须充分考虑病兽的个体特性(种类、年龄、性别、营养、体质和神经类型)和疾病发展变化,而不能单凭疾病本身来推断。尽管如此,对预后判定仍是难以十分准确,所以推断预后只能是一种假定。在临床上可以把预后分为:预后良好(能恢复健康并保持其生产性能)、预后不良(转归死亡或不能治愈且丧失生产能力)和预后可疑(疾病转归不定)等。

二、临床诊断

临床诊断的基本方法包括:问诊、视诊、触诊、叩诊、听诊和嗅诊等,还包括一些特殊的诊断方法。必须全面细致地进行。

(一)问　诊

问诊是在检查病兽之前或检查病兽的过程中,向饲养人员了解病兽的各种情况,作为诊断的基础资料。此法对毛皮动物的疾病诊断非常重要,因为笼养的毛皮动物是在局限的环境条件下生活的,只有饲养管理人员对兽群非常熟悉,而且他们有许多丰富的饲养管理知识和诊治病兽的经验,因此通过调查了解情况,对诊断和治疗疾病是很有帮助的。问诊的内容如下。

1.兽群来源及其饲养管理情况　首先要查清引进兽群地区或养殖场的疾病流行情况及采取的防疫措施,如调出毛皮动物的饲养场有慢性传染病(阿留申病等),进场时又未严格检疫和隔离观察,则很可能将该病带入。

其次,全面了解兽群饲料的种类、质量、来源以及饲料添加剂的使用情况。大多数疾病都和饲料有关。如长期饲喂贮藏过久或冷冻不当而变质的高脂肪类动物性饲料,加之维生素 E 和维生素 B 补给不足,就会发生黄脂肪病。

　　最后,掌握饲养场在饲养管理上存在的问题。例如,不清洁的饮水常导致球虫或绦虫等寄生虫病;北方饲养场如过早地撤除小室内垫草,会引起兽群呼吸道疾病;笼舍、小室结构不合理,会使兽群发生外伤或进而引起脓肿等。

　　2. 发病时间、症状和死亡情况　　根据发病时间可以了解疾病的经过、发展及预后,借助于典型症状可以判断疾病的性质和部位。

　　3. 病兽的治疗情况和效果　　了解治疗情况有助于分析病情。如果抗生素和磺胺类药物治疗有效,很可能是细菌性传染病,即可依此来制订合理的治疗方案。

　　4. 病史和流行情况　　如养殖场附近出现鸡霍乱流行,病兽又出现急性败血性死亡,则可怀疑是巴氏杆菌病。又如养殖场周围的犬发生急性结膜炎、鼻炎和肺炎,并伴有大批死亡,而该场的病兽也有相似的症状,则怀疑是犬瘟热。

　　(二)视　诊

　　用肉眼或借助于器械来观察、检查病兽的精神状态、食欲变化、粪便状态、发病部位的异常变化等。

　　肉眼观察应在阳光或人工白光下进行。尽量保持环境安静,把病兽放进笼舍或小室内,也可在饲喂时进行观察,不放过任何细微变化。如精神状态、营养状况、体况肥瘦、眼的灵活性、被毛完整性和光泽度、鼻镜的干湿度、可视黏膜的色泽和完好程度、口角闭合状态、粪便的变化、采食及饮水变化、呼吸频率,头、颈、躯干、四肢、尾有无异常变化。对场容、场貌等也要观察有无异常。

　　器械视诊必须在良好保定的条件下进行。使用专门器械观察病兽的局部变化。如口腔、鼻腔、阴道和直肠内部变化等,常用反光镜或电筒照明;直肠和阴道视诊也可用直肠镜或阴道内镜。

　　1. 采食及饮水　　注意采食的速度、数量和时间,根据食欲情况可区分为食欲减退、废绝、亢进等,同时要观察采食、咀嚼、吞咽有无异常,有无呕吐症状。毛皮动物常因口腔中有骨刺卡住,口腔不能闭合,造成采食困难;某些中毒性疾病常有呕吐症状;口炎多有流涎表现;水貂阿留申病常出现暴饮。

　　2. 体貌　　注意动物的体况,过度消瘦多为病态,多见于某些慢性传染病,如水貂阿留申病、结核等。观察动物起卧、运动时的姿势有无异常,骨折、脱臼多不能站立,某些传染病常引起后肢瘫痪。观察动物的精神状态,自咬病、神经型犬瘟热常表现狂暴、惊恐、尖叫,各种疾病的垂危期及中暑多表现昏迷。

　　3. 被毛及皮肤　　观察被毛的光泽、颜色及脱换情况。患病动物被毛蓬乱无光、背毛不完全。注意有无自咬、食毛现象,有无皮肤寄生虫或疥癣。

　　4. 粪便性状　　毛皮动物的粪便多为长条状,前端钝圆后端稍尖,表面光滑,深褐色。发病后粪便的颜色、数量、性状都会发生变化。肠炎时排稀便,数量增多;便秘或肠梗阻时排干便,粪球变小,或不排便;出血性肠炎或某些传染病(水貂阿留申病、犬瘟热)排煤焦油状粪便;卡他性胃肠炎多排带有黏液的粪便;病毒性肠炎排出带有黏液管的粪便。

5.可视黏膜　其颜色可反映出机体血液循环状况及血液的变化。通常检查口腔、眼睑、肛门、阴道等黏膜,正常黏膜的颜色为淡粉红色。黏膜苍白为贫血的特征,某些传染病(水貂阿留申病)、寄生虫病及出血性疾病都可引起贫血;黏膜发红,多见于中暑或中毒性病;黏膜黄染,多见于黄脂肪病、肝肾变性等病;黏膜发绀,多见于心力衰竭、食盐中毒等病。此外,眼睑肿胀多见于犬瘟热、维生素 A 缺乏症等,肛门肿胀多见于炭疽。

6.鼻腔分泌物　健康的毛皮动物不流鼻液,当患犬瘟热、肺炎等疾病时,流出大量鼻液;患肺坏疽时,鼻液带有恶臭味。

7.呼吸次数及呼吸姿势　健康的毛皮动物为胸腹式呼吸,呼吸时均匀一致,有一定的呼吸频率(表 8-2)。若呼吸频率不在正常范围内,则为病态,呼吸次数增加常见于肺脏、心脏疾病;呼吸次数减少多见于某些脑病(脑炎、脑水肿)。

表 8-2　几种毛皮动物的呼吸频率　(单位:次/min)

动物种类	水　貂	北极狐	银黑狐	貉
呼吸频率	40~60	18~48	14~30	70~150

(三)触　诊

在安全保定的条件下,用手指、手掌乃至拳头直接触摸患部,通过手感及患兽的反应(温度、硬度、疼痛反应),检查疾病的状态。根据所用方法和检查部位不同,可分为体表触诊和深部触诊。体表触诊(又称浅部触诊)是最常用的方法,触诊时五指并拢,轻轻移动,逐渐加力。深部触诊用以检查内脏器官,如胃肠、膀胱及妊娠等。

(四)叩诊与听诊

由于毛皮动物体型小,毛绒丰厚,故叩诊与听诊对毛皮动物不常使用。只有在诊断毛皮动物胃肠臌气,胸腔、腹腔积水时会用到叩诊。

(五)体温检查

体温变化是疾病的重要症状之一,因此体温检查是临床诊断不可缺少的项目。健康动物都有一定的体温范围,叫正常体温。超过体温范围 0.5℃以上叫发热,按体温升高的程度可分为微热(较正常体温升高 0.5~1℃)、中热(较正常体温升高 2℃)、高热(较正常体温升高 3℃以上)。测量毛皮动物体温的方法是用体温计插入肛门,经 3~5 min 观察水银柱所升高度。各种毛皮动物正常体温见表 8-3。

表 8-3　几种毛皮动物的正常体温　(单位:℃)

动物种类	水　貂	北极狐	银黑狐	貉
体　温	37.5~41	38.7~40	38~40	37.8~41

各种传染病或炎症均可引起体温升高;中毒、失血、或濒死前均可引起体温下降。

（六）特殊诊断

包括胃探子插入法、导尿管插入法、X射线透视和摄影、心电图描记和超声波诊断等。

三、尸体剖检和病料采集

尸体剖检是诊断疾病的重要步骤，通过剖检可确定各内脏器官的病理变化，找出发病原因，认识疾病的实质，同时验证生前诊断是否正确。

（一）剖检前的准备

有条件的场应设有专门的剖检室，地面及墙壁应便于消毒，室内应设剖检台（或用搪瓷盘代替），准备好剖检器械（解剖刀、剥皮刀、解剖剪、外科刀、骨钳）、酒精灯、消毒液、工作服、胶靴、围裙、手套、记录本等。

（二）剖检方法

剖检人员应穿好工作服和胶靴，戴好手套、口罩。首先将动物尸体腹部向上，四肢固定在解剖台上。

1. 外表检查　注意尸体的营养状况、尸僵、天然孔及可视黏膜变化。

（1）营养状况　观察尸体胖瘦，尸体消瘦多见于慢性病，肥胖者多见于急性病。同时注意体表有无外伤、肿胀。

（2）尸僵　动物死后6～10 h，尸体肌肉收缩变硬称尸僵。尸僵顺序从头部开始，然后是上肢、躯干，最后是后肢，24 h后尸僵开始缓解变软。尸僵多见于急性死亡或肌肉发生剧烈收缩的疾病，如破伤风；尸僵不全多见于败血症。

（3）天然孔　指口、鼻、肛门、阴道。死于炭疽的尸体，天然孔流出煤焦油状血液；死于伪狂犬病的尸体，口腔流出血样泡沫，舌有咬伤。

（4）可视黏膜　黏膜贫血、溃疡、坏死，见于水貂阿留申病；黏膜出血，常见于巴氏杆菌病；黏膜黄染，多见于钩端旋螺体。

（5）尸斑　动物心脏停止跳动后，由于重力的关系，血液流向最低部位，呈青紫色，内脏及皮肤均可表现，由此可确定动物死亡的姿势和位置。

（6）尸腐　动物死后，由于酶的作用，尸体很快腐败，又称自溶。腐败最快的是胃脏和胰腺。自溶后的尸体不能用于诊断。

2. 皮下检查　先用消毒液消毒腹部皮肤，然后从耻骨缝向前剪开皮肤至颈部，剥离皮下组织，注意皮下脂肪颜色，黄脂肪病表现脂肪黄染；观察皮下有无肿胀、出血、浸润。

3. 剖腹检查　从肛门沿腹中线向前剖开，再沿肋骨前缘将腹壁横断切开。首先注意有无异味气体，蒜味为砷中毒，葱味为磷中毒。检查腹腔内有无渗出液，注意其颜色、数量。如有血液，多为内脏出血或破裂；如有粪便或食物，多由于胃肠穿孔、破裂。

4. 腹腔内脏检查　注意各内脏器官的大小、颜色、质度，有无出血、充血、淤血、坏死、破裂等病变。

(1)肝脏　注意肝脏的大小、颜色、硬度及小叶是否清晰。传染病常发生肝肿大、色变黄、质脆、肝小叶不清。还应注意有无脓肿、出血及切面变化。

(2)脾脏　注意脾脏大小、颜色及切面情况。细菌性传染病常使脾肿大数倍,慢性阿留申病发生脾萎缩。

(3)肾脏　注意肾脏颜色、大小、有无肿胀、包膜剥离情况,包膜下有无出血、坏死病变,纵切后观察切面皮质部和髓质部界线是否清楚、有无结石病变。

(4)胃肠道　观察浆膜的颜色、有无出血,然后用剪刀纵切观察胃肠黏膜变化(各种肠炎、中毒病多有充血、出血、溃疡灶)。观察肠系膜淋巴结的颜色、大小及切面变化。

(5)膀胱　注意膀胱浆膜及黏膜有无出血、肿胀及结石。

(6)子宫　注意子宫有无出血及胎儿情况。

5.胸腔检查　沿胸骨两侧剪断肋骨,将胸骨及肋骨压向两侧,观察胸腔有无积液,注意积液性质,是浆液性、纤维素性、还是脓性;观察胸膜与肺脏是否粘连。

6.胸腔内脏的检查

(1)心脏　首先注意心包有无积液,以及积液数量和性状;然后检查心外膜及冠状沟有无出血;再切开心房心室,观察心内膜及心肌变化。传染病及中毒性疾病常有出血。

(2)肺脏　观察肺脏的颜色、大小、质度;切开气管及支气管,观察有无分泌物。将肺组织切下置于水中做漂浮试验,正常肺半浮于水面,水肿肺沉于水中;肝变肺沉于水底;气肿肺漂于水面。

7.颅腔检查　剥开头部皮肤及肌肉,用骨钳掀开头骨,露出脑,观察脑膜有无充血、淤血、出血。狂犬病、脑病、中暑均出现脑膜充血或出血。

(三)病料采集

当毛皮动物饲养场发生传染病时,由于条件所限,常需采取病料送检,进行微生物学和病理组织学诊断,从而最终确诊。采取病料要有明确目的,怀疑是哪种传染病,就应采取相应的材料。一时弄不清是哪种病,就全面采取。采取病料一定要及时,要在动物死亡后立即进行,必要时可扑杀后采取。采取病料时用的器械和容器一定要经过消毒灭菌,操作时应避免污染,采取一种材料用一件器械和容器,不得混淆。

1.病料采取方法

(1)实质脏器　通常在病健交界处(病变部连同一部分正常组织),以灭菌剪刀采取 1.5～2.0 cm 的组织两块,其中一块放 10%福尔马林瓶内,供病理组织学检查用;另一块放灭菌容器内,供微生物学检查用。

(2)血液　由于检查目的不同,采血方法也不一样。为供血清学检查用,可由静脉采血 5～10 mL,沿管壁缓缓流下,为防止产生气泡,应斜放静止一定时间,待血液凝固后立即送检。一定要防止振动造成溶血。为了检查血象,可由尾尖或趾垫采取血液,直接涂片送检。

(3)脑组织　开颅后,将全部脑取出,纵切两半,一半放10%福尔马林溶液的瓶内,供组织学检查;另一半放50%甘油生理盐水瓶中,供微生物学检查。在条件不允许情况下,可将头部取下,用塑料袋装上包好直接送检。

(4)肠管　采取肠管时,必须连同其内容物一并采取。可在病变部肠管两端结扎,在结扎线外分别剪断,放入灭菌容器或塑料袋中送检。

(5)流产胎儿　因毛皮动物胎儿体积较小,可将整个胎儿取出,放进塑料袋内包好,再放入桶内送检。

(6)脓汁、鼻液、阴道分泌物、胸水、腹水　对未破溃的脓汁及胸水、腹水,可直接用灭菌注射器抽取,放灭菌试管中;如脓汁黏稠,不能直接抽取,可向其脓肿内注射灭菌生理盐水适量后,再进行抽取,必要时切开脓肿吸取。对鼻液和阴道分泌物,可用灭菌棉棒蘸取后,放灭菌试管中存放送检。

2. 病料保存和送检

(1)供细菌学和血清学检查的液体病料　可直接放灭菌容器内,然后放在装有冰块的广口保温瓶中存放送检。

(2)实质脏器材料　应尽可能在短时间内(夏季不超过20 h,冬季不超过48 h)送到检查单位;如短时间内不能送到,可将病料放在化学药品中保存。供细菌学检查的病料放在灭菌液状石蜡中,或放在30%甘油生理盐水中保存;供病毒学检查的病料,放在50%灭菌甘油生理盐水中保存;供病理组织学检查的病料,放入10%福尔马林溶液中保存。病料与保存液的适宜比例为1:10。

(3)供微生物学检查的病料　送检时一定要放在广口保温瓶中。在保温瓶底部放一些氯化铵,然后放冰块,上面放盛有病料的容器,这样可保存48 h。如无冰块,可在保温瓶内放氯化铵450 g,加水1 500 mL,这样也可使保温瓶内保持0℃达24 h。

(4)盛装病料的容器　外面用浸渍消毒液的纱布充分擦拭,瓶口以灭菌棉塞或胶塞盖紧,并用胶布密封。同时在瓶上加贴标签,注明病料名称、保存方法及采取日期。

送检病料应指派专人,不得耽误时间。送检过程中要避免高温、日晒,以防腐败和病原体死亡。同时严防破碎,散播传染。送检病料要附送检单、病情材料介绍和剖检记录,以供检验单位参考。

四、实验室检查

(一)血液检查

1. 常规检查　主要是血液有形成分(红、白细胞)检查,包括血红蛋白测定、红细胞计数、白细胞计数和白细胞分类计数,均按常规方法进行。

水貂的采血比较困难,一般多在尾尖或趾垫部采血。采血时剪断尾尖或第一趾节骨,血液流出后,用毛细玻璃管或用红、白细胞计数管吸取。需血量较大时可从心脏(有一定的危险性)或趾尖采血;狐、貉可以从股内静脉或隐静脉采血。

2.血清学检查　一般用于诊断某些传染病,通常用已知的抗原或抗体,检查未知的抗原或抗体,进而确定是哪种传染病。

当前最常用的是检查水貂阿留申病,从水貂的趾尖采血,分离血清,做免疫电泳,判定水貂是否为阿留申阳性貂。诊断犬瘟热病有时用荧光法或酶标法等。

(二)尿液检查

在动物排便的笼下,斜置1个干净的搪瓷盘,当动物排便时,粪便和尿液自行分开,取尿液备用。

1.颜色检查　正常毛皮动物尿液呈浅黄白色,透明;含有血液的呈淡红色或咖啡色;含有多量胆色素时,呈褐色;肝肾发生炎症时,呈红褐色。

2.尿液酸碱度检查　正常的毛皮动物尿液呈酸性,pH值在6.0～6.5之间。如果泌尿器官发生炎症时,尿液可呈碱性反映。取红色或蓝色石蕊试纸各1条,一端浸尿液,如试纸由红变蓝为碱性;由蓝变红为酸性。

3.尿蛋白检查　健康毛皮动物的尿液应少含蛋白,或不含蛋白。如果尿中出现蛋白异常,说明泌尿系统有炎症。取2支试管各加尿液2 mL,其中一管加入20%磺柳酸液2～3滴,另一管不加黄柳酸液作对照。如尿液中有蛋白存在时,加试剂管呈现白色浑浊或絮状沉淀。水貂阿留申病就出现絮状沉淀。

4.尿沉渣检查　取尿液静置2～3 h,取沉淀物于载玻片上,用低倍镜观察有无红细胞、白细胞、上皮细胞。尿道有炎症时尿液中可出现这些细胞。

(三)粪便中寄生虫卵检查

1.直接涂片法　将生理盐水2滴置于载玻片中央,挑取少许粪便,与生理盐水混合,用低倍镜进行检查。

2.盐水漂浮法　将粪便少许置于小瓶中,加入饱和盐水(40%食盐溶液),将粪便与盐水混合,静置15 min,用细菌接种环取液面物,置于载玻片上镜检。

(四)病原学检查

详见第九章相关内容。

第四节　毛皮动物疾病治疗方法

毛皮动物疾病防制的基本原则尽管是"预防为主,防重于治",然而一旦发生疾病,及时而正确地进行治疗,对于提高病兽机体抵抗力,促进病兽早日恢复健康也同样具有重要的意义。

一、治疗基本原则

(一)整体治疗原则

动物体是一个复杂的、具有内在联系的整体。每一种疾病不管它表现的局部症状如何明显,均属整个机体的疾病。因此,治疗疾病必须从整体出发,应用一切必要诊断方法,尽量在复杂的疾病过程中,找出病兽机体内的主要矛盾和次要矛盾,以整体作为对象去研究和解决各器官、系统之间的失调关系,从而加以统一。

(二)个体治疗原则

同一疾病发生于不同动物个体,其病情表现可能很不一样。因此,治疗病兽时,一定要根据具体情况(年龄、性别、体质强弱等),制定不同的治疗方案。不仅对相同疾病的不同个体,应该从病兽体质强弱考虑治疗方法,就是在同一个体上,也要随着病情变化,拟定相应的治疗措施。

(三)综合性治疗原则

要在充分考虑机体完整性和机体与外界环境统一的基础上,采取综合性治疗措施,即首先要查明病因,采用中西医结合、针药结合等方法消除病原,同时加强饲养管理,搞好环境卫生,精心护理,促进病兽尽早恢复机体健康。

(四)主动性治疗原则

动物机体虽有许多自我防御能力,但也不能代替积极和主动的治疗措施。一旦发病,必须针对病原、病因和各种症状及时采取相应治疗措施。同时应该积极关注病程的发展,在治疗过程中,应随时调整治疗方案。

二、治疗方法

(一)药物疗法

药物疗法,主要是加强动物机体抵抗力,协助机体与病原进行斗争,促进病兽恢复健康的一种手段。药物治疗必须在加强饲养管理的基础上,才能使病兽迅速恢复健康。使用药物时,必须充分了解各种药物的性质、用量及使用方法。根据应用药物的目的和方法不同,分为病因疗法、病原疗法和对症疗法。

1. 病因疗法 是针对疾病的发生机制,以促进器官和组织的功能障碍恢复,提高机体反应性及保卫功能,使病兽迅速痊愈为目的的治疗方法。例如,为提高机体兴奋性,常用咖啡因,反之则常应用溴剂;为减轻肝脏负担,增强营养,提高解毒功能常用葡萄糖;为减轻疼痛及其引起的不良刺激常用普鲁卡因等,均属病因疗法。

2. 病原疗法 是针对引起疾病的病原因素用药,以保持机体的防御功能与病原进行斗争的治疗方法。例如传染病的病原有细菌、病毒等,针对这些病原需采用相应的免疫血清、抗生素或化学药剂等进行治疗。

3. 对症疗法 是根据病理过程中所出现的某些症状来应用药物的治疗方法,目的是影响一定的病理现象,帮助机体恢复正常。例如,心脏衰弱时用强心剂,气管或支气管有渗出物时用祛痰剂,长期腹泻不止时用收敛剂等。

(二)食饵疗法

在疾病过程中,选择适当的饲料(或适当停喂),满足病兽特殊的营养需要,以促进病兽痊愈,达到治疗的目的。如毛皮动物发生胃肠炎时,若怀疑是由某种饲料成分引起的,那么就停喂有害成分,喂给有利肠炎康复、刺激性小、易消化的蛋类和乳制品等；又如为控制兽体过胖，可每周停喂 1 次。

由于毛皮动物野性强，在一般情况下，不宜捕捉治疗。实践表明，采用食饵疗法常能收到满意的效果。因此食饵疗法在毛皮动物饲养业中占有极其重要的地位。但在实施时应掌握以下原则，才能更好地提高疗效。

1. 供给营养丰富、适口性好的饲料　应选择营养丰富、适口性强、新鲜和易消化的饲料，如鲜牛肉、鲜肝、鲜蛋和鲜牛乳等，尽量满足病兽所需的营养物质。

2. 供给病兽特需的营养饲料　为满足病兽最大的营养需要和补充因疾病而消耗的营养物质，除供给充足的能量营养外，还必须注意维生素、矿物质类和水的补充。例如，因患肾病发生水肿时，要限制饮水，不给食盐；在发生高热时，则应给予足量的饮水；当患佝偻病和骨质软化病时，在饲料中应给予足量的磷酸氢钙、骨粉、鱼粉以及维生素 D 等。

3. 实行适合病兽特点的饲养制度　根据病情可以实施饥饿疗法和半饥饿疗法。如发生急性胃肠炎或食物中毒时，多采用饥饿疗法，但对绝食时间较长的病兽应给予葡萄糖、复方氯化钠或口服补液盐溶液等，以维持其生命活动；消化不良或慢性胃肠炎时，常采用半饥饿疗法。当转为正常饲养时，应该认真考虑个体情况与疾病特点，一定要严格遵守饲喂时间。

4. 注意饲喂制度　应用食饵疗法时，一定要定时定量，掌握少量多次的原则，绝不能一次喂量太多，增加消化系统负担。应根据疾病具体情况灵活运用。

5. 改善环境条件　在采用食饵疗法的同时，必须把加强饲养管理和改善病兽卫生条件结合起来，给病兽创造安静的环境，使其能得到充分的休息，尽快恢复健康。

(三)特异性疗法

采用具有抑制或造成不良条件乃至能杀死病原体的药物进行治疗，亦称针对性的治疗(特异性治疗方法)，在兽医实践中广为应用。根据用药目的和使用的药物不同，特异性疗法可大体分为抗生素疗法、磺胺类药物疗法、免疫血清疗法、类毒素疗法、抗毒素疗法和疫苗疗法等。

1. 抗生素疗法　利用真菌所产生的物质制成抗生素进行治疗疾病的方法，叫抗生素疗法。抗生素包括 β 内酰胺类(青霉素类和头孢菌素类)、四环素类、氨基糖苷类(链霉素、新霉素、庆大霉素、卡那霉素等)、大环内酯类(红霉素、麦迪霉素、螺旋霉素、乙酰螺旋霉素等)、多肽类、林可霉素类等。临床上常用青霉素治疗革兰氏阳性菌病，应用链霉素治疗革兰氏阴性菌病。但抗生素的特异性没有免疫血清那样严格，有些抗生素抗菌谱很广。为提高抗生素的疗效，在应用中必须掌握如下原则。

其一，不是由微生物引起的疾病不能用抗生素。但一时弄不清而又怀疑是传染病时，为了诊断目的也可应用抗生素治疗。此外，一般轻的病例也不要随意选用抗生素，因为滥用抗生素容易使病原产生耐药性。

其二，根据致病微生物的不同，选用适当抗生素，不能盲目使用。

其三，为保证达到抑菌或消灭细菌的目的，必须按时使用抗生素，以保持其在病兽血液中的足够浓度。例如青霉素粉剂,每天注射 3～5 次,第一次用量可稍大些,以后用维持量,连续用到病愈后第二天为止。否则使细菌产生耐药性,而达不到治愈的目的。

其四,抗生素是由真菌产生的物质,不能用蒸馏水稀释,更不能用酒精溶解。

其五,抗生素虽然有效剂量和中毒剂量之间距离较大,但也不应随意加大用药剂量,在某些情况下也能发生中毒现象和其他副作用。

其六,对较严重的疾病可采取几种抗生素联合疗法,效果较好。如青霉素和链霉素常联合应用。但不能随意联合使用,因为有的抗生素在联合使用时会对毛皮动物产生不良后果,有的则容易产生抗药性。

2. 磺胺类药物疗法　磺胺类药物是一种化学合成物质,在兽医临床上应用较多,对某些疾病,如肺炎、肺坏疽、肠道疾病、肾炎及尿路感染等均有较好的疗效,特别是与抗生素交替使用,疗效更为显著。在使用磺胺类药物时应注意以下几点。

第一,药量要足。为获良好效果,必须早期用药并保证足够的药量。因为只有在患兽体内达到足够的药物浓度,才能奏效,否则不但不能消灭细菌,反而会使细菌产生耐药性。所以口服第一次用量应加倍,以后改为维持量,每 4～6 h 服 1 次,注射时每日 2 次(早、晚各 1 次),可连用 3～10 d,一般 7 d 为 1 个疗程。临床症状消失或体温下降至常温 2～3 d 后停药。

第二,防止蓄积中毒。磺胺类药物具有蓄积作用,长期用药易引起中毒,特别是磺胺噻唑。中毒的表现是结膜炎、皮炎、白细胞减少、肾结石、消化不良等。因此,用药期间要注意观察患病动物的食欲和排便情况,必要时做血常规检查。发现有上述可疑现象要及时停用,改用其他抗菌药物。为减少刺激和避免形成尿路结石,常与等量碳酸氢钠配合使用。有肝脏、肾脏疾病的动物禁止使用磺胺类药物。

第三,注意配伍禁忌。磺胺类药物不得与硫化物、普鲁卡因及乙酰苯胺同时使用。长期用药时,应补充维生素制剂,尤其是补给维生素 C。

第四,静脉注射磺胺类药物时,注射前必须对药液加温(大约与体温相同),注射速度要缓慢,否则容易引起休克而死亡。尤其对老弱病兽更应特别注意。一旦发现有休克症状,应立即皮下或静脉注射肾上腺素溶液抢救。

3. 免疫血清疗法　是利用细菌或病毒免疫动物所制得的高免血清,来治疗某些传染病的方法。免疫血清疗法具有高度的特异性,一种血清只能治疗相应的疾病。如犬瘟热高免血清只能治疗犬瘟热,炭疽免疫血清只能治疗炭疽病,巴氏杆菌免疫血清只能治疗巴氏杆菌病。免疫血清不仅有治疗作用,还具有短期的预防作用。应用时要先作小群试验,避免产生不良后果。

4. 类毒素疗法　是将某些细菌产生的毒素经过处理,使其失去毒性,但仍保持抗原性,用来预防和治疗相应疾病的方法。如肉毒梭菌类毒素,可以治疗毛皮动物肉毒梭菌毒素中毒。

5. 抗毒素疗法　是利用类毒素免疫动物所获得的高免血清。治疗某些疾病,如利用破伤风抗毒素可以治疗破伤风病。

6.疫苗疗法　是利用某种微生物制成死菌（毒）或活菌（毒）弱毒疫苗，用来预防和治疗相应的疫病。疫苗不仅有预防疾病的作用，而且有时也有治疗作用。例如在毛皮动物发生犬瘟热时，紧急接种犬瘟热疫苗，一些轻症病兽会很快痊愈。

三、给药方法

给药方法与途径的正确与否，直接影响药物的作用和治疗效果。为使药物在动物体内充分发挥疗效，可采用不同方法和途径把药物送到动物体内。根据药物的性质、作用和治疗目的，毛皮动物常用的给药方法有如下几种。

(一)口服法(内服法)

此法是毛皮动物广为采用的给药方法。其优点是简便而安全，主要是通过机体正常采食的途径，可以使用多种剂型（丸、散、膏、丹）投之。缺点是药物常被胃肠内容物稀释，有的会被消化液所破坏，而且吸收缓慢，吸收后需经过肝脏处理，因此难以准确估计药物发生效力的时间和剂量。毛皮动物一般多采用自食和舐食法，胃管投药法和灌服法很少应用。

1.自食法　当患兽尚有较好食欲，而且所服药物又无特殊异味，为省去捕捉上的麻烦，常采用此法。在喂食前将药制成粉末混于适量适口性强的饲料中，让其采食。在大群投药时，要特别注意把药物和饲料混匀，防止采食不均而造成药物中毒，最好每只动物单独喂给。

2.舐食法　当患兽食欲欠佳，而且药物异味较大不愿采食时，可将药物制成细末，混合以矫味剂（肉汤、牛奶、白糖或蜂蜜），加水调和或制成糊状，用木棒或镊柄涂于患兽舌根或口腔上腭部，使其自行舐食。

(二)注射法

为使药物迅速生效，有的药物被制成针剂，实行注射给药。常用的注射法有皮下注射、肌内注射、静脉注射和腹腔注射等。

1.皮下注射法　对无刺激性的药物或需要快速吸收时，可采用皮下注射法。注射部位可选择皮肤疏松、皮下组织丰富而又无大血管处为宜。毛皮动物常在肩胛、腹侧或后腿内侧，幼兽在脊背上。注射时不需剪毛，先用70％酒精充分消毒注射部位，然后用左手拇指和食指将皮肤捏起，使之生成皱襞，右手持注射器，在皱襞底部稍斜向把针头刺入皮肤与肌肉间，将药液推入。注射完毕，拔出针头立即用酒精棉球揉擦，使药液散开。在毛皮动物补液时多用此法。

2.肌内注射法　肌肉组织较皮下吸收药物的速度慢。故凡是要求缓慢吸收，或不能用于皮下注射的刺激性较强的药物及油悬液，可做肌内注射。狐、貂可在肌肉丰满的后肢内侧、颈部或臀部。注射部位用酒精棉球消毒，以左手食指与拇指压住注射部位肌肉，右手持注射器稍直而迅速进针。此法在毛皮动物上最为常用。

3.静脉注射法　若注射药液刺激性太大，或需使药物迅速起效时，可采用静脉注射。体型较大的狐和貉可直接在后肢隐静脉部剪毛、消毒，以左手拇指固定隐静脉，使其静脉怒张，右手持注射器，将针头斜刺入皮肤和静脉，回血后方可注射。水貂体型太小，静脉不好找，一般不采用静脉注射。静脉注射一定要严格消毒，并防止药液遗漏在血管外和注入气泡。

4.腹腔注射法　腹膜面积大、吸收快，其药物作用速度仅次于静脉，一般用于治疗腹膜炎等腹腔疾病或补液。此法多用于水貂补液。注射前先将动物呈倾斜式（头朝下、腹部朝上，半斜状态）保定，然后在耻骨前缘和脐部之间，腹白线一侧，经局部消毒后，用14～16号针头，垂直刺入，依次穿透腹壁，若针头内不出现气泡、血液及肠内容物，说明针头刺入正确。

腹腔注射时，所用器具和局部皮肤必须严格消毒；针头不能刺入太深，角度不能太小，否则易刺入皮下；注射的药物应为无刺激的等渗注射液，并将药液加温至接近体温；注射速度不能过快，以免引起呕吐反应。注射量水貂不能超过 20 mL，狐、貉不能超过 100 mL。

（三）直肠灌注法

将药液通过肛门直接注入于直肠内，常用于毛皮动物麻醉、补液和缓泻。大多应用人用导尿管，连接大的玻璃注射器作为灌肠用具。先将动物肛门及其周围用温肥皂水洗净，待肛门松弛时，将导管插入，用注射器推入药液。以营养为目的时，灌注量不宜过大，以 25～100 mL 为宜，而且药液温度应加热至接近体温，否则容易排出；以下泻为目的，则剂量可适当加大，以 50～200 mL 为宜。

第九章 传染病

第一节 病毒性疾病

一、犬瘟热（Canine distemper）

犬瘟热是由副黏病毒科、麻疹病毒属、犬瘟热病毒引起的急性、热性、传染性极强的高度接触性传染病。其是犬科动物固有的传染病；除犬患本病外，多种肉食动物和观赏动物都可感染。其主要特征是以侵害黏膜系统（眼结膜炎、鼻炎）为主，两次发热（双峰热），常伴有肺炎，肠炎腹泻，皮屑（有特殊的腥臭味），偶有神经症状，具有较高的发病死亡率，属于毁灭性传染病，素有"犬瘟"、"貂瘟"等说法。

【病　史】　犬瘟热从18世纪后期开始已在欧洲流行。1905年Carre氏证明其病原为一种病毒。1925年Green氏首次描述了银黑狐犬瘟热。1928年Rudolf氏同时发现了银黑狐、水貂和貉犬瘟热。1957年B.A.潘柯夫等又确定了北极狐的犬瘟热。我国水貂犬瘟热首发于1968年，貉犬瘟热发生于1973年。据国内外报道，到目前为止，犬瘟热发生于所有从事毛皮动物饲养业的国家内；可以感染犬瘟热的动物有食肉目的8个科，及偶蹄目猪科、灵长目猕猴属、鳍足目的海豹科等。犬瘟热是毛皮动物饲养业严重的传染病之一，应引起高度重视。

【病　原】　犬瘟热病毒（Canine distemper Virus）属副黏病毒科、麻疹病毒属成员。病毒粒子直径123～175nm。病毒形态呈多形性，但大多数病毒粒子为球形，呈螺旋形结构，核酸型为RNA。各种动物的犬瘟热均可相互感染。

该病毒对低温干燥有较强的抵抗力，－70℃冻干毒，可保存毒力1年以上；－10～－4℃可存活6～12个月；4～7℃可保存2个月。但对高温和某些化学药品却很敏感，室温条件下，仅存活7～8 d，37～40℃经12 d失去毒力，55℃存活30 min；100℃ 1 min失去活力；在2%氢氧化钠溶液中30 min失去活性，在3%氢氧化钠溶液中立即被杀死;在1％来苏儿溶液中经数小时变为无害;在3％福尔马林和5％苯酚溶液中均能很快被杀死。对乙醚、氯仿等也敏感。在 pH 值 4.4～10.4 条件下可存活24 h,生存适宜 pH 值为 7～8。

【流行病学】

1. 易感动物　在自然条件下,犬科动物(犬、狐、貉、狼、豺、北美小狼、非洲猎犬、非洲野犬),鼬科动物(雪貂、水貂、白鼬、臭鼬、伶鼬、南美鼬鼠、黄鼬、水獭、艾鼬、紫貂、石貂、鸡貂等),浣熊科(小熊猫、浣熊、北美环尾猫熊、中南美洲密熊、白鼻熊、美洲长吻浣熊),猫科(猫、狮、孟加拉虎、西伯利亚虎、东北虎、华南虎、豹、美洲豹、猞猁),灵猫科(花面狸、獛、獴),大熊猫科(大熊猫),熊科(棕熊、灰熊、黑熊、北极熊、半月熊等),鬣狗科(非洲鬣狗、非洲土狼),海豹科(港海豹、灰海豹),偶蹄目、猪科的猪,灵长目的猕猴、猿猴等,都可感染。其中犬科、鼬科及浣熊科呈高度易感。在笼养的毛皮动物中,以貉、银黑狐和水貂最易感,北极狐和紫貂易感性差。所有年龄的肉食毛皮动物均易感,但以 2.5～5 月龄幼兽感染性最大。哺乳期的仔兽不患本病,因其可从母兽乳中得到母源抗体,获得坚强的被动免疫。

当一个饲养场内同时饲养貉、狐、貂时,犬瘟热常先在一种动物中间流行,经过一定时间传染给另外一种动物。如 20 世纪 80 年代黑龙江省先后有 2 处大型养殖场暴发流行犬瘟热,都是先由貉群发病,后扩展到貂群发病。这一方面说明,貉比水貂更易感;另一方面也说明,犬瘟热病毒常在貉、银黑狐和北极狐等犬科动物继代后增强其毒力,而侵害抵抗力较强的水貂等鼬科动物及其他毛皮动物。

2. 传染源　主要是病犬和病兽以及带毒动物。病犬是最危险的疫源,通过眼、鼻分泌物、唾液、尿液、粪便排出病毒,污染饲料、水源和用具等,经消化道传染;也可通过飞沫、空气,经呼吸传染;还可以通过黏膜、阴道分泌物传染。病犬的尸体存有大量病毒,是危险的传染源。我国发生犬瘟热的毛皮动物饲养场,多数是由病犬窜入或接触被病犬污染的工具和垫草以及其他物品而被感染,个别的因带毒的黄鼠狼窜入而暴发本病。

3. 传播途径　主要通过接触传染,也可通过传递物或传递者传染。如食盆、食碗、水槽(盒)的串换,配种期种兽的调换、公母兽频繁地接触等。有的饲养场因更新血统引进种兽,没有进行隔离饲养观察,就混入大群而发生犬瘟热的现象也屡见不鲜。在饲养场经常栖居的禽类、家鼠及野鼠,也可传播本病。所以,不严格执行兽医卫生防疫制度是造成本病扩散的主要原因。

4. 流行季节　犬瘟热流行没有明显的季节,一年四季都可发生。疾病的经过和轻重程度取决于饲养管理水平、动物机体的抵抗力、病原体的数量和毒力及防疫措施等方面。

病势在早春进展得比较慢,可能在一个饲养班组内发生,病程也很少有急性经过的,因为此期兽群比较稳定,且都是成年兽,有一定的抵抗力。随着毒力的增强,进入配种期,由于种兽频动,传播得比较快,特别是仔兽分窝断奶以后,病势发展比较快,很快波及其他毛皮动物,最终席卷整个饲养场,而且症状明显,病程也短,多呈急性经过,死亡率高达 50%～80%。但这也不是绝对的,实践证明,发现得早,及时隔离封锁,紧急接种疫苗,可以把损失控制在最小。多数研究证明,带毒动物的带毒期不少于 5～6 个月。

【发病机制】　病毒通过呼吸道或消化道,侵入咽淋巴结和扁桃体中繁殖,在感染后的第三至第四天,一直持续到第八至第十天,为病毒血症期,此期可以在血液中的颗粒细胞和单核细胞中检出病毒粒子。所以发生本病的初期表现为败血症,引起机体发热及精神沉郁。在血流中循环的病毒可使血管内皮受损。从感染的第七天开始,病毒在胃肠道、脾、肝及泌尿生殖器官的上皮细胞中繁殖;也有的病例在皮肤和中枢神经系统中定位繁殖,引起黏膜卡他性炎症。病兽由于继发感染病原菌而致重度并发病,重新引起长期发热。此时血液中含多量病毒。在败血症期,病毒侵入神经系统,引起神经紊乱、癫痫性发作、震颤、阵挛性强直等。

【临床症状】　由于发病初期动物种类不同,其临床症状也不尽相同,各有特点,现将貂、狐和貉的症状分述于下。

1. 狐犬瘟热　自然感染时,银黑狐、北极狐的潜伏期为 9～30 d,有的长达 3 个月。潜伏期长短决定于病毒的毒力和数量以及狐群的饲养水平高低,高者慢,低者快(短)。流行初期,看不到特征性的表现,只见病狐食欲减退,似感冒症状,体温升高(40℃以上),持续 2～3 d;鼻镜干燥,有的出现呕吐和轻微的肠卡他症状,排出蛋清样的稀便。随着病程的进展,症状逐渐明显,先是浆液性、以后是黏液性、最后是化脓性结膜炎和鼻炎,有时两内眼角有多量眼眵,将两眼裂粘连在一起,或呈眼镜样附着在眼圈的周围;有时鼻分泌物干涸在鼻孔内,形成鼻塞,造成呼吸不畅,患狐用前爪搔扒鼻端。唇缘皮肤增厚,即嘴巴变粗,嘴角被毛沾有不洁的分泌物和饲料;同时伴发腹泻、肛门黏膜红肿。病狐很少出现皮肤脱屑,有时后脚掌和尾尖的皮肤能看到有轻度变化。

当肺脏出现继发感染时,出现咳嗽,开始为干咳,而后变为湿咳。特别是春、秋季节发生本病,常侵害呼吸器官。

当消化器官受侵害时,常发生卡他性炎症,出现腹泻,粪便有时混有血液,幼龄北极狐腹泻严重,常常发生脱肛,而银狐此种现象少见。

当神经系统,特别是脑受侵害时(主要是在病的初期或末期),病狐出现咀嚼痉挛,头颈和四肢肌肉痉挛性收缩、麻痹或不全麻痹;某肌群不自主地有节律颤动,一般为进行性的,起初是后肢,最后导致完全麻痹。银黑狐常突然出现视觉消失、瞳孔散大,虹膜呈绿色。急性型的病程 2～3 d 死亡,慢性经过的达 20～30 d 继发感染而死。

2. 貉犬瘟热　自然感染时,开始症状不明显,仅见食欲不好、剩食,一般误认为是胃肠炎。而后出现腹泻,病貉不愿活动,多隐卧于小室内或笼内一角,头插在裆里,体蜷缩,被毛蓬乱。此时兽群有蔓延情况,病貉不止一两只,而是多只出现精神倦怠,食欲下降;仔细观察可见其眼球塌陷,睁得不圆、凝视,眼内角有少量灰白色黏膜样眼眵,鼻镜干燥;进一步检查,可见病貂颈部皮肤上有小米粒大的皮疹,毛丛中有皮屑,仅少数病例出现脓性眼眵和掌部皮肤增厚肿大现象,貂群出现大批腹泻,并有扩大的趋势,要给予足够的重视。

3. 水貂犬瘟热 传染源动物种属不同,其传染速度亦不一样。如果是貂源性传染源,经 3～4 周即可引起广泛传染,症状典型,死亡率高;狐源性传染的,则需经 2～4 个月隐性经过,待毒力逐渐增强后才能造成广泛传播。病貂初期似感冒样,两眼流泪,鼻孔有少量水样鼻液。根据临床表现和经过,水貂犬瘟热病可分为 4 个类型。

(1)最急性型 常发生于病流行的初期或后期,病貂无任何前驱症状而突然发病,表现神经症状,如癫痫性发作、口咬笼网发出刺耳的吱吱叫声、抽搐、口吐白沫,反复发作几次,多在几分钟内突然死亡。

(2)急性型 主要表现本病特有的临床症状。病初似感冒样,流泪,水样鼻液,体温高达 40～41℃,触诊脚掌皮温热,肛门或母貂外生殖器似发情样微肿,食欲减退,剩食或拒食,鼻镜干燥。随着病程的进展,眼部出现浆液性、黏膜性、化脓性眼眵,附着在内眼角或整个眼裂周围,重者将眼睛糊上;鼻端也有分泌物干涸,口裂和鼻部皮肤增厚,黏着糠麸样或豆腐渣样的干燥物,以致堵塞鼻孔;被毛蓬乱,无光泽,毛丛中有谷糠样皮屑,颈部或腹内侧腹股沟部皮肤有黄褐色分泌物或皮疹,散发出一种特殊的腥臭味,足掌肿大;消化紊乱,吃跳食,即有时吃,有时不吃,腹泻,初期排出蛋清样粪便,后期粪便呈黄褐色或黑色煤焦油样。病貂不愿活动,喜卧于小室内。病程3～10 d 或更长一点,多数转归死亡。

(3)慢性型 主要表现为皮肤变化。在脚掌部出现广泛肿胀,趾间皮肤潮红,湿疹,皮肤增厚肿胀,脚软垫部强烈发炎和变硬,整个脚掌比正常肿大 3～4 倍,因而有"硬肉趾病"或"硬足掌症"之称;在鼻、嘴唇和脚掌部皮肤上形成水疱状疹,化脓破溃形成结痂和痂皮。病情有时缓解,眼干燥,似戴眼镜样,有时上下眼皮被眼眵黏着在一起,看不到眼球,时而睁开,时而糊死,并反复出现。一般病程为 2～4 周。

(4)顿挫型(隐性感染) 即所谓非典型水貂瘟。病貂仅有轻微炎症和皮疹,微热,食欲稍有减退,类似感冒,多看不到明显的症状。这种症状经过几天后,病貂就耐过自愈,并获得较强的免疫力。

【病理变化】 尸检眼观没有特征性变化。以水貂为例,尸体外观可见被毛污秽不洁,肛门、会阴部皮肤微肿,有少量黏膜状或煤焦油样稀便附着;眼、鼻、口肿胀,皮肤增厚,皮肤上有小的湿疹;被毛丛中有谷糠样皮屑;足掌肿大;尸体有特殊的腥臭味。

剖开胸、腹腔,可见胃肠黏膜呈卡他性炎症,胃内有少量暗红褐色黏稠内容物,慢性病尸胃黏膜有边缘不整、新旧不等的溃疡灶;小肠有卡他性炎症病灶;直肠黏膜多数带状充血、出血,肠系膜淋巴结及肠淋巴滤泡肿胀;气管黏膜有少量黏液,有的肺脏有小的出血点;脾一般不肿,个别的由于继发感染而肿大,慢性病例见有脾萎缩;肝呈暗樱桃红色,充血、淤血且有多量凝固不全的血液流出,肝质脆,有的色黄,胆囊比较充盈;肾脏被膜下有的有小出血点,切面浑浊;膀胱黏膜充血,常有点状或条纹状出血;心脏扩张,心肌弛缓,心外膜下有出血点;脑血管充盈,水肿或无变化。

【诊 断】 根据病史、流行病学和典型的犬瘟热症状,可以做出初步诊断。确诊必须做生物学试验、包涵体检查或血清学试验(中和试验、酶标 SPA 染色)。

1. 包涵体检查 犬瘟热在所有易感动物器官的上皮组织网状内皮系统、大小神经胶质细胞、中枢神经系统的神经细胞和脑室细胞、膀胱、胆囊、胆管、肾和肾盂上皮细胞内,都有嗜酸性包涵体形成。犬瘟热病包涵体具特异性,而且检出率很高,水貂检出率达 90%,而银黑狐和北极狐比水貂还高。因此检查细胞内包涵体,是诊断犬瘟热的重要辅助方法。

一般检查膀胱黏膜上皮细胞中的包涵体,方法很简单。取清洁脱脂载玻片,滴加 1 滴生理盐水,用外科圆刃刀刮取膀胱黏膜上皮少许,涂到载玻片上与盐水混匀涂片;染色时,先加苏木紫液加温染色 20 min,用蒸馏水冲洗后,再用 1% 伊红水溶液染色 5 min,如果涂片不能立即染色,放置 1 d 以上,须在染色前滴加生理盐水,浸渍 20 min 后倒去生理盐水,再进行染色。染色后的涂片干后在油浸镜下检查。细胞核被染成淡蓝紫色,细胞质被染成均匀的淡红玫瑰色,而包涵体则被染成鲜艳的深红色。通常包涵体在细胞质内,一个细胞内能发现 1～10 个多形性包涵体,一般呈圆形或椭圆形,还发现有紧贴在核上的镰刀形包涵体;核内包涵体少见。包涵体具有清晰的边界和均质的边缘,与杂质较易区别,但要注意与红细胞区别。另外,在临床症状显著时死亡的动物细胞中包涵体较多,否则较少;混合感染的材料同样能检出包涵体。在冷冻条件下保存的膀胱可供包涵体检查,一般保存于(4℃)冰箱中 2～3 d,再检查时效果较好;时间再长则有其他微生物生长,包涵体染色不清。

2. 血清学试验 是特异性比较强的诊断方法。有中和试验法和酶标 SPA 染色法。目前临床上常用犬瘟热单克隆抗体试剂盒检测病毒,方法特异、敏感,可快速定性。

3. 生物学试验 是确诊本病的重要依据。为获得准确结果,选择试验动物十分关键。应选用易感、断奶 15 d 后的,既未感染过犬瘟热又未接种过犬瘟热疫苗的幼龄动物(犬、貉、狐、水貂)。不能用哺乳期仔兽,因该期仔兽可从母体中获得相应抗体而形成被动免疫;更不能选用 1 年以上的老龄动物,以及该病(包括其他传染病)可疑动物。接种材料应选用具有典型犬瘟热症状的处于濒死期或新死亡的动物,无菌采取肝、脾、脑等组织块,用灭菌生理盐水做 10 倍稀释,各种组织分别研磨。如混悬液有微生物污染时,可加适量的青霉素与链霉素(每毫升悬液中各含 10 万 U)。放无菌试管中,以 3 000 r/min 离心 20～30 min,取上清液供接种用。接种剂量,脑内为 0.2 mL,皮下或肌内为 3～5 mL。接种后的动物放于专门地点饲养管理,注意观察。一般在 10～14 d,有时长达 1～2 个月,出现明显拒食、体温升高、结膜炎、鼻炎和腹泻等犬瘟热典型症状。另外也可采用孵化 7 日龄鸡胚绒毛尿囊接种,如混悬液中有犬瘟热病毒,在接种后数天,在接种的地方出现水肿,7 d 后出现菌落似的灰白色不透明隆起物,但病毒量小时不易成功。

【鉴别诊断】 与犬瘟热临床表现相类似的疾病有狂犬病、犬传染性肝炎(狐脑炎)、细小病毒性肠炎、脑脊髓炎、副伤寒、巴氏杆菌病、弓形虫病和 B 族维生素缺乏等病,应注意鉴别。

1. 狂犬病 有神经症状,攻击人畜;喉头、咀嚼肌麻痹;在海马角中能检出尼氏小体;但没有皮疹、结膜炎和腹泻。

2. 传染性肝炎(狐脑炎) 有很多症状与犬瘟热相似,但犬瘟热有皮疹和卡他性鼻炎,特殊的腥臭味,没有剧烈的腹痛。传染性肝炎解剖时,肝脏和胆囊壁增厚,浆膜下有出血点,腹腔中有多量黄色或微红色浆液和纤维蛋白凝块。二者还可以用血清学鉴别。

3. 细小病毒肠炎 主要表现为腹泻,缺乏犬瘟热固有的结膜炎、鼻炎、皮炎和神经性症状等临床特点。

4. 脑脊髓炎 具有与犬瘟热相同的神经症状,都有癫痫性发作;但脑脊髓炎呈散发,没有大规模流行,在各地区饲养场个别窝的幼兽中间经常出现单个病例,没有特殊腥臭味。

5. 副伤寒 具有明显的季节性(6~8 月份),病死动物的脾显著肿大(5~10 倍)。而犬瘟热一年四季均可发生脾不肿大或仅轻度肿大。

6. 巴氏杆菌病 一般突然大批发生,有典型的出血性败血症表现,涂片检查多能检出两极浓染的小杆菌,犬瘟热没有。巴氏杆菌病用青霉素或拜有利制剂大剂量预防性治疗有效,犬瘟热用抗生素类治疗无效。

7. 弓形虫病 患狐食欲减退,呼吸困难,鼻孔及眼内角流液,腹泻带血,体温升高到 41~42℃,很像犬瘟热。但此病没有皮疹和特殊的腥臭味,膀胱黏膜刮取物没有包涵体,病原体是弓形虫。

8. B 族维生素缺乏症 病兽嗜睡,不愿活动,有时出现肌肉不自主的痉挛、抽搐;但没有眼、口、鼻的变化,没有腥臭味,不发热;用 B 族维生素治疗有效,食欲很快好转,恢复正常。

【防制措施】 目前,本病尚无特异性疗法。只能用抗生素控制继发感染,延缓病程。唯一的办法是早期发现,及时隔离病兽,固定饲养用具、定期消毒,尽快紧急接种犬瘟热疫苗。

为了防止继发感染,可用磺胺类药物和抗生素等药物。眼、鼻可用青霉素眼药水点眼和滴鼻;出现胃肠炎时,可投给土霉素混入饲料中吃下,每天早、晚各 1 次,每只剂量,银黑狐和北极狐幼兽为 0.05 g,成年兽为 0.2 g,水貂为 0.05 g;发生肺炎时,可用青霉素、链霉素注射液控制,银狐、蓝狐幼兽每日可肌内注射 15 万~20 万 U,每日注射 2~3 次,成年狐每日可注射 30 万~40 万 U,水貂每日注射 15 万~20 万 U。也可用拜有利注射液,每千克体重肌内注射 0.05 mL。当有神经症状出现时,可用苯巴比妥,4 个月龄前的仔银黑狐和北极狐口服剂量为 0.02~0.1 g/只,年龄较大的和成年兽为 0.2 g/只。

为预防和控制本病的发生,必须采取如下措施。

第一,定期接种疫苗是预防和控制本病的根本办法。因为犬瘟热是病毒性传染病,至今还没有特异性的治疗方法。唯一的办法就是加强预防,疫苗接种是最有效的预防方法。幼龄动物和成年动物每年均应进行 2 次接种疫苗,幼龄动物首次应在 60 日龄时,第二次接种应在 12 月份至翌年 1 月份;成年动物第一次应在 12~1 月份,第二次应在 7 月上旬。为了增强免疫效果,在每次接种疫苗后间隔 15 d 可再进行 1 次疫苗接种,加强免疫。

接种方法国外多采用皮下注射或气雾法,我国目前多采用皮下注射。疫苗发展较快,过去应用甲醛灭活苗,近年来普遍改用鸡胚绒毛尿膜、鸡胚细胞及幼犬肾细胞培养驯化的弱毒苗,效果更好。国产疫苗是多种单价犬瘟热弱毒鸡胚苗,有冻结苗和冻干苗 2 种,冻结苗效价高,使用方便,免疫力好;冻干苗便于运输和保存。活苗接种后 2 d 出现干扰现象,10~30 d 内产生抗体,30 d 后达到 90%~100%,免疫期达 6 个月,妊娠兽也可接种,对胎儿无不良影响。但对接种前 3 d 内感染的动物,则无保护力。

第二,建立健全严格的兽医卫生制度,是预防本病的基本保证。因本病传染来源主要是病犬和带毒动物,所以应杜绝野犬窜入场内。严禁从疫区或发病场调入种兽。工作人员要有专用工作服和用具,用后放专用房间内保管,不准穿回家或带出场外。调入种兽时一定要先打疫苗,观察 15 d 后确认健康方可运回,进场后还要隔离观察 7~15 d,才能混入大群进行正常饲养。

第三,及时隔离病兽,有效封锁兽场是控制本病蔓延的重要措施。在发生犬瘟热时,对病兽和可疑病兽一律隔离,严格封锁。由专门饲养人员管理,保证喂以优质、全价、新鲜饲料,并进行对症治疗。被病兽分泌物和排泄物所污染的笼子,要用喷灯火焰消毒,食具用 4% 氢氧化钠溶液煮沸消毒,地面用 3% 漂白粉溶液消毒。此期禁止称重、打号和品质鉴定等一系列生产操作。尸体要烧毁,皮张放专门房间晾干,先在 25~33℃ 温度下经 3 昼夜,后放 18~20℃ 温度下经 10 昼夜,方可处理。

第四,彻底淘汰带毒病兽是保证兽场健康化的关键。犬瘟热痊愈后至少仍能自然带毒 6 个月,因此,6 个月内兽场禁止动物输入和输出。特别在年末发病时,已迫近配种期,最好不留作种用,一律取皮淘汰。

二、水貂病毒性肠炎(Enteritis virosa lutreolarum)

水貂病毒性肠炎,又称乏白细胞症或传染性肠炎,是由细小病毒引起,以腹泻,肠黏膜出血、坏死、脱落,排出灰白色、粉红色混有纤维蛋白、黏膜样无结构的管形稀便,血液中白细胞高度减少为特征的急性、接触性传染病,与猫泛白细胞减少症有亲缘关系。本病具有较高的发病率和死亡率,特别是幼龄水貂的发病率和死亡率更高,从而造成巨大损失,是世界公认的危害水貂饲养业较大的病毒性传染病之一。

【病　史】　1949年F. Schofield在加拿大安大略省魏利纳要塞地区水貂饲养场首次发现一种急性、高度接触性肠炎病,并把本病称为魏利纳要塞病。1952年C. wills确定本病病原为病毒。

本病在美国、加拿大、丹麦、芬兰、挪威、瑞典、前苏联等国都有发生。发病率幼貂在50%～60%、成年貂在20%～30%;死亡率为25%～30%。我国于1983～1984年在辽宁、山东、河北、青海、内蒙古等地貂场开始大规模暴发流行,发病率达83.4%,死亡率达15.1%,另有发病率13.8%～85.3%、死亡率20.8%～38.4%的报道;还有幼貂死亡率高达90%的报道。病原是随国外购入种貂、检疫不当携入的,造成惨重损失。

【病　原】　水貂肠炎病毒(Mik enteritis virus,MEV)属细小病毒科、细小病毒属。单股DNA,蛋白衣壳呈20面体对称,无囊膜,球状,直径20～25nm。本病毒和猫泛白细胞减少症病毒(Elin panleucopaenia virus)有抗原关系,水貂感染猫泛白细胞减少症病毒后,表现出与水貂病毒性肠炎相似的症状。用猫泛白细胞减少症病毒制成的弱毒疫苗,能使水貂获得抵抗细小病毒肠炎的免疫力,但效果不理想。水貂肠炎病毒却不能感染猫。

该病毒耐热性较强,56℃ 100 min、80℃ 30 min不失活;含病毒的粪便在户外土壤中达1年以上毒力仍不减弱;对乙醚、氯仿、胆汁等不敏感;0.5%福尔马林、20%漂白粉溶液作用24 h方可灭活。

本病毒在4℃条件下能凝集猪和猴的红细胞,并能被水貂的特异性抗血清所抑制。可在猫肾细胞系(CRFK)、猫肾细胞株(FKC)、水貂肾、脾、心肌细胞株上增殖,细胞病变不明显,但在CRFK及FKC上增殖时可形成核内大型包涵体。

【流行病学】

1. 易感动物　在自然条件下,不同品种、年龄、性别的水貂都可感染,以幼貂,特别是刚断奶的仔貂最易感,发病率和死亡率都较成年水貂高。虽然猫、犬、狐、貉也能感染发病,但却难在猫、犬、貉体内传代。未见感染人的报道。

2. 传染源　主要是患病水貂、患泛白细胞症的猫和耐过病毒性肠炎的水貂。耐过病毒性肠炎的水貂一年内由粪便内排毒,也曾从病后12个月之久的水貂肺、脾中检出肠炎病毒。

3. 传播途径　本病可经交配、撕咬等直接传播,又可经被病原污染的饲料、饮水及易感水貂所能接触的所有物品而间接传播,还可经苍蝇、鼠类、鸟类等媒介传播。

4. 流行特点　本病发生没有明显的季节性,但夏秋季节多发,多呈地方性、周期性流行。开始传播得比较慢,经过一段时间,毒力增强并快速传染,特别是仔兽分窝以后,大批发病,死亡。

发病貂场如不采取有效的防制措施,常在第二年仔貂断奶分窝前后再次发生。这与耐过的水貂长期排毒有关。

【发病机制】　由于本病毒对处于有丝分裂过程中的细胞有亲和力,所以大多数病毒都在增殖旺盛的组织中存活,如骨髓的干细胞、淋巴结的淋巴生发中心和肠黏膜。这些组织和器官受害后,充血、出血、坏死、脱落,在肠道内容物中出现黏膜小管。病毒从胃肠道随着血液和淋巴循环进入机体的实质脏器。由于淋巴和骨髓受侵害,进而迅速发生白细胞减少,骨髓液化、肠系膜淋巴结水肿、出血、坏死,肠黏膜出血、坏死、脱落,分泌亢进,肠蠕动过快,腹泻脱水,自体中毒而死。

病毒性肠炎常并发大肠杆菌病、副伤寒及其他继发性细菌感染,使病理过程复杂化。

【临床症状】 潜伏期为 4~9 d,多在 4~5 d。病程人工感染最急性型为 24 h 以内死亡,急性型感染多在 7~14 d 死亡,亚急性型多在 14~18 d 死亡。

水貂病初精神沉郁,食欲减退或废绝,饮欲明显增强,体温升高达 40℃以上。胃肠病变症状明显,呕吐出黄绿色的水样或粥样物,腹泻,排出稀软至水样或脓样粪便,继而便中带血、黏膜脱落物和未消化的饲料残渣、黏液及大量气泡,有的混有血丝或血凝块。最具特征性的、与一般腹泻不同的是粪便中混有一种多为灰白色,有时为淡黄色或粉红色、无光泽、肉样感的 2~5 cm 长(少数达 7~10 cm)的中空管柱状物,称黏液管或黏膜圆柱,它是由脱落肠黏膜、纤维蛋白和肠黏液组成的。本病区别于其他肠炎的另一特点是在发病高峰期,群貂粪便呈多种多样的颜色,如有粉红、鲜红、暗红、黑红、草绿、深绿、淡黄、橘黄、深黄、浅灰和深灰色等。持续剧烈腹泻数日后,日龄小的仔貂急性死亡;日龄大的仔貂则极度消瘦体弱,卧下不起,被毛脏乱无光,排便失禁,体后躯及下腹被粪尿污染,多以死亡告终,病程 5~7 d。成年水貂症状与仔貂的类同,但略轻些,并有时轻时重的反复发作,有的转归死亡,耐过者可存活。

血液中的白细胞数明显减少,可由正常的平均 $9 \times 10^3 \sim 10 \times 10^3$ /mm³ 降至 5×10^3 /mm³ 以下,严重者降至 2×10^3 /mm³ 左右,淋巴细胞的减少尤为明显。

患病动物因抵抗力下降,常继发条件致病菌(如大肠杆菌、沙门氏杆菌等)的大量繁殖,使病情加重,死亡率升高。

【病理变化】 急性经过病例一般尸体营养良好;慢性经过时尸体消瘦,被毛蓬松,肛门周围被粪便污染,皮下无脂肪,较干燥。

主要变化是在胃肠道。胃扩张、壁薄、气球状,内含稀酱样内容物;胃底部及幽门部黏膜充血、脱落、有点状或斑状出血;有的胃壁有多处溃疡。小肠黏膜呈纤维蛋白性、坏死性、出血性炎症变化;因出血时间长短不同,小肠外观可见为鲜红色、暗红色或黑红色;肠管极度扩张,达正常时的 1~2 倍,管壁很薄近于透明,尤以空、回肠为重;肠腔内充满气体或稀薄内容物,呈红色或黑褐色酱油状。有的病例大肠黏膜可见条状出血,肠内容物含大量暗红色或黄绿色黏稠的纤维素性物质。亚急性和慢性病例的肠壁有纤维素性坏死灶。肠系膜淋巴结肿大,充血、出血、水肿。胆囊充盈。急性病例肝脏肿大,质脆,呈土黄色,切面浑浊。脾一般不肿,被膜粗糙,继发感染者脾脏肿大。肾脏一般无明显变化。心外膜有出血点,心肌松软变性。

组织学变化主要是肠黏膜上皮细胞肿胀,呈气球样,即所谓膨大细胞,脂肪变性。

肠绒毛上皮细胞凝固性坏死，无细胞结构、脱落。黏膜固有层毛细血管扩张充血、水肿及炎性细胞浸润（主要是嗜中性白细胞、单核细胞和淋巴细胞）。有些上皮细胞内有胞质包涵体和胞核包涵体（嗜酸性）2种包涵体，病程超过3～4 d者，往往包涵体消失。黏膜下层充血、水肿。

【诊　断】　根据流行病学、临床特征性症状（如排具多种颜色并含黏液管的稀便及顽固持续性腹泻等）、白细胞数明显下降及包涵体检查等，可以做出初步诊断。确诊需进行实验室检查。

1. 生物学试验　无菌采取濒死期或刚死亡典型病例的肝、脾、小肠，用生理盐水制成10％悬液，加青、链霉素各1 000 U/mL，感作一定时间后，经口投入10～20 mL或腹腔注射3～5 mL给来自非疫区的、未接种疫苗的、断奶14 d的健康仔貂，同时设对照；7 d左右接种貂出现典型的貂细小病毒性肠炎的症状，而对照组健康无异常者，可得出协助性诊断结果。但此法是非特异性的，既费时费力，又易污染环境，故很少采用。

2. 血清学方法　目前国外常用的血清学诊断方法有中和试验、琼脂扩散试验、免疫电镜、荧光抗体技术、ELISA（酶联免疫吸附试验）、血凝（HA）及血凝抑制（HI）试验等。我国目前临床上常用单克隆抗体快速诊断试剂盒检测粪便中的病毒。实验室最常用的方法是HA及HI试验，该方法具有简便、快速、特异性强、敏感度高等特点，是一种理想的诊断方法，方法如下。

（1）准备工作

①器材　96孔V型孔血凝反应板；微量稀释棒，容量为0.025 mL；微量进样器和M2-1型微型血液振荡器。

②溶液的配制　0.015 mol/L、pH值6～5的PBS液（磷酸缓冲液），1％牛血清白蛋白PBS液。

③被检病料处理及血细胞悬液的制备　取少量粪便，加等量生理盐水，搅匀，再加入约1/2的氯仿，振荡15 min后3 000 r/min离心30 min，取上清液待检。将血清用PBS液做4倍稀释，混匀后放56℃水浴灭活30 min，待检。制备1％猴（或幼猪）红、白细胞悬液时，以无菌手术采猴静脉血，注入血细胞保存液内，放4℃冰箱内保存；使用前以生理盐水洗涤3次，最后一次离心（3 000 r/min离心10 min），取血细胞泥1 mL，加入0.1％牛血清白蛋白PBS液100 mL摇匀，置4℃冰箱内备用。

④抗原及阳性血清的制备　抗原的制备：选传染性肠炎阴性水貂，经1周观察后认为健康，口服种毒细胞培养液10～15 mL，在濒死期杀死，取胃肠道及其内容物按1∶1加生理盐水，研成乳剂，经3次冻融，然后按全量的1/2加入氯仿，振荡后离心（3 000 r/min）10 min，取上清加福尔马林（100 mL抗原加5％福尔马林1 mL），经24 h灭活后低温冻存。

抗血清的制备：选健康家兔（体重2 kg）3只，将上述抗原加弗氏完全佐剂制成油包水剂型，按表9-1和表9-2两种免疫方法，1周后采血分离血清。

采用琼脂扩散法测定血清效价。

表 9-1 免疫方法(用于 1 号兔)

注射次数	间隔时间(d)	注射方法	剂 量
第一次			抗原 2 mL,加弗氏完全佐剂 2 mL
第二次	30	耳静脉注射	抗原 0.1 mL
第三次	3	耳静脉注射	抗原 0.2 mL
第四次	3	耳静脉注射	抗原 0.3 mL
第五次	3	耳静脉注射	抗原 0.4 mL
第六次	3	耳静脉注射	抗原 1 mL

表 9-2 免疫方法(用于 2、3 号兔)

注射次数	间隔时间	注射方法	剂 量
第一次		皮下多点注射	抗原 2 mL,加弗氏完全佐剂 2 mL
第二次	7 d	皮下多点注射	抗原 2 mL,加弗氏不完全佐剂 2 mL
第三次	14 d	皮下和腹腔各半	抗原 2 mL,加弗氏不完全佐剂 2 mL

注:14 d 后采血少许,测抗体效价,如果效价不高,再往腹腔注射抗原 1 mL,1 周后放血

(2)HA 和 HI 方法

①操作方式 采用总量为 0.1 mL 的微量法。用 V 型血凝板及 0.025 mL 金属稀释棒。检查病料中的病毒抗原时,将病料做 2 列完全相同的稀释,第一列每孔补加 0.025 mL PBS 液做 HA 试验;第二列每孔加 0.025 mL 8 单位抗血清做 HI 试验。如第一列孔出现凝集,第二列孔出现抑制,则判定阳性。检查血清 HI 抗体时,则将血清灭活后稀释一列孔,每孔加 8 单位抗原,如果对 8 单位抗原出现抑制反应大于 $4^\times$,则判为阳性。

②抗原标定法 取血凝板,用一列孔按表 9-3 方法稀释测定。

表 9-3　抗原标定血凝板方法稀释测定

孔号	1	2	3	4	5	6	7	8	9	10	11	12
稀释倍数	2×	4×	8×	16×	32×	64×	128×	256×	512×	1024×	2048×	血清对照
PBS液（mL）	0.025	0.025	0.025	0.025	0.025	0.025	0.025	0.025	0.025	0.025	0.025	0.025
抗原（mL）	0.025	0.025	0.025	0.025	0.025	0.025	0.025	0.025	0.025	0.025	0.025	弃去 0.025
PBS（mL）	0.025	0.025	0.025	0.025	0.025	0.025	0.025	0.025	0.025	0.025	0.025	0.025
1%猴红细胞液（mL）	0.05	0.05	0.05	0.05	0.05	0.05	0.05	0.05	0.05	0.05	0.05	0.05
在振荡器上振荡 1 min 后，置 4℃冰箱 60 min												
判定	♯	♯	♯	♯	♯	♯	♯	♯	+++	++	+	—

注：♯表示 100%凝集，+++表示 75%凝集，++表示 50%凝集，+表示 25%凝集，—表示不凝集

③抗血清标定法　抗原标定后，用 PBS 液稀释成每 0.025 mL 8 单位抗原，用以标定抗血清，按表 9-4 方法测定。

表 9-4　抗血清标定法测定

孔号	1	2	3	4	5	6	7	8	9	10	11	12
稀释倍数	2×	4×	8×	16×	32×	64×	128×	256×	512×	1024×	2048×	4096×
PBS液（mL）	0.025	0.025	0.025	0.025	0.025	0.025	0.025	0.025	0.025	0.025	0.025	0.025
抗原（mL）	0.025	0.025	0.025	0.025	0.025	0.025	0.025	0.025	0.025	0.025	0.025	弃去 0.025
PBS（mL）	0.025	0.025	0.025	0.025	0.025	0.025	0.025	0.025	0.025	0.025	0.025	补 PBS 0.025
1%猴红细胞液（mL）	0.05	0.05	0.05	0.05	0.05	0.05	0.05	0.05	0.05	0.05	0.05	0.05
在振荡器上振荡 1 min 后，置 4℃冰箱 60 min												
判定	—	—	—	—	—	—	—	♯	♯	♯	♯	—

注：♯表示 100%凝集，+++表示 75%凝集，++表示 50%凝集，+表示 25%凝集，—表示不凝集

④被检粪便的 HA 及 HI 检查方法　取处理后被检粪便,按表 9-4 方法,每份病料稀释相同的 2 列孔,第一列孔补加 PBS 0.025 mL,第二列孔每孔加 8 单位的抗血清 0.025 mL,振荡后置 37℃感作 30 min,每孔加 1%猴红细胞 0.025 mL,再经振荡后,置 4℃感作 60 min。取出判定:若第一列孔出现凝集,第二列孔出现抑制,血细胞对照正常,则判为阳性;2 列孔完全一样,为阴性,如表 9-5 所示为阳性。

表 9-5　被检粪样 HA 与 HI 检查方法

孔　号	1	2	3	4	5	6	7	8	9	10	11	12	1%猴红细胞
稀释倍数	2×	4×	8×	16×	32×	64×	128×	256×	512×	1024×	2048×	4096×	(做法同表 9-3)
第一列孔	#	#	#	#	#	#	+++	++	+	—	—	—	
第二列孔	#	++	+	—	—	—	—	—	—	—	—	—	

注:#表示 100%凝集,+++表示 75%凝集,++表示 50%凝集,+表示 25%凝集,—表示不凝集

在大批检疫中,为节省材料,可先做血凝试验,选出血凝阳性的病料再做血凝—血凝抑制试验。

⑤被检血清 HI 检查方法　将处理后的被检血清,按表 9-6 的方法操作即可。但同时要作如下对照,其感作方法与本试验相同。

表 9-6　被检血清 HI 检测对照表

对照种类		成分及用量	判　定
猴红细胞对照		PBS 液 0.05 mL+1%猴红细胞 0.05 mL	—
血清对照		PBS 液 0.025 mL+4 倍稀释被检血清 0.025 mL+1%猴红细胞 0.05 mL	—
抗原对照	8 单位抗原	PBS 液 0.025 mL+抗原 0.025 mL+1%猴红细胞 0.05 mL	#
	4 单位抗原	++	#
	2 单位抗原	++	#
	1 单位抗原	++	#
	0.5 单位抗原	++	#

注:#表示 100%凝集,+++表示 75%凝集,++表示 50%凝集,+表示 25%凝集,—表示不凝集

凡各项对照正常,被检血清 4 倍以上稀释与 8 单位抗原出现血凝抑制现象的均判为阳性。如果该貂没注过水貂病毒性肠炎疫苗,表明曾感染过水貂病毒性肠炎

病毒。

在应用本方法检查被检水貂血清血凝抑制抗体时,如被检血清效价较低,反应不明显,也可改用 4 单位抗原测定,但应在试验记录中注明。

3.电镜检查　将待检病料制成负染色标本,在电镜下观察病毒粒子。

据最近资料报道,应用对流免疫电泳法诊断水貂细小病毒性肠炎更为简便可靠。

【鉴别诊断】　病毒性肠炎与细菌性肠炎某些症状相类似,也常与细菌性肠炎(大肠杆菌病、巴氏杆菌病等)、犬瘟热等相混同。因此,要注意鉴别。

如果是由饲料质量不佳引起的肠炎,从日粮中排除不良饲料,貂群就会停止发病和死亡。如果是细菌传染而引起的肠炎,给予抗菌药后可见到明显的效果。而病毒性肠炎则无上述情况。犬瘟热除了有肠炎症状外,还有结膜炎、鼻炎和皮疹等。

【防制措施】　本病目前尚无特效治疗方法,只能在发病的早期防止继发性细菌感染,降低死亡率。最好的办法就是及时发现及时确诊,紧急接种疫苗。

患过病毒性肠炎的水貂可获得长久的高度免疫。但患过病毒性肠炎的母貂可长期带毒,成为危险的传染源。

1.平时的预防措施

(1)疫苗预防接种　预防水貂病毒性肠炎最好的办法就是接种疫苗。一般应在仔兽断奶后 7～15 d(即 6 月末 7 月初)进行;种貂在 1～2 月份。发病貂场应立即进行疫苗紧急接种。目前国内、外研制使用的疫苗较多,有同源组织灭活苗、细胞培养灭活疫苗、弱毒细胞苗,以及猫源病毒(猫泛白细胞减少症)细胞培养灭活疫苗。我国成功地研制出病毒性肠炎同源组织灭活疫苗、细胞培养灭活苗、细胞培养弱毒疫苗以及各种联苗。但要注意国内生产的疫苗由于生产厂家不同,质量、效价不尽一样,使用起来效果也不一样,所以要注意疫苗的质量和使用方法。

(2)严格执行兽医卫生制度　水貂场应经常进行驱赶鸟类、灭蝇和灭鼠等工作。要严禁猫、犬和禽类入场。在引入种兽时,引种前 30 d 应进行病毒性肠炎疫苗接种,入场后应先放入隔离区内观察 30 d,在没有发现病毒性肠炎症状后方可进入貂场混群饲养。

2.发病后的扑灭措施

(1)停止称重及其他一切畜牧工作措施。

(2)病貂要隔离饲养,对症治疗。隔离室应由专门饲养人员负责,对死亡的尸体及其污染的锯末等一律烧毁。对污染用具及器械要严格进行消毒处理。

(3)病愈后的水貂一律留在隔离室内,一直到取皮期淘汰为止。

(4)对死亡水貂及由病愈后水貂所取得的皮张,应在温度 30～35℃、空气相对湿度 40％～60％条件下放置 2 昼夜后,放室温下储藏 10 昼夜方可输出。

(5)禁止输出水貂到其他貂场。

(6)加强消毒。对病貂住过的笼舍及其护理用具,要用 2％福尔马林或氢氧化钠溶液消毒;地面要用 20％漂白粉或 10％氢氧化钠溶液消毒;粪便先用 3％碱性溶液或 20％漂白粉溶液处理,然后堆集埋藏在距离兽场至少 200 m 的地方。在貂场工作的人员要发 2 套工作服和 2 双胶靴,工作服每周要用肥皂水煮沸 1 次。在貂场入口处及各班组貂棚内要设置预先蘸以 3％氢氧化钠溶液的消毒槽。

(7)解除封锁。从最后患病水貂痊愈或死亡之日起,经 30 d 无此病发生,方可宣布解除封锁。然后对貂场实行一次全面的消毒。在取消封锁 1 年内,貂场应禁止输出和输入水貂,在本场内也不得将污染群向安全群串动。

三、水貂阿留申病(Aleutian disease of mink)

水貂阿留申病,又称浆细胞增多症(Plasmacytosis),是水貂特有的一种慢性进行性传染病。本病的特点是潜伏期长,呈慢性经过,终生病毒血症,浆细胞增多、浸润,血清丙种球蛋白异常增高,抗原抗体复合物沉积导致多发性动脉管炎、肾小球性肾炎、肝炎、卵巢和睾丸炎等;病貂的繁殖力明显下降,秋冬季节机体抵抗力下降时常急性发作,可导致大批死亡。

【病　史】　1946 年美国学者 G. Hartsough 在水貂群中发现本病。1965 年 G. Hartsough 和 J. Gorhom 首先发表了论文,确定其是一种独立性疾病。最初认为阿留申病仅发生于青铜色(蓝宝石,基因型 aa)的水貂,并被认为是遗传病。后来经过多年的实践观察发现,用死于本病的水貂脏器滤液,可使健康的标准貂和彩色水貂感染发病,最终认为其是一种病毒性疾病。虽然如此,现在仍公认具有阿留申基因纯合子的水貂对阿留申病易感性高,疾病经过也比标准貂激烈。其主要病理变化是血管内膜浆细胞增多(浆细胞增多症)。

本病是养貂业的重大疫病之一,可导致重大损失,据 Staffen 和 Hemboleae 报道,阿留申病造成的损失占水貂场总损失的 5％～50％。该病损失主要由以下几方面引起:①较高的死亡率;②很高的发病率;③水貂繁殖力明显下降,阳性母貂空怀率高,新生仔貂生命力低下,成活率低;④阳性貂发育不良,皮张质次价低;⑤阳性貂抵抗力弱,易继发其他疾病,使病情加重,增加死亡率。

在美国、前苏联、挪威、瑞典、芬兰、丹麦、德国、波兰乃至日本等养貂业发达的国家中,都有本病的流行。我国许多养貂场也有本病发生,并被定为进境动物二类传染病。

目前,因国内外均无治疗和预防本病的特效方法,故只有依靠特异性的诊断方法检出阳性(患病及带毒)貂,于取皮期淘汰,净化貂群,才能达到减少或消除本病之目的。

【病　原】　阿留申病毒(Aleutian disease virus,ADV)属细小病毒科、细小病毒属。病毒粒子呈球状,直径 22～25nm,蛋白衣壳呈 20 面体对称结构,核酸为单股 DNA。其能在多种细胞上增殖,产生细胞病变,如水貂肾细胞和睾丸细胞、鼠和鸡胚成纤维细胞、猫肾传代细胞(CRFK)、鼠 L 细胞等。在 CRFK 上培养时,必须在 31.8℃下才能增殖出具有感染性的病毒粒子,病毒产量较高。

　　该病毒抵抗力很强，能在 pH 值 2.8～10 内保持活力。80℃30 min 或 100℃3 min处理后，组织中的病毒仍具感染性。据报道，在 5℃的条件下，置于 0.3%甲醛溶液中，能存活 2 周，4 周才能灭活。对乙醚、氯仿、乙醇等脂溶剂有耐受性；蛋白酶和 1%～2%氢氧化钠对其具一定灭活作用。

　　人工感染试验证明，该病毒在阿留申病貂体内复制速度很快，接种后 6～10 d，脾脏、肝脏、淋巴结内即可检出病毒，最高滴度可达 10^8～10^9 LD$_{50}$，且持续时间也较长，甚至在感染后 7 年，仍可从脾脏分离到病毒。病貂唾液、粪便、尿液都可排毒。

【流行病学】

　　1. 易感动物　水貂曾被认为是唯一易感的动物，其他动物是否有感染性尚不清楚。有报道，用对流免疫电泳（CIEP）检测，发现有 2%的狐、3.7%的浣熊和 65.3%的臭鼬存在抗阿留申病毒抗体；另有自然或人工感染雪貂可见到大部分阿留申病状，并检测到抗体的报道；人工感染犬和猫，在 6 个月的观察期内无任何异常，但用 CIEP法检查时，却出现短暂的阳性反应；人工感染小白鼠、大白鼠、豚鼠、地鼠和兔等实验动物均未感染发病；人是否能感染，尚无定论，有关人员应注意。

　　水貂基因型、性别、年龄的不同，对本病的易感性亦不相同。国外报道，青铜色aa 基因型水貂的发病率最高；我国对 8 种基因型、5 000 只水貂的检测结果显示，不同基因型水貂的发病率分别是：红眼白貂 bbce（29%）＞银兰貂 pp（21.5%）＞米黄色貂 bpbp（15.9%）＞标准貂（12.7%）；公貂略大于母貂，但对公貂的危害更大；幼龄貂和老龄貂的发病率高于青壮龄貂，一般为幼龄、1 年水貂和 4 年以上水貂（28.5%）＞2 年水貂＞3 年水貂（8.3%）。

　　2. 传染源　病貂及潜伏期带毒貂是本病的主要传染源，尤其是表面健康的带毒貂危害最大，常被当作健康种貂引入貂场，成为易被忽视的危险传染源。病毒主要通过病貂的唾液、粪便、尿液及分泌物等排泄到外界环境中；用病貂的尿液给健康貂接种 8 周后发病，16 周出现具有本病特征的肝、肾肿大和浆细胞浸润。潜伏期带毒貂能通过损伤的黏膜和皮肤传染给健康的水貂。

　　3. 传播途径　本病既可平行传播，又可垂直传播。除病貂与健康水貂直接接触传播（如阳性公貂可通过配种传染给母貂，常引起母貂空怀）外，主要是通过媒介物或人间接传播，如病貂污染过的饲料、饮水、食具等；饲养人员、兽医工作者及蚊子是传播本病的重要媒介；外科手术器械、注射用和接种用针头等消毒不严格，也能造成本病的传播。本病突出的特点是妊娠母貂可经过胎盘将病毒垂直传播给胎儿。研究发现阳性母貂可致 45%～60%仔貂感染本病。

　　4. 流行特点　本病具有明显的季节性，虽然常年都能发病，但在秋冬季节的发病率和死亡率大大增加。因秋冬季节天气寒冷，机体抵抗力下降，使病情加重。肾脏高度损伤的病貂表现饮欲增强，冬季由于冰冻常难以满足其饮水，使原本已衰竭的病貂在急剧恶化的条件下大批死亡。

　　当水貂饲养场从病貂场引进潜伏带毒的病貂时，常在引进后第一年引起发病和死亡。在 2～3 年内,貂场中仍有本病的缓慢流行,貂群感染率可达 25%～40%。

不良的饲养管理条件和其他不利因素(寒冷、潮湿等)能促进本病的发生和发展,致使病情加剧和恶化。因此,适当改善饲养管理条件,严格遵守兽医卫生制度,可以维持病貂活到屠宰期。

本病流行于世界各国,只是传染程度不同而已。例如丹麦一些貂场的污染率为 72.4%(CIEP 检测),前苏联抽检非疫区貂群为 9.1%,污染群为 59.7%(CIEP 检测)。

据报道,我国各省、自治区貂群污染率都不低于 50%,有的高达 70%～80% (CIEP 检测)。

【发病机制】 关于阿留申病发病机制,多数研究者认为是自身免疫病,是由免疫过程中产生的抗原抗体复合物长期刺激血管内皮引起的自体免疫缺陷病。

严重的病毒血症并不出现病变,病变产生于高丙种球蛋白血症之后(1～2 周)。感染后在体内出现循环抗体,它与病毒(抗原)相结合,形成微小的免疫复合物。随着免疫复合物在肾小球内沉积,导致多数病貂死于肾小球肾炎与肾衰竭。

本病与人的类风湿性关节炎、全身性红斑狼疮、多发性骨髓瘤等自身免疫缺陷病相似。

【临床症状】 潜伏期很长,非经肠接种病毒的水貂,其血液出现丙种球蛋白升高的时间平均为 21～ 30 d;直接接触感染时,平均 60～90 d,最长达 7～9 个月,有的持续 1 年或更长的时间,仍不出现临床症状。

本病的特征性症状是食欲减退、消瘦、口渴、嗜睡、末期昏迷,其都是慢性进行性、弥散性肾小球肾炎的反映。大部分病貂由于病情不断发展,至 4～12 个月后,出现肾衰竭而死。此外,病貂血液学变化异常,最为明显的是血清丙种球蛋白升高。可由正常的 7～15 g/L 增至 35～50 g/L,个别可达 110 g/L。血液纤维蛋白及血小板减少,血小板多在感染后 4～8 周开始减少,至死亡前可低到正常的 10%～50%。病貂血氨、血清总氨、麝香草酚浊度、谷草和谷丙转氨酶及淀粉酶均显著增高,而血清钙、白蛋白和球蛋白之比(A/G)降低。病貂白细胞增加,分类计数表明,淋巴细胞增高,颗粒白细胞减少。

临床上大体可分为隐性型、急性型和慢性型,大多数病例呈隐性感染或慢性经过,少数表现急性经过。

1. 隐性型 仅能发现流产或空怀,或产下弱仔,或发情不正常等。

2. 慢性型 慢性病例的病貂病程延长至数周。病貂由于肾脏遭到严重损害,水的代谢紊乱,表现高度口渴,几乎整天伏在水槽上暴饮或吃雪、啃冰。病貂渐进性消瘦,生长发育缓慢,食欲反复无常,时好时坏,被毛无光泽,眼球下陷,凝视,精神高度沉郁,步履蹒跚。神经系统受损时,伴有抽搐、痉挛、共济失调、后肢不全麻痹或麻痹。由于浆细胞在骨髓中大量增生,取代了造血功能,红细胞减少,临床表现贫血,可视黏膜苍白。另外,常在口腔、齿龈、软腭和硬腭上出现自发性出血和溃疡。由于内脏自发性出血,粪便呈煤焦油样。

3. 急性型　表现为精神委顿,食欲减退至废绝。当神经系统受侵害时表现抽搐,痉挛,共济失调,后肢麻痹等症状,可在 2～3 d 内死亡。

【病理变化】　尸僵完整,被毛无光泽,高度消瘦、可视黏膜苍白,有的口腔黏膜(口角)溃疡。腹部被毛尿湿,肛门周围有少量煤焦油样粪便附着。脚趾爪皮肤苍白。患本病的动物,其肾、肝、脾、淋巴结、胸腺、骨髓、心脏、睾丸、卵巢和脑等组织器官都可发生病变,依发病类型、病程长短等所表现的病变程度和组织种类都可有明显差别,并非所有病貂都能出现上述各器官组织的明显病变,有些病例只个别脏器有病变。

内脏器官中肾脏变化最显著,病变发生最早,发展最快。病初或急性期病例的肾脏肿大、充血,呈灰色或淡黄色,有时呈橙黄色,表面出现黄白色小病灶,有点状出血,被膜易剥离,切面上皮质和髓质平整。在病的后期或慢性病例,肾脏略肿大或缩小,呈灰白色或淡黄色,无光泽。重者表面凹凸不平,呈桑葚状,凸起部位呈土黄色颗粒,晦暗无光,凹陷部位呈边界明显的乳白色圆形或椭圆形小点,包膜不易剥离。切面皮质可见白色小点,肾小球区浑浊。肝稍肿大,呈土黄色,表面有灰白色斑点状病灶,切面可见质地脆弱。病程长的病例,其色变浅,不肿大。脾脏在急性经过的病例,有肿大的现象,被膜紧张,折叠困难。慢性经过的脾萎缩,边缘锐,呈红褐色或红棕色,切面白髓(脾小梁)明显。淋巴结肿大,其中以纵隔淋巴、胰淋巴、盆腔淋巴肿大明显,呈髓样肿胀。胸腺萎缩,表面有粟粒大的出血点。

阿留申病的特征性组织学变化是浆细胞的异常增殖,呈浸润状态。在正常情况下,浆细胞增殖仅见于骨髓内;而患阿留申病时,则见于许多器官内,特别是肾脏、肝脏、脾脏及淋巴结的血管周围发生浆细胞浸润。常伴有小血管壁增厚,管腔变小,甚至阻塞。小血管遗留 PAS 阳性物质、外膜疏松,周围淋巴结浆细胞大量聚集,即所谓结节性动脉炎。

【诊　断】　初步的诊断可依靠流行病学、临床症状及病理变化。确诊需进行实验室检查。近年来阿留申病诊断研究进展较快,在非特异性诊断基础上,已进入了特异性诊断阶段,并在生产实践中得到广泛应用。常用方法有如下几种。

1. 碘凝集试验(Iodine Agglutination Test, IAT)　1962 年 Henson 等最先将本法应用在水貂阿留申病诊断上。该法是根据患阿留申病水貂血清中丙种球蛋白含量增多并遇碘凝结的原理进行的。当被检血清中加入等量碘试剂后,在混合物中析出大的暗褐色絮状物者为阳性;混合物仍透明,保持碘试剂原色者为阴性。该法缺点为非特异性诊断方法,检出率不高和出现假阳性反应,优点是简便易行、经济。

2. 对流免疫电泳(CIEP)　CIEP 是检测该病灵敏特异的方法,在水貂感染阿留申病后 3～6 d 即可检出沉淀抗体,1972—1974 年,Cho 和 Ingram 在加拿大最早应用该技术诊断阿留申病。该法是用已知提纯抗原(由病貂组织制成),检测抗体(被检水貂的血清),具有特异、敏感、简便、适于大群检疫等优点。我国已经能提取和制各阿留申病毒脏器抗原和细胞抗原,供做 CIEP 用,并已达到国际先进水平。操作程序如下。

(1)巴比妥钠缓冲液配制　巴比妥钠 10.3 g,巴比妥 1.84 g,蒸馏水 1 000 mL。按顺序加入,待充分溶解后备用。

(2)琼脂胶板的制备　将特制的槽式塑料板或 3 mm 厚的玻璃板(9 cm×10 cm)水平放置,用吸管吸取加热熔化,并冷至 70℃ 左右的 1%琼脂糖巴比妥钠液体(浓度过大将影响抗体、抗原移动速度)滴注在塑料板槽或玻璃上,琼脂糖最大铺板量以不流出为宜(形成约 3 mm 厚的层)。铺好的琼脂板最好贮放在湿润的容器里放 4 h 以上再使用。琼脂内加 0.03%叠氮钠(NaN_3),可增加保存时间。

(3)打孔　将兽用大号采血针头截断,制成直径 3 mm 的打孔器(市场亦有规格打孔器),上端连接细乳胶管和吸球(胶球)。将凝胶板放在打孔模样纸上进行打孔,并吸出孔穴的凝胶片,每孔直径为 3 mm,孔距为 5 mm。

(4)抽样　在血清与血凝柱交界处,折断已采集的含有被检血清的毛细玻璃管。将毛细管内的血清滴入靠阳极的孔穴内,滴满为宜,不要溢出。靠阴极孔加入已知抗原。

(5)电泳　以普通电泳仪,调整电压至 90~100V,电泳槽内加满巴比妥钠缓冲液,把加好样的凝胶板平放于电泳槽上,以双层滤纸(或纱布)搭桥。接通电源,经30~60 min 出现沉淀线(用 2%氯化钠溶液浸泡电泳完的琼脂板 15 min 乃至 18 h 或置冰箱中过夜,可使沉淀线更加清晰)。

(6)判定结果　一般每块反应板都应设阴阳对照,才能使试验成立。

①阳性　已知抗原孔与被检血清孔之间,出现直而清晰的白色沉淀线为阳性。纤细的沉淀线为弱阳性。由于缓冲液 pH 值和琼脂糖品质的影响,有时出现弯曲的沉淀线,也判为阳性。

②阴性　没有沉淀线为阴性。

3. 其他方法　PPA-ELISA(葡萄球菌 A 蛋白-酶联免疫吸附试验法)诊断水貂阿留申病与 CIEP 法的符合率为 100%,但较 CIEP 法敏感 500~1 000 倍。另外,还可用间接荧光抗体技术检测本病。

【防制措施】　迄今为止,对阿留申病还没有特异性的预防和治疗方法。因此,为控制和消灭本病,必须采取综合性的防制措施。

1. 加强饲养管理,提高机体的抗病能力　在日常饲养中应保证给予优质、全价和新鲜的饲料,以提高水貂的机体抵抗力。

2. 严格执行兽医卫生制度,是防止本病蔓延和扩散的有效方法　对貂场内的用具(包括兽医器械)、食具、笼舍和地面要定期进行消毒。最有效的消毒方法是用喷灯火焰或蒸汽处理预先清扫过的笼子表面。用 5%福尔马林溶液消毒金属结构,用 2%碱溶液或漂白粉处理貂场地面。病貂场禁止水貂输入和输出。

3. 建立定期检疫隔离和淘汰制度,是现阶段扑灭本病的主要措施　每年在仔兽分窝以后，初选预备兽之前，利用 CIEP 逐只采血检疫，阳性貂集中管理，到取皮期杀掉，不能作种用。这样就能防止阿留申病扩散，减少阳性貂的发生。

4.临时性解救办法 注射青霉素、维生素 B_{12}、多核苷酸及给予肝制剂等，改善病貂自身状况。

5.采用异色型杂交 在某种程度上可以减少本病的发病率。多年来，国内许多水貂场采用此方式，都收到了较好的效果。

四、狐传染性肝炎(Hepatitis infectiosa)

狐传染性肝炎，又称狐传染性脑炎，在犬上称犬传染性肝炎(Infectious canine hepatitis，ICH)，是犬、狐等犬科动物的一种急性败血性传染病。对狐除能引起肝炎外，还有脑炎型病例。狐传染性脑炎是以眼球震颤、高度兴奋、肌肉痉挛、感觉过敏、共济失调、呕吐、腹泻及便血为特征的急性、败血性、接触性传染病。本病具有发病急、传染快、死亡率高等特点。

【病　原】 犬腺病毒Ⅰ型(Canine adenovlrus，CAV-Ⅰ)，又称犬传染性肝炎病毒(Infectious canine hepatitis virus，ICHV)，是腺病毒科、哺乳动物腺病毒属成员。病毒核酸为双股 DNA，蛋白衣壳由 252 个壳粒组成，呈 20 面体对称排列，无囊膜。病毒粒子呈球状，直径 70～90 nm，浮密度(CsCl)为 1.33～1.35 g/cm³。本病毒能凝集人(O 型血)、鸡和土拨鼠的红细胞。具有相当强的抵抗力，在 37℃下 26～29 d 灭活，在 60℃下 3～5 min 失去活性，在室温条件下，可存活 10～13 周；在注射器上，附着的病毒可存活 3～11 d；低温冷藏 9 个月仍有感染力；紫外线照射 2 h 后，才失去活力，但仍有免疫原性。病毒最适 pH 值 6～8.5。对乙醚、氯仿有耐受性。在 0.2% 甲醛溶液中 24 h 后才能灭活。在病兽排泄物中，病毒能保存几个月，在脏器组织内保存活力 4～6 个月。能很好地保存于 50% 甘油溶液中。

本病毒对内皮细胞和肝细胞有亲和力，在细胞内形成核内包涵体，动物感染本病毒后可获得终生免疫力。

【流行病学】

1.易感动物 犬、狐(银狐、蓝狐、红狐)易感性大，特别是生后 3～6 个月的幼狐最易感。幼兽感染率达 40%～50%，2～3 岁的成年动物感染率为 2%～3%，年龄较大的狐很少发病。

2.传染源 病兽在发病初期，血液内出现病毒，以后在所有分泌物、排泄物中都有病毒排出。特别是康复动物自尿中排毒长达 6～9 个月之久。由此可见康复和隐性感染动物为带毒者，是最危险的传染源。

【传播途径】 本病主要经消化道传播，亦可经胎盘垂直传播，引起新生仔兽死亡。患病动物或康复动物的分泌物和排泄物污染了饲料、水源、周围环境，经呼吸道、消化道及损伤的皮肤和黏膜而侵入机体。在子宫内及哺乳期也可以传染给胎儿和仔兽。此外，寄生虫也是本病传播的媒介。

【流行特点】 本病无明显季节性,但在夏秋季节幼兽多,饲养密集,易于本病的传播。本病常呈地方性流行,因为在发病狐场里,病毒通过狐可以使其毒力增高,引起成年狐发病。患兽带毒及排毒,能使健康动物发病。本病能引起高度死亡率(病的流行初期死亡率高,中、后期死亡率逐渐下降)和母兽大批空怀和流产,给养狐业带来重大的经济损失。

【发病机制】 狐传染性肝炎病毒有亲内皮、亲网状内皮细胞的特性,在血管内皮繁殖,血管内皮受损,通透性增强,血液循环紊乱。在肝脏内,继窦状隙的先驱变化之后,发生营养不良,形成核内包涵体。

【临床症状】 自然感染的潜伏期,银黑狐及北极狐为 10~20 d 以上;人工感染,潜伏期为 5~6 d。银黑狐和北极狐的症状多种多样,根据机体的抵抗力和病毒的毒力,可将本病分为急性、亚急性和慢性 3 种。

1. 急性型 首先表现拒食,反应迟钝,体温升高达 41.5℃ 以上。呕吐,饮欲增加,病程 3~4 d,最后昏迷而死。

2. 亚急性型 病狐精神沉郁,躺卧,站立不稳,步态摇晃,后肢虚弱无力,出现弛张热。迅速消瘦,可视黏膜苍白或黄染,后肢不全麻痹或麻痹。个别病例出现一侧或两侧性角膜炎。由于体温升高,心血管系统功能紊乱,心跳达 100~120 次/min。上述症状时而出现,时而消失。病狐兴奋和抑郁交替出现,隔居笼内一角或产箱内,喂食时表现攻击性,有的病狐个别肌群痉挛。病程长达 1 个月,最终死亡或转为慢性经过。

3. 慢性型 大多数见于发过本病的污染场。病狐的症状不明显,常出现食欲减退或暂时消失,出现短时间的体温升高,腹泻和便秘交替出现,进行性消瘦。继发感染或环境条件不良时,可导致死亡,一般能生存至取皮期,但皮质不好。

【病理变化】

1. 急型性 特征为各内脏器官出血,常见于胸腔和腹腔的浆膜面和胃肠道的黏膜上,偶见骨骼肌和膈肌有出血点。肝肿大,充血、出血,呈暗紫红色或土黄色,切面有上述色调的血液流出。大脑血管充盈,明显可视。其他器官无可见变化。

2. 亚急性型 可视黏膜苍白或黄染,骨骼肌呈淡红色或淡黄色,胸部、腹股沟部及腹部皮下结缔组织胶样浸润和出血。在胸腔内有少量淡玫瑰色或淡黄色渗出液。肝脏呈樱桃红色,切面有血液流出。肾脏增大,被膜下有点状或条状出血,切面浑浊。胃肠黏膜潮红、肿胀,常呈条状出血。胃内容物混有煤焦油样黏稠的内容物,黏膜上有形状不整、大小不等的溃疡灶。肠黏膜增厚,附有黏膜。甲状腺增大 2~3 倍,有出血点,周围胶样浸润,水肿。心脏有浆液性心包炎。肺脏可见散在的炎性气肿区。

3. 慢性型 尸体显著消瘦、贫血。在肠黏膜下常出现散在的新旧不同的出血点。肝脏肿大,脂肪性营养不良(变性),质脆呈豆蔻样。

特征性病理组织变化是血管受损害,肝脏表现退行性变化和轻度炎症变化;网状内皮系统普遍激活和核内包涵体的形成,以及细胞坏死。

【诊　断】　根据流行特点,临床症状和病理变化,可做出初步诊断。最终确诊还需要实验室检查。常用的实验室检查与血清学检查方法如下。

1.包涵体检查　取新鲜病变交界处的肝脏组织做触片或石蜡组织切片,姬姆萨染色或 H-E 染色,检查肝细胞、枯否氏细胞及肝窦状隙内皮细胞中的大量嗜酸性核内包涵体,呈圆形或椭圆形。包涵体检查,特别是触片姬姆萨染色是用于诊断本病的一种较快速而简便的方法,但不是特异性的,且包涵体的存在与否和个体有很大差异,如检不出包涵体也不能否定本病的存在。

2.病毒的分离培养　应用犬或猪肾原代细胞进行病毒分离培养。根据犬传染性肝炎病毒致细胞病变的特征,出现单个的圆形折光细胞,并在细胞单层内出现空泡,小岛样病变细胞堆积成较大团块,如葡萄样,形成核内包涵体加以确认。

3.血清学试验　方法很多,最常用而简便易行的有如下几种。

(1)HA 和 HI　本病毒对 O 型血人、豚鼠和鸡红细胞具有凝集作用,可借此检查病料中有无本病毒,如果能使上述红细胞发生凝集,可用已知的抗体做 HI 试验,最后确诊。本方法较简便、特异性高,比较常用。

(2)中和试验　是将病毒与中和血清作用一定时间后接种细胞,以细胞是否出现典型的细胞病变为判定标准。本病毒感染动物 7 d 后在血清中即可检出中和抗体,且持续时间较长。

(3)荧光抗体技术　用已知的标记好的荧光抗体检查扁桃体涂片和肝抹片,可检出病毒和包涵体。

此外,还有补体结合反应、琼脂扩散、皮内试验结合补体反应等。被检病料以肝、脾为佳,发热期动物可取血液或尿液。

【鉴别诊断】　北极狐和银黑狐传染性肝炎与脑脊髓炎、犬瘟热、钩端螺旋体病有相似之处,必须加以鉴别,以免误诊。

1.脑脊髓炎　传染性肝炎广为传播,而脑脊髓炎常为散发,局限于兽场内一定地区。传染性肝炎不论是成年和幼年毛皮动物均能发生,而脑脊髓炎常侵害 8～10 月龄的幼兽。另外,银黑狐易感脑脊髓炎,北极狐少患;而传染性肝炎常罹患北极狐,银黑狐少患。

2.犬瘟热　犬瘟热病是高度接触性传染病,传播迅速,幼兽发病率高;而传染性肝炎流行较缓慢,几乎无年龄的差异。犬瘟热病兽表现出典型的浆液性化脓性黏膜变化和结膜变化,消化紊乱、腹泻,眼流泪、有脓性眼眵,皮肤脱屑有特殊的腥臭味,两次发热;而传染性肝炎则无这些症状。

3.钩端螺旋体病　钩端螺旋体病死亡动物显著黄疸及肝内特别明显的变化与传染性肝炎相类似。但钩端螺旋体病主要症状为短期发热、黄疸、血红蛋白尿、出血性素质、水肿、妊娠母兽流产等,而传染性肝炎则无这些症状。

【防制措施】　目前还没有特异性治疗办法。初期发热可用血清进行治疗,以抑制病毒的扩散;但在病的中后期应用血清治疗,效果不理想。此外,丙种球蛋白也能起到短期的治疗效果。还可给病兽肌内注射维生素 B,成年兽每只注射量为 350～500 µg,幼兽每只 250～300 µg,每天 1 次,持续给药 3～5 d;同时随饲料给予叶酸,每日每只量为 0.5～0.6 mg,持续喂 10～15 d。

患过传染性肝炎的动物能产生稳定的终生免疫,据报道,患病动物在 17～21 d 血内出现抗体,经 30～35 d 抗体达最高峰,中和抗体于动物体内终生保存。因此,患过本病的动物本身有显著的抵抗力,不再发病,但其可成为散布病毒的传染源,使健康动物感染发病。所以为预防本病的发生,除了加强饲养管理,搞好防疫卫生外,还应进行预防接种,这是行之有效的预防办法。目前国外广泛使用组织培养弱毒细胞苗,接种后出现轻度一过性角膜浑浊的过敏反应,经 1～2 d 后自然消失。我国也生产传染性脑炎弱毒犬肾细胞苗,已广泛使用。

发生狐传染性脑炎时,应将病兽和可疑病兽一律隔离、治疗,直到取皮期为止。对污染的笼具应进行彻底消毒。地面用 10%～20%漂白粉或 10%生石灰乳消毒。

被污染的(发过病的)养殖场到冬季取皮期应进行严格兽医检查,精选种兽。对患过本病或发病同窝幼兽以及与之有过接触的毛皮动物一律取皮,不能留作种用。

五、狂犬病(Rabies)

狂犬病是由狂犬病病毒引起的一种人兽共患、以侵害神经系统为主的急性接触性传染病。其特征是神经兴奋和意识障碍,继而出现局部或全身麻痹而导致死亡。

【病　史】　在自然界中,野生动物是狂犬病的保(带)毒者,也是本病的传播者。在美国、加拿大,狂犬病保毒宿主有狐、臭鼬、浣熊和食虫蝙蝠;在拉丁美洲主要为吸血蝙蝠;在地中海东部为狼;印度为豺;北极一带各国为北极狐;古巴、波多黎各、格林纳达为獴。前苏联的 A.A.杜布尼茨基(1939 年)和 C.R.柳巴申柯(1936 年)分别首次报道了貂和银黑狐的狂犬病。我国毛皮动物的狂犬病于 1982 年首发于辽宁省某养貂场发生的貂狂犬病。

【病　原】　狂犬病毒(Rabies virus)属于弹状病毒科、狂犬病病毒属的嗜神经病毒。病毒粒子的大小在 180～250 nm 之间,呈枪弹形,由 3 个同心层构成的套膜和被其包围着的核蛋白壳所构成,套膜的最外层包含有由糖蛋白构成的纤突,此突起具有抗原性,能刺激机体产生中和抗体。为单股 RNA 核酸型。

病毒在动物体内主要存在于中枢神经组织、唾液腺和唾液内。在中枢神经(尤其是海马角、大脑皮层和小脑)细胞的胞质内形成包涵体,称 Negri 氏小体,呈圆形或卵圆形,染色后呈酸性反应,鲜红色。

病毒可以在 7 日龄的鸡胚绒毛尿囊膜、尿囊腔内、卵黄囊内繁殖。在鸡胚、鼠胚、兔胚大脑和肾细胞内均能繁殖;在 20℃条件下可以存活 14 d,37℃生存 24 h,54～56℃经 1 h,60℃经 5 min,100℃经 2 min 失去活性。在尸体内可存活 45 d 以上。50%甘油缓冲液中,在冰箱内可保存 1 年。真空干燥,可保存 3～5 年。能抵抗自溶和腐烂,在自溶的脑组织中可以保存活力 7～10 d。不耐湿热,紫外线、X 射线均能灭活。1％甲醛溶液、3％来苏儿于 15 min 内可使病毒灭活。0.1％升汞溶液经 2～3 min，1％～2％肥皂水、43％～70％酒精、0.01％碘液都能使病毒灭活。但对苯酚和氯仿等有较强的抵抗力。

【流行病学】

1. 易感动物　本病呈世界性分布。自然界中，人及所有温血动物，包括鸟类也能感染。易感性无年龄的差异；各种动物之间易感性有差异，顺序大致如下：狐狸、大白鼠、棉鼠＞猫、地鼠、豚鼠、兔、牛＞犬、貉、狼＞羊、山羊、马鹿、猴、人＞獾＞有袋类，浣熊和蝙蝠也是常见的易感动物。肉食动物由于其食肉习性的原因，感染、传播本病的机会明显多于草食动物。

2. 传染源　患有本病的犬和野生动物是狂犬病的天然宿主。这些患病动物的唾液中含有大量的病毒，在兴奋期跑到居民点及牧场或兽场咬伤人、家畜和毛皮动物会引起发病；值得注意的是，患有本病的动物在出现明显临床症状之前 5 d，唾液中即可出现病毒，所以在没有临床表现前的感染动物也是本病的传染源。此外，顿挫型传染的动物，即该动物被感染后，不出现典型症状，但体内存在病毒和不断排毒，如南非的吸血蝙蝠常常是本病病毒的贮存宿主。

3. 传播途径　主要是经咬伤，病毒随唾液进入伤口而感染。在笼养条件下的毛皮动物，多半是通过跑到兽场内的患狂犬病的野生动物或犬，经笼壁咬伤毛皮动物而发生散发病例。

【发病机制】　狂犬病病毒通过外伤侵入机体，多为咬伤感染，病毒主要沿神经经路传播，病毒在中枢神经系统中，一方面破坏神经细胞，另一方面损害血管壁。病毒进入咬伤部的神经后，在其内繁殖并沿神经轴传到中枢神经系统。由此病毒向整个机体传播，侵害所有神经细胞。神经细胞受侵后，表现为兴奋、狂躁不安、神志紊乱和反射性的兴奋性增高，对人、畜或障碍物有攻击行为和有恐水症；当延髓受到侵害时，则引起发热、体温升高、多尿和糖尿，经过一段时间后，由于神经细胞变性，逐渐引起麻痹，终因呼吸肌和喉麻痹而死。病毒到达唾液腺后，在此细胞内迅速增殖，破坏细胞，进入腺腔，浸润到唾液中。

【临床症状】　毛皮动物潜伏期一般为 5～30 d，转归死亡。潜伏期长短决定于随唾液进入的病毒量、咬伤部位（靠近中枢神经系统附近的部位最危险）、咬伤深度及数目。各种动物的主要临床表现基本相似。以貉为例，潜伏期 2～8 周，最多 11 周；病程 3～7 d，最短 1 d，最长达 20 d；主要分为以下 3 个阶段。

1. 初期　病貉行为反常，不回小室，在笼内不时地走动或奔跑，有的蹲在小室内，在笼内有攻击行为，扑人或攻击邻笼的动物，食欲减退，呈现大口吞食而不咽，粪便干稠多为球状，流涎不明显，口端有水滴。

2. 中期　随着病情的发展，病貉出现兴奋性增强，狂躁不安，在笼内急走或奔跑，啃咬笼网及笼内食具，攀登笼网，爬上爬下。有痒觉，啃咬躯体，吃掉自己的尾巴和趾爪。向人示威尖叫，追人捕物，咬住东西不放，异嗜，捕咬他貉，食欲废绝，凝视，眼球不灵活。

3.后期 病貉精神沉郁,喜卧。后躯行动不自如,负重困难,很快发展到前肢,不能站立,倒在笼内。轻者以两前肢支撑或跪式向前爬行,或以臀部为轴原地打转;最终全身麻痹,死亡。死前体温下降,流涎,舌麻痹露出口外。

【病理变化】 剖检变化没有特征性。尸体营养状态良好,少数尸体出现程度不同的皮肤及尾巴缺损。尸僵完全,口角附有黏稠液体。变化主要见于胃肠和大脑内。多数胃空虚,有的胃内有碎木片(屑、棍)、蒿秆、纸屑、毛等异物,黏膜充血、出血,有的胃黏膜出现溃疡灶;大、小肠黏膜有出血点。脑充血,有出血点,脑室内液体增多,脑组织常发现点状出血。肝脏呈暗红色或土黄色,增大,切面外翻流出酱油样凝固不全的血液。脾脏少数病例肿大,被膜下有出血点。肾内发现贫血,皮层和髓层界限消失。膀胱空虚,黏膜有出血点。有的病例肺内出血。

组织学变化可见非化脓性脑炎,以大脑变化最明显,海马角神经节细胞内(显微镜下)可看到胞质内包涵体,小血管周围有管套现象。

【诊 断】 根据病兽特征性临床症状,如高度兴奋,食欲反常,后躯麻痹,以及解剖胃内有异物,兽场内有野犬窜入等情况,即可确定为狂犬病。死后诊断应取濒死期或刚刚死亡动物的海马角、延脑、脊髓和唾液腺,置灭菌容器中,冷藏条件下快速送检。常用的实验室检查方法有以下几种。

1.包涵体(Negri 小体)检查 将上述病料(最好是海马角)制成印压标本,用曼氏、姬姆萨等染色法染色,显微镜检查是否有包涵体。如压印片不能获得阳性结果时,可将脑组织做成病理切片再检查。因包涵体检查达不到100%,故为阴性结果时,可再用其他方法检查。

2.荧光抗体技术 用已知荧光抗体检查脑组织或唾液腺制成的压印片或冰冻切片,荧光显微镜观察,胞质内出现黄绿色荧光颗粒者为阳性。该方法快速、敏感、特异,是常采用的一种血清学诊断方法。

3.病毒的分离鉴定 被检病料经处理后接种于5～7日龄乳鼠脑内,观察临床症状,检查脑内包涵体,如为阴性者可盲传3代,观察28 d,然后取乳鼠脑组织做包涵体检查,阴性者再经荧光抗体法检查,依然阴性者,可确诊为阴性。

除上述方法外,还可用电子显微镜检查病毒,或用已知抗血清进行病毒中和试验。

【鉴别诊断】 狂犬病有时易与神经型犬瘟热和中毒混淆,应注意鉴别。

神经型犬瘟热无论在什么情况下都不狂暴,无攻击性;幼龄兽对犬瘟热最易感。而狂犬病任何年龄的毛皮动物均易感。犬瘟热病检查兽脑时没有 Negri 氏小体,而在膀胱黏膜上皮细胞内发现犬瘟热特征性包涵体。

饲料中毒多为群发,多出现呕吐、腹泻,无攻击行为。狂犬病则不会全群发病,一般呈散发或个别发病。

【防制措施】 本病无法治疗,一旦发现动物被狂犬咬伤,或狂犬窜入,应立即接种狂犬病疫苗。出现典型狂犬病症状的病兽应宰杀，消灭传染源。

　　养殖场要严禁犬、猫及野兽窜入；新收购的野貉或狐要单独饲养在比较坚固的笼舍内，以防跑出笼外咬伤场内动物。一旦发生狂犬病，要实行封锁，并及时向上级有关卫生部门报告疫情；杜绝病兽跑出兽场；对死亡于狂犬病以及可疑患病的尸体一律烧毁；禁止从尸体上取皮；对所有兽群应仔细观察，及时发现患病和可疑患病的毛皮动物；对临床上健康的毛皮动物一律紧急接种疫苗；被患兽咬伤的毛皮动物不超过 8 d 的可允许接种。从毛皮动物患狂犬病死亡的最后一个病例算起，经 2 个月后取消封锁。

六、伪狂犬病（Pseudorabies）

　　伪狂犬病又称阿氏病，是由伪狂犬病病毒引起的多种家畜及野生动物的一种急性传染病。其特点是侵害中枢神经系统，发热和皮肤奇痒，发病动物多在急性病程之后以死亡告终。猪多发，呈隐性经过；肉食毛皮动物多因吃了屠宰厂的下脚料而发病。

　　【病　史】　1902 年匈牙利学者 Aujezky 首次记述了伪狂犬病。1956 年 C. я. 柳巴申柯等又在水貂、北极狐、银黑狐中发现了伪狂犬病的暴发。之后在捷克斯洛伐克、荷兰、波兰、比利时、德国和希腊等许多国家相继都在毛皮动物中发现了伪狂犬病。我国于 1973 年在内蒙古某水貂场曾发生本病，死亡水貂 440 只；1975 年广西南宁市某水貂场，也曾发生过伪狂犬病。

　　本病在肉食毛皮动物中多见，给毛皮动物饲养业带来很大的经济损失。

　　【病　原】　伪狂犬病病毒（Pseudorabies virus），属疱疹病毒科、疱疹病毒属中的猪疱疹病毒 I 型。病毒核酸为双股 DNA，有囊膜及纤突，病毒粒子直径在 130～180 nm 之间。本病毒能在鸡胚上增殖并可连续继代，兔肾和猪肾原代细胞或传代细胞最适于本病毒增殖。病毒在动物发病初期主要存在于血液、脏器和尿中，发病后期则在神经系统中。

　　该病毒对环境因素的抵抗力较强。在 50% 甘油中，0℃ 下可保存数年；24℃ 可存活 30 d，60℃ 存活 30 min，100℃ 可瞬间被杀死。在肺水肿的渗出液中，于冰箱内保存，可存活 797 d 以上；在 0.5% 盐酸和硫酸液以及氢氧化钠溶液中，3 min 被杀死，在 2% 甲醛溶液中，20 min 被杀死。对苯酚不敏感，但对 5% 石灰乳或 0.5% 苏打水敏感，1 min 即可灭活，对乙醚也敏感。

　　【流行病学】

　　1. 易感动物　自然条件下多种野生动物如银狐、蓝狐、水貂、紫貂、貉、鼬、狼、鹿、野牛、野马、羚羊、狍子、猕猴、北极熊、獾及鼠等均易感，家畜如猪、牛、羊、犬、马、猫也易感。多种哺乳动物、禽类及蛙类人工感染均能引起发病。

　　2. 传染源　病兽和患病动物副产品及鼠类是毛皮动物的主要传染源。猪是本病的主要宿主，其临床症状不明显（无瘙痒和抓伤），多呈隐性经过，可自然带毒 6 个月以上。

3. **传播途径**　本病可经消化道和呼吸道传染，还可经胎盘、乳汁、交配及擦伤的皮肤感染。食肉及杂食兽主要是经消化道传染，因采食病猪、鼠，带毒猪、鼠的肉及下脚料而经消化道感染发病。在实验条件下，给毛皮动物食入含有病毒的饲料，特别是当口腔黏膜有外伤时，更易感染本病。皮肤外伤也能感染。在进行病理剖检时，操作者应注意防止经损伤皮肤感染。

4. **流行特点**　在毛皮动物中，发病没有明显的季节性，但以夏秋季节多见，常呈地方性暴发流行。初期死亡率高。当从日粮中去除污染饲料后，病势很快停止。本病呈世界性分布，除猪外，对其他动物都具有高度的致死性，例如 1970 年希腊某水貂场从 2 月 6～10 日，5 d 内因伪狂犬病死亡 393 只水貂，死亡率达 56.1%；又如 1973 年我国内蒙古某水貂场，从 10 月 21～29 日，9 d 之内死亡 440 只水貂，死亡率为 4%。

【发病机制】　病毒通过饲料由消化道侵入机体后，经血液循环到各器官组织中。首先侵害肺脏，聚集繁殖。从接种病毒起，25～28 h 出现毒血症，此时许多器官出现出血及营养障碍变化，这些变化与病毒对血管壁的直接作用有关。由于肺脏受害引起组织严重缺氧，降低了组织内的氧化过程。体温下降至 36～37.5℃。心脏高度扩张，由于血液中二氧化碳饱和引起血液凝固性降低。供氧不足导致大脑皮质神经细胞受损，特别是小脑神经细胞受损更为严重，血脑屏障被破坏，病毒直接作用于中枢神经细胞，引起综合性神经症状，皮肤表现高度瘙痒。神经症状最明显时，说明神经系统中含毒量最高，与此同时血液中含毒量下降，甚至完全消失。有报道认为伪狂犬病病毒属于亲肺病毒。

【临床症状】　水貂自然感染时的潜伏期为 3～6 d，银黑狐、北极狐和貉的潜伏期为 6～12 d。不同种动物的临床症状不尽相同。

1. **狐、貉**　主要表现食欲正常或拒食 1～2 次，症状发展很快，出现流涎和呕吐，精神沉郁，弓腰，在笼内转圈，行动缓慢，呼吸加快，体温稍增高，瞳孔缩小；瘙痒，用前爪搔抓颈、唇、颊部皮肤；呻吟，翻身打滚，跳起又躺下。由于剧痒，病兽不仅抓伤皮肤，而且也损伤皮下组织和肌肉，出现出血性水肿。兴奋性增高的病兽常啃咬笼网和食具。由于中枢神经系统受损和脊髓炎症，常引起肢体麻痹或不全麻痹，舌麻痹伸出口外。从出现临床症状起 1～8 h，病兽昏迷而死。有些病例出现呼吸困难，呈腹式呼吸，呼吸促迫，每分钟 150 次。有的病兽呈犬坐姿势，前肢叉开，颈直伸，哑咳和吟叫，后期鼻孔和口腔流出血样泡沫，这种经过的病例很少出现搔伤，病程 2～24 h 死亡。

2. **水貂**　表现瘙痒和抓伤。主要表现平衡失调，常仰卧，用前爪掌摩擦鼻镜、颈和腹部，但无皮肤和皮下组织的损伤。病貂食欲废绝，体温升高（40.5～41.5℃），精神强烈兴奋和沉郁交替进行，时而站立，时而躺倒抽搐、转圈，头稍昂起；下颌麻痹，舌伸出口外并有咬伤，从口内流出大量血样黏液，呕吐和腹泻。死前不久发生胃肠臌气。还发现有的公貂阴茎麻痹，眼裂缩小，斜视，下颌不自主地咀嚼或阵挛性收缩，后肢不全麻痹或麻痹,病程1～20 h死亡。未发现恢复的水貂。

【病理变化】　尸体营养良好,鼻和口角有多量粉红色泡沫状液体,舌露出口外并有咬伤,眼、鼻、口和肛门黏膜发绀。死于本病的银黑狐、北极狐和貉的尸体搔抓部位的皮肤被毛缺损,有搔伤和撕裂痕,皮下组织呈出血性胶样浸润。腹部膨满,腹壁紧张。血凝不全,呈黑紫色。

各器官普遍呈现淤血性充血。心扩张,冠状动脉血管充盈,心包内有少量渗出液,心肌呈煮肉样。肺呈暗红色或淡红色,表面凸凹不平,有红色肝样变区和灰色肝样变区交错,切之有多重暗红色凝固不良血样液体流出。气管内有泡沫样黄褐色液体,支气管和纵隔淋巴结充、淤血。胸膜有出血点。甲状腺水肿,呈胶质样,有点状出血。较为特征性变化是胃肠臌气,腹部胀满;胃肠黏膜常覆以煤焦油样内容物;银黑狐胃内常见到出血点;而水貂可见到胃黏膜有溃疡灶;小肠黏膜呈急性卡他性炎症,肿胀、充血和覆有少量褐色黏膜。肾脏增大,呈樱桃红色或泥土色,质软,切面多血。脾微肿,呈充血、淤血状态,白髓明显,被膜下有出血点。大脑血管充盈,质软。

局部血液循环障碍是病理组织学变化特点。许多脏器表现充血、出血,血管周围水肿及血球渗出性出血,血管内腔空泡变性,浆液性出血性肺炎,浆液性脑膜炎及大脑神经细胞变性。

【诊　断】　根据流行特点和特征性临床表现瘙痒、眼裂和瞳孔缩小等及病理变化,可以做出初步诊断。进一步确诊需进行试验室诊断。

1. 生物学试验　无菌取刚死动物的肝、脾、脑组织等,制成1∶5的组织悬液,每毫升悬液中加入500～1 000 U青、链霉素,2 000 r/min离心10 min,取上清液1～2 mL腹测皮下接种家兔,多于1～5 d在接种部位出现剧痒,兔舔、咬、撕啃,使接种部位掉毛、破皮、出血甚至露出骨头。病程很短,多持续4～6 h后衰竭、痉挛、呼吸困难、死亡。水貂接种3～4 d出现瘙痒和神经症状,啃咬腹股沟部、背部,搔抓头和颊部,咬住痒部翻身打滚,间歇性抽搐,四肢麻痹不能站立,不自主地咬牙咀嚼,呕吐流涎,最后昏迷,舌外露、死亡。此外也可用21～28日龄小白鼠皮下接种。如接种动物出现上述典型症状者,可判定为伪狂犬病。

2. 荧光抗体技术　用荧光色素标记好的抗体检查动物的脑压片或冷冻切片,如在神经节细胞内观察到荧光,即可确诊为阳性。该方法快速、准确而实用。

3. 血清学试验　对新分离的病毒可用已知的标准血清做病毒中和试验,其诊断用抗原和血清可从中国农业科学院哈尔滨兽医研究所购买,并按说明书操作即可。

【鉴别诊断】

1. 狂犬病　二者均有神经症状。伪狂犬病有瘙痒,突然发作,病程短,迅速出现大批死亡,胃肠臌气,不攻击人,不恐水。狂犬病无上述症状,一般散发,攻击人、畜。

2. 银黑狐脑脊髓炎　有某些类似之处。但狐脑脊髓炎病程较长,呈地方性暴发流行,无瘙痒症状。

3. 犬瘟热　神经型犬瘟热虽有神经症状,但没有瘙痒和胃肠臌胀;此外,犬瘟热有特殊的腥臭味和黏膜的炎症。

4.水貂肉毒中毒 也有某些类似之处。但肉毒中毒是水貂吞食含有肉毒梭菌毒素的饲料之后迅速大群发病,主要表现后躯麻痹,由后肢向前肢发展,最后全身瘫软,丧失活动能力,肌肉高度松弛,病貂放在手中后肢下垂,瞳孔散大,闪闪发光。伪狂犬病则瞳孔缩小,有瘙痒、皮肤有擦伤或撕裂痕。

5.巴氏杆菌病 无瘙痒和抓伤,幼兽多发,细菌学检查能查到巴氏杆菌。

【防制措施】 本病尚无特效疗法,抗血清治疗有一定的效果,有人曾用丙种球蛋白治疗银黑狐,收到一定效果,但经济上不合算。

发现本病应立即停喂受伪狂犬病病毒污染或可疑的肉类饲料,更换新鲜、易消化、适口性强、营养全价的饲料。对病兽进行隔离饲养观察,对污染的笼舍和用具要进行彻底消毒。用抗生素控制继发感染。

预防本病应采取综合防制措施。首先,要对肉类饲料加强管理,不购买和使用来源不清楚的饲料,特别是对屠宰厂的下脚料一定要注意,应高温处理后再喂。凡认为可疑的肉类饲料都应做无害化处理。养殖场内严防猫、犬窜入,更不允许鸡、鸭、鹅、犬、猪与毛皮动物混养。

伪狂犬病多发的饲养场和地区,或以猪源肉类饲料为主的饲养场,可用伪狂犬病疫苗预防接种。中国农业科学院哈尔滨兽医生物制品研究所生产家畜用伪狂犬病疫苗可用于毛皮动物。

七、自咬病(Auto-bite)

自咬病是长尾食肉动物多见的一种慢性疾病。病兽自咬躯体,多在尾部、臀部及后肢,使皮张被破坏。紫貂和蓝狐多为急剧发作,自咬剧烈,常继发感染死亡。水貂多为慢性经过,很少发生死亡。自咬病在国内外毛皮动物饲养场中广泛发生,除造成毛皮质量低劣外,还可导致母兽空怀和不护理仔兽(咬死或踏死)。

【病 原】 目前尚未确定。目前主要有营养缺乏病、传染病、寄生虫病、应激反应、食盐和碘中毒及肛门腺堵塞等病因之说。但近些年来许多学者已从患病动物体的脏器分离到病毒,并用水貂做动物试验,水貂亦被感染发病。病毒也用长尾猿肾细胞培养传代成功,且能引起细胞病变。

【流行病学】

1.易感动物 自然条件下紫貂、北极狐最易发病,病情最剧烈。水貂也易感,银黑狐的易感性次之。

2.传染源 主要是患病母兽。

3.传播途径 本病感染途径及发病机制至今还没有研究清楚。

4.流行特点 本病没有明显的季节性,但配种期与产仔期易发,幼兽8~10月份发作。本病发病率波动很大,同一个养殖场有的年份发生得多,有的年份就少。但有报道认为,自咬病(水貂)发生率与饲料中动物性饲料的比例呈正相关,即动物性(肉类)饲料比例高的年份自咬病的发病率亦高,动物性饲料比例低(瓜菜类高)的年份自咬病也少。

【临床症状】　潜伏期为20 d到几个月之间。一般为慢性经过,反复发作,急性者少见。

水貂患此病多呈慢性经过。病貂反复发作,自咬的部位因个体而异,但每个个体自咬的部位是固定的,总咬一个部位,多以尾巴、后肢、臀部或腹侧,个别的病兽咬全身。水貂很少死亡。病貂发作时咬住患部不放,在笼内翻转吱叫,持续3~5 min或更长时间,将毛啃断啃光,咬伤皮肤、流血,伤口可继发感染。兴奋期过去停止自咬,听到意外声音刺激或喂食前再发作,1 d内多次发作,反复自咬,尾巴背侧血污沾着一些污物,形成结痂,呈黑紫色。患貂多在喂食前或早晨运动时发作。母兽发作时将自产仔兽叼来叼去,甚至将其处死。

北极狐患自咬病多为急性经过,病症急剧。病狐咬着尾巴或膝前不松嘴,在笼内翻身打滚,嘎嘎直叫,将尾巴撕裂呈马尾状,尾毛污秽,若蝇蛆产卵于毛丛和皮孔中(咬伤)繁衍成蛆,导致自咬更加剧烈,因感染而致死。这种现象不易被饲养员发现,所以对自咬症病狐不仅要防外伤感染,而且要注意防蝇产蛆。急性病狐多以咬伤感染生蛆而死。慢性自咬症状轻,很少死亡,只伤被毛,或将尾毛全部啃光。到了冬季症状有所缓解,翌年配种期复发。

银狐亦患自咬病,但发病率较低,自咬程度多数比较轻微。

【病理变化】　自咬死亡的尸体一般比较消瘦,后躯被毛污秽不洁,自咬部位有外伤。水貂多数是尾巴背侧有新鲜的咬伤,附有血污,陈旧性咬伤尾部背侧附有较厚的血样结痂,很少有化脓现象。有的被毛残缺不全,即所谓食毛症。内脏器官变化多数是败血症变化,实质脏器充血、淤血或出血。慢性自咬死亡的病兽特别是水貂胃黏膜有火山口样的溃疡灶。

组织学变化以脑的变化较明显,血管充盈,脑实质有空泡变性和弥漫性脑膜脑炎变化,即所谓海绵脑变化。

【诊　断】　根据典型自咬病症状即可以确诊。

【防制措施】　目前本病尚无特异性疗法,最好的方法是病初用齿凿或齿剪断掉病兽的犬齿,同时适当应用药物进行治疗,使病兽维持到取皮期,使皮张不受损伤。药物治疗原则就是镇静、消炎和外伤处理,可收到一定的疗效,但不能根治,最终病兽要淘汰。

1. 镇静　利用镇静药催眠,降低病兽的兴奋性,减轻自咬。常用的药物是盐酸氯丙嗪片及其注射液、安痛定等氯丙嗪注射液,肌内注射,水貂每次0.5~1 mL,狐1.5~2 mL。

2. 局部咬伤处理　咬伤部位用过氧化氢溶液(双氧水)涂擦,软化结痂,去掉污物和痂皮,再涂以碘酊或紫药水。狐除了一般外科处理外,咬伤部位要注意防蝇,喷洒低浓度的防虫药物,以防苍蝇产卵生蛆。

3. 全身疗法 为防止细菌感染,可肌内注射抗生素类、或磺胺类以及喹诺酮类药物。为促进食欲和减少末梢神经的敏感性,可每天注射维生素 B_1 注射液或复合维生素 B 1~2 mL。

其他对症疗法有时也能收到短时间的疗效。

为了控制本病的发生,必须实行综合性的措施。一方面加强饲养管理,以提高机体的抵抗力。另一方面实行严格的兽医卫生制度。对病兽要及时隔离治疗,到取皮期彻底淘汰病兽及其双亲(公、母)和同窝仔兽。对病兽和可疑病兽住过的笼舍要彻底清扫和消毒。目前我国的实践证明,采用上述措施有很多毛皮动物饲养场已基本清除了自咬病。

第二节 细菌性疾病

一、巴氏杆菌病(Pasteurellosis)

巴氏杆菌病是由多杀性巴氏杆菌(*Pasteulla multooida*)引起的野生动物、家畜、家禽共患的一种传染病。急性病例以败血症和出血性炎症为特征,故又称出血性败血症;慢性型病例常表现为皮下结缔组织、关节及各脏器的化脓性病灶。

【病 史】 1930 年鲁伊斯最初描述了水貂巴氏杆菌病;1931 年 И. г. 列维别戈从患病水貂中分离出巴氏杆菌;1936 年 С. я. 柳巴申柯发现了紫貂和银黑狐巴氏杆菌病的暴发流行;以后又有 O. Siegmann(1958 年)、E. II 达立诺夫和 B. A. 杰晓夫(1963—1964 年)等分别报道了水貂、狐和貉巴氏杆菌病的地方流行。

我国于 1958 年在黑龙江某野生动物饲养场的银黑狐幼兽中,以及吉林某研究所毛皮动物饲养场水貂发现了巴氏杆菌病,呈地方流行,引起水貂大批死亡;1977 年该所附近鸡场发生霍乱而又致使水貂发生巴氏杆菌病,造成急性死亡数十只,之后相继在山东(1977 年)和吉林(1979 年)等地的水貂饲养场也发生过巴氏杆菌病流行,造成严重经济损失。

综上所述,巴氏杆菌病流行于世界各国毛皮动物饲养场,是危害毛皮动物饲养业较大的细菌性传染病之一,必须引起足够重视。

【病 原】 毛皮动物巴氏杆菌病的病原为多杀性巴氏杆菌(*Pasteurella multocida*),与家畜家禽等动物的巴氏杆菌病的病原体,在形态、培养、生化和血清学特性等方面没有差别。本菌呈卵圆形或短杆状,长 1~1.5 μm,宽 0.3~0.6 μm,不形成芽胞,无鞭毛,不运动,可形成荚膜,革兰氏染色阴性。组织、体液涂片,用姬姆萨、瑞氏和美蓝染色后,菌体两端着色深,呈明显的两极染色。用培养物制作的涂片,两极着色不明显。新分离的菌株具有荚膜,体外培养后很快消失。本菌可在普通琼脂培养基上生长,但不旺盛;在添加少量血液、血清的培养基上生长良好,培养 24 h,形成淡灰白色、露滴样小菌落,表面光滑,边缘整齐,新分离的菌落具有较强的荧光性;在普通肉汤中呈均匀混浊。为需氧与兼性厌氧菌。根据多杀性巴氏杆菌的荚膜抗原,用交叉被动血凝试验可将本菌分为 A、B、D 和 E 4 种荚膜血清型。近些年来,世界各国多用琼脂扩散试验将其分为 16 个血清型。

该菌对物理和化学因素的抵抗力比较低。在培养基上保存时,至少每月需移植 2 次。在自然干燥的情况下,很快死亡。在 37℃ 温度下,保存在血液、猪肉及肝脏、脾脏中的巴氏杆菌分别于 6 个月、7 d 及 15 d 死亡,在浅层的土壤中可存活 7～8 d,粪便中可活 14 d。普通消毒药 1% 苯酚、1% 漂白粉、5% 石灰乳数分钟即将之杀死。但克辽林对本菌杀伤力很差,在 1% 克辽林溶液中 2.5 h,10% 克辽林 1 h,都不能杀死本菌,所以不宜采用克辽林溶液灭菌。日光对本菌有强烈的杀菌作用,薄菌层暴露阳光下 10 min 即死。热对本菌的杀菌力很强,马丁肉汤 24 h 培养物 60℃ 加热 1 min 即死。

除多杀性巴氏杆菌外,溶血性巴氏杆菌(*Pasterella hemotyti*)有时也可成为本病病原。

【流行病学】

1. 易感动物 多杀性巴氏杆菌对许多动物和人均有致病性。水貂、狐和貉等毛皮动物均易感。各年龄的毛皮动物均可感染本病,但以幼龄最为易感。一般情况下,不同畜、禽种间不易相互传染,但在毛皮动物临床实践中,禽、畜和兽的相互传染病例也颇为多见。

2. 传染源 主要是患病或带菌的动物。该菌存在于病兽全身各组织中、体液、分泌物及排泄物里,少数慢性病例仅存在于肺脏的小病灶里。健康动物的上呼吸道也可能带菌。

3. 传播途径 毛皮动物可通过消化道、呼吸道以及损伤的皮肤和黏膜而感染。如用患有巴氏杆菌病的家畜、家禽、兔肉及其副产品,尤其是以禽类屠宰的下脚料饲喂毛皮动物经消化道感染时,则本病突然发生,并很快波及大群;如经呼吸道或损伤的皮肤与黏膜感染时,则常呈散发流行。被巴氏杆菌污染的饮水亦能引起本病的流行。带菌的禽类进入兽场常常是本病发生的重要原因。

4. 流行特点 本病的发生一般无明显的季节性,以冷热交替、气候剧变、闷热、潮湿和多雨等环境剧烈变化时期发病较多。长期营养不良或患有其他疾病等都可促进本病的发生。水貂、银黑狐、北极狐、貉多为群发,常呈地方性流行,死亡率很高,给毛皮动物饲养业带来较大的经济损失。

【发病机制】 巴氏杆菌通过消化道或呼吸道侵入机体后,迅速传布于全身各器官,使被侵害的器官发生出血性素质。

【临床症状】 本病的潜伏期一般为 1～5 d,长的可达 10 d。死亡率为 30%～90%。临床上可以分为最急性、急性和慢性 3 种类型。最急性型和急性型多表现为败血症及胸膜肺炎,常呈地方性流行。慢性型的病变多集中于呼吸道,常为散发性发生。

1. 水貂巴氏杆菌病 潜伏期 1～2 d，多为急性型。流行初期多为最急性经过，幼貂突然散发死亡，即看不到异常症状，晚食吃光，翌日早饲发现死亡；或者以神经症状开始，病貂癫痫性抽搐尖叫，虚脱出汗，休克而死。急性经过的病例，病程一般 2～3 d 即死亡，病貂表现类似感冒，不愿活动，两眼睁得不圆，鼻镜干燥，体温升高，触诊脚掌比较热，食欲减退或不食，饮欲增高；胸型的以呼吸系统病变为主，出现呼吸频数、心跳加快，病幼貂鼻孔有少量血样分泌物，有的出现头、颈水肿，乃至眼球突出等异常现象；肠型以消化道变化为主，食欲减退、废绝，腹泻、稀便混有血液，眼球塌陷，卧在小室内不活动，通常在昏迷或痉挛中死去。慢性经过的病貂精神不振，食欲不佳或拒食、呕吐，常卧于小室内，不活动，被毛欠光泽，消瘦，鼻镜干燥，腹泻、肛门附近沾有少量稀便或黏膜，如不及时治疗，3～5 d 或更长时间转归死亡。

2. 狐巴氏杆菌病 多呈急性经过，一般病程为 12 h 至 2～3 d，个别的 5～6 d 死亡。流行初期发病率不高，经 4～5 d 细菌毒力迅速增强，死亡率显著增加。最急性经过的病例临床上往往看不到任何症状而突然死亡。急性病例主要表现为突然发病，食欲不振，精神沉郁，鼻镜干燥，有时呕吐和腹泻，稀便中混有血液和黏膜，可视黏膜（眼结膜、口腔黏膜）黄染，病狐消瘦；有的出现神经症状，痉挛、尖叫和不自主地咀嚼，口吐白沫，常在抽搐中死亡。

3. 貉巴氏杆菌病 最急性或急性经过的病例发病前看不到异常表现，吃食前后突然癫痫性发作，抽搐、四肢震颤，头部颤动，口角痉挛，嘴吐白沫、流涎、嘎嘎尖叫，抽搐一段时间后，症状缓解，患貉精神疲惫，蹲在一旁，食欲减退或拒食；病情继续恶化则于 1～2 d 内死亡。慢性经过的病貉剩食，不愿活动，鼻镜干燥，倦怠，躯体蜷缩；嘴巴插在两膝前软腹部，两眼眯缝着，腹泻，眼球凹陷，进而角膜浑浊，消瘦，食欲废绝，被毛蓬乱、欠光泽、焦干；有的腹泻或粪球干小，最后昏迷而死。病程为 4～5 d 或更长，终因衰竭而死。

【病理变化】

1. 最急性型（败血型） 主要以败血症病变、出血性素质为主要特征。全身各部黏膜、浆膜、实质器官和皮下组织有大量出血点，其中以胸腔器官尤为明显。全身淋巴结肿大、出血，切面潮红多汁。除个别病例外，脾脏一般眼观无变化；组织学检查时见有急性脾炎变化。常见皮下疏松结缔组织水肿、胶冻样浸润、出血。胸腔内常有多量淡黄色积液。

2. 急性型 除具有最急性型败血症病变外，主要是不同程度的纤维素性肺炎（胸型）和出血性肠炎（肠炎型）。纤维素性肺炎表现为肺有暗红色硬固区，切面肝样硬变，可沉于水；其余部分水肿，充血；肺与胸膜常粘连，有多量胸水，并有纤维素性渗出物；支气管内充满泡沫样、淡红色液体。出血性肠炎表现为胃、小肠黏膜有卡他性或出血性炎症，在肠管内常混有血液和大量黏液。急性型其他病变为肝、肾变性，体积增大，颜色变淡。

3. 慢性型 尸体消瘦，贫血。内脏器官常发生不同程度的坏死区，肺脏显著，肺的肝变区扩大并有坏死灶。胸腔常有积液及纤维素沉着。鼻炎型病例剖检时可见鼻腔内有多量鼻液,鼻黏膜充血,轻度至中度水肿和肥厚,鼻窦与副鼻窦黏膜红肿并蓄积多量分泌物。

【诊　断】　根据流行病学特点,结合临床症状和病理剖检变化,可以做出初步诊断,进一步确诊需做细菌学检查。

1. 涂片镜检　取被检动物心血、肝或脾制成涂片,用美蓝、姬姆萨、瑞氏染色法染色,如发现有二极浓染的小杆菌,结合流行病学、临床症状、剖检变化可作出较可靠的诊断。

2. 细菌分离培养　在镜检同时,取新鲜心血、肝病料,接种于血液琼脂平板和麦康凯琼脂平板,做分离培养。第二天观察生长情况:血琼脂上生长,形成淡灰色、圆形、湿润、露珠样小菌落,菌落周围无溶血区。取一典型菌落涂片、染色、镜检,为两极染色的革兰氏阴性小杆菌。麦康凯琼脂上该菌不生长。

3. 生化试验　本菌分解葡萄糖、果糖、半乳糖、蔗糖、甘露醇,产酸不产气,不分解乳糖、鼠李糖、山梨醇、肌醇。多数产生靛基质、硫化氢、过氰化氢酶、氧化酶、不液化明胶,在石蕊牛乳中无变化。在三糖铁上生长,可使培养基底部变黄,血琼脂上生长良好,45°折光下菌落产生橘红色或蓝绿色荧光。

4. 动物试验　将上述病料制成乳剂,接种小白鼠或家兔,试验动物常于 24～72 h 内死亡,从血、肝、心脏中可分离到该菌。

5. 血清学试验　常用的有快速全血凝集、血清平板凝集或琼脂扩散试验等。

【鉴别诊断】　毛皮动物巴氏杆菌病与副伤寒、犬瘟热、伪狂犬病和肉毒梭菌毒素中毒在某些方面相类似。要做好鉴别诊断。

1. 副伤寒　主要发生于仔兽,常在皮下及骨骼肌上发生显著黄染。细菌学检查能分离出肠炎沙门氏菌。

2. 犬瘟热　为高度接触性传染病,有典型的浆液性、化脓性结膜炎,皮肤湿疹、脱屑,有特殊的腥臭味,侵害神经系统,伴有麻痹和不全麻痹,水貂常发生脚掌肿胀。

3. 伪狂犬病　有典型的瘙痒症状,银黑狐常将头部搔伤,病狐啃咬笼网,呕吐和流涎;水貂眼裂收缩,用前脚掌摩擦头部皮肤。另外用病兽脏器悬液接种家兔,经 5 昼夜出现特征性搔伤而死亡。

4. 肉毒梭菌毒素中毒　常发生于饲喂后,突发大批死亡,内脏器官缺乏出血性变化,特征是肌肉松弛,瞳孔散大。在饲料及死亡的毛皮动物内脏器官中能检查到肉毒梭菌毒素。

【防制措施】　治疗本病首先要改善饲养管理,从日粮中排除可疑饲料,投给新鲜易消化的饲料,如鲜肝、乳和蛋等,以提高机体抵抗力。

特效治疗是注射抗家畜巴氏杆菌病高度免疫的单价或多价血清,皮下注射,注射剂量为 20～30 mL,1～3 月龄幼兽为 10～15 mL;成年水貂为 10～15 mL,4 月龄幼兽为 5～10 mL。

早期应用抗生素和磺胺类药物具有很好的效果。对病兽和可疑病兽要尽早用大剂量的青霉素 20 万～40 万 U,肌内注射,每日 3 次;或用拜有利注射液(肌内),每日 1 次,每千克体重注射 0.05 mL;也可用环丙沙星注射液,每千克体重肌内注射 2.5～5 mg,每日 3 次。连续用药 3～5 d,直至把病情控制住为止。此外,大群可以投给恩诺沙星、诺氟沙星(氟哌酸)、土霉素(此药有蓄积作用,注意毒性)、复方新诺明、增效磺胺等,剂量和使用方法可按药品说明书使用。

为预防本病,毛皮动物饲养场应加强卫生防疫工作,改善饲养管理。平时严格检查饲料,特别是喂兔肉加工厂的下脚料、犊牛、仔猪、羔羊和禽类加工厂的下脚料,一定要多加注意,此类下脚料最易引起毛皮动物的巴氏杆菌病,一定要高温无害化处理后再喂。发现巴氏杆菌污染的饲料应坚决除去。同时应建立健全兽医卫生制度,定期消毒,严防鸡、猪进入兽场。

定期接种巴氏杆菌疫苗(毛皮动物专用)可起到预防本病的效果。但到目前为止,国内外生产的巴氏杆菌疫苗,免疫期均较短,仅为 3～6 个月,1 年要多次接种。所以在毛皮动物饲养业中应用得不普遍,一般采取药物预防,隔一定时间投 1 次药。

当怀疑巴氏杆菌病发生时,应及时对所有毛皮动物进行抗巴氏杆菌病血清接种,预防量为治疗量的一半。

本病发生后要彻底清除病源。除去可疑肉类饲料,换以新鲜饲料。对病兽和可疑病兽应立即隔离治疗。被污染的笼子和用具要严格消毒。死亡尸体及病兽粪便应进行烧毁或深埋处理。

二、绿脓杆菌病(Pyocyanosis)

绿脓杆菌病又称假单胞菌病(Pseudomonosis)、出血性肺炎,是由绿脓杆菌引起的一种人兽共患急性传染病。以肺出血、鼻、耳出血和脑膜炎为特征,常呈地方性流行,病程短,死亡率高。

【病　史】 1882 年 Gessord 首次分离出本菌,1953 年 Knox 在丹麦首次报道了水貂出血性肺炎,曾在 1 600 只水貂群中暴发流行,24 d 内死亡 107 只。此后瑞典、芬兰、美国、法国、加拿大、前苏联都报道过本病,呈地方性流行,致使大批水貂死亡。我国也有本病发生,1978 年江苏省连云港市外贸水貂场曾发生过水貂出血性肺炎,该病近年来在水貂和狐发病呈上升势头,呈地方性流行。

【病　原】 绿脓杆菌(*Bacterium Pyocyaneum*)又称绿脓假单胞菌(*Pseudomonas aeruginosa*)。为需氧性无芽胞的革兰氏阴性小杆菌,菌体正直或弯曲,单在、成对或形成短链,长 1.5 μm,宽 0.5～0.6 μm。两端钝圆,一端有鞭毛,有运动力。该菌广泛分布于自然界、人和动物的粪便内,以及水和污泥浊水中。本菌在普通培养基上生长良好,菌落大小不一,多数产生蓝绿色水溶性色素和芳香气味,色素可使菌落周围琼脂培养基着色。

从水貂、银黑狐、北极狐以及其他经济动物,乃至人分离出的绿脓杆菌,对小白鼠、大白鼠、豚鼠、家兔都具有致病力,约在 40 h 死亡。

绿脓杆菌对紫外线抵抗力强,因该菌产生色素,可改变紫外线光谱。对外界环境的抵抗力比一般革兰氏阴性菌强,在潮湿环境中能保持病原性 14~21 d,在干燥的环境下,可以生存 9 d。55℃加热 1 h 可被杀死。对一般的消毒药敏感,0.25%甲醛、0.5%苯酚和氢氧化钠,1%~2%来苏儿,0.5%~1%醋酸溶液,均可迅速杀死。因该菌有广泛的酶系统,能合成自身生长所需的蛋白质,不易受各种药物的影响,因此对常用的抗生素大都不敏感。

【流行病学】

1. 易感动物 貂、貉、狐和毛丝鼠等毛皮动物对绿脓杆菌都很易感。

2. 传染源 被绿脓杆菌污染的肉类饲料是本病的主要传染源。患病和带菌动物也是本病的重要传染源,因为绿脓杆菌随同粪尿以及分泌物排出体外,污染垫草、水源和环境等。蚕蛹也常是本病的传染源,曾从蚕蛹中分离出绿脓杆菌。还可能由对本病易感的家鼠散布传播。另外,绿脓杆菌是动物体内的常在菌之一,当宿主抵抗力降低时,也可使宿主发病。

3. 传播途径 主要通过消化道和呼吸道经过口腔和鼻感染。当动物食入了被绿脓杆菌污染的饮水、饲料,或因在某些应激因素的作用下,肠道内的正常菌群发生紊乱后,绿脓杆菌大量繁殖而致病。被污染的尘埃和绒毛常通过呼吸道感染发病。

4. 流行特点 本病没有明显的季节性,病菌侵入后,任何季节都能引起暴发,但夏秋季节(8~10 月份)最易发生。据报道,我国吉林省某水貂场在 8~9 月份曾暴发流行本病,发病率 12.7%,死亡率 24.02%,幼貂发病率高达 90%以上,老年貂发病率低。饲养管理不当及环境卫生不良可诱发本病。多呈地方性流行。

【临床症状】 自然感染时,潜伏期 19~48 h,长的 4~5 d。呈超急性或急性经过。死前看不到症状,或死前出现食欲废绝,体温升高,鼻镜干燥,行动迟钝,流泪,流鼻液,呼吸困难。多数病兽出现腹式呼吸,并伴有异常的尖叫声。有些病例可见咯血、鼻出血或耳道出血。常在发病后 1~2 d 死亡。

【病理变化】 打开胸腹腔可见肺大面积出血,呈黑红色,肺泡及各大小支气管内充满出血性泡沫状液体,投入水中下沉;胸腔充满血样渗出液,病变严重的呈大理石样外观。幼兽胸腺布满大小不等的出血点或斑,呈暗红色。心肌弛缓,冠状动脉沟有出血点。脾脏肿大出血,呈黑红色。肾脏出血,呈黑红色。肝脏肿胀出血。胃和小肠前段内有血样内容物,黏膜充血、出血。

肺呈大叶性、出血性、纤维素性、化脓性、坏死性变化。肺组织,特别是细小动脉和静脉周围有清晰的绿脓杆菌群。病程较长的病例,肺组织出现嗜中性白细胞、脱落上皮细胞及红细胞,并混有大量蛋白渗出物。

【诊 断】 根据流行特点、临床症状和病理变化可以做出初步诊断,确诊需做细菌学诊断。

1. 病原分离培养鉴定 采集肝、肾、脾、脑和骨髓等实质器官进行细菌学培养,经

24～48 h,在肉汤培养基表面形成绿色后,变成淡褐色的薄膜;在琼脂平板上,长出边缘整齐的波状大菌落,上面染成青绿色,并发出特殊的芳香气味。

2.动物接种　用培养物接种小白鼠、家兔、豚鼠后,常在 24 h 内死亡。

此外,还可采用凝集试验、酶联免疫吸附试验等免疫学方法,进行诊断。

【防制措施】　为预防本病的发生,可定期接种疫苗。日本研制出一种新型绿脓杆菌菌苗,保护力很好,既能用于预防,又可用于治疗。我国也研制出水貂绿脓假单胞菌病脂多糖菌苗,效果很好,可做预防接种或紧急接种。正常情况下可在 8～9 月份进行本疫苗的预防接种,经 5～6 d 产生坚强的免疫。平时应加强饲养管理和注意提高机体的抵抗力,特别是要注意兽场的饮水卫生和经常灭鼠,也是预防本病重要措施之一。

当发生绿脓杆菌病时,对病兽和可疑病兽要及时进行隔离,用抗生素和化学药物治疗,一直隔离到屠宰期为止。对病兽和可疑病兽污染的笼舍、地面和用具要进行彻底的消毒。笼舍用喷灯火焰消毒,特别注意笼舍上的绒毛一定要烧净。用 2% 氢氧化钠溶液洗涤小室及消毒地面。避免各栋人员之间的接触。严防跑兽,如有跑兽,应捕回送隔离室饲养到屠宰期。从最后一例死亡时算起,再隔离 2 周不发生本病死亡,可取消兽场的检疫。最后实行终末消毒。

由于不同的绿脓杆菌菌株对同一种抗生素的敏感性不一致,所以很多学者认为,本病在临床实践中没有单一的特效药,应用几种抗生素或与磺胺类并用效果较好。如对全场健康貂用庆大霉素,剂量 7～10 mg/千克体重,多黏菌素,2～5 mg/千克体重拌料,每天饲喂 2 次,连用 4～5 d。对发病的轻症水貂可用庆大霉素,2～5 mg/千克体重;青霉素,15 万～20 万 U/千克体重,肌内注射,每天 2 次,连用 3～4 d;或多黏菌素、新霉素、庆大霉素、卡那霉素等各 1 000～1 500 U,分 3 次肌内注射,或混于饲料中分 2 次喂给,均能收到效果。

三、大肠杆菌病(Colibacillosis)

大肠杆菌病是由致病性大肠杆菌的某些血清型所引起的一类人兽共患传染病。对狐、貂、貉主要危害断奶前后的幼龄动物,常呈败血性经过,伴有严重的腹泻,并侵害呼吸系统和中枢神经系统;成年母狐患本病常引起流产和死胎。

【病　史】　1939 年 C.я. 柳巴申柯最初从银黑狐、北极狐、紫貂和水貂中发现大肠杆菌病,1947 年波立索夫又发现了海狸鼠大肠杆菌病。之后国外学者分别对银黑狐、北极狐、紫貂和水貂等毛皮动物大肠杆菌病进行了研究。在我国各毛皮动物饲养场大肠杆菌病也屡见不鲜,给毛皮动物饲养业造成较大经济损失。

【病　原】　大肠杆菌(*Escherichia Coli*)长 1～3 μm,宽 0.6 μm,为两端钝圆的短杆菌,在体内呈球菌状,常单个存在,个别呈短链排列,无荚膜和芽胞,有运动性,革兰氏阴性。本菌为需氧或兼性厌氧菌,对营养要求不苛刻,一般培养基均能生长,15～45℃均可发育,最适温度 37℃,pH 值 7.4。本菌易在普通琼脂上生长,形成凸起、光滑、湿润的乳白色菌落;在麦康凯和远藤氏琼脂上形成红色菌落;在ss琼脂上多数不生长,少数形成深红色菌落。对碳水化合物发酵能力强。靛基质(吲哚)、MR、V-P枸橼酸利用试验,即I、M、Vi、C试验结果为+、+、-、-。该菌对外界不利因素抵抗力不强,一般的消毒药都能杀死,如苯酚、甲醛溶液等5 min即可杀死,55℃经过1 h,60℃经过15~30 min,死亡。

大肠杆菌根据血清型分为200多个变种,不同血清型的大肠杆菌常对不同的动物有致病性,但也有些血清型对多种动物有致病性。对家畜和人无致病性的某些血清型对毛皮动物有致病性。目前已知水貂、银黑狐及北极狐大肠杆菌病病原体血清型有:O_3、O_{20}、O_{26}、O_{55}、O_{111}、O_{119}、O_{124}、O_{125}、O_{127}和O_{128}。另据报道,水貂大肠杆菌致病血清型为O_8(约占53.8%),O_{141}(约占23.08%),O_{81}(约占15.38%),O_{101}(约占7.7%)。

【流行病学】

1.易感动物　各种年龄的毛皮动物均具有易感性,但以10日龄以内的银黑狐和北极狐的仔兽最易感,据统计,1~5日龄仔兽患大肠杆菌病死亡的占50.8%,6~10日龄仔兽患本病死亡的占23.8%。水貂的仔兽在哺乳期对本病有较强的抵抗力,但在断奶后受威胁最大。成年银黑狐、北极狐、水貂对本病易感性轻微。

2.传染源　患病和带菌动物是本病的主要传染源。被污染的饲料和饮水也是本病的传染源。

3.传播途径　主要经消化道,发病的毛皮动物的粪便污染饲槽、饲料及饮水,通过消化道感染。此外,本病常自发感染,当饲养管理条件不良使动物机体抵抗力下降时,肠道内正常菌群发生紊乱,大肠杆菌很快繁殖,毒力不断增强,破坏肠道进入血液循环而诱发本病。造成仔兽抵抗力下降的因素比较多,如母兽妊娠期和哺乳期饲料不全价和饲料种类骤变,母兽的奶量不足,小室内不卫生,垫草潮湿或不足等,都能导致本病的发生。

4.流行特点　本病为幼、仔兽多发的一种肠道传染病,以重度腹泻和败血症为特点,多发生于断奶前后的幼兽,多呈暴发流行,成年和老年貂很少发病。流行有一定的季节性,北方多见于8~10月份,南方多见于6~9月份。水貂、狐和貉大肠杆菌病主要为急性或亚急性型,如不加治疗,死亡率在20%~90%之间。

【临床症状】　自然感染病例潜伏期变动很大,长短取决于动物的抵抗力、大肠杆菌的数量和毒力,以及动物的饲养管理条件。北极狐和银黑狐的潜伏期一般为2~10 d。水貂为1~3 d。

水貂、狐和貉大肠杆菌病主要为急性或亚急性型。新生仔兽患病表现不安,不断尖叫,被毛蓬乱,发育迟缓,腹泻,尾和肛门污染粪便。当轻微按压腹部时,常从肛门排出黏稠度不均匀的液状粪便,其颜色为绿色、黄绿色、褐色或淡黄白色,在粪便中有未消化的凝乳块等。出现上述症状1~2 d后,仔兽精神委靡,常在小室内不出来活动,而母兽常把患兽叼出,放在笼网上。日龄大的仔兽患本病时逐渐表现出食欲下降,消瘦,不愿活动,持续性腹泻,粪便呈黄色、灰色或暗灰色,并混有黏膜,重症病例排便失禁。病兽虚弱无力,眼窝凹陷,两眼无神,半睁半闭,弓背,后肢无力,步态蹒跚,被毛蓬乱、无光泽。水貂幼兽患病时,有的还出现角弓反张、抽搐、痉挛及后肢麻痹等神经症状。母兽妊娠期患病时,发生大批流产和死胎。病兽精神沉郁或不安,食欲减退。

【病理变化】　死亡的狐狸被毛粗乱无光,腹部膨胀,腹水呈淡红色,肠管内有少量气体和黄绿色、灰白色黏稠液体,黏膜充血、出血;胃壁有数个出血斑。急性病例脾脏一般无明显变化,亚急性和慢性病例脾脏都有不同程度的肿大(1～2倍)并充血、淤血。肝脏呈黄土色,被膜有出血点,表面附有多量纤维素块和坏死灶。肺脏色调不一,呈出血性纤维素性肺炎变化,气管内有少量泡沫样液体流出。肾脏呈灰黄色或暗白色,包膜下出血。心内膜有出血点或条纹状出血,个别的胸腔有渗出性出血。脑炎型病例,其头盖骨变形,脑充血、出血,脑室内蓄积化脓性渗出物或淡红色液体;在软脑膜内发现灰白色病灶,脑实质软,切面有软化灶,这种脑水肿与化脓性脑膜炎变化常见于银黑狐和北极狐患病仔兽。

水貂尸体消瘦,肝脏肿大、有出血点,脾脏肿大2～3倍,肾脏充血、质软,心肌变性。胃肠呈卡他性或出血性炎症变化,尤以大肠明显肠壁菲薄,黏膜脱落,肠内充满气体,犹如鱼鳔样,肠内容物混有血液,肠系膜淋巴结肿大,出血。

【诊　断】　根据流行病学、临床症状和病理变化可做出初步诊断。确诊需进行细菌学检查。操作方法应选择(最好是未经抗生素治疗的)典型病例在其濒死期进行扑杀,或刚死亡的动物尸体,取小肠内容物、肝、脾及心血等作病料,经涂片、镜检可疑后,接种于选择培养基上,如伊红美蓝培养基(菌落呈紫黑色有金属光泽)、麦康凯培养基(菌落呈红色)和中国蓝培养基(菌落呈蓝色),挑取可疑菌落做纯培养和生化试验进行鉴定;同时,必须做动物实验。银黑狐和北极狐仔狐化脓性脑膜炎和脑水肿病例,可直接根据症状和剖检变化确诊。

此外,也可用已知大肠杆菌因子血清做凝集试验,确定血清型;或用大肠杆菌单克隆抗体诊断制剂诊断。

【防制措施】　为预防大肠杆菌病,在健康场母兽配种前15～20 d内,发病场妊娠期20～30 d内,注射家畜大肠杆菌病和副伤寒病多价甲醛疫苗,间隔7 d注射2次。健康仔兽可在30日龄起,接种上述疫苗2次;虚弱仔兽可接种3次。用量按疫苗出厂说明书的规定。

平时预防中应从增强机体抵抗力和减少致病菌数量等方面着手,加强饲养卫生管理,要不断地改善饲养环境,除去不良饲料,使母兽和仔兽吃到新鲜、易消化、营养全价的饲料,产仔后要保持小室内的卫生与清洁,及时清理小室内的食物。在本病多发季节,应提前进行药物预防,可在母兽或开始采食的幼兽的饲料内拌入维吉尼亚霉素、氯霉素或土霉素等,对预防仔兽的大肠杆菌病、梭菌性肠炎和腹泻具有良好效果。

当大肠杆菌病发生时,除了实行一般兽医卫生措施(隔离、消毒)外,应特别注意实行集群治疗。不仅治疗发病仔兽,也要治疗与病兽同窝或被病兽污染的临床健康仔兽及母兽,这样才能取得满意的结果。

治疗首先应该除去不良的饲料,改善饲养管理,使母兽及仔兽能够吃到新鲜、易消化、营养全价的饲料,不断提高机体的抵抗力。

特异性治疗可用仔猪、犊牛、羔羊大肠杆菌病的高免血清,1～2月龄银黑狐和北极狐的仔兽,皮下多点注射,15～20 mL;1～2月龄的水貂仔兽皮下注射5～6 mL。另据报道,用抗血清加新霉素治疗可获得满意的效果,治愈率达96%,其处方为抗血清200 mL,新霉素50万U,维生素 B_{12} 2 000 μg,维生素 B_1 30～60 mg,青霉素50万U,上述合剂皮下注射,1～5日龄仔兽0.5 mL,日龄大的仔兽1 mL或1 mL以上。

药物治疗时,应选择对大肠杆菌高敏的药物为敏感的药物,如恩诺沙星、环丙沙星、庆大霉素和黄连素等药物进行肌内注射,连用3～5 d。恩诺沙星、环丙沙星,每日2次,剂量为每千克体重2.5～5 mg。也可用拜有利注射液,肌内注射,每千克体重0.05 mL,每日1次。此外,按每千克体重给仔兽口服链霉素0.1～0.2 g,或新霉素0.025 g,或土霉素0.025 g,或菌丝霉素0.01 g,治疗效果显著。

四、沙门氏菌病(Salmonellosis)

沙门氏菌病又称副伤寒,是由沙门氏菌引起的各种野生动物、家畜、家禽和人的多种疾病的总称。本病是幼兽和禽类常发的急性传染病。主要特征是发热和腹泻,体重迅速减轻,脾脏显著肿大和肝脏的病变,呈地方性暴发流行。

【病　史】1925年R. Green最早于美国确定了银黑狐沙门氏菌病为独立性疾病。之后瑞士、德国、法国、前苏联都先后报道了北极狐、貉、紫貂、海狸鼠和水貂的沙门氏菌病。沙门氏菌病对毛皮动物危害较为严重,据报道患病仔兽死亡率达60%,不死亡者则发育落后,毛皮质量显著降低。

【病　原】沙门氏菌(Salmonella)长1～3 μm,宽0.4～0.6 μm,为两端钝圆、中等大小的直杆菌,革兰氏染色阴性,不产生芽胞,亦无荚膜,除鸡血痢和鸡伤寒沙门氏菌外,都有周鞭毛,具运动性。为需氧及兼性厌氧,培养适温37℃。本菌有2 000多个不同的血清型,可分为49个群,对人和动物致病的血清型主要分属于A～F群。常见的有:肠炎沙门氏菌(S. enteritidis)、猪霍乱沙门氏菌(S. choleraesuis)、鼠副伤寒沙门氏菌(S. typhimurium)、雏禽白痢沙门氏菌(S. pullorum)、都柏林沙门氏菌(S. dublin)、蒙泰维体沙门氏菌(S. monterideo)、伦敦沙门氏菌(S. london)以及培塔沙门氏菌(S. berte)等。本菌抵抗力较强,60℃经1 h,70℃经20 min,75℃经5 min死亡。对低温也有较强的抵抗力,在琼脂培养基上于-10℃经115 d尚能生存,在干燥的沙土中可生存2～3个月,在干燥的排泄物中可存活4年之久,在含20%食盐的腌肉中,6～12℃的条件下,可存活4～8个月。本菌在1:1000升汞、1:500甲醛、3%苯酚溶液中15～20 min可被杀死。

【流行病学】

1. 易感动物　在自然条件下,毛皮动物中各年龄的银黑狐、北极狐和海狸鼠均易感,以幼兽更为易感。而水貂,紫貂等抵抗力较强。

2. 传染源　患病动物和带菌动物以及被沙门氏菌污染的饲料是本病的主要传染源。患过沙门氏菌病畜(禽)的肉和副产品及乳、蛋也是主要的传染源。

3. 传播途径　主要经消化道感染。患病和带菌动物由粪便、尿液、乳汁及流产的胎儿、胎衣和羊水排出病菌,污染饲料和饮水,狐、貂和貉食入被污染的饲料而发病。饲喂患有沙门氏菌病的畜(禽)肉、乳、蛋和副产品,如鸡架、鸡肝、鸭肝、鸡肠及其他动物内脏等最易引起发病。此外,啮齿动物、禽类和蝇等也能将病原菌携带入兽场引起感染。

4. 流行特点　狐、貂和貉沙门氏菌病具有明显的季节性,一般发生在6～8月份,常呈地方性流行。病的经过为急性,主要侵害1～2月龄的仔兽,成年兽对本病有一定的抵抗力,如发生大多数在夏季。妊娠母兽群发生本病时,由于子宫感染,常发生大批流产,或产后1～10 d仔兽发生大批死亡。

流行病学调查表明,本病的发生与健康兽群内普遍带菌有一定的关系,当受外界不良因素影响时,动物抵抗力下降,病菌可变为活动化而发生内源性传染;病菌连续通过易感动物,毒力变强,并扩大传染。各种外界因素的改变,如饲养管理不当、饲养密度过大、缺乏全价饲料、饲料变质、卫生防疫差,以及仔狐换牙期、断奶期饲料质量不好,使机体抵抗力下降,也成为本病发生的诱因。本病的死亡率较高,一般可达40％～65％。

【发病机制】　在人工饲养过程中,凡破坏消化道黏膜完整性的不当饲养,都能加剧本病的进展,如饲喂质量低劣的饲料刺激胃肠道黏膜,或由一种饲料转变为另一种饲料等时,常引起胃肠炎,这时肠道内存在大量蛋白分解产物,产生大量的酸和气体;肠道内的微生物在富于蛋白质的环境内很快繁殖,促进蛋白质的腐败,形成大量的硫化氢、吲哚和粪臭素,从而加快了病理过程发展。此外,肠壁吸收能力减弱,肠内渗出物增多,加剧了肠管蠕动,发生腹泻;由于水分的吸收和正常食糜后送能力降低,肠内有毒物质被吸收,而引起动物精神委靡和虚弱,机体进行性消瘦。当肠道黏膜严重破坏时,促成肠道的沙门氏菌进入血液,并迅速繁殖,进而随血液循环进入各个器官和组织引起炎症变化,造成败血症。

【临床症状】　自然感染时潜伏期为3～20 d,平均为14 d;人工感染时潜伏期为2～5 d。根据机体抵抗力及病原毒力、数量等的不同可出现多种类型的临床症状,大致可区分为急性、亚急性和慢性3种。

1. 急性型　病兽表现拒食,先兴奋后沉郁,体温升高至41～42℃,轻微波动于整个病期,只有在死前体温下降。大多病兽躺卧于小室内。走动时弓腰,两眼流泪,行动缓慢。发生腹泻、呕吐,在昏迷状态下死亡。病程一般短者5～10 h死亡,长者2～3 d死亡。急性病例多以死亡告终,偶有幸存者可转为慢性。

2. 亚急性　病兽主要表现胃肠功能紊乱,体温升高 40～41℃,精神沉郁,呼吸减弱,食欲废绝,被毛蓬乱,眼下陷无神,有时出现化脓性结膜炎。少数病例有黏膜性鼻液或咳嗽。病狐很快消瘦、腹泻,个别的有呕吐。粪便变为液状或水样,混有大量胶状黏膜,个别混有血液。四肢软弱无力,特别是后肢常呈海豹式拖地,没有支撑能力,时停时蹲,似睡状。病的后期出现后肢不全麻痹,在高度衰竭的情况下,7～14 d 死亡。黏膜、皮肤黄染也是本病经常出现的,特别是猪霍乱沙门氏菌引起的副伤寒病黄染更为明显。

3. 慢性型　可由急性或亚急性病例转变而来,也有的一开始就呈慢性经过。病兽食欲减退,胃肠功能紊乱,腹泻,粪便混有黏膜,逐渐消瘦、贫血、眼球塌陷,有时出现化脓性结膜炎。被毛松乱,失去光泽及集结成团。病兽大多躺于小室内,很少走动,行走时步法不稳,缓慢前进,在高度衰竭的情况下死亡。病程多为 3～4 周,有的可达数月之久。临床康复后可成为带菌者。

在配种期和妊娠期发生本病的母兽,出现大批空怀和流产,空怀率达 14％～20％,在产前 5～15 d 流产达 10％～16％,流产母兽出现轻微不适的症状或根本观察不出异常表现而流产;即使不流产,仔兽生后发育不良,多数在生后 10 d 内死亡,死亡数占出生数的 20％～22％。哺乳仔兽患病时,表现虚弱,不活动,吸乳无力,同窝仔兽分散于窝内,有时发生昏迷或抽搐,呈侧卧、游泳样运动,发出轻微的呻吟和鸣叫,有的发生抽搐与昏迷,多数病仔兽持续 2～7 d 后死亡。耐过者发育迟缓,恢复后长期带菌。

【病理变化】　尸体营养状态取决于病程的长短。病兽可视黏膜、皮下组织、肌肉、脏器都有程度不同的黄染。胃空虚或有少量食物和黏膜,胃黏膜增厚,有皱褶,有时充血,少数病例胃黏膜有散在的出血点。大肠无明显变化,少数有黏膜性内容物或充血。急性型肝脏出血,呈黑红色;亚急性和慢性型肝脏呈不均匀的土黄色,切面外翻,有黏稠的血样物;胆囊肿大充盈,内有浓稠的胆汁。脾脏多数高度肿大,可增大 6～8 倍,脆弱,被膜紧张,呈黑红色或暗褐色,被膜下出血,切面多汁,呈红色。纵隔、肛门及肠系膜淋巴结肿大 2～3 倍,质地柔软,呈灰红色或灰色,切面多汁。肾脏微肿,呈暗红色、灰红色或带有淡黄色,被膜下常见点状出血。膀胱空虚,黏膜有散在的出血点。肺多数病例无明显变化,有时在胸膜面可见到无数弥漫性点状出血。慢性病例心肌变性呈煮肉样。脑实质水肿,侧脑室内有多量脑脊液。

【诊　断】　根据流行特点、临床症状及病理变化,可以做出初步诊断。最终确诊需做细菌学检查。可以从死亡的病兽脏器和血液中分离细菌进行培养,进行生物学检查。

用无菌方法采血,接种于 3～4 支琼脂斜面或肉汤培养基内,在 37～38℃ 温箱中培养,经 6～8 h 便有该菌生长,将其培养物和已知沙门氏菌阳性血清做凝集反应,即可确诊。此外,琼脂扩散试验、荧光抗体试验等也可用于本病的诊断。

【鉴别诊断】　临床上本病常与钩端螺旋体病、布鲁氏菌病、加德纳氏菌病、犬瘟热、流行性脑脊髓炎相混同,需要加以鉴别。

1. 钩端螺旋体病 体温升高表现在病的初期,当黄疸出现后,体温下降至 35～36℃;4～6 月龄体况良好或中等的幼兽常发。

2. 犬瘟热 具有典型的浆液性、化脓性结膜炎,皮肤脱屑,有特殊的腥臭味,鼻端肿大,足掌肿大。

3. 脑脊髓炎 特征性症状是神经紊乱,如癫痫性发作、嗜睡、步态不稳或做圆圈运动。

4. 巴氏杆菌病 可同时发生于各种年龄的动物,很少发生黄疸,且不显著。细菌学检查,可检查到两极浓染的革兰氏阴性小杆菌。

【防制措施】 加强妊娠期和母兽哺乳期饲养管理,有助于提高仔兽对沙门氏菌病的抵抗力。特别是仔兽补饲期和断奶初期更应注意,保证供给新鲜、优质全价和易消化的饲料,要注意小室内的卫生。在幼兽培育期,必须喂给质量好的鱼、肉饲料,畜禽的下脚料要做无害化处理后再喂,腐败变质的饲料不要喂。定期消毒食盆、食碗。饲料更换应逐渐进行,加工要严格细致。养殖场内要防鼠。

当兽场出现沙门氏菌病时,第一,要消除病原体的来源,禁喂污染或可疑的肉、蛋、乳类等,对病兽污染的笼子和用具要进行消毒,严格控制耐过副伤寒的带菌毛皮动物或病犬进入饲养场,注意灭鼠、灭蝇及其他传播媒介。在发病期,禁止对毛皮动物进行任何调动,不得称重和打号。治愈的动物应一直隔离饲养到取皮为止;第二,将患病或疑似患病的动物隔离观察和治疗,指派专人管理,禁止进入安全饲养群中;第三,病死兽尸体要深埋或烧掉,以防人受感染。

治疗首先应改善饲养管理,保证病兽能吃到质量好、易消化、适口性强的饲料(新鲜的肉、肝、血等)。常用以下抗生素治疗:氯霉素,0.02 g/千克体重,内服,每日 4 次,连用 4～6 d;肌内注射量减半。新霉素和左旋霉素混于饲料中喂给,连用 7～10 d,幼兽剂量为 5～10 mg,成兽为 20～30 mg。呋喃唑酮,0.01 g/千克体重,分 2 次内服,连服 5～7 d。磺胺甲基异噁唑或磺胺嘧啶,0.02～0.04 g/千克体重,或甲氧苄啶,0.004～0.008 g/千克体重,分 2 次内服,连用 1 周。也可用大蒜 5～25 g 捣成蒜泥,或制成大蒜酊内服,每日 3 次,连服 3～4 d。为保持心脏功能,可皮下注射 10% 樟脑磺酸钠,幼兽每次 0.5～1 mL,成年兽每次 2 mL,也可以用泰诺康、拜有利注射液,每天注射 1 次。对全群健康动物用百痢安拌料,可有效预防本病的发生。

五、魏氏梭菌病(Clostridium welchii infection)

魏氏梭菌病又称肠毒血症(Enterotoxemia),是由魏氏梭菌引起的家畜、禽类和毛皮动物的一种急性中毒性传染病。其临床主要特征是急性腹泻,排黑色黏性粪便,腹部膨大,胃肠严重出血和肾脏软。

【病 史】 1961 年法国学者 A. prevo 描述了 A 型产气荚膜杆菌引起水貂肠毒血症。1965 年前苏联 H·A. 列特维罗夫和 B. M. 戈里什恩又发现了产气荚膜杆菌类微生物引起水貂仔兽肠毒血症。1965年B. H.波里索夫和C. T.波达涅夫发现了北极狐肠毒血症。我国养貂场和养狐场也有本病发生。

【病　原】　魏氏梭菌（*Clostridium welchii*），又称产气荚膜杆菌（*C·perfringens*），为革兰氏阳性、厌气性大杆菌，无鞭毛，不运动，多为直或稍弯的梭杆菌，两端钝圆，大小为$3～8\,\mu m×0.5～1\,\mu m$，在动物体内能形成荚膜，能形成芽胞，当芽胞位于中央且比菌体大时，则菌体呈梭状。

本菌广泛存在于自然界，在土壤、污水、人和动物肠道及其粪便中。在厌氧条件下，当温度$30～43℃$时，于富含蛋白质和糖类的培养基上很好地生长，并产生大量毒素和气体。遇不良条件形成芽胞，具有较强的抵抗力，煮沸$15～30\,min$死亡，A型菌的芽胞能耐受煮沸$1～6\,h$。本菌可产生强烈的外毒素，煮沸$30\,min$被破坏。根据毒素-抗毒素中和试验，将本菌分为A、B、C、D、E 5个型，毛皮动物魏氏梭菌病是由A型魏氏梭菌引起。

迄今，我国毛皮动物饲养业中，发生的梭菌性的疫病有：水貂魏氏梭菌病（肠毒血症）、狐肠毒血症、貂恶性水肿、貂肉毒梭菌中毒等。

【流行病学】

1. 易感动物　狐、貂和貉均易感，水貂仔兽对本病最易感，北极狐仔兽也易感，成年狐少发。

2. 传染源　被魏氏梭菌污染的鱼、肉类饲料是本病的主要传染源。患病动物和带菌动物由粪便向体外排出病原体，也可不断感染其他毛皮动物。

3. 传播途径　毛皮动物吞食本菌污染的肉类饲料或饮水经消化道感染。此外，饲养管理不当、饲料突然更换、气候骤变、蛋白质过量、粗纤维过低等，使胃肠正常菌群失调，可造成肠道内A型魏氏梭菌迅速繁殖，产生毒素，引起发病。

4. 流行特点　一年四季均可发生。流行初期，个别散发流行，出现死亡。病原菌随着粪便排出体外，毒力不断增强，传染不断扩散。1～2个月或更短的时间内，罹患大批动物。特别是双层笼饲养或一笼多只饲养，以及卫生条件不好，能促进本病发生和发展。发病率10%～30%，病死率90%～100%。

【临床症状】　潜伏期$12～24\,h$。超急性病例不见任何症状或仅排少量糊状黑粪突然死亡。急性病例可见病兽食欲减退或拒食，很少活动，久卧于小室内，步履蹒跚，呕吐；粪便为液状，呈绿色混有血液，最后为煤焦油色糊状；腹部膨胀，有腹水；尿液暗呈茶色；常发生肢体不全麻痹或麻痹，在2～3 d内死亡，个别的可拖延1周左右。

【病理变化】　主要特征为胃黏膜有黑色溃疡和盲肠浆膜面有芝麻粒大小的出血斑。尸体外观无明显消瘦。打开腹腔有特殊的腐臭味，胃肠内充满气体，扩张，胃大弯及胃底部的浆膜下隐约可见到圆形的芝麻粒大小的溃疡面，切开胃壁，在胃黏膜上有数个大小不等的黑色溃疡面。盲肠充气、扩张，浆膜面及部分肠系膜上可见圆形的出血斑。小肠壁变薄、透明，各肠段内充满腐败气味的黑色黏糊状粪便。肝脏肿胀出血。肺脏有明显出血斑。

【诊　断】　根据流行病学特点、临床症状和病理变化可做出初步诊断,最有诊断价值的是胃黏膜上的弥漫性圆形的溃疡病灶和盲肠壁浆膜下的芝麻粒大小的出血斑点。确诊要做细菌学检查和毒素测定。

1. 细菌学检查　采取新鲜病料接种于肝片肉汤培养基中,发育迅速,在 5～8 h 即浑浊,并产生大量气体,气体穿过干酪蛋白凝块,使之变成多空样海绵状,这种现象称为"暴烈发酵",可用于本病的快速诊断。

本菌能产生致死毒素、溶血毒素、神经毒素、坏死毒素。为检查这些毒素可进行动物实验。取上述培养物 0.1～1 mL,接种于豚鼠皮下,局部迅速发生严重的气性坏疽,皮肤呈绿色或黄褐色,湿润,脱毛,易破裂,局部肌肉不洁,呈灰褐色的煮肉样,易断裂,并有大量的水肿液和气泡。通常在接种后 12～24 h 死亡。

2. 毒素测定　取病死尸体回肠内容物,以生理盐水稀释 2 倍,用 3 000 r/min 离心 15 min,取上清液用 EK 滤板滤过,取滤液 0.1～0.3 mL,给小白鼠尾部静脉注射(或腹腔注射),小白鼠在 24 h 内死亡,证明含有毒素。

【防制措施】　预防本病主要是严格控制饲料的污染和变质,质量不好的饲料不能喂动物;日常饲养中可全年在饲料中拌入弗吉尼亚霉素 20～30 mg/kg 可有效防止本病的发生。

当发生本病时,应将病兽和可疑病兽及时隔离饲养,病兽污染的笼舍,用 1%～2%氢氧化钠溶液或火焰消毒,粪便和污物堆放指定地点进行发酵。地面用 10%～20%新鲜的漂白粉溶液喷洒后,挖去表土,换上新土。

本病至今尚无特异疗法。发现本病后,立即查明是否是变质的或不洁的饲料引起。停止饲喂不洁的变质饲料,不准随意改变饲料配比和突然更换饲料。一般用抗生素、磺胺类和喹诺酮类药物肌内注射或预防性投药。如新霉素、土霉素、黄连素、诺氟沙星等药物,每千克体重按 10 mg 投于饲料中喂给,早晚各 1 次,连用 4～5 d。肌内注射庆大霉素 2～5 mg/千克体重,或恩诺沙星 3～5 mg/千克体重,每天 1～2 次,连用3～5 d。为了促进食欲,每天还可肌内注射维生素 B_1(或复合维生素 B)和维生素 C 注射液各 1～2 mL,重症者可皮下或腹腔补液,注射 5%葡萄糖盐水 10～20 mL,背侧皮下可多点注射,也可腹腔一次注入。

六、阴道加德纳氏菌病(Gardnerella Vaginalis Disease)

本病是由加德纳氏菌引起的人兽共患传染病。主要侵害泌尿生殖系统,病兽表现繁殖障碍,妊娠中断、流产、死胎,仔兽发育不良,产仔率下降和生殖器官炎症。

【病　史】　1982 年 Greewood 等确定了阴道加德纳氏菌后,我国于 1987 年由严忠成等在进口狐的流产胎儿和流产狐的阴道分泌物中首次分离到该菌,并证实是引起狐流产的病原体。

【病　原】　阴道加德纳氏菌(*Gardnerella vaginalis*. GV)革兰氏染色具有可变性,但分离的菌株多数革兰氏染色阴性。形态为等球杆、近球形或杆状多形态,呈单个、短链、长链或"八"字形排列。大小 0.6～0.8 μm×0.7～2.0 μm,无荚膜、芽胞和鞭毛。该菌对营养要求较为严格,在普通培养基上不生长,在加有血清和全血的普通琼脂平板上虽生长,但很贫瘠。常用兔血胰蛋白琼脂培养基,最适 pH 值为 7.6～7.8,于 37℃、48 h 长出光滑、湿润、微凸起透明小菌落,呈 β 溶血。

本病菌主要生化特性:氧化酶、接触酶试验阴性,MR 阳性,VP 反应、硫化氢、硝酸盐试验为阴性,不产脲酶、卵磷脂酶、赖氨酸和鸟氨酸脱羧酶。能在 5%～10%的二氧化碳环境中生长;麦芽糖产酸,棉籽糖、卫矛醇和淀粉不产酸。对磺胺类有耐药性,对氨苄青霉素、氯霉素、红霉素及庆大霉素敏感。

【流行病学】

1. 易感动物　不同品种、年龄及性别的狐狸均可感染,北极狐感染率高于银黑狐、赤狐及彩狐,感染率为 0.9%～21.9%,流产率为 1.5%～14.7%,空怀率为 3.2%～47.5%;母狐明显高于公狐;成年兽感染率高于青年兽。据调查,某狐场总感染率为 8.3%,其中老龄种狐阳性率为 14.79%,育成狐仅为 3.6%。貉和水貂也有较高的感染率。

2. 传染源　病狐和患有该病的动物是主要的传染源。该菌也能感染人,人与狐间能互相感染。

3. 传播途径　主要是通过交配,经生殖道或外伤传染。妊娠狐狸可直接感染给胎儿。

4. 流行特点　本病在我国自 1987 年中国农业科学院特产研究所从吉林省敦化某养狐场检出以来,目前广泛流行于饲养狐群中。对国内 18 325 只狐血检的结果,阳性率为 0.9%～21.9%,个别的养狐场感染率高达 75% 以上,空怀率 3.2%～47.5%,流产率 1.59%～14.7%。在我国各养狐场狐流产、空怀有 45%～70% 是感染阴道加德纳氏菌所致。

本病有明显的季节性,即在狐繁殖期,通过配种导致传染扩大,造成繁殖障碍。

【临床症状】　母狐表现为阴道炎、子宫颈炎、子宫内膜炎、卵巢囊肿、尿道感染、膀胱炎、肾脏周围脓肿,从而导致受配母狐多数于妊娠后 20～45 d 发生妊娠中断,出现流产或胎儿吸收;流产前期征兆母狐外阴流出少量污秽不洁的恶露,有的病狐出现血尿,流产后 1～2 d 内体温稍高,精神不振,食欲减退,随后恢复正常。公狐经与母狐交配后也可感染该病,发生包皮炎、前列腺炎、睾丸炎,使公狐性欲降低、死精和精子畸形等,也常出现血尿。

【病理变化】　剖开胸、腹腔,心脏、肝脏、肺脏及消化器官(胃肠)无明显的变化,仅有轻度的充血、淤血。主要病变发生在生殖和泌尿系统。母狐生殖系统主要变化是出现一系列炎症,阴道黏膜充血肿胀,子宫颈糜烂,子宫内膜水肿、充血和出血。严重时发生子宫黏膜脱落,子宫内有残留的发育不全胎儿,有的病尸外阴附着少量子宫和阴道分泌物。病程长的病例其尸体有继发感染,其他器官也会出现一些病理变化,如继发肺炎、胃肠炎等。公狐常发生包皮肿胀和前列腺肿大。

【诊　断】　在发现妊娠中断,并饲料质量不佳、不全价,环境不安静,管理不善等非传染性因素后,根据临床症状和流行特点可以初步怀疑阴道加德纳氏菌病。确诊需进行细菌学和血清学试验。

1. 细菌学检查　以无菌方法采取流产胎儿、胎盘、流产狐的阴道分泌物(恶露),公狐取包皮内的垢(分泌物),以 5% 的兔血胰蛋白胨琼脂平板进行细菌分离,置 37℃ 培养箱培养 48 h,选取培养 48 h 的 β 溶血菌落,进行接触酶和氧化酶试验,如果两者均为阴性,再进行生理生化试验和形态鉴定。

2. 血清学检查　用阴道加德纳氏菌虎红平板凝集抗原进行血清学检查是最科学的方法。该法操作简便,抗原敏感、特异性强,准确快捷,对感染狐的检出率为92.2%,适宜大批狐群检疫。具体检查方法如下。

(1)采血　剪破已消毒狐爪的基部,采取 0.3~0.5 mL 血液,置于室温下 1 h,2 000 r/min 离心 10 min,吸取血清待检。取一洁净的玻璃板,划出 4 cm×4 cm 方格,标上待检血清编号,用微量加样器吸取待检血清 30 μL,每吸取 1 份血样要更换 1 个吸头,分别加在与编号对应的方格中央,然后在各血清方格内加入在室温下预热30 min 并经充分振荡的抗原 30μL,分别用牙签搅拌(研磨),使抗原与血清充分混合,3~5 min 内判定结果。每板要设标准的阴性、阳性血清及抗原对照。

(2)判定标准　"＋＋＋＋",抗原与被检血清 100% 凝集,很快出现大的凝集块,液体完全清亮;"＋＋＋",75% 凝集,液体几乎透明;"＋＋",仅有 25% 凝集,出现凝集较慢,液体较浑浊;"—",不出现凝集颗粒,液体浑浊。凡出现"＋＋"以上的凝集者判定为阳性,即阴道加德纳氏菌感染者。

【防制措施】　对血检阳性病狐和流产病狐及早进行治疗是可以治愈的。该菌对氨苄青霉素、红霉素、庆大霉素和氯霉素敏感,临床治疗效果可靠。实践证明用红霉素进行 7~10 d 的治疗,每日口服 2 次,每次 0.1~0.2 g,治愈率可达 95% 以上,为了促进病狐的食欲,可以肌内注射复合维生素 B 注射液或维生素 B₁ 注射液 1~2 mL,每日 1 次。

疫苗接种是预防本病的有效措施。狐阴道加德纳氏菌铝胶灭活疫苗已应用于我国养狐业,该疫苗免疫效果可靠,保护率为 92%,免疫期为 6 个月,每年注射 2 次,可有效预防本病。初次使用这种疫苗前,最好进行全群检疫,对检疫阴性的狐立即接种疫苗,对检出的阳性病狐,有种用价值的先用药物治疗后 1.5 个月再进行疫苗接种;没有种用价值的隔离饲养到取皮期淘汰取皮。

平时要加强养殖场的卫生防疫工作,对流产的胎儿与病兽的排泄物、分泌物及时消毒处理,禁止用手触摸,笼网用火焰消毒,地面夏季用 10% 生石灰乳消毒,冬季用生石灰粉撒布。

对新引进的种兽要检疫,进场后要隔离观察 7~15 d 方可混入大群。

七、链球菌病（Streptococcosis）

链球菌病是由β型溶血性链球菌引起的毛皮动物的一种急性败血性传染病。

【病　史】　1930—1933 年 C.C 奥罗夫和 A.Ⅱ.古勒耶夫记述了银黑狐和紫貂的链球菌病。1935—1947 年 C.я.柳巴申柯又相继报道了毛皮动物的链球菌病。1959 年 Ku-wert、1961 年 Hatsough 和 Gorham 又报道了水貂的链球菌败血症。我国许多毛皮动物饲养场的水貂中也曾发生过本病，特别是 1957—1960 年发病率较高，近年来有所控制。

【病　原】　链球菌（*Streptococcus*）为长短不一链状排列的球形或卵圆形，革兰氏阳性细菌，不形成芽胞，一般无鞭毛，不能运动。本菌在鲜血琼脂上生长，按其对红细胞的作用，可分为溶血性链球菌（β群）、草绿色链球菌（α群）和不溶血性链球菌（γ群）3 群。对动物有致病性的链球菌大部分属于溶血性链球菌（β群）。毛皮动物链球菌病是由兽疫链球菌（*S. zooepidemicus*）引起的。链球菌抵抗力不强，加热 50℃ 30 min 可被杀死，对青霉素、金霉素、四环素、磺胺类、恩诺沙星等抗菌药物都比较敏感，但有时产生抗药性。

【流行病学】

1. 易感动物　自然条件下，水貂、紫貂、银黑狐、北极狐和貉均对链球菌病易感，幼龄兽更易感。人也可感染。

2. 传染源　发病动物和带菌动物是主要传染源，病菌随分泌物、排泄物排出体外。

3. 传播途径　貂、狐、貉等主要因食入被β型溶血性链球菌污染的肉类饲料和饮水经消化道感染；也可通过污染的垫草、饲养用具传播。此外，当口腔、咽喉、食管黏膜及皮肤有损伤时亦可感染。

4. 流行特点　当饲养管理不当、气候骤变、拥挤闷热、营养不良、长途运输等不良应激因素存在时，致使抵抗力下降，可促使本病的发生。本病多散发，常在仔貂、狐、貉等动物出生 5～6 周后开始发病，7～8 周达到高潮，成年兽很少发病。该病分布很广，发病率及致死率很高，对毛皮动物养殖业危害很大。

【临床症状】　自然感染时潜伏期长达 6～16 d。本病临床表现多种多样，主要表现有：

（1）急性败血症型　病兽突然拒食，精神沉郁，不愿活动，步履蹒跚，呼吸急促而浅表，一般出现症状后 24 h 死亡。如果出现暴发流行时，可见的病兽出现流鼻液、结膜炎、麻痹、痉挛、尿失禁、共济失调等症状。

（2）脓肿型　多见于水貂，常于头部和颈部发生脓肿。

（3）关节型　多见于银黑狐，常发生一肢或多肢关节肿胀、溃烂、化脓。

急性败血型不经治疗 100% 转归死亡。脓肿型和关节型预后良好。

【病理变化】　急性经过的病例，尸体营养良好或中等，可视黏膜呈蓝紫色。主要剖检变化为肺脏弥漫性出血,有大的出血斑;脾脏肿大 2～3 倍,有出血斑;胃黏膜弥漫性出血;肠管出血;肝脏肿胀、出血,呈黑红色,边缘有锯齿状缺失。

组织学检查,肝脏特征性变化为充血,炎性浸润。脾脏红髓充血,网状组织中有大量的多核巨细胞。肾脏小血管出现强烈充血,网状组织中有大量的多核巨细胞。小肠黏膜充血,有大量剥脱上皮细胞,腺细胞变性,尤其以十二指肠最明显。出现神经症状的病例,发现急性、渗出性、出血性脑膜炎和脑脊髓局部小血管轻度渗出、出血变化。

【诊　断】　根据临床症状和病理变化不能诊断。因为许多急性败血性传染病都有类似的变化。但关节脓肿型和头、颈脓肿型较易诊断。确诊必须进行细菌学检查。从死亡毛皮动物内脏器官内采取病料,姬姆萨或革兰氏染色,发现有革兰氏阳性链球菌时,可怀疑为本病;但还不能确诊,因为许多非致病性链球菌常与其他病菌共存。所以必须将所采取的病料接种在血液琼脂培养基上,如发现有 β 溶血,且对实验动物有致病性,方能确诊为本病。

【防制措施】　加强对饲料的卫生监督管理,能有效地预防本病传染。对来源不清或污染的饲料要经高温处理(煮沸)再喂动物;有化脓性病变的动物内脏或肉类应废弃不用。来源于污染地区的垫草不用。有芒或有硬刺的垫草最好也不用,以免刺伤动物,增加感染机会。

兽群可以采取预防性投药,在饲料中加入预防量的土霉素粉或诺氟沙星之类的药物,也可用增效磺胺。

当发生链球菌病时,立即隔离发病动物,对发病动物污染的笼舍、食具和地面等进行消毒,清除小室内垫草和粪便,进行烧毁或发酵处理。死亡的动物应深埋。

青霉素、磺胺类药物对治疗本病有良好的效果,病貂每次每只肌内注射 10 万～20 万 U 青霉素,1 d 3 次;或用拜有利注射液,每千克体重 0.05 mL,1 d 1 次,肌内注射;或用头孢噻肟钠(先锋Ⅰ)20～30 mg/千克体重,肌内注射,1 d 2 次,连用 4～5 d;或用环丙沙星注射液 20～30 mg/千克体重,肌内注射,1 d 2 次,连用 4～5 d。为了促进食欲,可每日肌内注射复合维生素 B 注射液或维生素 B_1 注射液 0.5～1 mL。狐、貉治疗用药同上,剂量加倍即可。

八、双球菌病(Diplococcosis)

双球菌病又称双球菌败血症,是水貂、狐、貉等毛皮动物的一种急性传染病,以脓毒败血症为特征,并伴有内脏器官炎症和体腔积液,发病率和死亡率都很高(达67.4%)。双球菌病可引起妊娠母兽的大批流产和仔兽的死亡,给毛皮动物饲养业带来重大的经济损失。

【病　史】　1952 年 H. Hoff,C. Woxholtt 研究了毛皮动物双球菌病病原的血清型。1957 年 B. A. 杰列米切夫和 M. B. 柯托夫最初描述了银黑狐双球菌败血症。1958 年 B. C. 斯鲁根又记述了北极狐及水貂的双球菌病。1961 年 L. Grabell 等也研究报道了毛皮动物的双球菌病。

【病　原】　本病病原体为黏液双球菌（*Diplococcus mucosus*）。肺炎双球菌的变种可分70种以上的血清型。黏液双球菌是其中有荚膜、毒力强大、典型的肺炎双球菌。菌体呈球形或卵圆形，排列成对，革兰氏阴性。该菌对外界因素的抵抗力很弱，60℃10 min 死亡，一般消毒药可在短时间内杀死，对青霉素、金霉素及磺胺类药物比较敏感。

【流行病学】

1.易感动物　毛皮动物对本病都有易感性，不分品种、年龄、性别均可感染。

2.传染源　带菌动物、死亡于本病的家畜肉类饲料及患有本病的家畜的奶是的主要传染源。

3.传播途径　水貂等动物吃了病畜肉、奶及其内脏经消化道感染，也可经呼吸道吸入污染的空气感染，还可通过胎盘垂直传播。

4.流行特点　本病无季节性。幼龄兽多在饲养条件不好、抵抗力下降的情况下突发此病，常呈暴发流行。成年兽多在妊娠期发病。

【临床症状】　本病的潜伏期2～6 d。新生幼貂发病时常无特征性临床症状而突然死亡；日龄较大的仔兽表现精神沉郁，拒食，步态摇摆，前肢屈曲，弓背，呻吟，躺卧不起，摇头，呼吸困难，腹式呼吸，从鼻和口腔内流出带血的分泌物；有的腹泻。北极狐发生本病时，表现高度沉郁；妊娠母狐易发生空怀、流产，或产下发育不良、干枯或湿软的死胎。

本病多为急性或亚急性经过。预后好坏决定于治疗的早晚，凡能及时治疗的多转归良好，而不能及早治疗者，预后可疑。

【病理变化】　肺肿大充血，肺上有紫红色硬结和部分塌陷。气管和支气管内出血性、纤维素性和黏液性渗出物，这种渗出物还出现在腹腔和心包内。有时在胸膜腔内还可发现有化脓性渗出物。胸膜、心包膜、肠系膜和腹膜常可发现溢血。肝肿大、表面有黄黏土色条纹。淋巴结肿大、充血。

【诊　断】　根据流行病学、临床症状和病理变化可以怀疑本病。但只有进行细菌学检查才能最后确诊。采取肝脏、心血、淋巴结及各种渗出物涂片，染色，镜检，检出革兰氏阳性、成对排列的双球菌即可确诊。

【防制措施】　特异性治疗可用犊牛或羔羊抗双球菌高免血清，每只病兽皮下注射5～10 mL，1 d 1次，连注2～3 d 即可痊愈。同时配合抗生素及磺胺类药物进行治疗，可肌内注射2.5万～5万 U 的青霉素或新霉素，或口服生霉素或磺胺二甲基嘧啶0.03～0.1 g。同时加强对症治疗，强心、缓解呼吸困难，可肌内注射10%樟脑磺酸钠注射液，每只0.3～0.4 mL。为促进食欲，每日肌内注射维生素 B_1 注射液，维生素 C 注射液等，每日每只各注射1～1.5 mL。

目前还没有疫苗用于预防。因此，当发生本病时，首先要切断传染源，从日粮中排除（或蒸煮）被双球菌污染的饲料，如奶和奶制品，屠宰的犊牛、羔羊及其他肉和副产品;并及时隔离病兽和可疑病兽,进行对症治疗;同时用火焰喷灯或3%福尔马林溶液、5%克辽林溶液消毒病兽污染的笼舍。

平时饲养管理中,为提高毛皮动物的抵抗力,饲料内要增加鲜鱼等全价的动物性饲料和维生素饲料。在饲料内添加一定量的金霉素、新霉素或多黏菌素,可预防本病。

九、恶性水肿(Malignant edema)

恶性水肿是由多种厌氧性病原梭菌引起的多种毛皮动物的一种急性、非接触性、创伤性传染病。其特征为患部炎性水肿,压之有捻发音,病程发展迅速,发病组织出血,产生大量气体,局部组织坏死。

【病　史】 1938年С.я.柳巴申柯报道了成年银黑狐恶性水肿。1940年A.B.戈纳波夫斯基记述了银黑狐与北极狐恶性水肿。1961年Prevot、1966年Groham又先后记述了水貂恶性水肿。我国最近在养狐场中也有发生。

【病　原】 本病是由梭状芽胞杆菌属(*Clostridum*)的多种厌氧性梭菌的一种或几种联合致病。目前在毛皮动物中报道的有:腐败梭菌(*Cl. Speticum*),魏氏梭菌(又称产气荚膜杆菌)(*Cl. Perfringens*),水肿梭菌(*Cl. Hisfio Lyticum*)和溶组织梭菌(*Cl. Qedematiens*)。

恶性水肿病原体通常为直形或略带弯曲的大杆菌,两端钝圆,大小不等,一般长$3\sim8\ \mu m$,宽$0.5\sim1.0\ \mu m$,为革兰氏阳性大杆菌。菌体多单在,偶成短链,在动物脏器特别是肝脏浆膜表面的菌体,呈无关节微弯曲的长丝状,在诊断上有重要意义;具有顶端、近端或中央芽胞,通常芽胞比菌体宽为其形态主要特征;除魏氏梭菌外,菌体周围均有鞭毛。病原菌广泛分布于自然界,在土壤、粪便、干草、人、畜及毛皮动物肠道中均有存在。

本病原菌由于能形成芽胞,所以抵抗力强,在腐败尸体中可存活3个月。在土壤中芽胞存活$20\sim25$年不失去毒性,1:500升汞溶液、3%甲醛溶液10 min杀死,2%苯酚不起作用,2.5%氢氧化钠溶液14 h杀死芽胞。

【流行病学】 银黑狐、北极狐和水貂最易发生,紫貂、海狸鼠发病较少。无论成年兽或幼兽均易感。在实验动物中以豚鼠易感。本病主要经伤口感染,凡机体皮肤受到破坏时都能感染,如毛皮动物互相咬掉耳、尾及皮肤,笼网造成的皮肤和口腔黏膜损伤等,特别是肌肉深部的创伤更危险。本病呈散发型,发病率低而死亡率高。

【临床症状】 感染后$12\sim18$ h出现临床症状。创伤部迅速出现水肿增大,触诊有捻发音,切开皮肤,可见皮下组织和肌肉血样浸润和被气体分层,从创部流出红褐色带气泡的液体。

患兽精神沉郁,拒食,体温升高至$41.5\sim42$℃,经$24\sim48$ h死亡。在水貂中还发现有神经麻痹症状,很快死亡。

【病理变化】 死亡毛皮动物尸体很快发酵,出现高度膨胀及酸臭气味。水肿部位皮下组织肌肉呈红色,淋巴结高度肿大及出血性浸润。肝、脾、肾松软,切面浸有气泡和许多小病灶,结构呈海绵状。心肌松弛,呈淡红色,带有淡黄色阴影。胸腔和腹腔黏膜呈暗红色。

如水貂因食入污染恶性水肿病原菌的饲料感染。可见其肝、脾明显肿大,颜色淡黄,表面有不规则的坏死灶。

【诊　断】　根据典型临床症状和特征性病理变化,多数病例可以确诊。有些病例需和炭疽鉴别。

【防制措施】　预防本病主要应防止毛皮动物的外伤。特别注意笼网壁不能有铁丝头,小室不要有尖向外的钉子和其他尖锐物。加强兽群管理,防止相互之间的咬伤。

当发生本病时,立即隔离治疗,同时进行消毒,特别注意铲除地面 25~30 cm 土层,用消毒药彻底消毒,再垫上混合漂白粉的土壤。

治疗采用手术的办法切除坏死病灶,使水肿液排出通畅,术部填入浸以高锰酸钾和过氧化氢等强氧化剂的纱布。全身疗法可应用抗生素(青霉素、氨苄西林)和磺胺类药物、环丙沙星等进行治疗。

十、克雷伯氏菌病(Klebsiellosis)

克雷伯氏菌病是由克雷伯氏杆菌引起的以脓肿、疏松结缔组织炎、麻痹和脓毒败血症为特征的传染病。毛皮动物中水貂、麝鼠等均易感。水貂克雷伯氏菌病的特征为脓肿、蜂窝组织炎、麻痹和脓毒败血症。本病呈暴发流行,具有较高死亡率。

【病　史】　1947 年美国学者 J. A. Morrs 和 E. R. Quortrup 首次报道了水貂克雷伯氏菌病的暴发,在 140 只水貂中于 40 d 内死亡 22 只;同年,Genest 又记述了一次严重的败血型克雷伯氏菌病暴发,在 1 700 只水貂中死亡了 260 只。我国于 1987 年首次报道了水貂克雷伯氏菌病的暴发,2003 年又有报道。

【病　原】　水貂克雷伯氏菌病是由两种克雷伯氏菌引起的。一种是肺炎克雷伯氏杆菌(*Klebsiella pneumoniae*),又称弗利得兰氏杆菌(*Klebiella friedlanderi*);另一种是臭鼻克雷伯氏杆菌(*Klebsiella oeaenae*)。克雷伯氏菌属于肠杆菌科(Enterobacteriaceae),菌体短粗,呈卵圆形,长 1~2 μm,宽 0.5~0.8 μm,菌端相接成对或单在。无论在机体内或培养基内均可形成荚膜,为菌体的 2~3 倍大,久经培养后,则失去其黏稠的大荚膜;有菌毛、无芽胞,革兰氏阴性,常呈两极着色。

本菌对 0.2%氯化铵具有较高的敏感性。在 0.2%苯酚中 2 h 失去活力,对卡那霉素等抗菌药敏感。

【流行病学】　本菌寄生于动物呼吸道或肠道,在呼吸道内比在肠道内多见,在水和土壤中也能发现此菌,为条件病原菌。该菌对人、家畜、野鼠及水貂均有高度致病性。

毛皮动物克雷伯氏菌病,消化道是主要感染途径,通过食入被污染的饲料(肉联厂的下脚料,如乳房、脾脏、子宫等)感染;亦可通过患病动物的粪便和被污染的饮水传播,主要是哺乳期仔貂和育成貂感染。但该病的传染方式目前尚不十分清楚。有人曾用从病貂分离的克雷伯氏菌肉汤培养物喂给水貂,或涂抹在水貂口腔破损黏膜上,均未感染成功。可见毛皮动物感染本病的条件是比较复杂的。

据赵纯德(1987)对浙江舟山两个克雷伯氏菌病发病貂场的报道,老年貂、青年貂和公母貂都有发生,其发病 182 只,发病率为 3.87%,死亡 102 只,死亡率为 56.04%,治愈 80 只,占病貂的 43.96%。

【临床症状】 水貂、狐等毛皮动物的克雷伯氏菌病,根据临床表现可分为 4 个类型。

1. 脓肿型 病貂精神沉郁,食欲减退,周身出现小脓肿,特别是颈部、肩部出现许多小脓疱,破溃后流出黏稠的白色或淡蓝色的脓汁。大多数形成瘘管,局部淋巴结形成脓肿。

2. 蜂窝织炎型 多在喉部出现蜂窝织炎,并向颈下蔓延,可达肩部,化脓、肿大。

3. 麻痹型 病兽食欲不佳或废绝,后肢出现麻痹,步态不稳,多数在出现症状后 2～3 d 死亡。如果局部出现脓肿,则病程更短。

4. 急性败血型 突然发病,病兽食欲急剧下降或废绝,精神高度沉郁,呼吸困难,在出现症状后很快死亡。

【病理变化】

1. 脓肿型 体表有脓疱,特别是颌下或颈部淋巴结易出现,切开时流出黏稠的灰黄白色脓汁。肝脏变性,呈土黄色(脂肪性营养不良),被膜下有点状或斑状出血。脾脏肿大 3～5 倍,有出血斑点。心外膜有出血点。脑实质软化、水肿。

2. 蜂窝织炎型 肝脏明显肿大,质硬而脆弱,充血、淤血,切面外翻,有多量凝固不全、暗褐红色的血液流出,被膜紧张,有出血点。胆囊增厚,有针尖大小的黄白色病灶。脾脏肿大 3～5 倍,出血,充血、淤血,呈暗紫黑红色,被膜紧张,边缘钝圆,切面外翻,擦过量多。肾上腺肿大。肺有小脓肿。在颈部或躯体其他部位发生蜂窝织炎时,局部肌肉呈灰褐色或暗红色。

3. 麻痹型 膀胱充满黄红色尿液,膀胱黏膜增厚。肾和脾也明显肿胀。

4. 急性败血型 尸体营养状态良好。死前有明显呼吸困难的病兽,呈现化脓性或纤维素性肺炎和心内、外膜炎。脾肿大。肾有出血点或充血性梗死。胸腺有出血斑。

组织学变化可见脾脏红髓及淋巴结内吞噬细菌的大单核细胞数量显著增加。

【诊 断】 根据流行病学、临床表现和病理变化可怀疑本病。但最后确诊需采取死亡病兽的心血、肝、脾、肾、肺做涂片或触片染色镜检,然后再进行细菌分离培养,进而做出诊断。

【防制措施】 当水貂场发现克雷伯氏菌病时,应将病貂和可疑病貂及时隔离,同时用庆大霉素、卡那霉素、环丙沙星、恩诺沙星、磺胺类药物进行治疗。对体表脓肿,应切开排出脓汁,用 3‰双氧水冲洗创腔后撒布消炎粉或其他制菌药物,全身疗法可肌内注射链霉素,剂量为 25 万~50 万 U,1 d 2 次,治愈为止;也可口服环丙沙星,成年貂每日每只 10 mg,连服 5~7 d。此外,庆大霉素、磺胺类药物对克雷伯氏菌也有较好的治疗效果。

平时注意对饲料,尤其是肉制品加工厂的下脚料(如乳房、淋巴结等)的使用严格控制,注意饮水卫生,经常做好消毒和灭鼠工作。

十一、布鲁氏菌病(Brucellosis)

布鲁氏菌病是由布鲁氏菌引起的一种人兽共患慢性传染病。也是一种自然疫源性传染病。在毛皮动物主要侵害母兽,使妊娠兽发生流产和产后不育以及新生仔兽死亡。

【病　史】　1938 年 М. И. 利恩首先报道了银黑狐布鲁氏菌病,此后又相继报道了北极狐和赤狐的布鲁氏菌病。水貂布鲁氏菌病也曾有过多次报道,1960 年 J. Oyrzanowska、1963 年 W. Bisning 等先后从水貂中分离到牛布鲁氏菌。1965 年 M. 捻米采夫和 O. 波斯特涅夫报道了水貂患病率为 4.5%~12.5%。

公元 708 年我国已有本病记载。现已广泛分布于全世界,给毛皮动物生产及人类健康带来严重危害。

【病　原】　布鲁氏菌(Brucellas),简称布氏杆菌,为革兰氏阴性小杆菌,呈球状或短杆状,常散在,无鞭毛,不形成芽胞和荚膜,长 1~2 μm,宽 0.5 μm。用科滋洛夫斯基染色法染色时,布鲁氏菌染成红色,其他细菌染成蓝色(或绿色)。布鲁氏菌分为6 个种 20 个生物型,即马耳他布鲁氏菌(B. melitensis)、流产布鲁氏菌(B. abortus)、猪布鲁氏菌(B. suis)、绵羊布鲁氏菌(B. ovis)、犬布氏鲁菌(B. canis)和沙林鼠布鲁氏菌(B. neotomae)。习惯上把马耳他布鲁氏菌称为羊布鲁氏菌,把流产布鲁氏菌称为牛布鲁氏菌。各型菌形态上无任何区别,但致病力却不同。毛皮动物布鲁氏菌病是羊型、猪型、牛型布鲁氏菌引起。

布鲁氏菌是需氧菌或微需氧菌,最适温度是 37℃,最适 pH 值为 6.6~7.0。在血清肝汤琼脂上形成湿润、无色、圆形隆起、边缘整齐的小菌落;在土豆培养基上生长良好,长出黄色菌苔。

本菌对热抵抗力较弱,55℃ 2 h,65℃ 15 min,70℃ 5 min 被杀死,煮沸可立即死亡。对常用消毒药敏感,1%~2%苯酚、克辽林、来苏儿溶液,1 h 内死亡;1%~2%甲醛溶液,经 3 h 杀死;5%生石灰乳,经 2 h 即可杀死。但对低温抗力较强。在土壤和粪便中可存活数周至数月,水中可存活 5~150 d。

【流行病学】

1. 易感动物　所有家畜和毛皮动物均易感。人对布鲁氏菌也很敏感。幼龄动物对本病有一定抵抗力,但随年龄增长这种抵抗力逐渐减弱,性成熟的动物最易感。

2. 传染源　为发病的和带菌的动物。最危险的是受感染的妊娠母兽,在分娩和流产时,大量布鲁氏菌随着胎儿、胎水和胎衣排出,流产后的阴道分泌物中以及乳汁中都含有布鲁氏菌。有时随粪尿也可排菌。

据报道,现已查明哺乳动物、爬行类、鱼类、两栖类、鸟类、啮齿类和昆虫等 60 多种动物对本菌均有不同程度的易感性,或带菌成为本菌的天然宿主,即自然疫源保菌者。

3. 传播途径 布鲁氏菌病的主要传播途径是消化道,即食入被病原菌污染的饲料(动物的肉、乳及其副产品)和饮水而感染;其次是通过破损的皮肤和黏膜;患病雄性动物的精液中有大量病原菌存在,也可经交配引起感染;吸血昆虫(如蜱)可通过叮咬传播本病。

4. 流行特点 布鲁氏菌病大多数传播于成年兽中间,幼年兽发病率较低。血清学检查发现,14%成年兽呈阳性反应,幼兽阳性反应仅占 3.8%。本病以产仔季节较为多见。动物一旦被感染,首先表现为患病妊娠母兽流产,多数只流产 1 次;流产高潮过后,流产可逐渐完全停止,虽表面看恢复了健康,但多数为长期带菌者。除流产外,还有子宫炎、关节炎、睾丸炎等。本病在常发地区临床上多表现为慢性、不显性经过,在新发地区一般呈急性经过。

【临床症状】 潜伏期长短不一,短的 2 周,长的可达半年。银黑狐人工感染,潜伏期平均为 4～5 d。大多数呈隐性感染,少数表现出全身症状。银黑狐、北极狐主要表现为母狐流产、死胎和产后不育,病期食欲下降,有的出现化脓性结膜炎(7～10 d自愈),经 1～1.5 周不治而愈。水貂布鲁氏菌病在静止期不出现显著临床变化,产仔期空怀率增高,流产,新生仔兽在最初几天易死亡。

【病理变化】 内脏器官没有特征性变化。脾脏呈暗红色、肿胀,常肿大 4～5 倍;淋巴结肿大,切面多汁;其他脏器无明显变化。妊娠中后期死亡的母兽,子宫内膜有炎症,或有糜烂的胎儿,外阴部有恶露附着。

【诊 断】 根据流行病学和临床症状可做出初步诊断。确诊需做细菌学及血清学检查。

1. 细菌学检查 取流产胎儿、胎衣、胎儿的胃内容物,母兽阴道分泌物或有病变的肝脏、脾脏、淋巴结等组织,制成涂片,用改良柯氏染色法或改良抗酸染色法染色。

(1)改良柯氏染色法 在抹片干燥后用火焰固定;以碱性浓沙黄液染色 1 min(染液为饱和沙黄水溶液 2 份与 1 mol/L 氢氧化钠 1 份混合而成),水洗,以 0.1%硫酸脱色 15 s,水洗,用 3%美蓝水溶液复染 15～20 s,水洗,干燥后镜检:布鲁氏菌被染成橙红色,背景为蓝色。

(2)改良抗酸染色法 先抹片,干燥后用火焰固定,用苯酚复红原液做 1∶10 倍稀释,染色 10 min,水洗,用 0.5%醋酸迅速(不得超过 30 s)脱色,水洗,1%美蓝液复染 20 s,水洗,干燥镜检:布鲁氏菌染成红色,背景为蓝色。

2. 血清学检查

(1)补体结合反应 对布鲁氏菌病有很高的诊断价值,无论对急性或慢性的病兽都能检查出来,其敏感性比凝集反应高,但操作复杂。一般毛皮兽发生流产后 1～2 周采血检查,可提高检出率。

(2)凝集反应　应用最广的是试管凝集试验,此外平板凝集试验也较常用。试管凝集反应是用生理盐水倍比稀释,血清取 1∶25,1∶50,1∶100,1∶200,然后用每毫升含 100 亿个菌的布鲁氏菌抗原做反应。最后判定,血清凝集价在 1∶25(＋)时,判定为疑似反应;在 1∶50(＋＋)时判为阳性反应。疑似反应病例,经 3～4 周后,采血再做凝集反应试验判定。

此外,也可应用全乳环状试验、变态反应、荧光抗体试验和病原分离方法进行诊断。

【鉴别诊断】　布鲁氏菌病与副伤寒相类似,但根据细菌学检查即可鉴别。副伤寒病原体常出现于血液和脏器中,同时副伤寒病理变化特征比较明显。

水貂布鲁氏菌病与阿留申病相似,但通过血清学检查可得到鉴别。阿留申病血清对流免疫电泳阳性,病理组织学检查可见典型的浆细胞增多;而布鲁氏菌病没有以上变化。

【防制措施】　布鲁氏菌对链霉素、庆大霉素、卡那霉素、土霉素、金霉素、四环素敏感。但对青霉素不敏感,对病兽可应用上述抗生素药物进行治疗。没有治疗价值的,隔离饲养到取皮期,淘汰取皮。

平时主要应加强肉类饲料的管理,对可疑的肉类及下脚料(牛、羊)要高温处理,特别是用羔羊类的尸体做饲料的一定要注意人与动物的安全。

污染兽场应通过定期检疫可疑兽群,扑杀阳性个体达到消除疾病目的。同时对病兽污染的笼子可用 1％～3％苯酚或来苏儿溶液消毒。用 5％新石灰乳处理地面。工作服用 2％苏打溶液煮沸或用 1％氯亚明溶液浸泡 3 h。

引入种兽时,布鲁氏菌凝集试验阴性者方可引入,并应隔离观察 1 个月,在 1 个月内 3 次检疫均为阴性者才能解除隔离。

受布鲁氏菌病威胁的养殖场可以用猪型 2 号菌苗(供牛、羊、猪使用)预防接种,接种方法可参考疫苗说明书。

本病能传染给人,故应特别注意。工作人员要采取一定防护措施,必要时进行布鲁氏菌疫苗接种。

十二、秃毛癣(Herpes tonsurans)

秃毛癣又称皮肤霉菌病(Dermatomycosis),是由皮霉菌类真菌引起的毛皮动物皮肤传染病,俗称钱癣或匐行疹。特征是在皮肤上出现圆形秃斑,覆盖以外壳、痂皮及稀疏折断的被毛。常呈地方性暴发,使毛皮质量下降。

【病　史】　1953 年 К.П.安德烈恩柯、1954 年 И.г.什杰巴柯、1968 年 Л.И.列基伏罗夫等先后描述了毛皮动物的秃毛癣病。据张艳胜(2007)报道,我国某些养貉场秃毛癣发病率可达 30％～40％或更高。

【病　原】　皮霉菌类真菌的种类很多,对人类和动物有致病性的皮肤癣菌分为3属,即小孢子属(*Microsporum*)、毛癣菌属(*Trichophyton*)和表皮癣菌属(*Epidermophyton*)。侵染毛皮动物的主要是小孢子属的犬小孢子菌(*M. canis*)、石膏状小孢子菌(*M. gypseum*)、须发癣菌(*M. equinum*)。

1. 犬小孢子菌　于萨氏培养基上,在 24℃ 培养时发育迅速,菌落最初呈白色薄层,可产生透明的黄色色素,经 2～4 周后,表面呈黄褐色粉样乃至棉絮状,里面呈淡黄色或暗黄褐色,菌落中心有时隆起,有时呈同心圆状。显微镜下观察,可见到呈纺锤形、壁厚而粗糙的大分生孢子,长 60～90 μm、宽 15～25 μm。遭受本菌感染的被毛,在伍兹灯下发出具有黄绿色的荧光。

2. 石膏状小孢子菌　于萨氏培养基上,在 21℃ 温度下培养,能迅速发育,菌落表面扁平,边缘部呈白色短绒毛状,其余全部为粉末状。表面的颜色中心部较浓,呈淡黄色乃至暗褐色;显微镜下检查时,见有多量大分生孢子,其长度为 45～10 μm,宽 10～13 μm,孢子呈桶状,极薄,被覆带棘的壁膜。小分生孢子是单细胞,呈棒状,菌丝是侧生的。本菌一般生存于土壤中,犬舍附近的土壤中具有较高的分离率。

3. 须发癣菌　于萨氏培养基上,在 24℃ 下培养时其发育状态多种多样,产生的色素也不同,显微镜下所见多数是单细胞同形小分生孢子,附着于菌丝侧方,呈葡萄串状;大分生孢子,呈细长棒状,壁薄光滑,长 30～45 μm,宽 5～10 μm。

【流行病学】

1. 易感动物　北极狐、银黑狐、貉、貂等易感,幼兽易感性强。维生素缺乏,特别是维生素 C 不足时对本病发生也起一定的作用。人也可感染。

2. 传染源　病兽是主要传染源。患病动物病变部分脱落的毛和皮屑含有病原菌丝和孢子,不断污染环境,且在环境中保持很长时间的感染力。病原可依附在植物或其他动物身上,或生存在土壤中,在一定的条件下传染给毛皮动物或饲养人员。

3. 传播途径　本病主要通过动物直接接触或间接经护理用具(扫帚、刮具)、垫草、工作服、小室等而发生传染。患发癣病的人也可携带病原到兽场。啮齿动物和吸血昆虫可能是本病的传染媒介。

4. 流行特点　本病一年四季都可发生,在炎热潮湿的季节多发,以幼兽发病率较高。发病率因养殖环境、年份及管理水平不同而有很大差异。本病开始出现在一个饲养班组的兽群中,病兽被毛和绒毛借风散布迅速感染全场。

【临床症状】　潜伏期为 8～30 d。本病在头颈、四肢皮肤上出现圆形斑块。起初斑块呈规则圆形,汇合后形成大小不等、形状不一的灰色斑块;上面无毛,或有少许折断的被毛,覆盖以鳞屑或外壳,剥下外壳露出充血的皮肤,压迫时从毛囊中流出脓样物,干涸后形成痂皮。

常在脚趾间和趾垫上发生病变。起初病变呈圆形,分界不明显,之后逐渐融合形成规则的区域,无痒感。如不治疗,在患兽背腹两侧形成掌大或更大的秃毛区。个别病例病兽整个皮肤覆盖以灰褐色痂皮。

【诊　断】　根据临床症状和真菌检查可以确诊。真菌检查包括伍兹灯照射、显微镜检查及培养试验。

1.伍兹灯照射试验　小孢子菌具有发光特性,伍兹灯照射时能产生波长366 nm的紫外光。在暗室内照射患部被毛,被感染者发出黄绿色乃至蓝绿色荧光。出现蓝绿色荧光为犬小孢子菌,石膏状小孢子菌感染时很少见到荧光,须发癣菌无荧光出现。

2.显微镜检查　在病兽病灶的边缘采集被毛、鳞屑、痂皮等病料,置载玻片上,滴加10%～30%氢氧化钠溶液1滴,徐徐加热至周围出现小白泡为止,加热目的是促使组织疏松透明,真菌结构清晰,以易于观察;然后加盖玻片在显微镜下(40×10)观察。如有真菌存在,常发现不同形状菌丝体和分生孢子。

3.真菌染色法　用乳酸苯酚棉蓝染液(结晶苯酚20 g,乳酸20 mL,甘油40 mL,棉蓝0.05 g,蒸馏水20 mL,将乳酸、苯酚及甘油溶于蒸馏水中,再加入棉蓝即可),滴于载玻片上,加入病料混合,再盖上盖玻片镜检。患部拔下的毛用氯仿处置后,若有真菌感染,毛变成粉白色。

4.分离培养　用无菌镊子取少量毛发或皮肤、角质层刮取物,分别点种于沙保氏葡萄糖琼脂上(内加青链霉素和二酮链丝菌素),25～27℃培养14～28 d,观察菌落的特征、菌丝和分生孢子的特点,以确定菌种。

5.动物接种法　常用豚鼠和家兔,用皮料做皮肤擦伤感染,经7～8 d出现炎症、脱毛或癣痂者,判为阳性。

【鉴别诊断】　毛皮动物秃毛癣与维生素缺乏病,特别是B族维生素缺乏病有某些类似的地方。虽然B族维生素缺乏病也会在身体某部出现秃毛斑,但缺乏秃毛癣特有的外壳和痂皮,没有脚掌病变。在日粮中加入B族维生素,皮肤病变即停止。显微镜检查刮下物,没有真菌孢子。

【防制措施】　治疗时应先将病兽局部残存的被毛、鳞屑、痂皮剪除,用肥皂水洗净,涂以克霉唑软膏或益康唑软膏、癣净等药物。在局部治疗的同时,可内服灰黄霉素,每日25～30 mg/kg体重,连服3～5周,直到痊愈。

平时加强养殖场内和笼舍内的卫生,饲养人员注意自身的防护,防止感染。患皮肤真菌病的人不应与毛皮动物接触。发现病兽隔离治疗。病兽的笼具可用5%苯酚热溶液(50℃)或5%克辽林热溶液(60℃)消毒。

十三、念珠菌病(Candidiasis)

念珠菌病主要是由白色念珠菌(又称白色假丝酵母)引起的,以皮肤或黏膜(尤其是消化道黏膜)上形成乳白色凝乳样病变和炎症的真菌病,俗称鹅口疮。

【病　原】　主要是白色念珠菌,其次是热带念珠菌及克柔念珠菌。

白色念珠菌(*Candida albicans*)是一种卵圆形芽生酵母样真菌。在培养物中、组织中和分泌物中能产生芽生酵母样细胞和假菌丝,革兰氏染色为阳性,但细胞内着色不均匀。该菌大小为 $2 \sim 3 \mu m \times 1 \sim 6 \mu m$。在血液琼脂培养基,37℃培养 $24 \sim 48 h$ 可形成灰白色细菌样菌落;在沙堡氏培养基 37℃培养,可形成奶油色表面光滑的菌落,常有酵母气味,培养时间稍久,出现蜂窝状菌落,有时可有放射状浅沟。

【流行病学】　本病为人兽共患传染病,世界各地都有流行,毛皮动物以水貂较易感。该菌广泛存在于自然界中,通常寄居于健康动物和人的口腔、肠道、呼吸道和阴道黏膜上,也常从被粪便污染的土壤、饲料和水中分离到。大多数病例是由内源性传染所引起,当机体营养不良,维生素缺乏,饲料低劣,长期应用广谱抗生素和皮质类固醇,患其他疾病而使机体抵抗力降低时,均易感染发病。也可通过接触传染。高温、潮湿季节多发。幼兽发病率高。

【临床症状】　病变常发生于口腔黏膜上,形成一个或多个小的隆起软斑,表面覆有黄白色假膜。假膜剥脱后,露出溃疡面。病兽疼痛不安、呕吐或腹泻。有的跖部肿胀,趾间及周围皮肤皱褶处糜烂,有灰白色和灰红色分泌物;有的形成瘘管,后期常有 $1 \sim 2$ 个甚至全爪溃烂脱落,趾部露出鲜嫩肉芽。病原菌侵入肺部时,病兽精神沉郁,食欲减退或拒食,体温升高,咳嗽、呼吸困难。

【病理变化】　主要是口腔及食管黏膜出现隆起的软斑,其上为黄白色的假膜,假膜下为溃疡面。

【诊　断】　根据临床症状和实验室检查做出诊断。

1.镜检法　取病变部的棉拭或刮屑、渗出物、痰液做涂片,如果是皮屑、稠痰、假膜等,则需加 10% 氢氧化钾液,在火焰上微微加热,助溶,然后以低倍镜观察。革兰氏染色,有芽生酵母样细胞和假菌丝。

2.真菌培养法　将上述病料接种于沙堡氏培养基上 37℃培养,检查典型菌落中的细胞和芽生假菌丝。

白色念珠菌在玉米培养基上或其他分生孢子增生培养基上,室温培养 $3 \sim 5 d$ 后可产生厚膜孢子,能发酵葡萄糖和麦芽糖,产酸不产气,不发酵乳糖,这一点具有诊断意义。

3.动物接种法　将病料制成 1% 混悬液或纯培养物,对家兔进行静脉注射(接种),剂量为 $1 mL$,经 $3 \sim 5 d$ 被接种兔死亡。剖检可见肾脏肿大,在皮质部散布许多小脓肿。如果接种耳部皮内,$40 \sim 50 h$ 局部形成脓肿。

4.血清学检查法　免疫扩散试验、乳胶凝集试验和间接荧光抗体试验,对全身性念珠菌病的诊断有一定的价值。

【防制措施】　清除引发本病的诱因,应用制霉菌素(多聚醛制霉菌素钠)、二苯甲咪唑或两性霉素 B,同时给予青霉素、链霉素预防继发感染。制霉菌素片(每片 50万 U),每次内服 1 片,1 d 3 次,连用 10 d 以上。局部病变涂制霉菌素软膏,或 5% 碘甘油,或 1% 龙胆紫,1 d $2 \sim 3$ 次。在饲料中加 $2\% \sim 4\%$ 大蒜,能预防本病。

本病预防主要在于加强饲养管理,注意饲料的科学搭配,提高兽群的抵抗力,避免长期使用广谱抗菌药和皮质类固醇,搞好环境卫生,定期消毒。

十四、隐球菌病（Cryptococcosis）

隐球菌病是由新型隐球酵母引起的一种亚急性或慢性深部真菌病。该病侵害中枢神经系统、肺脏、皮肤和骨骼，亦可血行播散，侵犯动物和人各脏器，以精神错乱、咳嗽气喘、意识障碍为特征。

【病　原】　新型隐球酵母（*Cryptoccus neofrms*）细胞球形或卵圆形，直径 $4 \sim 12\ \mu m$，偶尔有长形，多边芽殖，无假菌丝，能形成荚膜，使菌落呈黏液状，并形成类淀粉化合物。在固体培养基上的培养物能合成少量类胡萝卜素而呈淡粉色、浅黄色或粉红色；在液体培养基中形成菌环，不形成菌醭。不发酵，能利用肌醇作为碳源。能分解尿素，可与念珠菌和酵母菌区别。

【流行病学】　狐、貉、貂等均易感。新型隐球菌广泛存在于自然界，特别是富含鸟类尤其是鸽类粪便的土壤中。在鸽类粪便中发现的肌酸酐，可作为该酵母的唯一氮源。狐、貉、貂等可通过呼吸道，偶尔可通过消化道和皮肤感染本病。

【临床症状】　表现多样，一般为神志不清，呕吐不止；有的精神错乱，摇头摆尾，不停旋转；有的行为异常，运动失调；有的感觉过敏，视觉障碍。肺部受侵害时，连声咳嗽，鼻腔流出浆液性、脓性或出血性鼻液，鼻和鼻窦旁有囊状病灶，呼吸困难，胸部疼痛。病兽还出现弱视，抽搐，甚至意识障碍，少数病例出现隐性肺炎症状。

【病理变化】　在大脑和肺等器官有肉芽性肿物，肉芽肿物外部包有纤维结缔组织。病灶内部浆细胞、淋巴细胞浸润，同时有含隐球菌的巨噬细胞和巨细胞存在。肺部病变最后可形成干酪样坏死和空洞。脑部最后可有脑膜、脑实质、脊髓的炎症。

【诊　断】　本病除检查临床症状外，主要靠实验室检查来确诊。

1.直接涂片镜检　取脑脊液、脓汁、痰、粪、尿、血、胸水和病变组织涂片，加 1 滴墨汁染色，盖上盖玻片。镜下检查可见圆形、壁厚，菌体直径 $4 \sim 12\ \mu m$，外圈有透明厚膜，孢子出芽，较大的发光颗粒的真菌，即可确诊。

2.真菌培养　将病料接种于葡萄糖蛋白琼脂培养基上，在室温或 $37^{\circ}C$ 下培养 $2 \sim 5\ d$，即可生长。菌落为酵母型，初为乳白色细菌样菌落，呈不规则圆形，表面有蜡样光泽，以后菌落增厚，由乳白色奶油色转变为橘黄色，表面逐渐发生皱褶或放射状沟纹。

3.接种动物　以小白鼠最敏感。将病料悬液或培养物接种于小白鼠腹腔、尾静脉或颅内，小白鼠在 $2 \sim 8$ 周内死亡。从病料取样可检出本菌。

4.血清学试验　补体结合反应、凝集试验、间接荧光抗体试验都可用于本病诊断。

【防制措施】　治疗可选用两性霉素 B、S-氟胞嘧啶、克霉唑、酮康唑、益康唑等治疗。侵害大脑、脑脊髓的病例多以死亡告终。体表病灶可用外科手术方法彻底根除病变组织，以防复发。

预防本病首先要加强饲养管理，防止发生外伤。发现病兽立即隔离。

十五、钩端螺旋体病(Leptospirosis)

钩端螺旋体病是由钩端螺旋体引起的人兽共患传染病。临床表现和病理变化多种多样,主要症状有短期发热、黄疸、血红蛋白尿、出血性素质、水肿、妊娠母兽流产、空怀等。该病又称细螺旋体病、传染性黄疸、血色素尿症。

【病　史】　自从 1915 年日本学者发现出血性黄疸钩端螺旋体以后,在世界各地继续发现由其他螺旋体引起人兽共患病,尤其热带和亚热带地区更为普遍。1926 年英国 Dunkin 在野生赤狐中最初确定钩端螺旋体病,1933 年前苏联柳巴申柯又确定了银黑狐的钩端螺旋体病,1936 年该氏又确定了北极狐的钩端螺旋体病,同年维波夫斯基又确定了貉的钩端螺旋体病。我国呈散发,沿海地区发生的频度大于内陆地区。银狐、北极狐的钩端螺旋体病,在我国于 1961 年首发于辽宁省旅大地区某饲养场。水貂钩端螺旋体病,于 1966 年在山东烟台地区丁家洼子某水貂场暴发流行。1987 年山东省莒县外贸养狐场的北极狐曾发生本病,近年山东省青岛市胶南、日照等地区个体养殖户的狐群时有散发。

【病　原】　钩端螺旋体(*Leptospira*)在分类学上属螺旋体科、细螺旋体属,又称细螺旋体,分为由寄生性病原性菌株组成的"似问号形类"和由腐生性非病原性菌株组成的"双弯类"2 个群。目前仅在"似问号形类"中就已发现有 20 个血清群、170多个血清型。在毛皮动物中曾分离出波摩那型(*L. pomona*)、出血性黄疸型(*L. icterohemorrhagiae*)和流感伤寒型(*L. grippotyphosa*)钩端螺旋体。

钩端螺旋体很纤细,$0.1\sim0.29\ \mu m \times 6\sim20\ \mu m$ 以上,螺旋整齐致密,旋宽 $0.2\sim0.3\ \mu m$,旋距 $0.3\sim0.5\ \mu m$,在暗视野显微镜下观察,常似细小的链珠状,一端或两端弯曲成钩,菌体常呈"C"、"S"、"O"、"X"及"8"字形,还可用镀银法或姬姆萨法染色镜检,而普通单染色和革兰氏染色不易着色。

钩端螺旋体为需氧菌,较易培养,只需加少量动物血清如加 $5\%\sim20\%$ 新鲜灭能兔血清的林格氏液、井水或雨水的液体培养基,一般均能生长良好。适宜 pH 值$7.2\sim7.6$,适温为 $28\sim30℃$,初代 $7\sim15\ d$,传代 $3\sim7\ d$。本菌可在 $8\sim14$ 日龄鸡胚绒毛尿囊膜上生长,$4\sim7\ d$ 可使鸡胚致死。本菌还能在牛胎儿肾细胞上生长。

本菌抵抗力较强,耐寒冷,特别是在含水较多和微偏碱的环境中可存活 6 个月,这在本病的传播上有重要意义。但对干燥、热、酸、强碱、氯、肥皂水及普通消毒药均较敏感,很易被杀死,对土霉素、链霉素等也敏感,如加热 $56℃\ 10\ min$ 即可被杀死,$60℃$ 只需 $10\ s$,在干燥的环境和直射日光下容易死亡,0.1% 的各种酸类,均可在数分钟杀死,70% 酒精、2% 盐酸、0.5% 苯酚等,在 $5\ min$ 内即可杀死。对低温有较强的抵抗力,$70℃$ 下速冻的培养物毒力可保持数年。

钩端螺旋体有两种抗原物质,一是表面抗原(P 抗原),可能是糖蛋白成分,这类抗原系凝集抗原,具有型的特异性;二是 S 抗原,位于菌体中心,菌体被破坏以后释放出来,系脂多糖成分,为沉淀抗原和补体结合抗原,具有群特异性。

【流行病学】

1. 易感动物 本菌的动物宿主非常广泛,几乎所有的温血动物都可感染。其中啮齿目的鼠类是最重要的宿主,鼠类多呈隐性感染,是本病自然疫源的主体。

银黑狐和北极狐对本病易感,水貂和貉较有抵抗力。本病不分年龄和性别,但以3～6个月龄幼兽最易感,发病率和死亡率也最高,幼貂达80%以上,成年兽较少。耐过本病的动物可获得对同型菌的免疫力,并对某些型菌有一定的交叉免疫力。

2. 传染源 病兽和带菌动物是本病的主要传染源。如各种啮齿动物,特别是鼠类带菌时间长,甚至终生带菌;家畜也是重要的传染来源,猪最为危险,因为猪患钩端螺旋体病时症状轻微,多为隐性传染,长期带菌。患病及带菌动物主要由尿排菌,尿中菌体含量很大(病猪尿含菌量可达1亿个/mL),被病鼠、病兽的带菌尿污染的低湿地成为危险的疫源地。

3. 传播途径 主要是经消化道。当毛皮动物吞食了被污染的饲料和饮水,或直接吃了患本病的家畜内脏器官而引起地方性流行。本菌可以通过健康的、特别是受损伤的皮肤、黏膜、生殖道感染,带菌的吸血昆虫如蚊、虻、蜱、蝇等亦可传播本病。人、畜、鼠类的钩端螺旋体病可以相互传染。

4. 流行特点 钩端螺旋体几乎遍布世界各地,尤其是温暖潮湿的热带和亚热带地区的江河两岸、湖泊、沼泽、池塘、淤泥和水田等地更为严重。一般是单一血清型感染,但也有同时感染几个型。本病虽然一年四季都可发生,但以夏秋季节多发,而以6～9月份最多发。雨水多且吸血昆虫较多,为本病多发期。本病的特点为间隔一定的时间成群地暴发,但任何时候也不波及整个兽群,仅在个别年龄兽群中流行。多数毛皮动物轻微经过后产生坚强免疫,不再重复感染。

【发病机制】 钩端螺旋体经消化道、黏膜和皮肤进入机体,通过血液侵入器官组织内繁殖,主要在肝脏积聚和肾脏定位。以后重新进入血液、组织,并在其中繁殖,形成菌血症。钩端螺旋体的代谢产物引起动物体温升高,血糖降低,红细胞被破坏崩解等病理过程,临床表现发热、体温升高、贫血、黄疸等。病原体在肝脏增殖,引起肝细胞变性坏死,导致胆红素蓄积,出现黄疸。在肾脏定位增殖造成肾脏细胞变性坏死,出血,出现血红蛋白尿。

【临床症状】 自然感染病例的潜伏期为2～12 d,人工感染的潜伏期不超过2～4 d。潜伏期的长短决定于动物机体全身状况、外界环境、病原体毒力及侵入途径。本病的临床表现复杂多样,动物种类不同、所感染钩端螺旋体的血清型不同,其临床表现也不尽相同。

1. 水貂钩端螺旋体病 感染的菌型不同,临床症状也不尽相同。但发病率和死亡率都很高,可达70%～80%。

(1)波摩那型 主要表现为粪便黄稀,多数病例饮水迅猛,体温升高,心跳加快,食欲减退或废绝,精神沉郁;有的出现呕吐、呼吸加快,反应迟钝,隅居小室内,两眼睁得不圆,倦怠,后躯不灵活,眼结膜苍白;口腔黏膜黄染,有的有坏死或溃疡灶;有的突然发病,看不到明显的症状死亡。病的后期体温不高,贫血明显,可视黏膜黄染、不洁,表现出血性素质;严重的后肢瘫痪,尿湿,排出煤焦油样稀便,转归死亡。血液红细胞减少,血红素降低,血液稀薄色淡;有些病例白细胞增加,多数是中性粒细胞增多。

(2)出血黄疸型 除有黄疸症状外,其他症状与波摩那型病貂相似,但死亡率低。

2. 狐钩端螺旋体病 潜伏期2~12d,急性病例2~3d死亡。常呈地方性流行或散发,死亡率可达90%。由于感染的菌型不同,症状也有差别。感染初期体温均升高,饮水量增加,出现呕吐;食欲减退,不愿活动,两眼睁不圆,驱赶起来,弓腰弯背,被毛蓬乱,消瘦;有的排褐黄色尿液,个别的尿液呈淡粉黄色;腹泻;口腔黏膜贫血,微黄白色,有的口角污秽不洁,嗜睡于笼内;有的舌呈褐色,齿龈有坏死或溃疡。濒死期,背、颈和四肢肌肉痉挛,抽搐,流涎而死。

3. 貉钩端螺旋体病 发病相对较少,其症状和狐相似。

【病理变化】 急性经过病例的尸体肥度良好,皮肤、皮下组织、全身黏膜及浆膜发生不同程度的黄疸。各脏器充血、淤血,或有出血点,尤以肺脏为最明显;肝脏土黄色肿大;大网膜、肠系膜黄染;肾脏肿大,有弥漫性出血点和出血斑;膀胱内有红黄色尿液,膀胱黏膜黄染;淋巴结肿大,尤其肠系膜淋巴结肿大;胃、肠黏膜水肿、出血,肠内容物呈柏油状。慢性病例尸体高度衰竭和显著贫血;个别病例有轻度黄疸,尸僵显著;肾脏有散在的灰白色病灶,粟粒大至豆粒大,略呈圆形;膀胱多充满茶色略带浑浊的尿液。

组织学检查可见肝、肾、肺内特征性变化。肝细胞颗粒状变性、稀有脂肪变性为特征的退行性变化;钩端螺旋体位于肝细胞之间。肾小管上皮发生退行性坏死变化,间质非化脓性肾炎及肾小球出血,钩端螺旋体位于肾小管管腔内、间质内及肾小管上皮之间。肺可见到小叶间组织水肿,肺泡和支气管腔内伴有浆液性的渗出物,肺出血浸润,有些地方组织坏死。

【诊 断】 根据流行病学、临床症状及病理变化可做出初步诊断,确诊需要实验室检查。常用的实验室诊断方法如下。

1. 直接镜检 取病兽新鲜抗凝血液、脑脊液、病兽中段尿液或病兽的肾、肝组织(制成5~10倍的生理盐水)悬液,直接用液滴制成压片标本,置暗视野显微镜下观察。所见到的钩端螺旋体形如链珠状,长6~30μm,直径0.1~0.2μm,两端有钩,做回旋、扭曲或波浪式运动。

为了提高检出率,直接镜检时应注意以下几点:一是材料采集后,应尽快检查,一般不得超过2h;二是集菌处理的材料检出率高;三是中性或弱碱性尿液,阳性检出率高;四是血液和脑脊液仅适用于菌血症时期。

2. 分离培养法 培养基常用柯索夫氏(Korthof)培养基。无菌抗凝血可直接接种培养基;尿液样本可用尿原液直接接种;未污染的组织病料可用无菌镊子夹取一小块,于培养基管壁上轻轻压磨成糊状,然后洗入培养基液体中,待见轻微浑浊时,即可将余下组织于另一培养基中做同样接种;污染病料应接种在含有抗生素的培养基内（预先在培养基内加入 5-氟尿嘧啶 $100\sim400\ \mu g/mL$，SD $250\sim500\ \mu g/mL$，新霉素 $5\sim25\ \mu g/mL$）。将接种的培养基置于 $28\sim30\ ℃$ 温箱培养，在培养 $5\sim7\ d$ 后，可肉眼观察到培养基呈乳白色浑浊，对光轻摇试管时，便见有 1/3 的培养基中有烟状生长物向下移动;在挑取培养物做暗视野活菌检查时，可见有多量的典型钩体。培养物可用抗血清标记葡萄球菌 A 蛋白凝集试验、反向炭凝试验、膨胀试验等进行菌群分型鉴定。

3. 血清学检查方法　动物感染后，于发病早期血清中即出现特异性抗体，且迅速升高，长时存在。本病的血清学诊断既能用于诊断，又能用于检疫或菌型鉴定。近年来常用炭凝集试验、乳胶凝集试验、酶联免疫吸附试验（ELISA）及微囊凝集试验等方法。常用的有凝集溶解试验，补体结合试验，平板凝集和间接血凝试验等。

【鉴别诊断】　银黑狐和北极狐钩端螺旋体病与沙门氏菌病、巴氏杆菌病类似，可从以下几个方面加以区别。

1. 流行病学　钩端螺旋体病大部分发生于 $7\sim10$ 月份，而沙门氏菌病出现于 $3\sim6$ 月份，巴氏杆菌病任何季节都能发生。$3\sim6$ 月龄幼兽易患钩端螺旋体病，而 $1\sim3$ 月龄仔兽易患沙门氏菌病;所有年龄毛皮动物都同样患巴氏杆菌病。

2. 临床症状　钩端螺旋体病体温升高仅发现于疾病早期或体温仍然正常，出现黄疸后，很快下降至常温以下（$37.5\sim36.5\ ℃$）;而沙门氏菌病和巴氏杆菌病体温升高贯穿整个病期。钩端螺旋体病的显著特点是出现黄疸，无论是急性或亚急性经过，90% 以上的病例出现于疾病的早期;而沙门氏菌病和巴氏杆菌病只有少数病例出现黄疸，而且出现于疾病的晚期。此外患钩端螺旋体病时口腔黏膜上常出现坏死性病灶，而沙门氏菌病和巴氏杆菌病则无此表现。

3. 剖检变化　钩端螺旋体病大多数器官和组织发生黄疸变化，脾脏没有肿大现象;而沙门氏菌病兽脾脏显著肿大。

【防制措施】　预防本病除了实行一般卫生防疫措施外，应特别注意检查所有肉类饲料，发现有本病可疑症状（黄疸、黏膜坏死和血尿）的动物及副产品必须煮熟后饲喂。场内一定要挖好排水沟，不能过于潮湿和积水。要重视灭鼠，防止啮齿动物污染饲料和饮水。

发现本病后，应立即隔离病兽和可疑病兽于单独隔离区内饲养和治疗，并彻底消毒被污染的环境，到取皮时淘汰，不得中途再放进兽场，因为患兽长期带菌。

发病早期大剂量的用各种抗生素如青霉素、链霉素、金霉素、土霉素，治愈率达85%。但在毛皮动物患病早期不易发现，待发现症状已是中晚期，所以治疗效果一般不理想。如果发现及时，轻症病例，每天水貂 60 万 U、狐 80 万~100 万 U 青霉素或链霉素，分 3 次肌内注射，连续治疗 $2\sim3\ d$;重症的连续 $5\sim7\ d$。同时配合维生素 B_1 和维生素 C 注射液各 $1\sim2\ mL$，分别肌内注射，1 d 1 次。为了维护心脏功能，应给予强心剂;腹泻时可给予收敛药物;如有便秘，可投服缓泻药。此外，用 0.1% 高锰酸钾液或呋喃西林液冲洗口腔，用碘甘油涂抹溃疡。

第十章　中毒性疾病

第一节　饲料中毒

在日常饲养中,如果饲料过于单调,饲喂过量,配合及处理不当,应用失时,都可能导致毛皮动物中毒。例如:动物性饲料被污染、腐败;谷物性饲料发霉变质;无机盐类、维生素、微量元素补充过多或不足;冷榨棉籽饼、棉籽油含有有毒物质棉酚等,都是造成中毒的原因。必须引起注意。

一、肉毒梭菌毒素中毒(Botulism)

肉毒梭菌毒素中毒是由于毛皮动物食入肉毒梭菌毒素而引起的一种中毒性疾病。特征是运动神经麻痹。

世界很多国家,如美国、瑞典、荷兰、法国、丹麦、前苏联、日本等国都多次报道毛皮动物肉毒梭菌毒素中毒。我国各地水貂场也都曾因饲喂污染的冻肉,而引起水貂大批中毒死亡。

【病　原】　肉毒梭菌(*Clostridium botulinum*)为专性厌氧两端钝圆的大杆菌,长 $4\sim6\ \mu m$,宽 $0.3\sim1.2\ \mu m$,多单在,革兰氏阳性(有时可呈阴性),有鞭毛,有荚膜,能形成偏端的椭圆形芽胞。芽胞的抵抗力很强,干热 $180℃5\sim15\ min$,湿热 $100℃5\ h$ 才能被杀死。

肉毒梭菌是一种典型的腐生菌,主要存在于土壤中,在土壤中可存活多年。在动物肠道中也可以发现,但不能使动物发病。该菌在适宜的条件下生长繁殖能产生外毒素,其毒力极强,已超越所有已知细菌毒素,$1\times10^{-7}\ mL$ 毒素即可毒死豚鼠。该毒素对低温和高温都能耐受,当温度达到 $105℃$ 时,经 $1\sim2\ h$ 才能破坏,胃酸及消化酶不能使其破坏。

根据毒素的抗原性不同,可将本菌分为 A、B、C(含 C_α、C_β 型)、D、E、F、G 等 7 个

血清型,各型毒素是由同型细菌产生的。引起人和毛皮动物(肉食动物)中毒的多为C型。

【流行病学】 肉毒梭菌毒素能使多种动物引起中毒,毛皮动物中水貂较银黑狐、北极狐敏感,特别是对C型肉毒梭菌产生的毒素最易感。

肉毒梭菌广泛分布于自然界,存在于土壤、湖、塘等水体及其底部泥床中、动物尸体、饲料等。水貂发病主要是食入了被肉毒梭菌毒素污染的肉和鱼饲料经胃肠吸收,引起中毒。

本病没有年龄和性别区别,一年四季均可发生,但以夏秋季节多发,常呈群发。病程3~5 d,个别有7~8 d。本病突然发生,第一昼夜死亡70%,第二昼夜死亡20%,第三昼夜死亡9%~10%。本病的严重性和延续时间决定于毛皮动物食入的毒素量。死亡率高达100%。

【发病机制】 本病为急性细菌性外毒素食入性中毒病。毒素经胃肠黏膜吸收进入血液,侵害神经系统和横纹肌及膈运动神经,全身肌肉松弛、无力,直至昏迷死亡。

【临床症状】 水貂食入含毒素的饲料8~24 h后,突然发病;最慢者48~72 h。多为超急性经过,少有急性经过者。临床症状出现的时间和严重程度与食入毒素的类型、数量和动物的易感性有密切关系。表现为运动不灵活,躺卧,不能站立,先是后肢出现不全麻痹或麻痹,不能支撑身体,拖腹爬行(海豹式行进),继而前肢也出现麻痹。当咽部肌肉麻痹时,出现采食和吞咽困难,流涎。颈部肌肉麻痹出现头下垂。后期卧地不起,大小便失禁,呼吸困难,多数于短期内死亡。有的病貂痛苦尖叫,进而昏迷死亡,较少看到呕吐和腹泻。有的病貂没有明显症状而突然死亡,死前呈现阵挛性抽搐。

银黑狐主要症状是运动神经麻痹症状,心跳加快达82次/min,重症者心跳缓慢而无力,最后死于呼吸困难、乏氧。

【病理变化】 尸体剖检一般无特殊变化。有时在胃内可发现异物,前部消化道通常空虚,咽喉部黏膜充血,胃肠黏膜和浆膜充血并有出血。心内膜下和心外膜下出血。肺有时充血、水肿。肝、肾、脾充血。

【诊　断】 根据食后8~12 h突然全群性发病,且多为发育良好、食欲旺盛的水貂发病,临床上出现典型的麻痹症状,并大批死亡,而剖检又无明显的病理变化,即可怀疑肉毒梭菌毒素中毒。确诊需采集可疑饲料或胃内容物做毒性试验。

操作方法:采取可疑饲料或胃内容物作为检查材料,液体检查材料可直接离心,其他状态的检查材料放入缓冲液中浸泡、研碎,然后离心,收集上清液;取一部分上清液,用胰蛋白酶37℃处理1 h。上述2种上清液分别注入2只小白鼠,观察4 d,如检查材料中有毒素存在,小白鼠多在24 h内发病死亡,主要为竖毛、四肢瘫软、呼吸困难、呼吸麻痹等症状。

若上述检查材料能使小白鼠发病或死亡,尚需做下面的确证试验。将能使动物发病的上清液再分成3份,一份加多型肉毒梭菌抗血清处理30 min,一份加热煮沸

10 min，一份不作处理；分别注射给 3 组小白鼠。如前 2 组存活，后 1 组出现特征性症状，则可判定检查材料中有毒素存在。

【鉴别诊断】　水貂肉毒梭菌中毒临床表现上与伪狂犬病有些相似。但伪狂犬病水貂瞳孔眼裂缩小，斜视，公貂阴茎麻痹，呼吸困难，在饲喂屠宰场猪的下脚料 3～5 d 后发病，开始病势不猛，经 2～3 d 后死亡迅速增加，3～4 d 达最高峰，再经 2～3 d 死亡下降。除水貂外，银黑狐、北极狐也易感伪狂犬病。为进一步鉴别，可将病死貂的脑和肺脏，在无菌条件下研成 10 倍悬浮液，给健康的兔子肌内注射，经 4～7 d 后，出现典型瘙痒，注射部位被咬破为伪狂犬病，而肉毒梭菌毒素中毒无此症状。

【防制措施】　由于本病来势急、猛、死亡快、群发等特点，来不及治疗，同时也无好的治疗方法。特异性治疗可用同型阳性血清治疗，效果较好。慢性经过病例，可用土霉素，每千克体重 10 mg 计算，加入乳中或日粮中投给，同时采取投给滑润剂、强心利尿等措施。

控制动物接触含有肉毒梭菌毒素的饲料是预防本病的根本办法。所以要注意饲料卫生检查。腐败变质的动物肉或尸体不能饲喂；不明原因死亡的动物肉或尸体最好不用，特别是死亡时间比较长的尸体，如果实在要用，一定要经高温煮熟。经常发生本病地区的兽群可以注射肉毒梭菌疫苗，接种肉毒梭菌类毒素效果更好，一次接种免疫期可达 3 年之久。最常用的是 C 型肉毒梭菌菌苗，每次每只注射 1 mL。

二、霉玉米中毒

霉玉米中毒是毛皮动物采食了被黄曲霉或寄生曲霉污染，并产生黄曲霉毒素的饲料后引起的一种急性或慢性中毒。

【病　因】　玉米、花生等植物种子及副产品是真菌生长发育的良好培养基。由于收获或贮存不当，很易被黄曲霉（*Aspergillus flavus*）和寄生曲霉（*A. parasiticus*）寄生而发霉变质，黄曲霉和寄生曲霉可产生黄曲霉毒素。水貂、狐、貉等毛皮动物对霉变饲料都很敏感，食入后就会引起黄曲霉毒素中毒。

目前已发现的黄曲霉毒素有 20 多种，以 B1、B2、G1 和 G2 的毒力最强，在紫外光线照射下，B1、B2 发蓝紫色荧光；G1、G2 发黄绿色荧光，都具有致癌作用。对肝脏的损害最大，其中又以 B1 致癌作用最强。

【发病机制】　真菌毒素是神经毒和血管毒，对毛皮动物具有局部和全身毒害作用。黄曲霉毒素的靶器官是肝脏。毒素由消化道吸收，进入血液循环，在肝细胞内质网中的混合动物氧化酶的催化下，转变为环氧化黄曲霉毒素，再与 DNA 及 RNA 结合并产生变异，使正常肝细胞转化为癌细胞。

【临床症状】　根据动物种类、年龄和食入毒素量的不同而有差别，即使同一种动物有时也不一致。经常食入少量毒素会使幼小动物生长缓慢或停顿，而无可见的临床症状。水貂中毒多呈慢性经过，到病的后期才表现出临床症状，如食欲减退、呕吐、腹泻、精神沉郁、抽搐、震颤、口吐白沫、角弓反张，癫痫性发作等，在停食后经过 1～2

d 即很快死亡。急性病例,在临床上看不到明显症状就死亡。

【病理变化】 死亡水貂的腹水呈淡红色,肝脏肿大黄染,质硬;肾呈苍白色,胃肠道黏膜出血。

【诊　断】 根据饲喂含黄曲霉毒素的饲料后,在同一时间内,多数毛皮动物发病或死亡,慢性病例出现食欲不佳、剩食、腹泻及病理变化即可初步诊断本病。确诊需对饲料样品进行检验,证明饲料内有黄曲霉毒素存在。常用的有化学法和生物学法。采取的饲料检查样品要有代表性,污染霉菌与不污染的都应采取。化学法常用薄层分析试验来确定有无黄曲霉毒素。生物学法有动物试验和抑菌试验。动物试验常用雏鸭测定毒素,雏鸭对黄曲霉毒素最为敏感。抑菌试验用巨大芽胞杆菌。

【治　疗】 立即停喂可疑饲料,撤出食盆或食碗。在饲料中加喂蔗糖、葡萄糖或绿豆水,静脉或腹腔注射等渗葡萄糖注射液(5%葡萄糖),同时肌内注射维生素 C、维生素 B_1 和维生素 K 注射液各 $1\sim2$ mL,防止内出血和促进食欲。

三、食盐中毒

食盐(氯化钠)是动物体不可缺少的矿物质成分,适量食盐可增进食欲,改善消化。但食入过量可导致动物中毒。在毛皮动物养殖业中食盐中毒时有发生,群发或散发均有。

【病　因】 由于日粮食盐给量计算错误,或凭经验估计导致加量错误,或食盐调制不均匀,或饲喂未经浸泡盐分过高的咸鱼等,均可使日粮中食盐过量,特别是当兽群饮水不足的情况下,都能造成食盐中毒。毛皮动物中水貂和北极狐易发生食盐中毒。

【发病机制】 毛皮动物摄入过量的食盐,胃肠受到刺激,导致胃肠充血、出血、发炎,神经系统受到损害。组织中逐渐积聚钠离子,引起慢性中毒;脑组织钠离子积聚,引起脑水肿。此外,由肠道吸收食盐后,血浆渗透压增高,细胞外液氯化钠浓度随之增高,引起细胞内液水分外渗,导致组织脱水,由于颅内压增高,致使氧供给减少及糖无氧酵解抑制,引起脑血管、组织损害和神经症状。

【临床症状】 中毒动物表现口渴,兴奋不安,呕吐,从口鼻中流出泡沫样黏膜,呈急性胃肠炎症状,癫痫性发作,嘶哑尖叫。水貂、北极狐于昏迷状态下死亡。有的病貂运动失调,或做旋转运动,排尿失禁,尾巴翘起,最后四肢麻痹。

毛皮动物食盐中毒程度与食入食盐量及有无饮水有关。据报道,毛皮动物每千克体重食入 $1.8\sim2$ g 食盐时,若无饮水,则有 20% 发生中毒;当食入 2.7 g 时,若无饮水,则发生典型食盐中毒症状,中毒后第三天,水貂死亡达 80%;当食入 4.5 g 时,若饮水充足,则水貂及其他毛皮动物能很好耐过。

【病理变化】 尸僵完全,口角流涎,口腔内有少量食物及黏膜;肌肉呈暗色,干燥。主要变化是胃肠道黏膜充血和肥厚,肺脏、肾脏及脑血管扩张、充血。个别病例心内膜、心肌、肾脏及肠黏膜有出血点。

【防制措施】　发现中毒应立即停喂含食盐的饲料,同时增加饮水,但要注意有限制、不间断、少量多次给水。病兽不能主动自饮的,可用胃管给水或腹腔注射5%葡萄糖注射液10~20 mL;为了维持心脏功能,可用强心剂,10%~20%樟脑油,皮下注射,水貂0.2~0.5 mL,北极狐和银黑狐0.5~1 mL;水貂也可皮下注射5%葡萄糖注射液5~10 mL。为缓解脑水肿,降低颅内压,可静脉注射25%山梨醇溶液或高渗葡萄糖溶液。为了促进毒物的排除,可用双氢克尿塞和液状石蜡。为缓解兴奋性和痉挛发作,可用溴化钾或硫酸镁注射液。

预防食盐中毒,要严格按标准向饲料中添加食盐,同时要搅拌均匀;利用咸鱼喂毛皮动物时,一定要充分脱盐。在任何季节都要保证毛皮动物有充足饮水。

四、毒鱼中毒

【病　因】　鱼类及其副产品是水貂、狐和貉常用和用量较大的动物性饲料,其中一些毒鱼(河豚、台巴鱼、狗鱼、鳕鱼和黄巴鱼等)和腐败的鱼及一些鱼卵(鱼子)均含有毒素或不同的有毒物质,都可引起毛皮动物中毒,轻者拒食,重者死亡。

【临床症状】　开始时,少数水貂食欲不好,剩食,进而大批剩食,消化紊乱,食欲下降,精神委靡,不愿活动,喜卧,后躯麻痹等。急性中毒,只能看到神经症状,抽搐而死,幼貂比成年貂中毒的多。如果发生在妊娠期,造成妊娠中断胎儿被吸收、死胎、流产,甚至母仔同归。

【诊　断】　生物毒一般都很难测定,多采用敏感动物,通过生物学饲喂的方法来测定。

【防制措施】　发生中毒后立即停喂有毒鱼饲料,调整兽群饲料,喂给新鲜无毒、适口性好的动物性饲料,尽快把食欲调整好。中毒较重的病兽采取强心补液的方法治疗。

对鱼类饲料要进行严格的兽医卫生检查,有毒鱼和腐败变质的鱼不能用来饲喂毛皮动物,对不认识的鱼类,应先进行安全饲喂后,方可大群使用。

五、棉籽油和棉籽饼中毒

【病　因】　棉籽饼是富含蛋白质和磷、维生素E的优良饲料,然而在棉籽油、饼中含有有毒物质棉酚。棉酚与蛋白质、氨基酸、磷脂等结合变成没有活性的、无毒的结合酚,而未与这些物质结合的,称之为游离棉酚。有些地方利用棉籽油作为毛皮动物维生素E的补充料(代用品),但由于加工方法不同,游离棉酚含量也不同,冷榨的棉籽油、饼游离棉酚含量高,热榨的棉籽油、饼游离棉酚含量低。所以饲喂毛皮动物时一定要注意这类产品的加工工艺和含量,喂给量大,会引起水貂等毛皮动物直接或间接棉酚中毒。

【临床症状】　大群水貂食欲不振,剩食,不愿活动;有的出现轻度黄染、贫血、腹泻;有的排煤焦油样便。棉酚在体内大量蓄积,可损害肝细胞、心肌、骨骼肌;与体内硫和蛋白质稳定地结合，损害血红蛋白中的铁，导致贫血。此外，棉籽中还含有一种巨环丙烯结构的脂肪酸，导致卵巢和输卵管萎缩，造成母兽发情不好或不发情，公兽性欲低、配种能力下降等。

【病理变化】　主要是肝脏受损，发生肿大、增生、硬化、黄染，呈脂肪肝样。腹水多呈黄色。胃肠黏膜有卡他性炎症。脾脏和淋巴结充血。心包积水，心内、外膜有出血点。心肌和骨骼肌变性。胎儿发育不良，仔兽生命力弱，大小不等。

【诊　断】　根据毛皮动物临床表现、病理变化以及饲料中含有棉籽油的多少，可初步怀疑棉酚中毒，特别是未经热处理的冷榨棉籽油更为可疑，可进一步检查测定棉酚的含量。

【防制措施】　发生中毒后应立即停止饲喂棉籽油或棉籽饼，同时给病兽注射5％葡萄糖注射液和复合维生素B注射液。

饲喂棉籽油或棉籽饼时，应先经加热处理，由于铁能与游离的棉酚形成无毒的复合体，故在饲喂棉籽油的同时补喂硫酸亚铁，按日粮中游离棉酚量1∶1计算加入饲料中。

第二节　药物中毒

消毒药和治疗药物使用不当、浓度过大、剂量不准，都可导致毛皮动物中毒，轻者大群拒食，重者死亡。

一、酚类消毒药中毒

【病因和症状】　常用酚类消毒药如来苏儿和克辽林等浓度过高，对皮肤、黏膜有直接刺激。曾有人试验克辽林溶液经口喂给银黑狐和北极狐，每千克体重按1 mL投给，未见异常；当剂量增加3倍时，则出现中枢神经系统症状；增加到每千克体重6 mL，则引起高度不安、胆怯、流涎、呕吐、痉挛。中毒后2 h，出现精神沉郁，垂头，呆立，四肢叉开，对外界刺激无反应，频频排便，排尿，粪便呈液状，并带有来苏儿味；中毒后3～5 h，出现阵挛性收缩，躺卧，眼变为无光，可视黏膜苍白，最后死亡。

【病理变化】　皮肤、黏膜黄染，口腔内有多量黏膜；皮下组织淡黄色；淋巴结肿大多汁；肺充血；心内、外膜有出血点和出血斑；脾脏肿大，被膜下有出血点；肾脏贫血，黄染；胃肠黏膜有出血性炎症变化；血液呈黑紫色，黏稠。组织学检查可见肝脏、肝小叶灶状充血；肾小球内皮细胞肿胀，肾小管疏松，细胞质着色不匀，细胞核坏死溶解。

【治　疗】　发现中毒时，立即灌服鸡蛋清、牛奶等，静脉注射10％硫代硫酸钠1～2 mL，10％葡萄糖注射液20～30 mL；皮肤受损应用温水冲洗后涂以保护剂软膏之类的药物。

二、新洁而灭中毒

新洁而灭是一种阳离子表面活性剂,常以0.01%～0.1%浓度作为外科手术时浸泡手臂、器械等,或冲洗用。如用高浓度的新洁而灭大面积体表消毒、创伤冲洗等可导致吸收中毒。此外,也常发生狐误饮新洁而灭而中毒。

【临床症状】　狐中毒后出现不安、呼吸困难、可视黏膜发绀、胃肠痉挛、肌肉无力、不能站立。严重时出现心力衰竭、休克。

【治　疗】　由经口摄入引起的,早期进行催吐或肥皂水洗胃,也可投服牛奶、蛋白水等。由皮肤吸收中毒引起,应用肥皂水洗刷体表,同时采取对症治疗,强心、解毒,静脉注射5%～10%葡萄糖注射液30～50 mL。

三、伊维菌素中毒

伊维菌素是阿佛曼链霉菌的天然发酵产物。大量临床试验表明,本药的粉剂和注射液对牛、羊、猪、兔、犬、狐、貂、小鼠、鸡等动物体内线虫和螨虫等均具有很强的驱杀作用,是一种高效、广谱抗寄生虫药物,已在兽医临床上广泛应用。由于本药是一种黏度较大的油剂注射液,抽取药液时困难,常常因超量应用而中毒。

【临床症状】　病兽注射伊维菌素3～4 h后表现步态不稳,8～12 h后卧地不起,四肢肌肉松弛、无力,呈游泳状运动,腹胀,食欲废绝,头部出现不自主颤抖,呼吸加快,心音减弱。中毒严重者在24～36 h内死亡;中毒较轻者症状可逐渐减轻,肌肉张力逐渐恢复,精神逐渐好转而康复。

【诊　断】　根据临床症状和用药史可以确认为伊维菌素中毒。

【治　疗】　目前尚无特效解毒药,以补液、强心、利尿为治疗原则。可用下列药物治疗:10%葡萄糖注射液50～100 mL,地塞米松2.5～5 mg,维生素C 3～5 mL,5%碳酸氢钠20～30 mL,混合后静脉注射。同时喂给充足的饮水,以促进毒物排除。

四、龙胆紫醇溶液中毒

龙胆紫醇溶液是处理外伤的常用药。由于水貂对龙胆紫比较敏感,用龙胆紫处理外伤不当时,常引起患貂中毒。山东省某貂场曾因用3%龙胆紫醇溶液涂布水貂咬伤处发生中毒。

【临床症状】　病兽拒食,口渴、饮水量增加,呕吐,流涎,交替出现神经兴奋和沉郁,呼吸困难,粪便呈黑黄色或煤焦油样,尿液深黄,后期黏膜发绀,肛门部皮肤糜烂。

【防制措施】　发现中毒后及时冲洗掉局部外伤处的龙胆紫,用25%尼克刹米0.3 mL肌内注射强心;口服0.1%高锰酸钾溶液5～10 mL;氧化镁1份、鞣酸蛋白1份、活性炭1份,混合后每只貂口服1 g;20%葡萄糖溶液5～10 mL,维生素B_1注射液1～2 mL,维生素C注射液1～2 mL,混合后分点皮下注射。

治疗水貂外伤禁用龙胆紫醇溶液。

五、氯丙嗪中毒

氯丙嗪又叫冬眠灵,为较常用的镇静药物。用药过量或长期用药易造成药物蓄积而发生中毒。

【临床症状】 轻度中毒时,病兽骚动不安,时起时卧,全身疲惫无力,嗜睡,体温下降,瞳孔缩小,四肢肌肉松弛,偶有便秘,尿潴留或失禁;重度中毒时,运动失调,肌肉强直震颤,四肢冰冷,血压下降,心动过速,瞳孔缩小;更严重者昏迷沉睡,吞咽困难,反射消失,体温下降;病程拖延可出现黄疸、皮疹、发热等。

【诊　断】 根据病史和中枢神经系统抑制情况,以及尿液中检出氯丙嗪药物可确诊。

【防制措施】 发现中毒症状时应立即停药,症状可在 12～72 h 内消失。如摄取大剂量氯丙嗪,在 6 h 之内可用温开水或 0.05％高锰酸钾液洗胃,洗胃后可用硫酸钠缓泻。

用氯丙嗪镇静时,剂量要准,不要长期用药以免产生药物蓄积作用。

六、磺胺类药物中毒

磺胺类药物是广谱抑菌制剂,为临床常用的药物,但如用药不当或用量过大,或长期用药产生蓄积作用,可致动物中毒。磺胺类药物如进入胎儿体内,可造成死胎、流产。

【临床症状】 用量过大会引起急性中毒,表现为中枢神经系统兴奋,感觉过敏,昏迷,厌食,呕吐,腹泻等。长期服用磺胺类药物超过 1 周以上,呈慢性中毒,出现泌尿系统损害,常见结晶尿、血尿、蛋白尿,以至尿闭,消化紊乱,如食欲不振、呕吐、便秘、腹泻等。有的可见粒性白细胞缺乏或溶血性贫血。

【防制措施】 出现中毒症状应立即停药,改用其他抗菌药物。同时口服 3％碳酸氢钠溶液,以促进药物排除,或静脉注射 5％碳酸氢钠注射液,狐 20～30 mL,以保护肾脏不受损害;亦可注射复方氯化钠注射液,5％葡萄糖注射液,以利强心解毒。

投磺胺类药物要注意用药量,同时不要长期给药。

第十一章 寄生虫病

一、弓形虫病 (*Toxoplasmosis*)

弓形虫病是由龚地弓形虫 (*Toxoplasma gondii*) 引起的人兽共患寄生虫病。

【病　原】　龚地弓形虫流行于世界各地,但有株型的差异。弓形虫为细胞内寄生虫,因发育阶段不同而形态各异。猫是弓形虫的终末宿主(也是中间宿主),已知有200 余种动物,包括哺乳类、鸟类、爬行类、鱼类和人类都可以作为它的中间宿主。

弓形虫的生活史具有双宿主的生活周期,分两相发展,即等孢球虫相和弓形虫相,前者在宿主肠内,后者在宿主组织细胞内,关键阶段是卵囊。弓形虫以卵囊形式在宿主(猫)体内寄生,并随粪便排出体外。卵囊抵抗力很强,在外界环境中可存活很长时间。卵囊被同种宿主(猫)吞食后,因其有抵抗胃蛋白酶和胆汁的作用,可以通过胃先进入小肠壁,经淋巴和血液再到其他组织和大肠,在肠内释放出孢子体(子孢子 *Sporoites*),以后按球虫的周期发育:即经过裂殖体、配子体,产生大小配子体(雌雄),结合为合子(*Zygotes*),变为卵囊;如果卵囊为异种宿主(水貂、狐等)所吞食,即按典型的弓形虫相发育,在吞噬细胞内形成假囊,在组织内特别是脑和肌肉内,形成有抵抗性的包囊,在假囊和包囊内,都以囊内增殖方式繁殖,产生滋养体(*Trophozoites*),包囊呈隐性感染,滋养体引起活动性感染。

弓形虫的卵囊和包囊有较强的抵抗力。卵囊在外界可存活 100 d,在潮湿土地上存活 1 年以上,但不耐高温,75℃即可杀死卵囊。包囊对低温有一定抵抗力,−14℃24 h 才能使之失活,在 50℃ 30 min 才可杀死。滋养体不耐低温,经过 1 次冻融即可使虫体失活。

【流行病学】　弓形虫病广泛流行于世界各国的多种动物中间。水貂、银黑狐和北极狐等毛皮动物因吃了被猫粪便污染的食物,或含有弓形虫速殖子,或包囊内的中间宿主的肉、内脏、渗出物、分泌物和乳汁而被感染。速殖子还可以通过皮肤、黏膜而感染,也可通过胎盘感染胎儿。

本病没有严格的季节性,但以秋冬和早春发病率最高,可能与寒冷、妊娠等导致机体抵抗力下降有关。猫在7～12月份排出卵囊较多。此外温暖、潮湿地区感染率较高。水貂弓形虫阳性率为10%～50%,银黑狐和北极狐为10%～20%。我国近年来调查发现,各种动物对弓形虫的感染率有逐年上升的趋势。

弓形虫后天感染可侵害任何年龄和性别的毛皮动物。先天感染可通过母体胎盘,发生于妊娠的任何时期。当妊娠初期感染时,可导致胎儿吸收、流产和难产;当妊娠后期感染时,可产出体弱胎儿;在仔兽哺乳期发生急性弓形虫病。

【临床症状】　潜伏期一般7～10 d,也有的长达数月。急性经过的2～4周内死亡;慢性经过的可持续数月转为带虫免疫状态。

1. 狐的症状　食欲减退或废绝,呼吸困难,由鼻孔及眼内流出黏膜,腹泻带血,肢体麻痹或不全麻痹,骨骼肌痉挛,心率失常,体温高达41～42℃,呕吐,似犬瘟热;死前表现兴奋,在笼内转圈惨叫。妊娠狐可导致流产,胎儿被吸收,妊娠中断,死胎,难产等。公狐则不能正常配种,偶见恢复正常,但不久又呈现神经紊乱,最终死亡。

2. 水貂的症状　主要特征是中枢神经系统紊乱。急性期表现不安,眼球突出,急速奔跑,反复出入小室(产箱),尾向背伸展,有的上下颌动作不协调,采食缓慢且困难,不在固定地点排便,发生结膜炎、鼻炎,常在抽搐中倒地。沉郁型表现精神不振,拒食,运动失调,呼吸困难,有的病貂呆立,用鼻子支在笼壁上,驱赶时转圈,搔扒笼具,失去方向感。

公兽患病不能正常发情,表现不能正常交配,偶然发现严重病兽恢复完全健康状态,但不久又呈现神经混乱而死亡。母兽患病常产仔在笼壁上,而不产于小室内,产下的仔兽常出现体躯变形,多数头盖骨增大,在出生后4～5 d死亡。水貂患本病死亡率很高,尤其仔兽死亡率高达90%～100%。

【病理变化】　急性型外观消瘦贫血;肝脏肿胀质脆;肺脏呈间质性肺炎变化,肺泡隔增宽,细胞增生,肺泡腔中有数量不等的细胞;在巨噬细胞内有多量虫体;胃肠道黏膜充血、出血。

慢性型内脏器官贫血水肿,如肺脏肿胀水肿,肠贫血水肿,肾脏苍白水肿,脑膜下有轻度充血性变化。

【诊　断】　根据临床症状、流行病学和非特异性病理变化只能初步怀疑本病,确诊必须依靠实验室检查。

1. 弓形虫的分离　由于弓形虫为专性细胞内寄生,用普通人工培养基是不能增殖的。为此必须接种于小白鼠或鸡胚等进行组织培养分离。其中以小白鼠接种最为适用,此法简单易行,便于推广应用。

操作方法:将病理材料(肺、淋巴结、肝、脾,或慢性经过的病例脑及肌肉组织)用1 mL含有1 000 U青霉素和0.5 mg链霉素的生理盐水作稀释,各以0.5 mL接种于5～10只小白鼠的腹腔内。如接种材料有弓形虫存在时,则小白鼠于接种后2周内发病,此时采取腹水或腹腔洗涤液1滴,滴于载玻片上,加盖片后,放显微镜下检查,可发现典型弓形虫。若初代接种小白鼠不发病,可于1个月后采血杀死,检查脑内有无包囊,包囊检查阴性,可再采血同时做血清学检查,只有血清学检查也呈阴性时,方可判定为阴性。

2. 弓形虫检查 将病理材料切成数毫米小块,用滤纸除去多余水分,放载玻片上,并使其均匀散开和迅速干燥。标本用甲醛固定10 min,以姬姆萨液染色40~60 min后干燥,镜检,可发现半月牙形的弓形虫。

3. 血清学检查 主要有色素试验、补体结合反应、血细胞凝集反应及荧光抗体法等。其中色素试验由于抗体出现早、持续时间长、特异性高,适合各种宿主检查,故采用较为广泛。其原理是当新鲜弓形虫在补体样因子(健康人血浆)作用下,使之与抗血清作用后,引起虫体细胞变性,导致虫体对碱性美蓝不着色。如果被检血清中没有这种抗体,那么渗出液中的弓形虫就会被染色。

【鉴别诊断】 本病常与狐的犬瘟热相混同,也易与水貂的犬瘟热、病毒性肠炎、阿留申病、脑病和布鲁氏菌病混同。所以必须进行实验室检查加以鉴别。此外,本病常与犬瘟热、副伤寒、阿留申病混合感染。

【防制措施】 目前对治疗毛皮动物弓形虫病尚缺乏经验。有资料介绍氯嘧啶(杀原生生物药)和磺胺二甲嘧啶(20 mg/千克体重,肌内注射,1 d 2次,连用3~4 d)并用治疗本病效果显著。也可用磺胺苯砜(SDDS),剂量为每日5 mg/千克体重。为了促进病兽食欲,辅以B族维生素和维生素C。

在治疗发病动物个体的同时,必须对全场动物群体进行预防性投药,常用:磺胺对甲氧嘧啶(SMD)20 g或磺胺间甲氧嘧啶(SMM)20 g,三甲氧苄啶(TMP)5 g,多维素10 g,维生素C 10 g,葡萄糖1 000 g,小苏打150 g,混合拌湿料50 kg,1 d 2次,连喂5~6 d。

预防本病主要是不让猫进入养殖场,尽量防止猫粪对饲料和饮水的污染。饲喂毛皮动物的鱼、肉及动物内脏均应煮熟后饲喂。对患有弓形虫病及可疑的毛皮动物进行隔离和治疗。死亡尸体及被迫屠宰的胴体要烧毁或消毒后深埋。取皮、解剖、助产及捕捉用具要进行煮沸消毒,或以1.5%~2%氯亚明、5%来苏儿溶液消毒。

二、附红细胞体病

附红细胞体病是由附红细胞体简称附红体,寄生于脊椎动物红细胞表面或血浆中而引起的一种人、兽共患传染病。本病多为隐性感染,在急性发作期出现黄疸、贫血、发热等症状。

【病 史】 自1928年Schilling在鼠体内发现附红细胞体以来,国内外先后在牛、羊、猪、犬、猫、兔、人体内发现,近年来又有关于鸡和蓝狐的报道。目前附红细胞体病广泛流行于世界20多个国家。我国继江苏在1972年发现本病之后,2002年7~8月份,辽宁省锦州周边地区一些养狐场暴发流行。近年来在我国毛皮动物发病呈上升趋势。

【病　原】　附红细胞体（*Eperythrozoon*）属立克氏体目、无形体科，附红细胞体种类很多，已命名的有 13 种，常见有兔 Elepus 牛温氏附红细胞体等。

附红细胞体是一种多形态的微生物，大小（直径）0.2～0.6 μm。在电子显微镜下观察，呈环形、圆形、盘形，无细胞器和细胞核。

附红细胞体对干燥和化学药品的抵抗力低，用消毒药几分钟即可杀死，但在低温条件下可存活数年，在冰冻凝固的血液中可存活 31 d，在加 15％甘油的血液中一79℃时能保持感染力 80 d。

【流行特点】　本病一年四季均可发病，但在夏秋季节（7～9 月份）多发。吸血昆虫是传播媒介，蚊、蝇及吸血昆虫叮咬可以造成本病的传播；此外，消毒不好的注射针头对本病传播严重。许多成年毛皮动物是带虫而不发病，但在应激因素作用下可发病。

【临床症状】　潜伏期 6～10 d，有的长达 40 d。病原在病兽的血液中大量繁殖，破坏红细胞，病兽表现发热，体温升高至 40.5℃以上，稽留热，食欲不振，拒食，偶有咳嗽、流鼻液、呼吸迫促，可视黏膜（眼结膜、口腔黏膜等）苍白、黄染，机体消瘦，有的排血便，用青霉素治疗无效，最终衰竭而死亡。

【病理变化】　尸体消瘦，营养不良，被毛蓬乱，可视黏膜苍白、黄染，血液稀薄，肺脏有出血斑，肝脏肿胀、黄染、有出血斑、质脆，肠管黏膜有轻重不一的出血，脾脏肿大，肾脏出血严重。

【诊　断】　根据流行病学特点、临床症状及病理变化可初步诊断。血片检查找到虫体，即可确诊。血液涂片用姬姆萨氏染色，在 1 000 倍显微镜下镜检，可见到红细胞变形，周边呈锯齿状或呈星芒状，有的红细胞破裂，在每个红细胞表面上附着有数目不等，少者几个，多者 10～20 多个，大小不一，直径为 0.25～0.75 μm，呈蓝紫色有折光性，外围有白环的附红细胞体。即可确定为附红细胞体病。

【防制措施】　病狐用咪唑苯脲 1～1.5 mg/千克体重，肌内注射，1 d 1 次，连用 3 d，效果较好；也可用盐酸土霉素注射液治疗，每千克体重 15 mg，肌内注射，或血虫净 3～5 mg/千克体重，用生理盐水稀释深部肌内注射；同时可以注射复合维生素 B、维生素 C 以及铁制剂。另外附红细胞体对庆大霉素、喹诺酮、通灭等药物也敏感。

预防本病主要是加强饲养管理，搞好卫生，消灭场地周围的杂草和水坑，以防蚊、蝇孳生传播本病。减少不应有的意外刺激，避免应激反应。大群注射疫苗时，要注意针头的消毒，做到一兽一针，严禁一针多用，以防由于注射针头而造成疫病的传播。平时应全群预防性投药，可用多西环素粉，剂量 7～10 mg/千克体重，拌料喂 5～7 d；也可用土霉素、四环素拌料。

三、旋毛虫病（*Trichinellosis*）

旋毛虫病是人兽共患的寄生虫病。银黑狐、北极狐、水貂等以食肉为主的毛皮动物多发。

【病　原】　毛皮动物的病原体为螺旋状旋毛虫(*Trichimella spiralis*),是一种很细小的线虫。雄虫长 1.4～1.6 mm,粗 0.04 mm;雌虫长 2～4 mm;幼虫长 0.09～0.12 mm,宽 0.006 mm。成虫寄生在动物(宿主)的小肠里,称为肠型旋毛虫。幼虫寄生在同宿主的肌肉组织中,称为肌型旋毛虫,呈盘香状蜷曲于肌肉纤维之间,形成包囊,呈梭形黄白色小结节,长 300～500 μm。旋毛虫对外界的不良因素具有较强的抵抗力,对低温有更强的耐受力,在 0℃时,可生存 57 d;但高温可杀死肌肉型旋毛虫,一般 70℃时可杀死包囊内的旋毛虫。如果煮沸或高温的时间不够、煮得不透、肌肉深层的温度达不到致死温度,包囊内的虫体仍可保持活力。

【发病机制】　当毛皮动物动物吃了含有活旋毛虫幼虫的肉类饲料后,肉里的旋毛虫包囊在动物胃内被溶解,幼虫逸出,在十二指肠迅速生长发育,经过 2 d 4 次蜕皮,发育成性成熟的肠型旋毛虫;性成熟的旋毛虫局限于小肠内,破坏小肠黏膜,同时损伤其他组织。雌虫受胎后,钻入肠黏膜内产生幼虫,幼虫经淋巴和血液循环,移行到横纹肌里生长,发育成肌型旋毛虫,以膈肌、肋间肌、咀嚼肌、舌肌最多见,使肌纤维破坏。另外,幼虫到达肌肉后,生长发育长大,产生一些代谢产物刺激机体形成包囊,每个包囊内含有 1～2 个蜷曲的幼虫,包囊钙化以后幼虫死亡。

【临床症状】　毛皮动物被侵害后经过若干天,只见到患兽不愿活动,食欲不振,慢性消瘦,消化紊乱,呕吐,腹泻。寄生在肌肉里的幼虫,排出代谢产物和毒素,刺激肌肉疼痛,呼吸短促,最后导致病兽不愿活动,营养不良,抗病力下降,当天气变化、气温下降时出现死亡,或由于高度消瘦而失去种用价值。本病死亡率很小。患过本病的动物通常造成终身带虫免疫。

【病理变化】　尸体消瘦,皮下无脂肪沉着,有时发现头、颈皮下水肿。小肠黏膜充血,个别发生溃疡。在横纹肌内有单在出血灶。筋膜下和背部肌肉里有罂粟粒大的黄白色小结节散在。

【诊　断】　生前不易发现,死后根据剖检变化,主要是剪取背最长肌有小结节的肌肉组织或膈肌,剪碎放于载玻片上,压片置于低倍显微镜下观察,发现有呈盘香状蜷曲的虫体,即可确诊。

【防制措施】　为预防本病的发生,在毛皮动物饲养场应实行如下措施:①由于肉联厂对旋毛虫轻微感染的猪肉常不能被检出,因此用猪下杂喂毛皮动物前,必须实行严格旋毛虫检查。利用野生动物肉喂毛皮动物时,在投入日粮前也应彻底进行旋毛虫镜检。②对一些可疑的肉类饲料或来自旋毛虫多发地区的犬肉和其他动物的肉类饲料应高温处理。为保证高温处理肌肉深层达到 100℃,应把要高温处理的肉切割成小块,以便彻底杀灭虫体。③对仓库、调料室、兽场的老鼠要定期灭除。

四、疥螨病

疥螨病又称螨虫病,由于螨虫寄生在狐、貉和水貂的体表而引起的接触性传染性皮肤病,特征是伴有剧烈瘙痒和湿疹样变化。

【病　　原】　目前在我国狐、貉和貂群中广为传播的螨虫病病原体,主要是疥螨属的疥螨和痒螨,蠕形螨和足螨(食皮螨)也有。疥螨病和痒螨病在临床表现上不好区分,因为它们形体比较小。

1. 疥螨和痒螨　虫体几乎呈圆形,有 4 对足,除最后一对外,均伸出体缘之外。雌虫长 0.3~0.4 mm,宽 0.25~0.38 mm;雄虫较雌虫稍小,其长为 0.18~0.27 mm,宽 0.15~0.2 mm。虫体呈圆形龟甲状,颜色污白,于甲壳质较多的地方呈微褐色;虫体头部有马掌形吻,而由复面发出 4 对 5 节的脚;于雌虫前 2 对脚掌有吸盘,而雄虫于第一、第二及第四对脚掌有吸盘。疥螨发育过程包括卵、幼虫、若虫和成虫 4 个阶段。疥螨雌虫钻进宿主表皮挖凿隧道,并在隧道里产卵,经 2~3 d 从卵内孵化出六脚幼虫,再经 3~4 d 幼虫脱毛变为初级若虫,初级若虫再经 2~3 昼夜脱毛变为终末若虫,终末若虫经 2~4 昼夜蜕皮后变为成熟的雄虫或雌虫。从而可以看出疥螨的发育按 2 次幼稚虫变异型进行。因此在毛皮动物皮肤上短期间形成大量疥螨,常引起整个皮肤的侵害。从卵到成虫的整个发育过程通常需 14 d。疥螨雌虫生存的时间为 42~56 d,在此期间内每天产 20~50 个虫卵。

雄虫寄住在不深的短的皮肤孔道内,存活的时间较短,并常与终末若虫第一次交配后不久即死亡。在雌虫做的皮肤孔道内,常常见到与皮肤垂直的孔,称为"通风孔"。终末若虫经过此孔离开疥癣孔道。雄性终末若虫落入皮肤表面后,在皮肤角质层内做成短的孔道,在此处变为有交配能力的成熟阶段。雌性若虫于皮肤表面与雄性若虫交配,此后在皮肤角质层内咬穿的独立孔道内成熟并开始产卵。由此可以看出,只有终末若虫和能在皮肤上独立开辟疥癣孔道的雌虫具有侵袭力。

疥螨在外界温度 11~20℃时能保持生活力 10~14 d,在寒冷温度下(-10℃)经 20~25 h 死亡。直射阳光对其有致死作用,经 3~8 h 死亡。于干燥环境中当温度为 50~80℃时,30~40 min 内死亡;在水内加温至 80℃,几秒钟内死亡。

2. 蠕形螨(脂螨)　是一种小型的寄生螨。虫体细长,呈蠕虫状,体长 0.25~0.3 mm,宽约 0.04 mm。胸部有 4 对很短的足。腹部呈锥形,有横纹。蠕形螨寄生于毛囊或皮脂腺中,全部发育过程都在宿主身体上进行。其发育史包括:卵、幼虫、稚虫、成虫 4 个阶段。雌虫产卵,孵化出 3 对足的幼虫,幼虫蜕变为 4 对足的若虫,若虫蜕变为成虫。少数脂螨在病兽的组织和淋巴结内生活和繁殖,转变为内寄生虫。正常幼狐身上常有蠕形螨存在,一般不发病,但当机体抵抗力降低或皮肤发炎时,即大量繁殖,引起发病,蠕形螨常侵袭 5~6 月龄的幼狐。

【流行病学】　本病多为接触传染。病兽是主要传染来源,健康兽与病兽直接接触(密集饲养、配种等)或与被病兽污染的物件(运输和固定笼子、小室、产箱、食盆、饮水盒、清洁用具、工作服和手套等)接触也可以发生传染。此外,寄生于各种动物和人的疥螨可以相互感染;蝇、老鼠、犬和猫等可把疥螨带入饲养场。

【发病机制】　疥螨落到毛皮动物皮肤上,在上皮层内开凿弯曲的孔道。受精的雌虫沿着孔道运动,在皮肤层内产卵。由于其在上皮层内运动,可机械地刺激神经末梢;此外,疥螨的新陈代谢产物同样刺激神经末梢,均能引起剧烈的痒觉,使毛皮动物搔抓自己的皮肤。以后由于侵害的加剧使皮肤发生炎症,甚至引起微生物感染。

【临床症状】　疥螨病最初症状常出现于脚掌部皮肤上,后即蔓延到飞节及肘部,稍晚些时间出现在头部(鼻梁、眼眶、耳郭及耳根部),有时也可发生于前胸、腹下、腋窝、大腿内侧和尾根,甚至蔓延至全身。

当疥螨钻入皮内时,皮肤起初形成小的结节,之后变为小的水疱。由于强烈瘙痒,患兽持续地搔抓、摩擦和啃咬,使之破裂,排出分泌物,干燥后形成硬壳及结痂,粘着被毛,被毛逐渐脱落,于皮肤秃毛部出现出血性抓伤。

痒螨(耳螨)多寄生于耳根、背、臀等密毛部位或耳壳内,病狐(兽)表现不安,摇头晃尾,头往笼网上蹭,或用后腿蹬耳部,有的耳壳内有豆腐渣样的结痂,当螨虫侵袭鼓膜时,病狐站立不稳,或出现神经症状,抽搐,痉挛。

狐感染蠕形螨后,病初仅见毛囊周围红润,丘状突起,随后,由于细菌感染而产生小脓肿,造成脱毛,皮脂溢出,并有银白色液性的皮屑脱落,造成鳞片型或脓疱型皮肤病变。严重时,螨可侵入到病狐的淋巴结或其他组织中,若不及时治疗,常可引起死亡。

毛皮动物疥螨病由于身体皮肤广泛被侵害,食欲丧失,有时发生中毒死亡。但多数病例经治疗预后良好。

【病理变化】　死于本病的毛皮动物,皮肤上覆盖以硬壳及痂皮,在秃毛部肥厚的皮肤上出现出血性龟裂和搔伤。尸体衰竭,贫血,常有水肿,特别是皮下组织有广泛性疥螨病变。

【诊　断】　根据瘙痒和皮肤变化,可做出初步诊断。结合查虫体检查发现螨虫即可确诊。虫体检查时,于患部和健康交界处的皮肤上取刮下物(到出血为止),装入试管内,加入10%氢氧化钠(或氢氧化钾)溶液煮沸,待毛、痂皮等固形物大部分溶解后,静置20 min,吸取沉渣,滴载玻片上,用低倍显微镜检查寻找幼螨、若螨和虫卵。

【防制措施】　为预防疥螨被带入,严禁将野外捕获的野生毛皮动物及犬、猫等带进兽场,定期灭鼠,新引进的动物应进行螨虫检疫。当毛皮动物出现皮肤病变(秃毛、抓伤、皮肤炎及其他异常)时,应立即取刮下物镜检,观察有无疥螨。饲养人员与疥螨病兽接触时,应严格遵守个人预防规则,也不允许患疥螨病的人饲养毛皮动物。

当毛皮动物饲养场发生疥螨病时,要进行逐只检查,立即把病兽转入隔离室内饲养、治疗。对病兽住过的笼子用2%~3%热克辽林或来苏儿溶液消毒。同时对兽场进行1次机械清理和消毒。

治疗时先将患部及其周围剪毛,除去污垢和痂皮,以温肥皂水或0.2%温来苏儿水洗刷,然后进行药物治疗。杀螨药常用特效杀虫剂1%伊维菌素或阿维菌素注射液,剂量为0.3 mg/千克体重,皮下注射,7~10 d后再注射1次,一般经2次注射即可治愈。杀螨虫药还有通灭、害获灭,狐每只用0.7~1 mL,每隔7~10 d用药1次,连用3次,即可治愈。用0.5%敌百虫溶液喷洒笼舍或用火焰喷灯对笼舍进行杀螨。如有继发感染,应用青霉素、链霉素或磺胺类药等做全身治疗,单纯用杀螨虫药效果不好。

第十二章 普通病

第一节 消化系统疾病

一、幼兽消化不良

幼兽消化不良是幼兽胃肠功能障碍的统称,是哺乳期和育成期貂、狐、貉等毛皮动物最常见的一种胃肠疾病。本病的主要特征是明显的消化功能障碍和不同程度的腹泻,并具有群发的特点,但没有传染性,应注意与细小病毒病、沙门氏菌病、大肠杆菌病等引起的腹泻进行鉴别。

【病　因】　妊娠母兽,特别是妊娠后期,饲料供应不足,尤其是蛋白质、矿物质和维生素缺乏时,营养代谢发生障碍,导致初乳的质量降低,仔兽从初乳中获得的母源抗体减少,抵抗力下降,是诱发仔、幼兽消化不良的先天性原因。哺乳期母兽的饲养管理不当,特别是饲喂霉败变质食物后,毒素可经乳汁排出,仔兽吸乳后引起消化障碍;卫生条件不良,特别是母兽乳头不清洁,常常是引起仔兽消化不良的重要原因;当小室垫草过度潮湿,或母兽叼入小室内的食物因存放时间过久而变质后被仔兽采食,也可引起消化不良。

刚断奶分窝的幼兽,消化功能尚不健全,仅适应消化母乳和高质量的补充饲料,因此,由母乳改喂饲料或环境改变时,幼兽常因不适应新的生活环境和日粮的变更发生应激反应,而发生消化不良。

【临床症状】　哺乳期仔兽,特别是10日龄左右的仔兽,常常表现腹部膨胀,呕吐和排稀便,食欲下降,精神不振,体温正常。粪便常呈水样黄色,常有未充分消化的奶块,也有的呈粥样绿色,粪有明显的酸臭味并混有气泡。肠音高朗并有轻度的腹痛表现,严重时转成肠炎,因脱水和代谢性酸中毒而死亡。

断奶分窝后的幼兽,常常表现呕吐,随后表现腹泻,粪内常常带有大量黏膜和泡沫,并有恶臭气味,进一步发展形成肠炎,导致持续腹泻,肛门松弛,排粪失禁,有时继发肠套叠和直肠脱出,多因治疗不当而死亡。

【病理变化】　肠管内有大量黄色液状内容物,胃内有食物残渣或凝乳块,充满气体,肠壁薄,肝脏常常呈黄色。

【诊　断】　根据发病原因和临床症状即可做出诊断。

【防制措施】　首先应查找并去除发病原因。对发病仔兽,可向泌乳母兽饲料中加入一定量的药物,如土霉素、四环素每只0.1～0.2 g,1 d 1次。

对发病幼兽应禁食8～10 h,但不限制饮水。为了促进消化,可投给健胃消食片、乳酶生、乳酸菌素片等。为防止肠道的感染,可肌内注射卡那霉素10～15 mg/千克体重,庆大霉素0.5万～1万U/千克体重,痢菌净2～5 mg/千克体重。为防止脱水,可给幼兽口服补液盐;若能静脉或腹腔注射5%葡萄糖氯化钠100～300 mL,效果更好。

预防主要是在母兽妊娠期、哺乳期及仔兽断奶初期加强饲养管理,改善卫生条件。应给予新鲜、营养丰富的饲料,严禁使用变质、霉败的饲料。对笼舍要注意卫生,定期消毒小室,特别注意及时清除母兽叼入小室内的变质食物;在哺乳期间,要保持母兽的乳房卫生。

二、急性胃肠炎

毛皮动物消化道比较短,胃炎和肠炎都是胃黏膜和小肠黏膜急性炎症,在临床上不好鉴别,统称为胃肠炎,是毛皮动物的常见病。

【病　因】　可以划分为细菌性胃肠炎、中毒性胃肠炎和消化性胃肠炎,但在临床上很难区分具体病因。毛皮动物发生急性胃肠炎主要原因有三个:一是饲养管理不当,如吃了腐败变质的饲料、饮水不洁、长期吃不新鲜的肉类,或粗纤维过多的谷物饲料;二是各种应激,动物肠道内的常在细菌群,在常态下是无害的,但由于长途运输引起动物过劳,或患感冒等疾病机体抵抗力下降时,这些常在菌则可导致严重的危害;三是继发于某些传染病(犬瘟热、犬传染性肝炎、冠状病毒感染和细小病毒感染)和寄生虫病(弓形虫病、蛔虫病或球虫病等)。

【临床症状】

1. 胃炎　病初食欲减退,动物有极度渴感,但饮水后即发生呕吐。病的后期食欲废绝,或因腹痛而表现不安,口腔黏膜充血、干燥发热,精神沉郁,不活动。若持续呕吐,可出现脱水、电解质紊乱及代谢性碱中毒症状。

2. 肠炎　腹部蜷缩,弯腰弓背,肠蠕动增强,伴有里急后重、腹泻,排出蛋清样灰黄色或灰绿色稀便,严重者可排血便。体温变化不定,可能升高(40～41℃或以上),濒死期则体温下降。肛门及会阴部被毛有稀便附着,幼兽出现脱肛现象,腹部臌气;腹泻严重者,表现出脱水、眼球凹陷、被毛蓬乱、昏睡,有的出现抽搐。病程一般急剧,多在1～3 d由于治疗不及时或不对症而死。

【病理变化】　主要表现胃肠黏膜肿胀、充血、被覆黏液,或有出血性溃疡。胃内空虚。狐易出现肠套叠现象。肝充血、淤血,色暗红,质地脆弱。脾脏变化不定。

【诊　断】　根据病史、临床症状,特别是对抗生素药物治疗反应良好,较易做出诊断。但有时胃肠炎易与某些传染病相混同,必须加以鉴别。

【鉴别诊断】

1. 大肠杆菌病　主要侵害 1～10 日龄仔兽。幼貂副伤寒主要罹患断奶前后的 3 周龄左右仔兽,成年兽很少发生。

2. 犬瘟热　除有腹泻外,还有犬瘟热固有症状,如结膜炎、鼻炎、皮肤脱屑、具有特殊的腥臭味。

3. 病毒性肠炎　主要发生于水貂,幼兽有较高的死亡率和特征性粪便。

除上述症状鉴别外,必要时可通过病原学诊断加以区别。

【防制措施】　首先应着眼于大群防制,从饲料中排除不良因素,并在饲料中加入百痢安或氟苯尼考、磺胺类药物等抗菌药物,1 d 2 次,持续 5～7 d 可有效控制本病的继续发生。对发病的动物要采取以下措施:①米汤(每 100 mL 米汤中加入 1 g 食盐,10 g 多维葡萄糖),每次 100～150 mL,每日 3 次。或给予无刺激性饮食,如肉汤、牛奶等,然后逐渐调整,直至恢复正常饮食为止。②抑菌消炎是治疗胃肠炎的根本措施。可选用下列药物:黄连素,0.1～0.5 g,1 d 3 次,内服;磺胺脒,0.5～2.0 g,1 d 3～4 次,内服;氯霉素 0.02 g/千克体重,1 d 4 次,内服,连用 4～6 d(肌内注射用量减半);合霉素,用法与氯霉素相同,但用量增加 1 倍;呋喃唑酮,0.005～0.01 g/千克体重,分 2～3 次内服;链霉素 0.1～0.5 g,每日 2～3 次内服。③强心、补液可用林格尔氏液 100～500 mL,维生素 C 100～500 mg,25% 葡萄糖液 20 mL,静脉滴注,1 d 1～2 次。不能静脉注射的,可用口服补液盐饮水补液。④为恢复食欲促进消化,可肌内注射复合维生素 B 注射液及维生素 C 注射液,各 1～2 mL。

主要是加强饲养管理,严格控制来源不清楚、发霉变质的动物性饲料和谷物饲料,要重视饲料调制车间和饲料调制过程的卫生。

三、胃 扩 张

急性胃扩张(胃膨气)伴发胃弛缓、膨胀,是由于胃的分泌物、食物或气体聚积而使胃发生扩张,或因胃扭转而引起。该病经过急剧,病兽终因窒息、自体中毒而死。本病多发生于夏季,仔兽断奶以后,由于剩食,或饲料质量不佳,加工方法不当,而造成急性胃扩张。

【病　因】　一是饲料质量不佳,酸败。二是饲料加工处理不当。如轻度变质的饲料没有做无害化处理(高温煮沸),进入胃肠内将异常发酵,产酸产气,造成胃膨胀;某些饲料如啤酒酵母和面包酵母(活菌)应熟喂,否则易发酵造成胃膨胀。三是过食。仔兽断奶分窝以后食欲特别旺盛,不管好坏都吃,所以食入质量不佳的饲料很易在胃内产气,特别是炎热的夏季,最易发病。四是继发于传染病或普通胃肠炎。传染病中伪狂犬病有急性胃臌胀现象，特别是水貂伪狂犬病胃扩张更明显。

【发病机制】　急性胃扩张发生多因饲料质量不良，采食过量。狐比较贪食，当大量吞食不良的饲料后，饲料在胃内异常发酵产气，导致幽门痉挛，胃酸分泌减少，胃壁收缩力减弱，引起胃高度扩张，腹压增大，压迫膈肌，使呼吸、心跳发生困难，加之饲料分解产物自体中毒，若抢救不及时则很快死亡。

【临床症状】　喂食后几小时即出现腹围增大，腹壁紧张性增高，运动减少或运动无力，腹部叩诊有明显鼓音。病势发展比较快，患兽出现呼吸困难，头颈伸直并出现急性腹痛症状，可视黏膜发绀，胃穿刺有多量甲烷气排出。抢救不及时，很易自体中毒、窒息或胃破裂而死。当胃破裂时，气体游离到皮下组织内，触诊时有"卜卜"音。

【病理变化】　尸体营养状态良好，腹围明显增大，可视黏膜发绀，有的从口腔中流出胃内的液体。腹壁紧张，切开腹壁时要注意，不要碰伤胃壁，以免胃内容物溅出，皮下及黏膜充血、淤血、暗紫色。胃壁变薄，胃内有大量气体排出，胃内容物酸臭；胃破裂时在皮下组织有多量气体蓄积，在腹腔内有胃内容物，污秽不洁。肺脏通常充血水肿。

【诊　断】　根据典型临床症状和病理变化即可确诊。伪狂犬病继发胃扩张，通过微生物试验等方法可鉴别。

【防制措施】　急性胃扩张抢救不及时很容易死亡。发现本病后，应以最快速度进行抢救，拖延时间即可发生胃破裂或窒息而死。首先排除胃扩张的原因，减少胃内发酵产气过程。可口服5%乳酸溶液或食醋3～5 mL，口服乳酸菌素片、健胃消食片、乳酶生片1～2 g，也可肌内注射胃复安0.5～1 mL，以促进胃的正向排空和加速肠内容物向回盲部推进。经1～2 h后若仍不见效，可插入胃导管排出胃内积气；如不能插入胃导管，则必须用较粗的注射针头，经腹壁穿刺入扩张的胃内进行放气。若放气后症状不能立即获得显著改善，表明可能发生胃扭转，应及时进行手术，进行胃切开，以排空胃内容物并矫正扭转的胃。动物出现休克时，应进行抗休克治疗，静脉滴注氢化可的松，剂量为5～10 mg/千克体重，用生理盐水或葡萄糖液稀释后应用。

急性期应禁食24 h，3 d内给予流质饮食，然后给以无刺激性的软食，每天至少给3次。

饲养场要严格执行兽医卫生制度，特别是夏季仔兽育成期，尽量不要每天只喂1次食，最好每天喂3～4次，以减少急性胃扩张的发生。在日粮中不能加入发酵或质量不好的饲料。对笼内、小室、食板、食盆要清洗干净，清除笼内残余的饲料。饲料中的酵母和谷物一定要熟制，不能生喂，防止动物臌气而造成经济损失。

适时单养，1笼多只的养法弊病多，造成采食不均，强者吃得多，弱者吃不着，浪费饲料。为解决此矛盾，可以用长式饲槽或多放食具。

第二节　呼吸系统疾病

一、感　冒

感冒是由于机体不均等受寒引起的以上呼吸道黏膜炎症为主要症状的急性全身性疾病。临床特征是体温突然升高、打喷嚏、流泪、伴发结膜炎和鼻炎。该病是呼吸器官的多发病,特别是哺乳期及分窝前后的幼兽,在早春气候多变季节易发本病。该病也是引起多种疾病的基础,是毛皮动物常见的疾病。

【病　因】　气温骤变,使动物体发生一系列生理变化,是感冒的最根本原因。

【临床症状】　本病多发生于雨后、早春、晚秋、季节交替、气温突变的时候。病兽受寒后突然发生精神不振,食欲减退,两眼湿润有泪,睁得不圆,鼻孔内有少量水样的鼻液,有的咳嗽,皮温升高,足掌发热,鼻镜干燥,剩食,不愿活动,多卧于小室内。

【诊　断】　根据动物受寒后突然发病、体温升高、咳嗽及流鼻液等上呼吸道轻度炎症症状等即可做出诊断。必要时可应用解热剂进行治疗性诊断,迅速治愈的,即可诊断为感冒。

【防制措施】　治疗应用解热镇痛剂,如30%安乃近液,或安痛定液,或百尔定液,1~2 mL,肌内注射,1 d 1次。为促进食欲,可用复合维生素 B 注射液或维生素 B_1 注射液;为防止继发症,可用青霉素或广谱抗生素。

预防主要是加强饲养管理,增强机体抵抗力;防止动物突然受凉,气温骤变时,采取防寒措施。

二、肺　炎

肺炎是支气管和肺的急性或慢性炎症。其特征是呼吸障碍,低氧血症,以及由于从患部吸收毒素而并发的全身反应。

肺炎按其炎性渗出物的性质可分为纤维素性肺炎、出血性肺炎、化脓性肺炎和坏疽性肺炎。按其发展范围,可分为大叶性肺炎、小叶性肺炎、粟粒性肺炎、间质性肺炎、支气管肺炎、真菌性肺炎、寄生虫性肺炎、吸入性肺炎、异物性肺炎。按经过,可分为急性肺炎、慢性肺炎、良性和恶性肺炎。

大叶性肺炎(纤维素性肺炎)是肺脏的一个大叶,甚至一侧肺或全部肺的急性炎症过程。毛皮动物也有发生,但由于其体型太小,野性又强,不易做听诊、叩诊或其他辅助检查,故临床上不易与其他种肺炎区别。

急性支气管肺炎,是肺小叶或小叶群的炎症,临床上以弛张热为主,叩诊岛屿状浊音与听诊啰音以及捻发音为特征。各种动物均可发生,而以幼弱及老龄动物多发,早春晚秋气候多变的季节多发。故主要介绍急性支气管肺炎。

【病　因】　多为感冒、支气管炎发展而来,多由呼吸道微生物——肺炎球菌、大肠杆菌、链球菌、葡萄球菌、绿脓杆菌、真菌、病毒等引起。特别应指出的是,毛皮动物急性支气管炎与其他动物一样,在机体抵抗力下降、支气管黏膜炎症、血液和淋巴循环紊乱等诱因影响下才会发生。

饲养管理不当,饲料不全价都可导致动物抵抗力下降,引发支气管肺炎和大叶性肺炎。过度寒冷或小室保温不好引起仔幼兽感冒,棚舍内通风不好、潮湿、氨气浓度过高都会促进急性支气管肺炎的发生。

【临床症状】 病兽精神沉郁,鼻镜干燥,可视黏膜潮红或发绀,常卧于小室内,蜷曲成团;体温高至 39.5～41℃,弛张热;呼吸困难,呈腹式呼吸,每分钟呼吸达 60～80 次;食欲废绝。

日龄小的仔兽多半呈急性经过,看不到典型症状,仅见叫声无力,长而尖,吮吸能力差,吃不到奶,腹部不膨满,很快死亡。成年貂、狐、貉都有本病发生,多数由于不坚持治疗而死亡。病程 8～15 d。

【病理变化】 急性经过的病例尸体营养状态良好,口角有分泌物;剖开胸腔,肺充血、出血,尤以尖叶为最明显,肺小叶之间有散在的肉变区(炎症区),切面暗红色有血液流出,支气管内有泡沫样黏膜;心扩张,心室内有多量血液;器官黏膜有泡沫样黏液。

【诊 断】 毛皮动物急性支气管肺炎的诊断较为困难,主要是根据临床症状和剖检变化进行诊断。

【防制措施】 本病的治疗原则是消除炎症、祛痰止咳、制止渗出与促进炎性渗出物的吸收和排除。

1. 抑菌消炎 临床常用抗生素和磺胺制剂。常用的抗生素有青霉素、链霉素及广谱抗生素。常用的磺胺制剂有磺胺二甲基嘧啶等。青霉素 20 万～40 万 U,肌内注射,8～12 h 1 次;链霉素 0.1～0.3 g,肌内注射,8～12 h 1 次;青霉素和链霉素并用效果更佳。磺胺二甲基嘧啶,50 mg/千克体重,静脉注射,12 h 1 次。多西环素,7～10 mg/千克体重,1 d 3 次,口服。氯霉素,10 mg/千克体重,12 h 1 次。

2. 祛痰止咳 可用复方甘草合剂、可待因、氯化铵、远志合剂等。

3. 制止渗出与促进吸收 狐、貉可静脉注射 10% 葡萄糖酸钙注射液 5～10 mL,1 d 1 次。

预防本病提倡有小室饲养,小室内要保持有干净的垫草并要求干燥洁净、不透风、不潮湿,防止动物感冒。如果患感冒要及时治疗,以防病情恶化发展成肺炎。

第三节 产科疾病

一、流 产

流产是毛皮动物妊娠中后期妊娠中断的一种表现形式,是毛皮动物繁殖期的常见病,常给生产带来巨大损失。

【病　因】　引起毛皮动物流产的原因很多,其中最主要原因是饲养管理上出现失误,特别是妊娠中后期由于胎儿比较大,死亡后不能被母体吸收,就出现流产。

1.传染性流产　如布鲁氏菌病、结核病、加德纳氏菌病、真菌感染、沙门氏菌感染、弓形虫病、钩端螺旋体病等都可引起流产。

2.非传染性流产　在养殖场中最多见的是饲养管理上出现失误,如饲喂霉败变质的鱼、肉及病死鸡的肉和内脏,或饲料量不足及不全价,特别是蛋白质、维生素 E、钙、磷、镁的缺乏,外界环境不安静,不恰当地捕捉检查母兽等,都可引起流产。

3.药物性流产　在妊娠期间给予子宫收缩药、泻药、利尿剂与激素类药物等。

【临床症状】　母兽剩食,食欲不好,由于流产的发生时期不同、病因及病理过程的不同,其临床症状也不完全相同,有以下六种表现:

一是胚胎消失,又称隐性流产。在妊娠的早期(20～30 d),胚胎大部分或全部被母体吸收,常无临床症状。

二是排出未足月的胎儿。排出的死胎没有明显病理变化,胎儿及胎膜很小,常在无分娩征兆的情况下排出,不易被发现。

三是排出不足月的活胎,即早产。常在排出胎儿前 2～3 d,乳房及阴唇出现肿胀,早产的胎儿活力很差。

四是胎儿干性坏疽,死于子宫内。由于子宫颈闭锁,死胎未被排出,胎儿及胎膜水分被吸收后体积缩小变硬,胎儿呈棕黑色。

五是胎儿浸溶。胎儿死于子宫内,软组织液化分解后被排出,但因子宫颈未完全张开,死亡胎儿的骨骼仍留在子宫内。

六是胎儿腐败分解。胎儿死于子宫内,由于子宫颈张开,腐败菌侵入,使胎儿软组织腐败分解并产生气体,积存于死胎的皮下及胸、腹腔内。母兽表现腹围增大,精神不振,呻吟不止,频频努责,从阴门流出污红色恶臭液体,食欲减退,体温升高。

【诊　断】　根据妊娠兽的腹围变化,外阴部附有污秽不洁的恶露和流出不完整的胎儿可以确诊。

【防制措施】　在整个妊娠期饲料要保持稳定、新鲜全价。养殖场内要安静、清洁卫生,不要有其他动物进入养殖场。防止意外爆炸惊扰及鞭炮声。

治疗应针对不同情况,在消除病因的基础上,采取保胎或其他治疗措施对有流产征兆胎儿尚存活的,应全力保胎,可用黄体酮 5～10 mg,肌内注射,1 d 1 次,连用 2～3 d。对已发生流产的母兽,要防止发生子宫内膜炎和自体中毒,可肌内注射青霉素,水貂 10 万～20 万 U,1 d 2 次,连用 3～5 d;食欲不好的注射复合维生素 B 或维生素 B_1 注射液,肌内注射 1～2 mL。对不全流产的母狐或貂,为防止继续流产和胎儿死亡,常用复合维生素 E 注射液,皮下注射,水貂 1～2 mL,狐 2～3 mL;或 1% 黄体酮,狐、貉各 0.3～0.5 mL,水貂 0.1～0.2 mL。

二、难 产

难产指母兽在分娩过程中发生困难,不能将胎儿顺利排出体外。如果难产处理不当,不但会引起生殖器官疾病,甚至还有可能造成母体及胎儿死亡。

【病 因】 雌激素、垂体后叶素及前列腺素分泌失调,过度肥胖或营养不良,产道狭窄、胎儿过大、胎位和胎势异常等都可导致妊娠母兽难产。

【临床症状】 一般认为母兽已到预产期并已出现了临产征兆,时间已超过 2～4 h,仍不见产程进展,或胎儿已楔入产道达 6 h 仍不能娩出,母兽表现不安,来回走动,呼吸急促,不停地进出产箱,回视腹部,努责,排便,有时发出痛苦的呻吟,后躯活动不灵活,两后肢拖地前进,阴部流出分泌物,病兽不时地舔舐外阴部,有时钻进产箱内,蜷曲在垫草上不动,甚至昏迷,不见胎儿产出,视为难产。

【治 疗】 当母兽发生难产时,可先用药物催产,垂体后叶素(催产素),肌内注射,狐用 0.5～1 mL(5～15 μg),间隔 20～30 min 再注射 1 次。在使用催产素 2 h 后,若胎儿仍不能娩出,则应人工助产或行剖宫产。若是子宫颈口闭锁、子宫扭转、骨盆腔狭窄、畸形等原因引起的难产,均应尽早施行剖宫产手术。对于胎位异常引起的难产,用手矫正胎位后,再将胎儿拉出。

三、乳 房 炎

乳房炎(乳腺炎)是指母兽泌乳期乳房的急性、慢性炎症。是母兽的一种常见病,多发生在产后,在泌乳期发生的乳房炎多呈急性经过。

【病 因】 乳房炎多由链球菌、葡萄球菌、大肠杆菌等微生物侵入乳腺引起。其感染途径主要是因仔兽较多,乳汁不足,仔兽咬伤乳头经伤口侵入。此外,亦可由摩擦、挤压、碰撞、划破等机械因素使乳腺损伤而感染。某些疾病(结核病、布鲁氏菌病、子宫炎等)也可并发乳房炎。

【临床症状】 患病母兽徘徊不安,拒绝给仔兽哺乳,常在产箱外跑来跑去,有时把仔兽叼出产箱,仔兽生长慢,腹部不饱满,叫声无力。

急性乳房炎常局限于一个或几个乳腺,局部有不同程度的充血发红,乳房肿大变硬、温热疼痛。患部乳房上淋巴结肿大,乳汁排出不通畅,泌乳减少或停乳。病初乳汁稀薄,以后变为乳清样,内含絮状小块。若感染为脓性的,则乳汁呈脓样,内含黄色絮状物或血液。严重时,除局部症状外,还伴有全身症状,如食欲减退,体温升高,精神不振,常常卧地不愿起立。

【诊 断】 发现初产母兽徘徊,仔兽不安,叫声异常时,应及时检查母兽的泌乳情况和乳房状态。触诊母兽乳房热而硬,有痛感,说明患有乳房炎。

【治 疗】 初期冷敷,每个乳头结合按摩排乳,在乳腺两侧用 0.25% 普鲁卡因注射液溶解青霉素进行封闭,水貂每侧注射 3～5 mL,狐、貉每侧注射 5～10 mL。狐、貉全身注射青霉素 50 万～80 万 U,水貂 30 万～40 万 U,并注射复合维生素 B 和维生素 C,狐、貉 2～3 mL,水貂 1～2 mL。

第四节　神经系统疾病

一、中　暑

中暑是日射病和热射病的统称,是由于太阳辐射和闷热环境下动物机体过热而引起中枢神经系统、血液循环系统和呼吸系统功能严重失调的综合征。如不采取措施,常可导致大批死亡。毛皮动物饲养虽有较好的棚舍环境,但在气温突然升高而又饮水不足的情况下,也会发生中暑,特别是水貂在每年 7 月下旬到 8 月上旬之间常发生中暑,引起大批死亡。临床上又分为日射病和热射病 2 种。

(一)日 射 病

日射病是动物头部,特别是延髓或头盖部受烈日照射过久,脑及脑膜充血而引起的。

【病　因】　炎热的夏季烈日照射头部和躯体过久,毛皮兽体温迅速增高,破坏脑内循环,脑膜和脑血管扩张、充血,发生脑水肿;并常出现脑微血管破裂,引起脑出血,致使神经中枢部分功能遭到破坏,直至危害生命中枢(呼吸和心跳),导致麻痹而死。日射病多发于夏日中午 12 时至下午 2～3 时、兽棚遮光不完善或没有避光设备的兽群中。

【临床症状】　突然发病,有的早晨喂养时还很正常,到中午时已死亡;精神高度沉郁,步态不稳,晕厥,少数有呕吐,头部震颤,呼吸困难,全身痉挛尖叫,最后在昏迷状态下死亡。

【病理变化】　死亡水貂的脑部充血水肿,有的脑内有出血点,肺水肿和充血,肝、脾有出血点,肠管黏膜有轻度出血性变化。死亡水貂的血液凝固不良,呈煤焦油状。

【诊　断】　根据发病的季节和时间及症状可以确诊。

【防制措施】　及早抢救和采取措施可减少发病和死亡。对已中暑的病兽可放在阴凉、通风的地方,头部可用井水清洗或冰块冷敷降温。对处于休克状态的病兽静脉注射 5% 葡萄糖氯化钠和安钠咖更有利于恢复。

进入盛夏,养殖场内中午要有专人值班,喷水降温防暑,受光直射的部位要多给毛皮兽饮水。毛皮动物的笼舍区要植树遮荫,以创造凉爽的小环境;在高温季节,棚舍应做好遮光工作,避免阳光的直射;水盆内长期保存清洁饮水,夏季不能断水。在饲料中加入小苏打和维生素 C,剂量每 100 kg 饲料中加入小苏打 200 g,维生素 C 20 g,可提高毛皮动物抗热应激的能力。

(二)热 射 病

热射病是毛皮兽在室外温度比较高、湿热,空气不流通的环境下,体温散发不出去而蓄积在体内缺氧所引起。临床上以体温升高、循环衰竭、呼吸困难、中枢神经功能紊乱为特征。

【病　因】　动物进行长途运输时,或于笼舍或产箱内,由于环境温度高,室内潮湿、空气不流通,导致局部小气候闷热,动物体温散发不出去,而出现体温升高、缺氧、血液循环衰竭及不同程度的中枢神经功能紊乱。

【临床症状】　体温升高,呼吸困难,大汗淋漓,可视黏膜发绀,流涎,口咬笼网,张嘴而死。接近分窝断奶时由于产箱(或小室)内湿热,母仔同时死在窝内。

【病理变化】　同日射病。

【诊　断】　根据发病季节和时间、环境、死亡状态,可以确诊。

【防制措施】　长途运输种兽要有专人押运,并应在夜间凉爽时候起运,及时通风换气。天热时饲养员要经常检查产仔多的笼舍和产箱,必要时把小室盖打开,盖上铁丝网通风换气以防闷死,产箱内垫草要经常打扫更换。炎热的晚上让值班员或饲养员把动物赶起来运动,达到通风换气的效果。

发现本病应立即把病兽分散开,移至通风良好、阴凉处,可给以强心,镇静药治疗。

二、脑膜脑炎

脑膜脑炎是脑膜和脑实质的炎症,狐、貂等也时有发生。炎症常由脑膜开始,之后波及脑实质;或先有脑实质炎症,之后波及脑膜。原发病例较少,以继发病例多见。

【病　因】　感冒或长途运输等使机体抵抗力下降,体内条件性致病菌发育繁殖,毒力增强,经血液、淋巴侵入脑部而引起本病。常见的细菌有链球菌、葡萄球菌、肺炎球菌、巴氏杆菌、化脓菌、坏死杆菌、李氏杆菌和沙门氏菌等。

脑膜脑炎也常继发于脑部邻近炎症的蔓延,如头部创伤、鼻窦炎、眼炎、某些中毒病(如食盐中毒、霉玉米中毒等),也常见于脑充血、中暑、某些传染病、寄生虫病、狂犬病、乙型脑炎和流行性脑炎等。

【临床症状】　通常突然发病,病情发展得比较急速,临床症状表现分为一般性症状、局灶性症状和全身性症状。

1. **一般性症状**　是因脑膜受刺激而产生,主要表现为抑制和兴奋,病初精神沉郁,茫然呆立,步态不稳等;经数小时出现兴奋症状,在笼内乱跑,仰脖吼叫,猛力前冲,头撞笼壁,圆圈运动,盲目徘徊等,兴奋期长短不一。有的沉郁与兴奋交替发作。

2. **局灶性症状**　主要是脑实质受刺激而产生,表现为局部痉挛和麻痹,其出现部位依受损脑组织的部位而定,例如眼球震颤、斜视是视神经痉挛,唇向一侧歪斜,则是三叉神经麻痹。

3. **全身性症状**　初期体温升高,达41℃以上,以后兴奋时则升高,沉郁时则下降;呼吸也是如此,兴奋时增数,沉郁时缓慢,呼吸中枢麻痹时出现陈—施氏呼吸,采食、饮水姿势异常。

【治　疗】　原则是降低颅内压,消炎解毒,调整大脑皮质功能以及对症治疗。降低颅内压,静脉注射20％甘露醇20～30 mL和5％葡萄糖注射液20～30 mL。消炎,注射青霉素、链霉素都可以。调整大脑功能,兴奋时注射2.5％盐酸氯丙嗪2～3 mL,或静脉注射安溴合剂,麻痹时用藜芦素、士的宁(此药要掌握好剂量,不能多用)等。

第五节　皮　肤　病

一、水貂仔兽脓疱病

脓疱病是水貂新生仔兽的一种以脓疱为特征的急性皮肤传染病。常在枕部及会阴部的皮肤上伴发有脓疱的形成。此病又称"游移性脓毒症"或"鼠疮"。

【病　原】　包括黏膜双球菌、化脓性链球菌、金黄色葡萄球菌等。

【流行病学】　本病主要罹患2～5日龄的哺乳仔兽,10龄以上的仔兽不患此病。彩色水貂仔兽更易感,特别是蓝宝石水貂多发。

带菌母兽是本病的主要传染源。主要是经损伤的皮肤而感染,因此期母貂具有拖曳(用牙齿咬住仔兽的皮肤)和梳饰(用舌根按摩仔兽的会阴部、股部及尾侧部)的习性,所以仔兽常在身体上述部位发生脓肿,而身体其他部位未见有脓肿发生。

【临床症状】　潜伏期1～2昼夜,病仔兽变弱,发育落后;常在颈部、会阴部或肛门附近皮肤较厚的地方发生白色小脓疱,如粟粒大小,融合后变成高粱粒乃至豌豆粒大;脓疱破溃后流出黄绿色浓稠的脓汁。有的病例在上述部位皮肤上出现暗红色或带有紫色闪光的病变区而不发生脓肿,为本病严重经过的症状。

本病经过多为急性。预后决定于仔兽日龄和严重程度。4日龄以上的一般能痊愈,1～2日龄仔兽死亡率高,不加治疗死亡达100％。

【病理变化】　除患部发生脓肿以外,仔兽内脏器官变化不定。

【诊　断】　根据发病日龄和临床症状可以确诊,为准确起见可以进行细菌学检查,发现有双球菌、链球菌和葡萄球菌即可确诊。

【防制措施】　加强对产箱卫生的管理,产前对产箱要消毒处理,垫草不要太硬和有带芒、带刺的东西。患过脓疱病的及其同窝淘汰仔兽不留作种用。有化脓创、脓肿病的母兽也应淘汰。

治疗时先用消毒针头将脓疱刺破排出其脓汁,用3％过氧化氢或0.1％高锰酸钾溶液清洗创腔,再用5％水杨酸酒精溶液拭净,涂布少许磺胺结晶粉,送回原窝或代养。除局部治疗外,严重者可全身治疗,一般肌内注射青霉素5万U,复合维生素B注射液0.5 mL。

在治疗仔兽的同时,必须对母兽用同样的药进行治疗,方能获得满意的效果。

二、足掌硬皮病

此病貂多发,狐偶尔也可见到,轻者没有全身症状,只是表现足掌部肉垫皮肤肿胀、干燥,患兽在笼内走动比较小心,有痛感,比较拘谨。

【病　因】　多种原因都可引起,如外伤性炎症,笼网不洁、潮湿,食槽、食板饲后没有及时撤出残食,粪尿腐蚀,传染性脚皮炎,足癣(脚螨)和 B 族维生素缺乏等。

【临床症状】　病兽足掌部皮肤增厚、干燥,触诊皮肤较硬,个别的趾(指)间有裂口和炎性分泌物。病兽不愿活动,在笼内行走步态比较拘谨,不敢负重。一般没有全身症状。重者食欲下降,消瘦。由于不愿运动掌部磨损少,所以有的表现爪甲比较长,即所谓大脚盖。

【防制措施】　对于散发的病例,应做局部检查,创面用过氧化氢清洗,清理干净,涂布 5‰碘酊;如果有全身症状,可以对症治疗、抗菌消炎。

对于群发的,要查清原因。如果是细菌性脚皮炎,用 5‰～10‰浓碘酊涂擦几次就可以治愈。如果是脚螨,可用虫克星或通灭治疗,每千克体重狐、貉 0.02～0.03 mL,水貂 0.01～0.02 mL,掌部皮下注射,足掌部再涂以 5‰～10‰浓碘酊(注意不要用手接触,此碘酊对人的皮肤有腐蚀作用)。如果是犬瘟热等传染病引起的硬足掌病,要治疗原发病,单纯的对症治疗无效。此外,对病兽和发病群要增加 B 族维生素的供给。

预防主要是加强对笼具的管理,特别是笼具底部要平整、完好无缺,及时除掉笼具内的积粪和异物,食板、食槽要及时撤除刷洗。

三、白鼻子症

狐、貂、貉的鼻子头由黑色渐渐出现红点,然后面积逐渐增大,随后就出现白点,最后鼻子头全都变白,即俗称的白鼻子症;以后爪子逐渐变长、变白,脚垫(指枕)也变白增厚,即白鼻长爪病。

【病　因】　至今不十分明确。有报道称该病是营养代谢失调而引起的综合性营养代谢障碍疾病,主要是多种维生素和矿物质、氨基酸缺乏或者比例的不平衡引起的。也有人认为白鼻长爪症是因缺铜引起的色素代谢障碍和毛的角质化生成受损。还有人认为白鼻长爪症是钙磷代谢障碍引起的佝偻病。另外,还有报道认为是感染皮霉菌类中的真菌引起的。

【临床症状】

1.在鼻端无毛处(鼻镜)由原来的黑色或褐色逐渐出现红点,红点增多变成红斑,再后变成白点,最后整个鼻端全白,俗称"白鼻子"。

2.脚垫(指枕)变白、增厚、溃裂、疼痛,站立困难,个别发生溃疡。

3.爪子长、变干瘪(俗称"干爪病"),发白,有的是一个爪子发白,有的是五个爪子都白。皮肤产生大量的皮屑并不断脱落,出现跛行。

4.四肢肌肉干瘪,紧贴骨骼,肌肉萎缩,发育不良,直立困难。肢部被毛短而稀少,皮肤出现大量皮屑,不断脱落,被毛干燥易断,粗糙没有光泽。

5.母兽发情晚或不发情,常因发情表现不明显而漏配;配后腹围增大,到妊娠中后期又缩回,出现胚胎被吸收、流产、死胎、烂胎等妊娠中断现象;产出的仔貉皮肤不呈正常的黑灰色,而是较淡的灰白色、粉白色或粉红色,生命力很差,常在 3～5 日龄时陆续死亡。

6.仔貉开始生长发育正常,到冬毛生长期前生长停滞,甚至出现渐进性消瘦,严重时营养不良而死亡。

7.病貉将被毛的尖部咬断、吃掉,针毛秃尖,绒毛变短,颜色变浅淡,成块地脱落,多发生在尾、颈、臀及体侧等部位,似毛绒被剪过一样,即所谓的"秃毛症"或"食毛症",有脂溢性皮炎症状,严重的有皮肤溃疡现象。

【防制措施】　由于病因及发病机制尚不十分明确,治疗方法也是在不断地探讨之中。饲养实践中预防该病发生的办法主要是,正确合理地配制饲料,饲料中蛋白质、脂肪、糖类、维生素及微量元素的供给应符合动物体生长发育的需要,注意补充动物体所需要的氨基酸,饲料中钙、磷比例和多种维生素,特别是 B 族维生素的供应。如果是因缺铜引起的应补充铜,可把铜掺入其他矿物质添加剂中,制成舔砖,放在笼中让动物自由舔食,一般用 0.5%～1.9%硫酸铜是安全的。如果是感染皮霉菌类中的真菌时,可于患部涂擦 2%碘酊或碘甘油,1 d 1 次,连涂 3 d;也可口服灰黄霉素或外用制霉菌素治疗。

第六节　外科病

一、眼结膜炎

眼结膜炎是毛皮动物养殖场中最常见的眼科疾病之一,特别是狐较为常见。本病在多数情况下呈慢性经过。

【病　因】　引起结膜炎的病因很多,可大致分为两类:一类为细菌、病毒感染并与全身性感染有关,多表现为急性化脓性结膜炎,如犬瘟热并发结膜炎;另一类为异物和有害气体的刺激而引起的黏膜性结膜炎,如垫草中灰尘过多、兽场笼舍下粪尿蓄积过多氨气、往笼舍下撒生石灰粉等都可引起结膜炎。

【临床症状】　病兽两眼羞明流泪,结膜充血、肿胀,病初眼内流出浆液性透明液体,病情严重时有黄白色脓性分泌物黏附在眼的周围,眼睑肿胀,常使上下眼睑粘在一起,结膜充血,炎症可波及角膜,引起角膜浑浊等。

【治　疗】　首先是去除病因,保持环境卫生,减少污染。其次对症治疗,可用1%～2%硼酸水或生理盐水清洗眼的分泌物后,再滴入氯霉素或环丙沙星等各种眼药水;如果渗出物已变成脓性,应进行细菌分离培养和药物敏感性试验,选择有效抗生素进行治疗。

如果是寄生虫引起的眼病,一般眼药水是不能根治的,必须使用驱虫药物。芬兰狐的眼炎很有可能是寄生虫引起,可用 1%敌百虫溶液滴入患狐眼中。

二、耳道化脓

耳道化脓是毛皮动物养殖场中常见的疾病之一。

【病　因】　耳道化脓大多是耳螨虫引起的,由于耳道内瘙痒,动物常常对耳壳发痒局部进行摩擦或搔抓,皮肤破损后继发细菌感染而引起耳道化脓。另外,也可因耳垢、泥土、芒刺、昆虫的刺激引起感染或接触过敏性物质引起。

【临床症状】　患兽表现不安,经常摇头、摩擦或搔抓耳郭,有时仅搔抓耳根部及附近颈部皮肤,致使耳根部及颈部皮肤抓伤、擦伤、出血,甚至出现耳壳的血肿,细菌感染后从外耳道内流出有臭味的化脓性分泌物,脓性分泌物常沾在耳壳的被毛上,缠绕成团块,堵塞耳道,使听力下降。

【治　疗】　首先清理耳道,剪去耳郭内及外耳道的被毛,除去耳垢、脓性分泌物及脓痂,用2%碘酊消毒外耳道后,再用0.1%新洁尔灭冲洗耳道,排净化脓液及坏死组织块,再用生理盐水冲洗耳道,用脱脂棉吸干。向耳道内撒入甲硝唑和利多卡因合剂,或向耳道内滴入新霉素、诺氟沙星滴耳液。若为螨虫引起的,则向耳道内滴入伊维菌素或阿维菌素液数滴。若动物体温升高,耳道化脓严重时,应全身使用抗生素治疗。

第七节　维生素缺乏症

维生素缺乏症,是动物体内维生素缺乏或不足,而引起的代谢和功能失调的综合性疾病征候群。

一、维生素 A 缺乏症

维生素 A 缺乏症特征是上皮细胞角化,视觉障碍和骨骼形成不良。

【病　因】　饲料中维生素 A 含量不够或补给不足,达不到动物体的需求量;日粮中维生素 A 遭到破坏、分解、氧化流失和吸收障碍等,如饲料贮存过久或调制不当脂肪酸氧化;动物本身患有慢性消化器官疾病,严重影响了营养物质的吸收和利用;饲料中添加了酸败的油脂、油饼、骨肉粉及陈腐的蚕蛹粉等,使用氧化的饲料,使维生素 A 遭到破坏,导维生素 A 缺乏。

【发病机制】　维生素 A 对动物体的功能主要表现在如下五个方面,当动物体缺乏时,相应功能就会受到影响,表现出临床症状。一是促进蛋白合成,而黏蛋白是细胞间质的主要成分,有黏合和保护细胞的作用,能维持上皮组织的完整性;当缺乏维生素 A 时,上皮细胞角化,腺上皮细胞被无分泌功能的扁平上皮细胞代替,皮肤黏膜干燥,易受细菌感染;其中受害最严重的是眼、皮肤、呼吸道、消化道、泌尿生殖系统等。二是维持正常视觉的必需物质,是维持视网膜中视紫质和视黄质互相转化的酶类;当动物体内缺少维生素 A 或不足时,就不能合成足够的视紫质,继而发生夜盲症。三是促进肾上腺皮质类固醇的生物合成,促进黏多糖的生物合成,对核酸代谢和电子传递都有促进作用,能维持机体生长发育;当缺乏维生素 A 时,动物某些器官的 DNA 含量减少,黏多糖生物合成受阻,生长迟缓。四是促进性激素的形成,提高繁殖力;当缺乏维生素 A 时,雄性动物精细管上皮变性,雌性动物卵巢滤泡形成困难,从而导致繁殖功能障碍。五是改变细胞膜和免疫细胞溶菌膜的稳定性,增强免疫球蛋白的产生,提高机体免疫的能力。

【临床症状】 维生素 A 储于肝脏,肝脏中维生素 A 含量最高。短期内饲料中维生素 A 不足时,动物可先消耗体内肝脏储存的维生素 A,故不表现缺乏症状;但长期缺乏时,则成年兽和幼兽均出现基本相似的症状。

1. 银黑狐和北极狐 病兽早期症状为神经失调,抽搐和头后仰,病兽失去平衡倒下,应激性增高,受到微小的声音刺激,便会引起病兽的高度兴奋,沿着笼子奔跑或旋转,极度不安,步履蹒跚。个别病例神经性发作,持续时间 5～15 min。仔兽的正常消化功能受到不同程度的破坏,出现腹泻症状,粪便内混有多量黏膜和血液。大批出现肺炎症状,生长发育停止,换牙延迟。成年狐繁殖障碍,母狐不发情或发情不规律,易流产、死产,空怀率增高,公狐性欲低下、少精、死精、配种能力不强。个别的发生干眼症。

2. 水貂 除发生神经症状外,还表现出干眼病,同时出现消化道、呼吸道和泌尿生殖系统黏膜上皮角化。特别是母兽表现性周期紊乱,发情不正常,发情期拖延,妊娠期发生胚胎吸收,出现死胎、烂胎,仔兽体弱。公兽表现性欲降低,睾丸发育不好,精子形成发育障碍。

【病理变化】 死亡的毛皮动物尸体比较消瘦,表现为贫血。仔兽有气管炎、支气管炎。幼兽常见胃肠炎变化,胃黏膜常有溃疡灶,肾脏和膀胱常有结石。

【诊 断】 根据临床症状可做出初步诊断,确诊需进行血液中维生素 A 含量测定,也可在日粮中加喂维生素 A 进行治疗性诊断。

【防制措施】 预防本病必须根据毛皮动物不同生长时期的需要量来添加维生素 A 制剂,特别是在毛皮动物配种准备期、妊娠期和哺乳期,在饲料中必须添加鱼肝油或维生素 A 浓缩剂,每天每千克体重 250 IU 以上。在日粮内补给动物鲜肝及维生素 E 具有良好作用,后者能防止肠内维生素 A 的氧化。鱼肝油必须新鲜,酸败的禁用。

维生素 A 的治疗量为预防量的 5～10 倍。银狐和貉每天内服 15 000 IU;水貂和紫貂每天内服 3 000～5 000 IU;同时饲料内要保证有足够量的中性脂肪。如果应用植物盐基的维生素 A 制剂,日粮中补加鲜肝 10～20 g 则见效快。

二、维生素 D 缺乏症

维生素 D 缺乏症是以钙、磷代谢障碍,引起骨质钙化失常为特征的营养缺乏症。本病是 2.5～5 月龄的毛皮动物,特别是狐和貉常发生的疾病。本病影响动物机体发育,引起肢体变形,降低体质并易继发其他病患。

【病　因】　可分为后天性和先天性两类。后天性维生素 D 缺乏主要由饲料单一、不新鲜,维生素 D 添加量不足;饲料中钙、磷比例失调,饲料霉败,动物体受光不足,动物患有慢性胃肠炎、寄生虫病等导致。

先天性维生素 D 缺乏常由于妊娠母体营养失调或缺乏、阳光照射和运动不足、饲料中缺乏矿物质、维生素 D 和蛋白质所致。

【发病机制】　维生素 D 在动物体内必须先转化为具有活性的维生素 D_3,才能发挥其生理功能。其可以控制钙、磷代谢,特别是能增强肠对钙、磷的吸收,同时还能调节肾小管上皮细胞对钙、磷的排泄,控制骨骼中钙、磷的储存,从而影响动物骨骼与牙齿的正常发育,与甲状腺素一起维持血钙和血磷的正常水平,防止出现抽搐症。

【临床症状】　缺乏维生素 D 时,可引起骨质钙化停止。幼兽体质软弱,生长缓慢,异嗜,喜食自己的粪便,出现佝偻病,即前肢弯曲,行动困难,疼痛,跛行,甚至不能站立(2～4 月龄时易发生),喜卧不愿活动。成年兽骨质疏松,变脆、变软,易发生骨折,四肢关节变形等;在妊娠期,胎儿发育不良,产弱仔,成活率低,泌乳期奶量不足,提前停止泌乳,食欲减退,消瘦。

【病理变化】　骨质疏松,骨密度小,骨骺增大,管骨弯曲,易折,用刀能削断。

【诊　断】　根据典型临床症状(骨骼变形,肋骨与肋软骨之间交界处膨大,呈串珠状,脊柱向上隆起呈弓形弯曲,前肢弯曲,异嗜,跛行等)可以确诊。

【防制措施】　对病兽增加维生素 D_3 的补给,可以肌内注射维丁(D)胶性钙,水貂每次 0.5 mL,狐、貉每次 1 mL,隔日注射 1 次,同时在饲料中增加一些鲜肝和蛋类。也可以单一地肌内注射维生素 D_3 骨化醇,按药品说明书使用。如果大批发生佝偻病,要调节饲料中的钙、磷比例,不要单一地补钙,用比较好的鲜骨或骨粉,不用煅烧的骨粉,因为这种骨粉没有磷的成分了。养殖场内要适当地调节光照强度,便于维生素 D 先体的转化。

三、维生素 E 缺乏症

毛皮动物维生素 E 缺乏会引起母兽不孕症。如果饲料内含有多量不饱和脂肪酸,同样可促使本病的发生。

【病　因】　主要有两个,一是饲料(日粮)中补给不足或缺乏;二是饲料质量不佳引起维生素 E 失去活性或被氧化消耗掉,如动物性(肉类)饲料冷藏不当,贮存时间过长,使肉类脂肪氧化酸败,特别是饲喂脂肪含量高和鱼类饲料更易使饲料中的维生素 E 遭到破坏。

【发病机制】　维生素 E 是动物体内强抗氧化剂,特别是脂肪的抗氧化剂。它与矿物质硒的代谢有密切关系,通过二者的共同作用,可以节省维生素 A 和不饱和脂肪酸。其抗氧化作用发生在细胞的线粒体膜上,它能清除氧化的自由基,是维持低水平过氧化物的一种因素。因此,维生素 E 缺乏会使生物体内过氧化物增加,而过氧化物对细胞的酶类是有毒性的。此外,维生素 E 缺乏时,可使透明质酸分解加强,使血管上皮细胞通透性增强,引起组织水肿;核酸代谢亦发生混乱;精细管上皮细胞变性,萎缩;胎盘发育障碍。

【临床症状】 毛皮动物体内不能合成维生素 E,只能靠供给的饲料来满足需要。故短时期内缺乏就会表现出临床症状。公兽缺乏时,睾丸体积缩小,精液生成障碍,性欲差或无性欲,配种能力差。母兽发情推迟,失配增加,胚胎吸收、流产与死胎。新生仔兽抵抗力差、生命力弱,有些仔兽不会吸吮母乳,在生后 1~3 d 衰竭而死亡。在死亡的仔兽皮下常可见到胶冻样渗出液,有时出现脑软化症。水貂长期缺乏维生素 E,或长期饲喂氧化变质的鱼,可引起肝脏和体脂的脂肪变性,多于秋季突然死亡。

【病理变化】 由于维生素 E 缺乏导致黄脂肪病的尸体,一般营养状态良好,死得比较急,死前有尿湿、腹泻症状。剥开皮肤,皮下脂肪黄染,腹股沟脂肪呈绳索状硬结或猪脂块状,黄染,有少量渗出液;膀胱内有红褐色尿液;大网膜、肠系膜、心冠和肾脏脂肪黄染;肝脏脂肪变性,呈土黄色,质脆。

【诊 断】 根据兽群的繁殖情况可以做出初步诊断,有条件的可对饲料做分析测定,主要的还要看饲料的组成和质量,如果发现黄脂肪病,肯定是维生素 E 被破坏或不足。

【防制措施】 要根据毛皮动物不同的生物学时期提供充足的维生素 E。供给新鲜的动物性饲料,饲料不新鲜时更要供给维生素 E;特别是长期饲喂含脂肪量高、库存时间又长的海产品及肉类,更要注意预防此病的发生。

对维生素 E 缺乏的病兽,可以注射维生素 E 注射液,最好是亚硒酸钠和维生素 E 合剂,详细使用方法可参阅药品说明书。

四、维生素 K 缺乏症

毛皮动物维生素 K 缺乏时,主要表现为出血性素质,特别是在新生仔兽表现明显。

【病 因】 维生素 K 的合成与代谢受多方面因素影响。如维生素 K 吸收所需要的胆盐不能进入消化道;日粮中的脂肪水平低,长期服用磺胺类或抗生素等药物杀死了肠道内正常微生物等,都将影响肠道微生物合成维生素 K。再如肝脏疾病、寄生虫病,饲料中存在维生素 K 抑制因子如磺胺喹噁啉、丙酮苄羟香豆素等,饲料霉变等。这些因素均可妨碍维生素 K 的利用,导致毛皮动物出现维生素 K 缺乏症。

【发病机制】 维生素 K 在动物体内主要具有两大功能。第一,维生素 K 能促进肝脏合成凝血酶原,它还可以调节另外 3 种凝血因子(Ⅶ、Ⅸ和Ⅹ)的合成。因此当维生素 K 缺乏时,血液中这几种凝血因子均减少,导致凝血时间延长,常发生皮下、肌肉及胃肠道出血,且血液流出后难以凝固。第二,近年来发现维生素 K 可能在氧化磷酸化过程中,作为电子传递系统的一个组成部分;这是由于维生素 K 具有萘醌式结构,能还原无色氢醌,在呼吸链中参与黄酶与细胞色素之间传递氢和电子;因此,当维生素 K 缺乏时,肌肉中的 ATP 及磷酸肌酸含量以及 ATP 酶活性降低。

此外，维生素 K 还具有利尿、强化肝脏的解毒功能、降低血压等作用。

【临床症状】 病兽食欲减退，鼻出血，粪尿带血，凝血时间延长，皮下出现紫斑。伤口和溃疡面长期不愈合，血液中血红蛋白和红细胞减少，表现贫血症状。严重缺乏会因轻微外伤流血不止而死亡。妊娠期母兽长期缺乏维生素 K，则可发生新生仔兽大批死亡，并出现出血性素质。

【诊　断】 根据临床症状和日粮组成情况，进行综合分析可以做出诊断。

【治　疗】 改善营养，消除引起维生素 K 缺乏的各种因素，同时给予维生素 K。一般维生素 K_1 效力较强，吸收快，于 6～12 h 即起作用，在体内作用时间长。狐、貉可每日静脉注射 2～5 mg，水貂 1～2 mg。一般病例可内服维生素 K_3，每日 2 mg，并应与胆盐同时给予，以助吸收。遇有吸收不良者，用维生素 K_1 或维生素 K_3 肌内注射。

五、维生素 B_1 缺乏症

维生素 B_1 易溶于水，但在中性环境中极易分解破坏。维生素 B_1 缺乏时，糖的代谢受阻，同时影响心血管和神经组织的功能，引起多发性神经炎等一系列变化。

【病　因】 饲料中维生素 B_1 含量不足，饲料中脂肪氧化以及饲料中贮存的维生素 B_1 被破坏，长期饲喂含有破坏维生素 B_1 的硫胺素酶的淡水鱼或某些海鱼，饲料单一，动物厌食或患有吸收功能低下的胃肠病、寄生虫和衰老等因素都会影响维生素 B_1 的吸收和利用。

此外，维生素 B_1 耐热性差，短时间煮沸即可破坏 30%；在碱性环境中也易被破坏。

一般维生素 B_1 每天需要量：水貂 0.5～2 mg，狐 2～6 mg，貉 2～5 mg。

【发病机制】 第一，维生素 B_1 是构成丙酮酸脱氢酶系的辅酶，参加糖的代谢。动物缺乏维生素 B_1 则丙酮酸氧化分解受阻，糖不能彻底氧化释放出全部能量为机体利用。正常情况下，神经组织所需能量几乎全部来自糖的分解，当糖代谢受阻时，首先影响到神经活动，并且伴随有丙酮酸、乳酸的堆积，产生毒害作用，特别是对周围神经末梢影响大，可引起多发性神经炎，出现神经功能障碍。第二，维生素 B_1 能抑制胆碱酯酶的活性。当维生素 B_1 缺乏时，胆碱酯酶活性增强，乙酰胆碱分解加速，胆碱使神经传导发生障碍。由于消化腺的分泌和胃肠蠕动受胆碱能神经的支配，当维生素 B_1 缺乏时，消化液分泌减少，胃肠蠕动减弱，出现食欲不振、消化不良、末梢神经炎等症状。

【临床症状】 当维生素 B_1 缺乏经过 20～40 d，就会引发本病。病兽食欲减退，大群剩食，身体衰弱，逐渐消瘦，步态不稳，抽搐，痉挛，昏睡，后肢麻痹，如不及时治疗，经 1～2 d 死亡。重度维生素 B_1 缺乏时，神经末梢发生变性，组织器官功能障碍，病兽体温正常，心脏功能衰弱，食欲废绝，消化功能紊乱等。母兽维生素 B_1 不足时，空怀率高，妊娠期延长，死胎、流产和发育不良的仔兽数量增高。

【病理变化】　新生仔兽可发现头部出血水肿，尸体消瘦，心脏扩张，心肌弛缓，多数病例伴有出血，心包液淡黄红色。妊娠母兽常出现木乃伊胎，胃肠空虚，或充满沥青样的粪便，肝脏呈红色或土黄色，质脆易碎，有时发现肝破裂，脾脏萎缩变小；子宫黏膜出血、破溃，腹腔有血样腹水，胎儿脱出在腹腔中；脑及脊髓的灰白质有对称性出血区。

组织学检查可见神经系统发生广泛性损害。

【诊　断】　根据兽群大批剩食，运动共济失调，痉挛，抽搐，后躯麻痹，昏迷，嗜睡，体躯蜷缩等症状，用维生素 B_1 注射液诊断性治疗，效果明显，可以确诊。要注意与脑脊髓炎、食盐中毒的鉴别。

【治　疗】　本病早期用维生素 B_1 或复合维生素 B 治疗，病兽很快好转痊愈。水貂每天肌内注射维生素 B_1 或复合维生素 B 注射液 $0.5 \sim 1$ mL，狐、貉 $2 \sim 3$ mL，连用 $3 \sim 5$ d。必要时可用维生素 B_1 注射液，肌内注射，每只 $0.5 \sim 1$ mL。大群动物可在饲料中投给维生素 B_1 粉，银黑狐和北极狐每日每只喂 $8 \sim 10$ mg，水貂 $2 \sim 3$ mg，持续 $10 \sim 15$ d，病情很快好转恢复正常。

六、维生素 B_2 缺乏症

维生素 B_2 缺乏症在毛皮动物养殖业中亦经常发生。主要表现为皮炎、被毛褪色、生长发育缓慢。

【病　因】　饲料单一，缺乏青绿饲料、酵母，鱼粉质量低劣，动物厌食或患有消化吸收障碍性疾病和胃肠道寄生虫病等，都可引起维生素 B_2 缺乏。在蛋白质不足的日粮中，维生素 B_2 的需要量要求增加 1 倍，在妊娠期需要量也要增加。

维生素 B_2 来源于饲料酵母、啤酒酵母以及乳、肝、肾、卵蛋白、肌肉中。而鱼类、畜禽下杂、谷物、大豆中含量少。维生素 B_2 每天需要量：水貂 $0.3 \sim 0.45$ mg，狐、貉 $0.6 \sim 0.9$ mg。

【发病机制】　核黄素在机体组织中以磷酸酯的形式结合成两种辅酶，具有提高蛋白质在体内的沉积，提高饲料的利用率，促进动物正常生长发育的功能；也具有保护皮肤、毛囊及皮脂腺的功能，从而提高毛皮质量。此外核黄素还具有强化肝脏功能，调节肾上腺分泌，防止毒物侵袭的作用，并影响视力。核黄素缺乏将发生相应的疾病。

【临床症状】　病兽生长发育缓慢，逐渐消瘦，衰弱，食欲减退；神经功能紊乱，心脏功能衰弱，后肢不全麻痹，步态跟跄，痉挛及昏迷；全身被毛脱落，黑色毛皮动物被毛褪色，变为灰白色或者毛色变浅；母兽发情期推迟或不孕；新生仔兽发育不健全，腭裂分开，骨缩短，北极狐仔兽出现无毛或在哺乳期出现灰白色绒毛；5 周龄仔兽完全无被毛及具有肥厚脂肪皮肤，腿部肌肉萎缩，运动功能衰弱，全身无力，晶状体浑浊，呈乳白色。

【病理变化】　特征性变化是仔兽发育不全，脂胶性皮炎，肌肉组织松弛。由于并发细菌性感染,可出现局部组织脓肿、脓疱及炎症变化。

【诊　断】　根据临床症状,结合对日粮进行分析,即可做出诊断。

【防制措施】　对病兽要及早补给维生素 B_2,水貂每日每只 $1.5\sim2$ mg,狐、貉每日每只 $3\sim3.5$ mg。

预防主要是改善饲养管理,增加饲料中的维生素 B_2 给量,增喂酵母。尤其日粮中含脂肪量大时,要增加维生素 B_2 供给量。对妊娠和哺乳期的母狐,每日每只还要增喂核黄素 2.5 mg。

七、维生素 B_4 缺乏症

维生素 B_4 是磷脂、乙酰胆碱等物质的组成成分。饲料添加剂中常用的胆碱形式为氯化胆碱。它能促进脂肪代谢,提高肝脏利用脂肪酸的能力,防止脂肪在肝脏中过多的蓄积,保证神经冲动正常传导。

【病　因】　主要是饲喂大量含脂肪高的饲料,或饲料中胆碱添加量不足。毛皮动物胆碱需要量为日粮干物质的 0.05%,或者以 $20\sim40$ mg/千克体重的需要量计算。胆碱可以预防肝、肾脂肪沉积及脂肪变性,促进氨基酸的形成,提高蛋氨酸的利用率。毛皮动物特别是水貂,对胆碱需要量大,若胆碱供应不足或蛋氨酸供应也不足的情况下,就会导致发病。

【临床症状】　胆碱严重缺乏的水貂多表现身体无力、精神差、口渴、饮欲增加,仔兽生长缓慢,母兽缺乳,被毛易变成红褐色,严重时可出现腹水和肝脏的破裂而死亡。

【病理变化】　肝脏有脂肪沉积,引起肝脏肿大、黄染,质脆,用手指按压易破碎。肾脏黄染。

【诊　断】　根据临床症状和病理剖检变化即可以确诊。

【防制措施】　正确地调配日粮,降低饲料中脂肪的含量,增加富含胆碱的饲料,如酵母、肝粉和饼类,在日粮中供给需要量的胆碱,可按 $20\sim40$ mg/千克体重添加。

发病后在饲料中加足够的胆碱可以治愈胆碱缺乏症,可按 $50\sim70$ mg/千克体重给予。与此同时必须饲喂富含蛋氨酸的饲料,饲料中应有足够量的维生素 B_{12}、叶酸、维生素 C、烟酸,以增强胆碱的作用效果。

八、维生素 B_6 缺乏症

维生素 B_6 对毛皮动物来说是必需的维生素之一,它是动物体内新陈代谢的主要辅酶。一旦缺乏或不足会引起繁殖功能障碍、贫血、生长发育迟缓和肾脏受损。

【病　因】　饲料单一,动物患胃肠炎而影响对饲料地吸收利用,或有寄生虫病等,都能引起维生素 B_6 缺乏。

【临床症状】　由于毛皮动物性别和个体生理状况、生物学时期不同,其临床表现也不尽一样。妊娠期母兽表现妊娠期延长,空怀率高。仔兽死亡率高,成活率低。公兽睾丸发育不好,性功能低下,无精子,无配种能力。育成期仔兽生长发育缓慢,食欲不佳,上皮角化,病皮症,小细胞性低色素性贫血,精神委靡,易发生尿结石,毛细血管通透性降低。狐出现四肢麻痹,鼻、尾出现红斑,尾尖坏死,有抽搐现象。

【病理变化】 公兽睾丸发育不全,无弹性,镜查时精液中找不到精子。

【诊　断】 根据临床症状和对日粮的分析,可以做出诊断。

【防制措施】 根据不同生物学时期补加维生素 B_6 制剂,特别是配种、妊娠期的日粮每千克饲料干物质内应含吡哆醇 0.9 mg。

给予病兽(狐、貂或貉)易消化的富含维生素 B_6 的饲料,如肉、蛋、奶等;及时补给维生素 B_6 制剂,能收到良好的效果;复合维生素 B 注射液,每只每日肌内注射,水貂 1～1.5 mL;狐、貉 1.5～2 mL。

九、维生素 B_{12} 缺乏症

维生素 B_{12} 又叫钴胺素,是参与机体蛋白质代谢,提高植物蛋白质的利用率,保护肝脏,维持正常细胞的生长发育和体内各种代谢所必需的物质。植物性饲料不含维生素 B_{12},动物性饲料中则含量比较丰富。

【病　因】 日粮中谷物性饲料比例过大,长期投给广谱抗生素及磺胺类药物,地方性缺钴。

【临床症状】 幼狐、貉发育迟缓,贫血,可视黏膜苍白。水貂表现消化不良,衰弱,食欲丧失,消瘦,仔兽死亡率高。

【病理变化】 银黑狐、北极狐发育不良,消瘦,可视黏膜苍白;仔兽实质器官肝脏、肾脏、脾脏萎缩,边缘比较锐,被膜松弛。水貂常见到肝脏呈土黄色,质脆易破,肿大,脂肪性营养不良。

【防制措施】 一般按正常标准饲喂即能满足毛皮动物对维生素 B_{12} 的需要。繁殖期饲料中应补给一定量质量好的酵母,每日每千克体重水貂 6 μg,狐 10 μg。

用维生素 B_{12} 治疗效果比较好,按每千克体重 10～15 mg,肌内注射,1～2 d 注射 1 次,直至全身症状改善消失,停止用药。

十、叶酸缺乏症

叶酸缺乏可引起毛皮动物贫血、消化功能紊乱和毛绒生长障碍。

【病　因】 长期饲喂鱼粉或以溶剂法提取的豆饼(饼类)及颗粒料,长期应用抗生素,杀死胃肠道内正常微生物群,均可引起叶酸不足。

【临床症状】 可视黏膜苍白,衰竭,腹泻,皮炎,换毛不全,被毛褪色,毛绒质量低劣;血液稀薄,血红蛋白降低,多数仔、幼兽因贫血而死。

【病理变化】 尸体消瘦,口、鼻、眼结膜苍白,肝脏、脾脏、肾脏色淡,胃黏膜有出血点,肠黏膜有出血性炎症。

【防制措施】 在日粮中补加鲜肝和青绿饲料,喂颗粒饲料时补给叶酸添加剂,都能有效地预防本病。水貂繁殖期日粮中需 0.5～0.6 mg、妊娠期需 3 mg 叶酸;狐、貉

妊娠期日粮中需 6 mg 叶酸。

治疗可肌内注射叶酸,每日水貂 0.2 mg,狐、貉 0.5～0.6 mg,持续到康复。同时分别注射维生素 B$_{12}$ 和维生素 C,效果更好;口服或注射泛酸钙 3～4 mg 也有效;口服丙基硫脲嘧啶更好。

十一、维生素 C 缺乏症

维生素 C 缺乏可引起骨生成带破坏,毛细血管通透性增强和血细胞生成障碍。该病是肉食毛皮动物仔兽多发病,新生仔兽表现为"红爪病"。

【病　因】　水果蔬菜中富含维生素 C,而肉类和谷物中几乎不含维生素 C。狐、貂和貉以动物性饲料为主,如果在饲料中不补加维生素 C,特别是在母兽妊娠期,如果供给维生素 C 不足,可使新生仔兽出现红爪病。

【临床症状】　维生素 C 缺乏症主要表现在新生仔兽。新生仔兽出生后即表现四肢水肿,关节变粗,趾垫肿胀,尾部水肿,患部皮肤紧张、红肿,因此又称为红爪病。如果在出生后治疗不及时,在趾间部红肿的皮肤上常常出现渗出或裂开破溃。如果母兽在妊娠期严重缺乏维生素 C,则胎儿也发生脚掌水肿,出生后即可看到仔兽的脚掌及全身皮肤红肿,仔兽尖叫,到处乱爬,头向后仰,死亡率高。由于仔兽不能吸吮乳汁,乳房乳汁不能排泄,母兽乳腺膨胀、疼痛,甚至发生乳房炎。

【病理变化】　刚出生 2～3 d 的仔兽尸体,脚爪水肿,充血、出血,肿胀,胸腹部和肩部皮下水肿和黄染(胶样浸润),胸、腹部肌肉常常出现泛发性出血斑。

【诊　断】　根据四肢下端皮肤红肿的症状,即可做出诊断。

【防制措施】　保证饲料新鲜;不喂长期贮藏、质量不佳的饲料,日粮中要有一定量新鲜的青绿蔬菜、水果或维生素 C 制剂,特别在妊娠后期更应补加。每天需要量为水貂 10～25 mg,狐 50 mg,貉 20 mg。

在产仔后应抓紧检查仔兽有无红爪病。对病仔兽可肌内注射维生素 C 注射液 0.5 mL,也可用滴管或毛细玻璃管向其口内滴入维生素 C 注射液,每只仔兽 5～10 滴,1 d 1 次,直至水肿消失为止。如果皮肤溃裂继发细菌感染,还需用抗生素治疗感染。同时,母兽的饲料中要添加 3～4 倍的维生素 C 量,还要添加维生素 A 和 B 族维生素。

十二、维生素 H 缺乏症

毛皮动物维生素 H 缺乏症以表皮角化、被毛卷起为主要特征。

【病　因】　长期生喂禽蛋,长期在饲料中添加抗生素,破坏了肠道内细菌群(维生素 H 是肠道内细菌制造而成)。

【临床症状】　水貂换毛障碍,背部被毛脱落,残存的稀被毛褪色呈灰色,到 9 月份育成幼貂还出现灰色被毛(正常是黑色),常咬断被毛的毛尖和尾尖;母貂失去母性,空怀率高。银黑狐育成仔兽出现黑色被毛镶边,毛根部白色,仔兽脚掌水肿和被毛变灰。

【病理变化】　水貂尸体高度消瘦,肝脏呈灰黄色,肿大变性,肾脏和心肌变性。

【治　疗】　出现维生素 H 缺乏时,提倡非经肠给药,投给维生素 H 1 mg,每周 2次,到症状消失为止。

第八节　其他物质代谢障碍病

一、钙磷代谢障碍

钙磷代谢障碍在临床上又称佝偻病和骨纤维素性营养不良;前者发生于幼兽,后者发生于成年兽。毛皮动物对磷和钙的需要比其他动物要高,这显然与其生长强烈有关。幼兽及妊娠母兽对矿物质的缺乏最敏感。

【病　因】　饲料中钙、磷、维生素 D 缺乏以及磷、钙比例不当(钙、磷适宜比例为1～2∶1);饲料中含脂肪酸或镁、铁等金属离子过多,影响钙、磷吸收;肝脏、肾脏病变,甲状旁腺分泌减少,胃肠消化紊乱或伴有蠕动加快时,影响钙、磷吸收及机体内钙、磷排出过多时均可引起本病。阳光照射不足时,维生素 D_3 的先体转化困难,同样导致磷、钙代谢障碍性疾病。

貂、狐和貉的生长周期短,发育快,特别是仔兽生长发育期、母兽妊娠泌乳期,对钙、磷缺乏尤为敏感。此时,若饲料中钙、磷缺乏以及维生素 D 不足时,将导致幼兽佝偻病。

【临床症状】　佝偻病多发生于 1.5～4 月龄的银狐、北极狐、貉等,水貂少发。最明显的特征是肢体骨骼变形。最先发生于前肢,两前肢肘部向外,呈"O"形腿,有的病兽肘关节着地;接着后肢和躯干骨亦变形;有的小腿骨、肩胛骨及股骨弯曲;在肋骨和肋软骨结合处变形肿大,呈念珠状。仔兽佝偻病形态特征表现为头大、腿短弯曲、腹部下垂;有的病仔兽不能用脚掌走路和站立,而用肘关节移行;由于肌肉松弛,关节疼痛,步态拘谨,多用后肢负重、跛行。定期发生腹泻。病兽抵抗力下降,易感冒或继发其他传染病。

母兽发病由于髋关节不正常,形成难产和仔兽死亡增加。

患佝偻病的毛皮动物若不予治疗,以后可转成纤维性骨营养不良。

【病理变化】　尸体消瘦,贫血,体躯一般比较矮小,四肢骨骼软化,畸形,各关节的骨骺肥厚肿大;颅骨比较薄而软,易于压凹;胸骨和肋软骨交接处增大呈念珠状;下颌骨肥大;关节滑膜面有溃疡灶。

【诊　断】　根据临床症状和剖检变化,可以做出诊断,辅助诊断可用 X 射线观察骨密度。

【防制措施】　预防佝偻病比治疗更重要。日粮中要注意添加维生素 D,剂量为每千克体重 100 单位;同时要注意钙、磷的补给,投入的骨粉质量一定要好;以干粉饲料为主的兽群一定要喂鱼肝油；棚舍要有一定的光照，便于维生素 D 的转化；日粮中的钙磷比应是 2∶1。

药物治疗可以用维丁(D)胶性钙注射液，肌内注射，水貂每次 1 mL；狐、貉每次 2 mL，隔日注射 1 次，连用 7 次；或在饲料中加喂鱼肝油，狐、貉每天 1500～2 000 IU；水貂每天 500～1 000 IU，持续 2 周，以后转入预防量。同时在日粮中投喂鲜碎骨或貉的骨粉，增加日光浴；喂钙片也可以。

二、食毛症

毛皮动物的食毛症是营养素缺乏而导致的一种营养代谢性疾病，是毛皮动物养殖场中常见的疾病，多发生于秋冬季节。

【病　因】　尚不清楚，但多数人认为是微量元素（硒、铜、钴、锰、钙、磷等）缺乏或含硫氨基酸和某些 B 族维生素缺乏引起的一种营养代谢异常的综合征。也有人认为是脂肪酸败、酸中毒或肛门腺阻塞等引起。

【临床症状】　患病动物不定时地啃咬身体某一部位的被毛，主要啃咬尾部、背部、颈部乃至下腹部和四肢。有的病兽突然一夜之间将后躯被毛全部咬断，或者间断地啃咬。被毛残缺不全，尾巴呈毛刷状或棒状，全身裸露。水貂比狐和貉食毛更为严重，因而外观似裸貂。如果不继发其他病，精神状态没有明显的异常，食欲正常；当继发感冒、外伤感染时，将出现全身症状，或由于食毛引起胃肠毛团阻塞等症状。

【诊　断】　根据临床症状即可做出诊断，身体的任何部位毛被咬断都可视为食毛症。但要注意与自咬症及脱毛症相区分。自咬症是发作后疯狂地咬自己的身体某一部位并撕破皮肤，甚至将下腹部咬破，肠管流出来；脱毛症是皮肤没有任何病变而发生的一种自然脱毛状态。

【防制措施】　饲料要多样化，全价新鲜，保证营养素的供给。尤其在毛皮动物的生长期和冬毛期，饲料要注意蛋氨酸、微量元素和维生素的补给。

治疗主要是在饲料中添加 2% 蛋氨酸（可用羽毛粉、毛蛋等）以及复合维生素 B、硫酸钙，1 d 2 次，连用 10～15 d，即可治愈。还可用硫酸亚铁和维生素 B_{12} 治疗，硫酸亚铁 0.05～0.1 g，维生素 B_{12} 0.1 mg，内服，1 d 2 次，连用 3～4 d。

三、白肌病

白肌病主要是缺硒引起的一种幼兽多发的地方性、营养性、代谢性疾病。病兽伴有骨骼肌与心肌变性，营养不良，运动障碍和急性心力衰竭。常呈地方性流行。

【病　因】　主要原因是缺硒。我国有些地区土壤里缺硒，所以当地的饮水和饲料（谷物）中都缺硒，特别是高寒山区更为严重。饲料中含硒量长期处于 0.03～0.04 mg/kg 以下的低水平，配种前后、妊娠哺乳期、育成期日粮中硒补给量低于 0.2～0.25 mg/kg，即可导致本病发生。

【临床症状】　可分为急性型、亚急性型、慢性型 3 种。

1. 急性型　成年兽常表现为发病急、病程短，突然死亡；有时在笼中奔跑、跳跃或经驱赶剧烈运动之后，突然倒地，呈游泳状抽搐死亡。也有晚间饲喂时正常，第二天死在笼角。

2. 亚急性　病初精神稍沉郁，食欲减退，不久出现肢跛，前肢站立不稳，后肢肌肉发抖，左右叉开，表现渐进性运动障碍。此时，心音加速，心律不齐，出现杂音；呼吸加快，气喘，呈胸腹式呼吸，时有腹泻。

3. 慢性型　病程 15～30 d 或更长。食欲减退，不久鼻镜干燥，后肢行走跟跄，喜卧一处不动或匍匐前进。

【病理变化】　骨骼肌和心肌有特征性变化，特别是腰肌和臀部肌群变化最明显，肌肉呈淡灰白色，膈肌呈放射状条纹，切面粗糙不平，有坏死灶。心包积液，心肌色淡，心脏扩张，心肌弛缓。

【诊　断】　根据临床症和病理变化，以及流行病学调查可以做出诊断。

【防制措施】　在生产中定期补硒和维生素 E，不但可以防止本病的发生，而且还可提高发情率、配种率、产仔率和成活率。

对病兽肌内注射 0.1% 亚硒酸钠 2 mL 和维生素 E 2 mL，可收到良好效果。同时要结合全身疗法强心、补液、加强护理。

四、尿湿症

尿湿症是水貂等毛皮动物泌尿系统疾病的一个征候，而不是单一的疾病。许多疾病都可导致尿湿症的发生，如尿结石、尿路感染、膀胱和阴茎麻痹、后肢麻痹、黄脂肪病及某些传染病的后期。

【病　因】　由于饲养管理不当、饲料不佳引起的代谢和泌尿器官的原发疾病或继发症。多数学者认为尿湿症与饲养管理的关系密切，夏季饲料腐败变质以及维生素 B_1 不足都是诱发尿湿症的重要因素；也有人认为本病与遗传有关，有些品种有高度易感性；另外尿结石的机械刺激及药物的化学刺激可引起尿道黏膜损伤，从而继发细菌性感染。此外，临近器官组织炎症的蔓延，如膀胱炎、包皮炎、阴道炎、子宫内膜炎蔓延至尿道也可发生。

【临床症状】　本病多发生于 40～60 日龄幼兽。水貂、狐和貉都有发生，生产中水貂较多发，公兽比母兽发病多，主要症状是尿湿。病初期出现不随意的频频排尿，会阴部及两后肢内侧被毛浸湿，使被毛连成片。浸湿部位皮肤逐渐变红，明显肿胀，不久出现脓疱或溃疡，被毛脱落、皮肤变厚。以后在包皮口处出现坏死性变化，甚至膀胱继发感染，从而患病动物常常表现疼痛性尿淋漓，排尿时尿液呈断续状排出，排尿不直射，严重时可见到黏膜性或脓性分泌物不时自尿道口流出，走路蹒跚。如不及时治疗原发病，将逐渐衰竭而死。

【诊　断】　根据会阴和下腹部毛被尿浸湿而持续不愈的特征性症状，即可做出诊断。

【治　疗】　除掉病因是治疗的根本措施。如为传染病引起的,要控制传染病;如为黄脂肪病引起的,要治疗黄脂肪病;如为尿结石引起的,在食物中添加食醋并设法让病兽多饮水,以促进小块结石排出。用恩诺沙星、氨苄青霉素控制感染,每日用过氧化氢或高锰酸钾液清洗局部,对皮肤出现溃烂的要外涂碘甘油、紫药水或碘酊。

治疗的同时要改善饲养管理,从饲料中排除变质或质量不好的动物性饲料,增加富含维生素的饲料并给以充足饮水。为防止感染可以用抑菌消炎药,如青霉素、土霉素等抗生素。青霉素用量一般按 5 万～10 万 U/千克体重,肌内注射,每 8 h 1 次;硫酸链霉素按 2 万 U/千克体重,1 d 2 次。如果有黄脂肪病时,可用亚硒酸钠维生素 E 注射液,剂量根据使用说明书使用,连用 3～7 d。为促进食欲,每天注射维生素 B_1 注射液 1～2 mL。局部用高锰酸钾水(0.1%)冲洗尿渍,并将毛擦干,勤换垫草,保持窝内干燥。

五、黄脂肪病

黄脂肪病又称脂肪组织炎,肝、肾脂肪变性(脂肪营养不良)。本病伴发物质代谢重度障碍和各器官功能及形态学的严重病变,是以全身脂肪组织发炎、渗出、黄染、肝小叶出血性坏死、肾脂肪变性为特征的脂肪代谢障碍病。

本病是毛皮动物饲养业中危害较大的常发病,不仅直接引起水貂、狐等大批死亡,而且在繁殖季节,导致母兽发情不正常、不孕、胎儿吸收、死胎、流产、产后无奶,公兽利用率低、配种能力差等。仔兽断奶分窝后 8～10 月份多发,呈急性经过,若发现不及时,可造成大批死亡;老年兽常年发生,慢性经过,多以散发,治疗不及时常常死亡。本病死亡率在 10%～70%。

【病　因】　主要原因是动物性饲料(肉、鱼、屠宰场下脚料)中脂肪氧化、酸败;因为动物性脂肪,特别是鱼类脂肪含不饱和脂肪比较多,极易氧化、酸败、变黄,释放出霉败酸辣味,分解产生鱼油毒、神经毒和麻痹毒等有害物质。这些脂肪在低温条件下也在不断氧化酸败,所以冻贮时间比较长的带鱼、油扣子等含脂肪比较高的鱼类饲料更易引起水貂、狐等毛皮动物的急、慢性黄脂肪病。此外,饲料不新鲜,抗氧化剂、维生素添加得不够,也是发生本病的原因之一。

【临床症状】　本病一年四季均可发生,但以炎热季节多见,一般多以食欲旺盛、发育良好的幼貂或幼狐先受害致死,有急性和慢性经过之分。

1.急性型　于 7～8 月份大群水貂食欲下降、精神沉郁、不愿活动,出现腹泻,粪便呈绿色或灰褐色,内混有气泡和血液,重者后期排煤焦油样黑色稀便,进而后躯麻痹,腹部或会阴尿湿,常在昏迷中死亡。触诊病兽腹股沟部两侧脂肪,呈硬猪板油状或绳索状。

2.慢性型　病貂显著沉郁,很少活动,经常出现剩食、被毛蓬乱无光、消瘦、尿湿等,后期出现腹泻,粪便呈黑褐色并混有血液。步态不稳,个别病例后肢麻痹或痉挛发作,出现不自然的尖叫。一般成年貂易出现这种情况,易与阿留申病混淆。

妊娠母兽发生性器官出血、流产。银黑狐和北极狐肝脂肪营养不良,常引起胎儿吸收。

【病理变化】 急性病例尸体营养良好,慢性病例表现衰竭,个别病例肥度正常。尸僵不明显。被毛蓬松,肛门部常被煤焦油样粪便污染,有的毛皮动物可视黏膜黄疸。主要病理解剖变化发生在肝和肾。肝肿大,质地脆弱,呈土黄色或红黄色,切面浑浊,典型脂肪肝;肾肿大,黄染,切面浑浊。脾肿大仅见于妊娠母貂。胃肠黏膜有卡他性炎症,附有少量黏液状或褐红色的内容物,直肠有少量煤焦油样黏稠的稀便。胸、腹腔有水样黄褐色或黄红色胸、腹水。大网膜和肠系膜脂肪呈污黄色,多汁,肠系膜淋巴结肿大。

慢性病例尸体消瘦,皮下组织干燥,黄染不明显。肝细胞肿胀,呈黄红色或淡黄色,质硬脆,切面浑浊。肾被膜紧张,光滑易剥离,肾实质灰黄色或污黄色。胃肠有慢性卡他性炎症。

组织学检查可见肝、肾呈不同程度的脂肪和颗粒脂肪变性。肝细胞容积增大,细胞核挤到一侧。严重中毒,发生扩散性脂肪变性,此时大量脂肪主要以小滴状存在于肝小叶周围或小叶中心的肝细胞内。毒物位于细胞中心,细胞皱缩,容积缩小,淡染。

【诊　断】 根据临床症、病理剖检及组织学变化以及饲养状况,可以确诊。但应注意与水貂阿留申病、北极狐和银黑狐病毒性肝炎、维生素 B_1 缺乏病及饲料中毒的鉴别诊断。

【防制措施】 平时必须注意饲料质量,加强冷库的管理。发现脂肪氧化变黄或变酸的鱼、肉饲料要及时处理,改作他用。用高锰酸钾洗过的饲料,禁止给妊娠、泌乳期的母兽。硒制剂和维生素 E 抗氧化作用强,同时使用效果更好,日粮中应保证供给足量。此外,以鱼类饲料为主的饲养场,一定要重视海鱼的质量,冷贮时间长的不采购。

当发生本病时,首先应改善日粮质量,增加新鲜肉、鱼和副产品乳、凝乳块、牛肝、新鲜血等富含全价蛋白的饲料和酵母、维生素 A、维生素 B_1、维生素 B_{12}、维生素 E、叶酸、胆碱的给量。病貂每日每只分别肌内注射维生素 E 或亚硒酸钠维生素 E 注射液 $0.5\sim1$ mL,复合维生素 B 注射液 $0.5\sim1$ mL,为预防继发性细菌感染,可应用青霉素 10 万 U,持续给药 $7\sim10$ d。

氯化胆碱和维生素 E 一样,对黄脂肪病有很好的效果。对病兽和健兽都可随饲料投给。水貂每只每次为 $30\sim40$ mg;北极狐和银黑狐每只每次为 $60\sim80$ mg。

参考文献

[1] 关中湘,王树志,陈启仁.毛皮动物疾病学[M].北京:中国农业出版社,1982.

[2] 汪家林.吉林白水貂.农业科技通讯[J].1983,(9):34.

[3] 朴厚坤,张南奎.毛皮动物的饲养与管理[M].北京:农业出版社,1985.

[4] 赵英杰.乌苏里貉人工养殖的调查研究[J].毛皮动物饲养,1987,(2):42-44.

[5] 高宏伟.毛皮动物营养研究概况[J].特产研究,1994,(1):32-34.

[6] 东北林业大学.毛皮动物饲养学[M].北京:中国林业出版社,1988.

[7] 佟煜人,钱国成.中国毛皮兽饲养技术大全[M].北京:中国农业出版社,1998.

[8] 华玉平.野生动物传染病检疫学[M].北京:中国林业出版社,1999.

[9] 杨嘉实.特产经济动物饲料配方[M].北京:中国农业出版社,1999.

[10] 赵广英.野生动物流行病学[M].哈尔滨:东北林业大学出版社,2000.

[11] 程世鹏,单慧.特种经济动物常用数据手册[M].沈阳:辽宁科学技术出版社,2000.

[12] 葛东华.银黑狐养殖实用技术[M].北京:中国农业科技出版社,2000.

[13] 白秀娟.简明养狐手册[M].北京:中国农业大学出版社,2002.

[14] 王凯英,李光玉,赵静波.毛皮动物矿物元素的需要[J].经济动物学报,2003,7(4):10-13.

[15] 马泽芳,刘伟石,周宏力.野生动物驯养学[M].哈尔滨:东北林业大学出版社,2004.

[16] 张志明.实用水貂养殖技术[M].北京:金盾出版社,2005.

[17] 陈之果,刘继忠.图说养狐关键技术[M].北京:金盾出版社,2006.

[18] 朴厚坤,王树志,丁群山.实用养狐技术(第二版)[M].北京:中国农业出版社,2006.

[19] 钱国成,魏海军,刘晓颖.新编毛皮动物疾病防制[M].北京:金盾出版社,2006.

[20] 任东波,王艳国.实用养貉技术大全[M].北京:中国农业出版社,2006.

[21] 华树芳,柴秀丽,华盛.貉标准化生产技术[M].北京:金盾出版社,2007.

[22] 李忠宽,魏海军,程世鹏.水貂养殖技术[M].北京:金盾出版社,2007.

[23] 佟煜人,谭书岩.图说高效养水貂关键技术[M].北京:金盾出版社,2007.

[24] 佟煜仁,谭书岩.狐标准化生产技术[M].北京:金盾出版社,2007.

[25] 白秀娟.养貉手册[M].北京:中国农业大学出版社,2007.

[26] 佟煜仁.毛皮动物饲养员培训教材[M].北京:金盾出版社,2008.

[27] 刘晓颖,程世鹏.水貂养殖新技术[M].北京:中国农业出版社,2008.

[28] 刘群秀,张明海,张佰莲,等.内蒙古东部地区春夏季沙狐的食性[J].东北林业大学学报,2008,36(7):62-64.

[29] 熊家军.特种经济动物生产学[M].北京:科学技术出版社,2009.

[30] 杜辉,仇伟,戴光华,等.水貂品种与选配情况简介[J].中国畜禽种业,2009,(12):55-56.

[31]　刘宗岳.国内水貂养殖的主要品种及育种概况[J].新农业,2009,(12):10.

[32]　郑庆丰.科学养狐技术[M].北京:中国农业大学出版社,2009.

[33]　刘晓颖,陈立志.貉的饲养与疾病防制[M].北京:中国农业出版社,2010.

[34]　林宣龙,吴克凡,时磊.准噶尔盆地荒漠区赤狐的食性分析[J].兽类学报,2010,30(3):346-350.